Handbuch der D

HUGO KNOPPE

HANDBUCH DER DRECHSLEREI

Mit 343 Abbildungen im Text

EDITION libri rari

im Verlag Th. Schäfer

Reprint nach dem Original von 1938
erschienen im Verlag F. Ernst Steiger, Leipzig

ISBN 3-88746-231-9
Best.-Nr. 1228

Gesamtherstellung
Th. Schäfer Druckerei GmbH, Hannover

Vorwort des Verfassers.

Wer liest, der lernt. Dieser Wahlspruch gilt auch dem Drechsler, der gewillt ist, vorwärts zu kommen und sich in seinem Handwerk weiter zu bilden. Vielseitig, wie kaum ein anderes Handwerk, ist das des Drechslers in seiner Technik und seinen Werkstoffen.

Es genügt heute nicht mehr, ein eng umgrenztes Arbeitsgebiet oder vielleicht nur einen angelernten Artikel zu beherrschen, der in unserer schnell vorwärts schreitenden Technik bald hinfällig werden kann.

Wer mit Ernst in die Zukunft schaut, wird sein Wissen und Können im Beruf nach Kräften zu erweitern suchen, denn „wer rastet, der rostet".

Unser schönes Drechslerhandwerk ist wieder im Aufblühen begriffen; es bedarf Könner, um Bestes zu leisten, vielseitig zu sein, um den hohen Ansprüchen, die gestellt werden, gerecht zu werden.

Hier soll dieses Buch dem Drechsler Helfer und Berater sein. Es soll bestehende Lücken seines Wissens und Könnens überbrücken. Es soll Lust und Liebe zum Beruf erwecken, dem Lehrling die Vielseitigkeit seines schönen Handwerks vor Augen führen und ihm zeigen, was alles gelernt sein muß. Den Gehilfen soll es Ansporn sein zur Bereicherung ihres beruflichen Wissens und Könnens und auch dem Meister ein Berater sein.

Bei der Einteilung des reichen Stoffes ist auf die fachlichen Vorschriften für die Gesellen- und Meisterprüfung im Drechslerhandwerk Rücksicht genommen und alles das ausgeführt, was zur Erfüllung der Prüfung erforderlich ist. Das Aufgabengebiet des Drechslers ist so groß, daß es nicht leicht war, den Stoff ohne besondere Einschränkungen in einem handlichen Werk unterzubringen.

Auf geschichtliche Überlieferungen und Entwicklung der Drechslerei ist deshalb verzichtet worden. Dafür sind alle Gebiete der Drechslerei grundlegend bearbeitet und das hervorgehoben, was besonders wichtig ist.

Das Buch ist geschrieben als ein Niederschlag reicher Erfahrungen in meiner fast 40jährigen Lehrtätigkeit an der Deutschen Fachschule für Drechsler und Bildschnitzer in Leipzig. Mir war es eine Lebensaufgabe, unserem schönen Kunsthandwerk helfend zur Seite zu stehen und die auf allen Gebieten gemachten Erfahrungen und Neuerungen unserem Fachblatt, der „Deutschen Drechsler-, Schirm- und Stockmacher-Zeitung", zu vermitteln.

Schon seit Jahren ist das Drechslergewerbe ohne ein alle Gebiete umfassendes Fachbuch. Es ist daher zu begrüßen, daß der Verlag der „Deutschen Drechsler-, Schirm- und Stockmacher-Zeitung" es unternommen hat, dieses neue Werk herauszugeben. Möge es überall in der Werkstatt gute Aufnahme finden und sich Freunde erwerben, denen es ein guter Berater sein möge.

Leipzig, im März 1938.

Hugo Knoppe.

I. Teil.

Das Holz als Werkstoff.

Die Bearbeitung erfordert gründliche Kenntnis des Werkstoffes. Es genügt nicht, ihn nur nach Art zu unterscheiden; es bedarf vielmehr eingehenden Studiums der Eigenschaften, die auf seine Bearbeitung Bezug haben. Auch Fehler, Krankheiten, Pflege und Lagerung muß der Drechsler kennen, um sich vor Schaden zu schützen.

Der Drechsler verarbeitet hauptsächlich Stammholz, weniger die Triebe (Stockfabrikation) oder Wurzelstöcke und Knollen bestimmter Gattung (Pfeifenfabrikation).

Erster Abschnitt.

Die Struktur des Holzes.

1. Bau des Holzes.

Das Holz ist ein Gewebekörper, über dessen Aufbau der Querschnitt des Stammes Aufschluß gibt. Unter der schützenden Rinde entwickeln sich, vom Bast ausgehend, Zellen als Holzfasern, Holzgefäße und Speicherzellen. Die ersteren sind die Hauptbestandteile des Holzes und geben ihm den festen Gerüstbau. Gegen sie treten die Holzgefäße wesentlich zurück. Sie bilden den an Menge geringeren, aber auffälligeren Bestandteil und sind in ihrer Größe und in der Verschiedenheit ihrer Anordnung gute Kennzeichen für die Art des Holzes. Sie dienen der Lebensfähigkeit des Baumes, indem sie in ihren röhrenförmigen Hohlräumen das Holz durchlüften und von den Säften durchströmen lassen.

Die Holzfasern sind langgestreckte, in Längsrichtung des Baumstammes verlaufende, oben und unten geschlossene Zellen mit enger Höhlung, so daß sie dem Auge als volle Fasern erscheinen und in ihrer Vereinigung einen festen Holzkörper bilden. Die Holzfasern können auch mehr oder weniger ineinander verflochten sein, wodurch das Holz fest und widerstandsfähig, aber schlecht spaltbar ist. Sind die Fasern sehr durcheinander gewirrt,

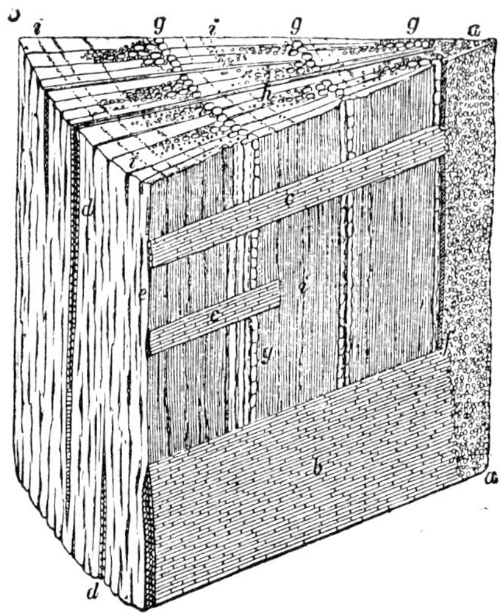

Abb. 1.

Schema des Holzkörpers im Radialschnitt.

a Mark; b große; c kleine Markstrahlen in radialer Ansicht, d und e in tangentialer Ansicht auf dem Umfang; g Grenze der Jahresringe; i die äußeren Teile der Ringe.

z. B. an Stammauswüchsen und Wurzelstöcken, so daß sie im Schnitt eine schöne Zeichnung geben, nennt man das M a s e r.

Zwischen den Holzzellen befinden sich nur beim Laubholz die Holzgefäße. Sie sind in verschiedener Weise verteilt und enthalten anfangs Saft, beim gereiften Holz Luft. Die Gefäßröhrchen sind am zahlreichsten und größten am inneren Teil der Jahresringe und dienen im Splint der Saftleitung. Hölzer, die am inneren Rande der Jahresringe auffallend große Holzgefäße zeigen, nennt man ringporige Hölzer (Eiche, Nußbaum, Rüster).

Den Nadelhölzern fehlen die eigentlichen Holzfasern. Ihre Zellen sind ein Mittelding zwischen Faser und Gefäß, aus einer Zelle bestehend, die in ihrer geringen Verdickung der Wandung der Holzgefäße gleicht. Das leichte Gewebegerüst erhält durch die Harzbildung in den Zellen bestimmter Nadelhölzer, wie Kiefer und Lärche, besondere Versteifung.

Am Querschnitt der Laubhölzer zeigen sich sternförmig dem Mark zuströmende Linien, die „M a r k s t r a h l e n". Bei bestimmten Holzarten treten sie stark hervor und sind sichere Kennzeichen dieser Hölzer. Die Markstrahlen markieren sich im Radialschnitt als glänzende Flecke, mit denen das Holz durchsetzt ist („S p i e g e l h ö l z e r"). Die Spiegel sind auffällig groß bei der Eiche, oder klein und sehr zahlreich bei der Rotbuche und beim Ahorn. Die Markstrahlen bilden im Gewebekörper eine Trennungsschicht, so daß bei großen Spiegeln sich in dieser Richtung das Holz besonders leicht spaltet. Rechtwinklig zum Spiegelschnitt getrennt, erscheinen die Markstrahlen im Schnitt langgestreckt als Striche dunklerer Färbung. Viele Hölzer haben große, blasse, wenig hervortretende Spiegel (Weißbuche, Erle), bei anderen sind sie klein und zahlreich, oft kaum bemerkbar.

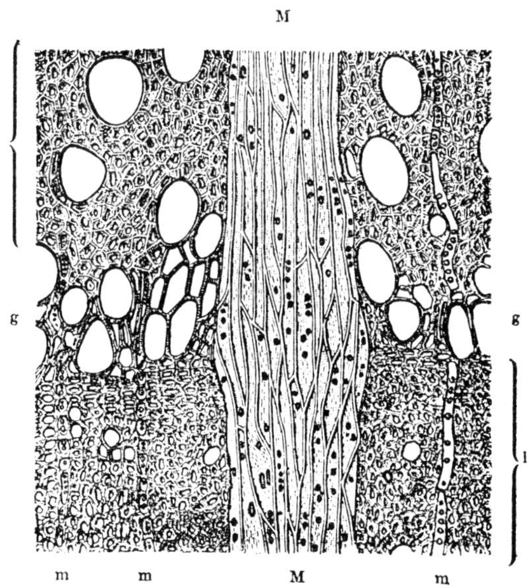

Abb. 2.
Querschnitt durch Rotbuchenholz. g Gefäße; l Holzfasermassen; M breiter Markstrahl; m Markstrahlen aus einfacher Zellenreihe zusammengesetzt. Vergr. 250 ×.

Jahresringe. Bei gleichmäßiger Zellenentwicklung würde der konzentrische Bau des Holzes kaum wahrnehmbar sein, wenn die Vegetation durch die rauhe Jahreszeit nicht gestört oder ganz unterbrochen würde. So entstehen bei lebhafter Zellenentwicklung im Frühjahr lockere große Zellen, die heller erscheinen als das sich später entwickelnde Sommer- und Herbstholz. So entsteht durch das scharf angrenzende Frühjahrsholz die bekannte Ringzeichnung, welche durch die Harzjahre bei Kiefer und Lärche besonders hervortritt. Einige Hölzer haben an der Innenseite des Jahresringes besonders grobe Gefäße. Solche ringporigen Hölzer sind Eiche, Esche und Nußbaum. Bei tropischen Hölzern erleidet die Vegetation

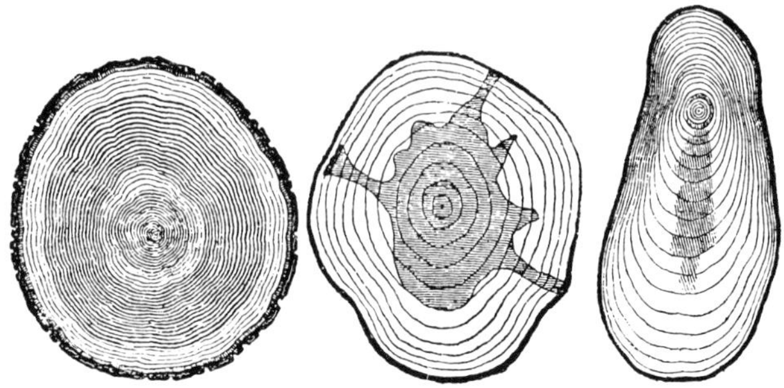

Abb. 3. Querschnitte von Kernholzbäumen und exzentrischer Wuchs.

weniger Unterbrechung, so daß die Jahresringe oft wenig hervortreten. Ringzeichnung kann aber durch regelmäßige Farbstoffablagerung in Zellengruppierung auftreten (Rosenholz, Palisander, Zebrano).

Beim Laubholz ist das breitringige Holz mehr geschätzt; beim Nadelholz aber das engringige, weil es nicht so weich und schwammig ist.

Bäume, bei denen die Jahresringe nach einer Seite hin breiter sind, also exzentrisch zum Mark liegen, schwinden beim Trocknen ungleich und sind in der Holzfläche dem Verziehen mehr unterlegen.

Abb. 4. Flader.

Flader. Im Längsschnitt ergeben die Jahresringe verschiedene Zeichnung, die am Holz sehr geschätzt wird. Am schlichten Holz entstehen parallele Linien, je nach dem Schnitt zu den Jahresringen (Radial- oder Sehnenschnitt). Durch Unregelmäßigkeit im Wuchs, Astbildung oder welligen Verlauf der Holzfasern entsteht der Wimmer und im Kegelschnitt der Flader.

Maser. Ist die Holzfaser nicht geradlinig geschichtet und nimmt durch Verwundung des Baumes unregelmäßigen

Verlauf, besonders bei Knotenbildung am Stamm oder an den Wurzelteilen, so entsteht auf der geschnittenen Fläche der Maser (Eiche, Esche, Rüster, Nußbaum, Mahagoni und Birke). Die nordische Ruchbirke (schwedische Birke) zeigt durch ihren eigenartigen Wuchs im ganzen Stamm schöne Maserbildung. Die großen Wurzelknollen des Bruyèreholzes, Thuja und Amboina, geben vorzügliche Maser für Furniere und Pfeifenköpfe.

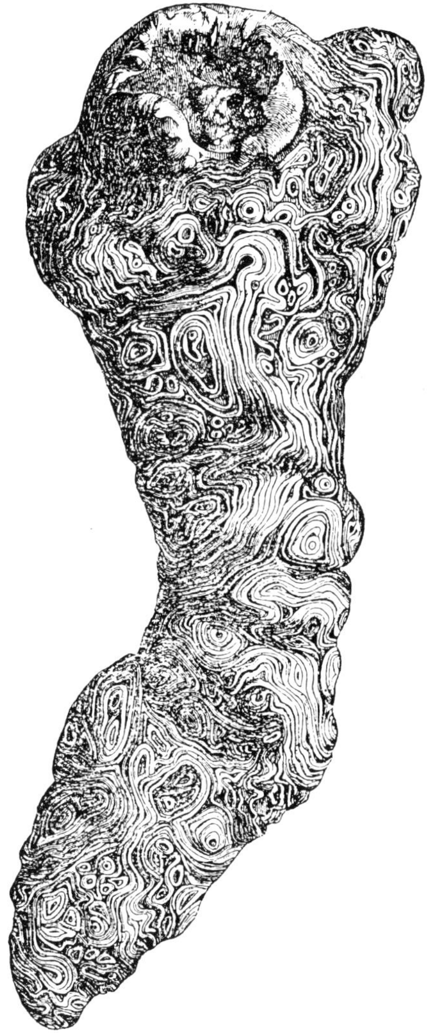

Abb. 5. Maserwuchs an Eiche.

Drehwuchs entsteht an Bäumen durch schraubenförmigen Verlauf der Holzfasern. Man führt diese Entwicklung auf Boden- und Windverhältnisse zurück. Das Holz ist minderwertig und wird als überspänig bezeichnet. Es bearbeitet sich schlecht und ist für Schnittware ganz ungeeignet, da es sich stark verzieht und windschief wird.

Splint-, Reif- und Kernholz. Verschiedene Holzgattungen zeigen auf der Hirnschnittfläche eine gleichmäßig helle Färbung (Ahorn, Birke, Linde, Weißbuche). Es sind sogenannte Splintbäume, bei denen alle Zellen saftführend sind. Bei anderen verändert sich das Innere des Holzkörpers, die älteren Schichten erhärten und verdichten sich; sie erscheinen dadurch dunkler. Das sind Reifholzbäume (Fichte, Tanne, Erle, Rotbuche, Birnbaum). Zeichnet sich am Holz ein dunkler Kern scharf ab, was durch Ablagerung von Harzen, Farbstoffen oder Ausscheidung kieseligen Gehalts hervorgerufen wird, so sind es Kernbäume. Das Holz ist fester, dichter und schwerer. Die Verkernung bringt in diesen Holzteilen die Zellen zum Absterben; sie nehmen nicht mehr an der Saftführung teil. Kernholzbäume sind Kiefer, Lärche, Eiche, Nußbaum, Esche, Apfel-, Pflaumen- und Kirschbaum und alle tropischen Schwerhölzer. Die Ulme ist ein Reifholzkernbaum; sie zeigt Splint-, Reif- und Kernholz.

Das Kernholz ist der wertvollste Teil des Holzkörpers wegen seiner Härte und Beständigkeit. Bei Eiche und Lärche ist das Splintholz völlig unverwertbar; bei vielen anderen Hölzern minderwertig. Der Splint des Nußbaums, der Esche und Rotbuche eignet sich gut als Biegematerial.

Auch an Splint- und Reifholzbäumen bildet sich bisweilen ein dunkler Kern. Es ist aber ein Faulkern, der mürbe und auf das Absterben des Baumes zurückzuführen ist und als ein Grad der Trockenfäule gelten kann.

2. Im Gewebe des Holzes vorhandene Substanzen.

Der Holzkörper besteht im wesentlichen aus dem Zellstoff, Wasser und organischen, zum Teil mineralischen Substanzen.

Die **Zellulose** bildet den Hauptbestandteil zur Verholzung der Pflanze in dem Lignin (Holzstoff). Man gewinnt ihn durch Schleifen zur Pappen- und Papierfabrikation. Reine Zellulose entsteht durch Zerstörung des Lignins auf chemischem Wege und führt zur Herstellung der Spinnfaser für Kunstseide (Fichtenholzzellulose), der Schießbaumwolle, des Kollodiums und Zelluloids.

Der **Wassergehalt** macht im frisch geschlagenen Holz einen beträchtlichen Teil des Gewichtes aus, bis zu 60 Proz. Bodenverhältnisse, Holzart und Jahreszeit haben Einfluß auf den Wassergehalt. Gipfelholz und Splint sind wasserreicher als Kernholz. Am wasserreichsten sind Nadelhölzer, trocknen aber am schnellsten aus.

Beim Trocknen geht die Feuchtigkeit bis auf die Luftfeuchtigkeit, ca. 15 Proz., zurück. Durch die Verdunstung des Wassers schrumpft das Holz im Mittel um ca. 8 Proz. zusammen.

An organischen Stoffen enthält das Holz Eiweißstoffe, Gerbstoffe, Farbstoffe und Harze sowie ätherische Öle.

Die **Eiweißstoffe** bilden den wesentlichen Teil des Zellsaftes der jüngeren Holzzellen (Splint). Sie sind durch die leicht eintretende Gärung im geschlagenen Holz Ursache der Fäulnis und des Wurmfraßes. Dem muß durch sachgemäße Austrocknung des Holzes, durch Auslaugen der Saftstoffe mit Dampf oder in fließendem Wasser und durch Imprägnieren mit fäulnisverhindernden Stoffen gesteuert werden.

Gerbstoffe sind nur in wenigen Hölzern in solcher Menge enthalten, daß sie in der Verarbeitung beachtenswert sind (Eiche, Mahagoni, Nußbaum). Durch ihre Anwesenheit werden bei Umsetzung mit bestimmten Chemikalien dauerhafte Färbungen erzielt. Z. B. wird Eichenholz durch Ammoniakdämpfe oder Lösungen von doppelchromsaurem Kali braun, mit Eisensalzen grau bis schwarz.

Harze und Milchsäfte. Harze befinden sich vornehmlich in Nadelhölzern (Kiefer, Lärche), die dadurch große Festigkeit und Widerstandsfähigkeit gegen Fäulnis und Nässe erhalten. Sehr harzreiche tropische Hölzer liefern das Material zur Lackfabrikation (Kopale). Das wertvollste Harz ist der Bernstein, den wir im fossilen Zustand an der deutschen Ostseeküste (Samland) fischen und graben. Zur Lackfabrikation verwendete Harzausflüsse sind noch das Drachenblut, Sandarak und der Schellack. Milchsäfte liefern einige Baumgattungen durch Einritzen der Rinde, aus denen der Kautschuk und die Guttapercha zur Herstellung des Gummis gewonnen wird.

Farbstoffe erzeugen verschiedene tropische Hölzer in ihren Zellen in solcher Menge, daß sie durch Abkochung und Extraktion herausgezogen und zum Beizen von Holz verwendet werden. Das wichtigste ist das Blauholz mit dem Farbstoff Hämatein zum Schwarzbeizen durch Umsetzung mit Eisensalzen, das Rotholz mit dem Farbstoff Brasilin und das Gelbholz mit dem Farbstoff Morin.

Anorganischer Bestandteil ist die Kieselsäure, die bei hohem Gehalt das Holz schwer brennbar macht, besonders die Wurzelknollen des Bruyèreholzes, die zur Pfeifenfabrikation verwendet werden, und das Veilchenholz.

3. Physikalisch-technische Eigenschaften des Holzes.

Durch sie wird die Eignung einer Holzart für die Arbeit wesentlich bestimmt.

a. Härte. Sie ergibt sich aus der Derbheit und

Dichte der Zellen. Bäume gleicher Gattung, die auf steinigem Boden wachsen, sind härter als solche mit günstigeren Nahrungsverhältnissen. Von großer Einwirkung ist dabei die Ablagerung von Harzen und kieseligen Bestandteilen in den Holzzellen, die darin verkrusten (Harzjahre der Kiefer, Lärche und amerikanischen Pechkiefer). Viele exotische Hölzer verdanken ihre große Härte solchen Harzverdichtungen in den Zellen (Ebenholz, Pockholz, Palisander, Veilchenholz).

Bei den vielen durch Bau und Entwicklung hervorgerufenen Nebenumständen wird die Härte der Hölzer ein unbestimmter Begriff bleiben. Man begnügt sich in der Praxis mit der Einteilung in weiche, harte und sehr harte Hölzer. Als weiche Hölzer gelten Birke, Erle, Fichte, Tanne und Kiefer. Als sehr weich bezeichnet man Pappel, Linde und Weide. Harte Hölzer sind Rotbuche, Ahorn, Esche, Eiche, Rüster, Kirsch-, Birn- und Nußbaum. Sehr hart sind Weißbuche, Apfelbaum, Pflaumenbaum und Buchsbaum. Besonders hart sind von den exotischen Hölzern das Ebenholz, Pockholz, Veilchenholz und Quebrachoholz, sowie die Bäume australischer Eukalyptusarten. Die besonders harten Hölzer werden gemeinhin auch als Eisenhölzer bezeichnet.

b. Schwere und Dichte (spezifisches Gewicht). Mit der Härte steht die Schwere und Dichte des Holzes im Einklang. Tropische Länder erzeugen im allgemeinen die schwersten, dichtesten Hölzer von feinstem anatomischen Bau. Der Gradmesser ist das spezifische Gewicht im Vergleich des Holzgewichts mit dem gleichen Volumen Wassers. 1 ccm Wasser wiegt 1 g. Hölzer mit spezifischem Gewicht unter 1 schwimmen, über 1 gehen unter. Vollkommene Werte, wie bei gleichstoffigen Körpern, Metallen und Mineralien, sind bei Holz nicht erhältlich wegen der Ungleichheit des Wachstums selbst einer Holzgattung und Verschiedenheit des Trockenzustandes.

Um aber das Verhältnis der Dichte und Schwere der Hölzer untereinander zu bestimmen, wird das spezifische Gewicht im lufttrockenen Zustande angenommen. Für uns hat das spezifische Gewicht nur für die tropischen Schwerhölzer Bedeutung, die nach Gewicht gehandelt werden, weil man mit Hilfe desselben das Gewicht des zur Arbeit erforderlichen Holzes in der Kalkulation annähernd berechnen kann.

Spezifisches Gewicht der hauptsächlichsten Gewichtshölzer.

Holzart	spez. Gew.	Holzart	spez. Gew.
Amarantholz .	1 —1,10	Palisander . .	0,9
Schwed. Birke .	0,6 —0,8	Pockholz . . .	1,17—1,39
Buchsbaum . .	0,91—1,03	Rotholz . . .	1
Bruyèreholz . .	1	Rosenholz . .	1 —1,10
Cocosholz . .	1,4	Satinholz . . .	1
Cocoboloholz .	1,1 —1,2	Teakholz . . .	0,75—0,86
Ebenholz . .	1,2 —1,33	Veilchenholz .	1,2 —1,4
Eibe	0,8 —0,94	Schlangenholz .	1 —1,2
Grenadillholz .	1,10	Zebranoholz .	1 —1,1

c. Spaltbarkeit. Sie hängt von dem geraden oder mehr verschlungenen Verlauf der Holzfaser und der Härte des Holzes ab. Frisches Holz spaltet leichter als trockenes. In Richtung der Markstrahlen spaltet es am besten. Pappel, Linde, Eiche, Rotbuche, Ahorn spalten sich gut; Esche, Rüster, Weißbuche schwerer.

d. Biegsamkeit. Sie setzt eine gewisse Zähigkeit des Holzes voraus und beruht auf der Dehnbarkeit der Zellen und dem Mangel an die Fasern verkittenden Substanzen. Geradfaseriger Wuchs ist für die Biegefähigkeit Hauptbedingung. Genügende Dehnbarkeit und Bruchfestigkeit ist nicht allen Hölzern eigen. Am biegefähigsten zeigen sich das Splintholz und die jungen Triebe der Hölzer. Da Feuchtigkeit das Holz weich macht und die inkrustierenden Stoffe in den Zellen sich darin mehr oder weniger lösen, wird das Holz durch Kochen oder Dämpfen zum Biegen vorbereitet. Beim Drechsler kommt die Holzbiegerei hauptsächlich in der Stockfabrikation zur Anwendung. Gut biegefähige Hölzer sind Rotbuche, Esche, Rüster, Nußbaum, Weißbuche und Hasel.

e. Elastizität. Als solche bezeichnet man die dem Holzkörper in verschiedenem Grade anhaftende Eigenschaft des Zurückstrebens in seine ursprüngliche Form, wenn sie durch Biegung verändert wurde. Zur vollen Geltung kommt sie in der Holzverarbeitung bei hölzernen Druckfedern (Schwingen), Turnstangen, und für die Güte des Resonnanzholzes an Musikinstrumenten, weil sie die Schallwirkung begünstigt. Je feinjähriger das Holz gewachsen und die Jahresringe eng und von gleichmäßiger Breite sind, um so elastischer ist es. Als elastisch gelten Esche, Akazie und Ebenholz. Das beste Resonnanzholz liefert die Haselfichte vom Bayerischen Wald.

f. Farbe und Zeichnung. Unsere einheimischen Hölzer haben keine so ausgesprochen reine Färbung wie die exotischen Hölzer. Die Farbe gibt deshalb keine sicheren Kennzeichen für eine Holzgattung ab. Die älteren Bäume sind meist dunkler in der Färbung als die jüngeren. Das verarbeitete Holz verändert sich an der Luft und dem Licht oft schon in kurzer Zeit. Das Kernholz ist viel dunkler als das Reif- und das Splintholz. Letzteres ist meist weißlich oder gelblich. Der Kern hat eine mehr ausgesprochene Färbung: gelb, rot, braun, violett, sogar schwarz, während der Splint weiß ist (Ebenholz). Beim Amarantholz ist die Farbveränderung am kräftigsten. Das unscheinbare Graubraun des Kerns geht schon nach einigen Stunden an der Luft und im Licht in ein reines Violett über.

In Verbindung mit der Färbung gibt die Zeichnung der Hölzer zu ihrer Artbestimmung guten Aufschluß und macht das Holz durch den eigenartigen, überaus wechselvollen Verlauf besonders wertvoll.

g. Geruch. Fast jedes Holz hat einen ihm eigenen Geruch, zumal im frischen Zustande. Die Nadelhölzer fallen auf durch den Harzgeruch, das frische Eichenholz durch den sauren Gerbsäuregeruch. Viele Fremdhölzer strömen bei der Verarbeitung einen kräftigen aromatischen Geruch aus, wie das Veilchenholz, Sandelholz und Satinholz. Das Kampferholz dunstet Kampfergeruch aus und das Weichselholz wird wegen seines Wohlgeruches geschätzt. Verschiedene tropische Hölzer wirken durch scharfen Geruch auf die Schleimhäute der Nase ein, z. B. das Niesholz durch den scharfen Pfeffergeruch. Unsere einheimischen Hölzer, wie Linde, Aspe, vor allem Birke, strömen im frischen Zustande einen ihnen eigenen Geruch aus. Gesundes Holz riecht frisch und kräftig, krankhaftes oder fauliges riecht muffig.

4. Fehler und Krankheiten des Holzes.

Die Fehler des Holzes sind meist im abnormen Wachstum, durch Bodenverhältnisse oder Witterungseinflüsse oder durch äußerliche Beschädigung hervorgerufen, zu suchen. Bei gesunder Holzfaser kann es noch als minderwertiges Nutzholz gelten. Krankes Holz ist mehr oder weniger seiner Festigkeit beraubt und gibt kein Werkholz mehr ab.

Fehler sind der Drehwuchs, exzentrischer Wuchs und ästiges Holz. Die Äste sind gesund, mit dem Holz fest verwachsen, oder, abgestorben, mürbe und faul, oft auch von gesundem Holz überwachsen, z. B. bei Eiche, Nußbaum, Rotbuche. Ästiges Holz ist minderwertig.

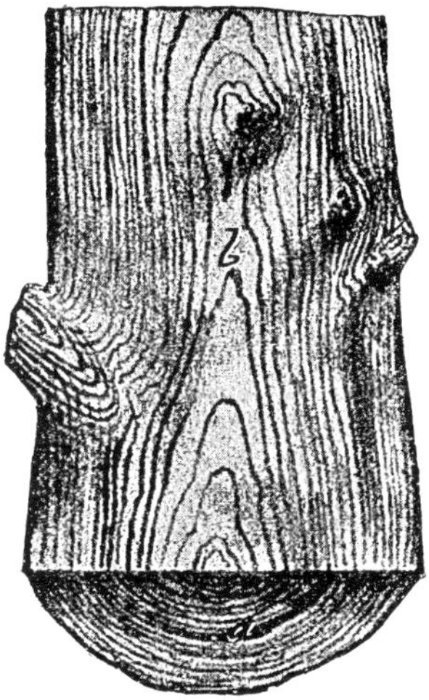

Abb. 6. Ästiges Holz.

Abb. 7. Kernrisse (Uhrzeiger).

Mondring (doppelter Splint) zeigt sich bei der Eiche im Kernholz, wo sich Ringe aus hellem, weichem Holz entwickelt haben.

Schäl-, Frost- und Kernrisse. Schälrisse zeigt der Stamm am Querschnitt durch teilweise Trennung zweier Jahresringe, so daß ein Spalt entsteht. Als Ursache kann eine frühere Verletzung durch das Wild angenommen werden, die nachher überwallt ist; es kann auch ein Frostschaden sein.

Frostrisse entstehen in jüngeren Holzschichten bei Eintreten plötzlicher starker Kälte, indem sich die äußeren Schichten durch das Ausfrieren der Säfte zusammenziehen und, durch die Kernschichten behindert, das Holz an einer Stelle aufplatzt, so daß ein radialer Riß klafft, der sich mit Eintritt wärmerer Witterung schließt und von den neu gebildeten Wuchsringen überwallt wird. Es bildet sich eine Wulst, die „Frostleiste".

Kernrisse haben ihre Ursache in ungleicher Trocknung der Kernschichten. Sie verlaufen in Richtung der Spiegel, daher auch Spiegelklüfte oder Uhrzeiger genannt.

Stämme mit Schäl-, Frost- und Kernrissen sind kein Material zu Schnitthölzern.

5. Fäulnis des Holzes.

Die Erkrankung der Holzfaser ist Fäulnis, die sich örtlich als Wurzel-, Stamm- oder Astfäule äußert. Mit der Zersetzung findet eine Verfärbung des Holzes statt. Gemäß der Zerstörung spricht man von Rot- und Weißfäule, Trocken- oder Naßfäule, hervorgerufen durch Pilzbildungen.

Die Rotfäule (Trockenfäule) befällt hauptsächlich den Kern des Baumes (Kernfäule). Das Holz wird rötlich bis zimtbraun, leicht, weich und zerfällt schließlich zu pulverartiger Masse. An Laubhölzern, alten Eichen und Buchen, tritt die Rotfäule am unteren Stamm auf (Wurzelfäule). An Eichen durchzieht sie oft einzelne Jahresringe, so daß im Längsschnitt im hellen Holz rote Streifen entstehen. Auch Fichte und Kiefer wird im Kernholz häufig von Rotfäule befallen.

Die Weißfäule (Naßfäule) zeigt sich mehr in den Splintschichten des Baumes. Das Holz verliert seine frische, lebendige Färbung und seinen Geruch, es riecht stickig. Die Zerstörung der Holzfaser geht bei Weißfäule schnell vor sich. Die Pilzbildung zerstört das Holz in verschiedener Erscheinung. Der höchste Grad der Weißfäule ist der Schwamm. Stark von Weißfäule zersetztes Holz phosphorisiert, es leuchtet im finstern (Irrlichterscheinung).

Weißfäule entwickelt sich meist erst am geschlagenen Holz als Erfolg unsachgemäßer Behandlung vom Fällen bis zur Trocknung. Gefälltes Holz soll möglichst bald abgefahren und zerteilt, geschnitten oder gespalten werden.

Bei Fichte entsteht Rotstreifigkeit als Anfang der Rotfäule. Kiefer zeigt im Splintholz Blaustreifigkeit. Auch hier wird das Holz seiner Festigkeit beraubt und entwertet, obwohl es als Werkholz noch brauchbar ist. Erle und Buche leiden sehr unter Erstickung der Holzfaser, wenn das Holz nicht luftig gelagert ist. Erstickte Erle zeigt am Querschnitt zahlreiche kleine weiße Flecke, die sich schnell über die ganze Fläche ausbreiten und am Längsschnitt weiße Streifen bilden. Ebenso die Rot- und

Weißbuche; das Holz wird matt und mürbe. Das Ahornholz bläut und wird grau.

Als überständig bezeichnet man das Holz alternder Bäume, bei denen der Vegetationstrieb aufgehört hat. Es wird trocken, kurzbrüchig, schwammig und verliert seine Elastizität.

Als Holzfehler zeigt sich noch der Wurmfraß, durch den die befallenen Bäume mehr oder weniger entwertet werden. Zu diesen Schädlingen gehören besonders die Bockkäfer, die große Löcher bohren. (Der große Eichenbock, Pappelbock, Fichtenbock und die Holzwespe in ihrer vierjährigen Entwicklung.) Im ausgetrockneten Holz, hauptsächlich in alten Möbeln, bohren der Splintkäfer und die kleine Holzkanaille unzählige kleine Löcher. Erle, Buche, Birke, Nußbaum und Eiche werden im Splintholz vornehmlich davon befallen.

6. Einfluß der Feuchtigkeit auf das Holz.

Der im frischen Holz enthaltene, allmählich austrocknende wässerige Saft führt im Verein mit dem faserigen Gefüge die Erscheinungen des Schwindens, Verziehens oder Werfens und das Reißen des Holzes herbei. Dabei gleicht sich der Feuchtigkeitsgehalt des Holzes dem der umgebenden Luft an. Lufttrockenes Holz enthält immer noch 15—20 Proz. Feuchtigkeit. Durch die Wasserentziehung beim Trocknen schrumpft der Holzkörper (schwindet), er saugt aber auch wieder Feuchtigkeit auf und quillt. Beide Vorgänge bezeichnet man mit „Arbeiten des Holzes".

Das Schwinden geht im Holzkörper nicht gleichmäßig vor sich. Längs der Holzfaser ist es kaum merklich, $^{1}/_{10}$ Proz. In Richtung der Markstrahlen beträgt es bis 10 Proz. und nach den Jahresringen 15 Proz. vom Frischholz zur Lufttrocknung. Das ungleiche Schwinden führt zum Verziehen und Krümmen der Bretter. Aus noch feuchtem Holz gedrehte Arbeit trocknet im Querschnitt oval. Als wasserreichster Teil schwindet das Splintholz mehr als das Reif- und Kernholz, so daß die Bretter sich an der dem Splint zugekehrten Seite hohl ziehen, während das Kernbrett in gleicher Verteilung von Splint und Kern an beiden Seiten gerade bleibt und nur nach den Kanten zu ein wenig schwächer wird. (Abb. 10.)

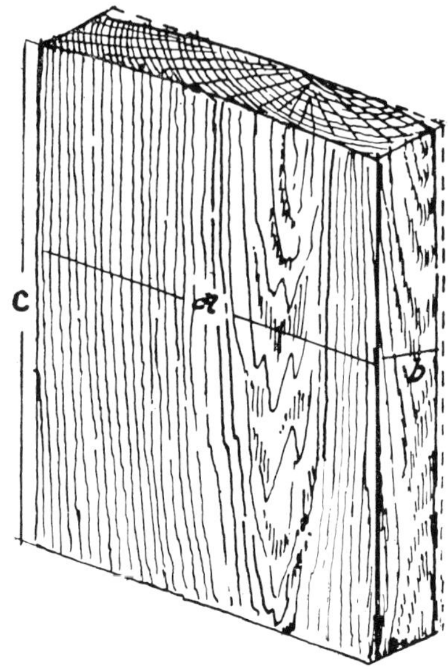

Abb. 8. Schwundverhältnis nach verschiedener Holzrichtung.
a. 15 Proz. b. 10 Proz. c. $^1/_{10}$ Proz.

Schneidet man den Stamm im Mark durch, so ziehen sich die anliegenden Bohlen auch hohl und es entsteht durch das Zusammenziehen des Splintes längs des Marks ein Riß, der das Hohlziehen begünstigt.

Ist ein gleichmäßiges Schwinden nicht möglich, z. B. bei unregelmäßigem Verlauf der Holzfaser (Wimmer und

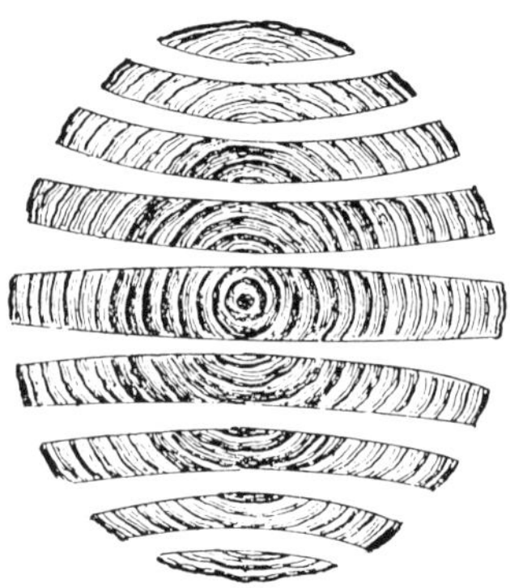

Abb. 9. Hohlziehen der Bretter beim Trocknen.

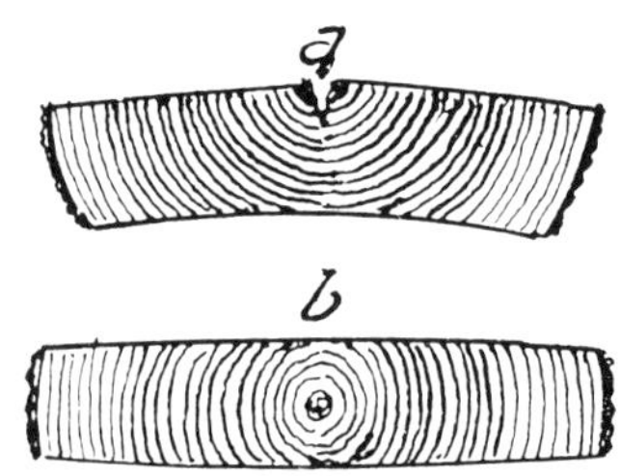

Abb. 10. Reißen des kernanliegenden Brettes. a Kernbrett; b bleibt gerade, schwindet gleichmäßig.

Drehwuchs), bei dem die Fasern mehr oder weniger schräg durchschnitten sind und dort schneller austrocknen, entstehen Spannungen, die das Brett „windschief" ziehen.

Die Holzarten schwinden verschieden; am meisten Nußbaum, Weißbuche und Kirschbaum, am geringsten Mahagoniholz.

Den Grad des Schwindens zeigt folgende Tabelle der für den Drechsler wichtigsten Hölzer. Da der geringe Schwund in Längsrichtung auf die Bearbeitung kaum Einfluß hat, ist die Größe des Schwindens nur für Querholz in Richtung der Spiegel und Jahresringe angegeben und der Durchschnitt aus beiden für Hölzer, die ohne Rücksicht auf die Lage der Spiegel aus dem Stamm geschnitten sind, also auf ihrer Fläche beide Querrichtungen gemischt darbieten.

Holzarten	Größe des Schwindens: Querholz in Richtung der Spiegel %	Größe des Schwindens: Querholz in Richtung der Jahresringe %	Größe des Schwindens: Querholz im Mittel %
Ahorn	2,0—5,4	4,1—7,3	4,7
Apfelbaum	3,1—6,0	5,7—9,0	5,9
Birke	1,7—7,2	3,2—9,3	5,3
Birnbaum	2,9—3,9	5,5—12,7	6,3
Rotbuche	2,3—6,0	5,0—10,7	6,0
Buchsbaum	1,3—7,4	3,2—10,4	5,6
Ebenholz	2,1	4,1	3,1
Eiche	1,1—7,5	2,5—10,6	5,4
Erle	2,9—6,5	4,1—9,8	5,8
Esche	0,5—7,8	2,6—11,8	5,7
Fichte	1,1—2,8	2,0—7,3	3,3
Kiefer	0,6—3,8	2,0—6,8	3,3
Jakaranda	1,3	2,6	1,9
Kirschbaum	1,6—11,2	4,1—12,2	7,3
Lärche	0,3—7,3	1,4—7,1	4,0
Linde	3,5—8,5	0,4—10,9	4,7
Mahagoni	1,1	1,8	1,4
Nußbaum	2,6—8,2	4,0—17,6	8,1
Pappel	1,2—4,2	2,8—9,8	4,5
Pflaumbaum	1,8—2,5	1,8—11,3	4,3
Pockholz	5,2	7,5	6,3
Tanne	1,9—4,8	4,1—8,1	4,7
Ulme (Rüster)	1,2—4,6	2,7—8,5	4,2
Weißbuche	4,3—6,8	6,2—11,1	7,1

Für die Verwendung der Hölzer zu bestimmten Arbeiten ist die Kenntnis des Schwundmaßes der verschiedenen Holzarten sehr wichtig und wird viel zu wenig

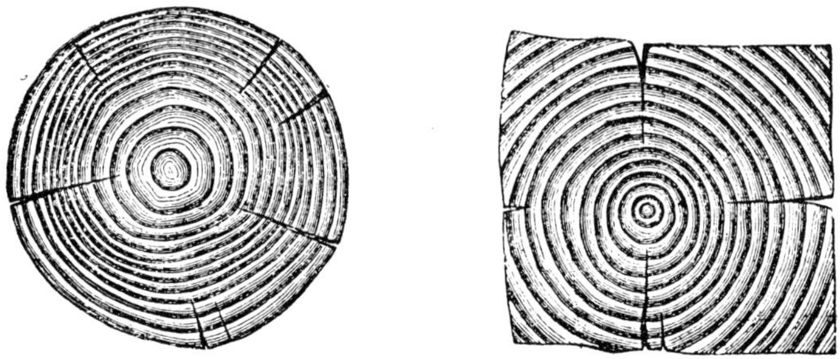

Abb. 11 und 12.
Strahlenrisse am runden Stamm und beschlagenem Holz.

berücksichtigt. Stark schrumpfende Hölzer sind dem Reißen, ebenso dem Verziehen, am ehesten ausgesetzt, weil sie stark nachschwinden und ihre Trocknung besonders sorgfältig sein muß.

Reißen des Holzes. Durch den ungleichen Wassergehalt im Splint- und Kernholz entstehen beim Trocknen Spannungen, die zur Rißbildung führen, wenn der Stamm nicht bald zerteilt wird, sei es durch Spalten in Viertel- oder Halbscheite oder durch Schneiden in Bretter. Auch am Scheitholz können beim Trocknen Risse auftreten, aber im Kern, indem das mehr zusammentrocknende Splintholz in den Kernteilen Widerstand findet und ihn im Mark sprengt.

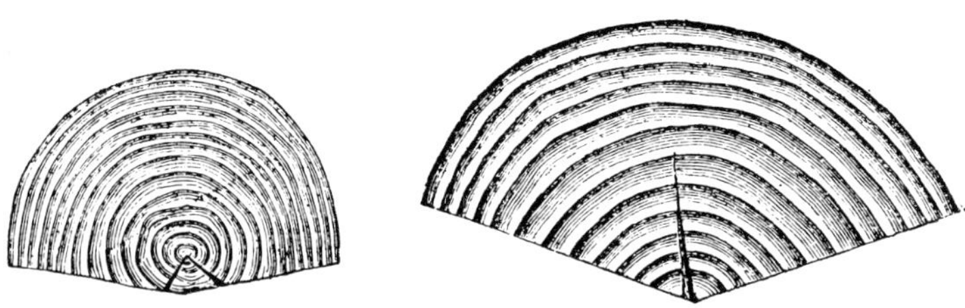

Abb. 13. Kernriß am trocknenden Scheitholz.

So entstehen am Stammholz Strahlenrisse, weil die wasserärmeren Kernteile weniger schrumpfen als die saftführenden Splintschichten, und das um so mehr, als diese an der Oberfläche schneller austrocknen. Beim Scheitholz gibt es einen Kernriß (Abb. 13), wenn die sich zuzusammenziehenden Splintholzschichten in den Kernteilen Widerstand finden und sie sprengen. Dadurch bildet die erst gerade Spaltfläche einen stumpfen Winkel.

Zweiter Abschnitt.

Lagern und Austrocknen des Holzes.

1. Natürliche Austrocknung.

Die Lagerung und Trocknung des Holzes erfordert Erfahrung, um die üblen Begleiterscheinungen, die Fäulnis, das Reißen und Verziehen, zu verhindern. Die Austrocknung kann eine natürliche und künstliche sein. Frische Hölzer lagert man im Freien, unter offenen Schuppen. Der geschnittene Block ist sorgsam in der Reihenfolge der Bretter zu stapeln und, gegen Erdfeuchtigkeit geschützt, auf Balken zu legen. Die Stapelhölzer sind entsprechend der Stärke der Bretter zu verteilen. Die Endhölzer müssen mit den Brettenden abschneiden und breiter sein, um zu schnelles Austrocknen der Stirnseiten zu verhüten, was tiefe Endrisse hervorruft und das Holz verharscht, so daß der Austritt der Feuchtigkeit aus dem Holz verzögert wird. Zum gleichen Zweck bestreicht man die Stirnseiten mit einer Schutzschicht, z. B. Kalk oder in Wasser angerührten Erdfarben. Bei Bohlen nagelt man auch Leisten davor. Der Schutzanstrich muß feuchtigkeitsdurchlässig sein. Ölfarbenanstrich ist unzulässig, da er die Holzzellen abdichtet; das Holz würde stickig werden. Schnitthölzer müssen sorgsam gestapelt werden, damit sie nicht windschief trocknen. Die Lagerhölzer sind mit Richtscheit und Wasserwaage auszurichten. Die Stapelhölzer sollen von gleicher Stärke sein, 2—3 cm, und sie müssen genau übereinander liegen. Im Trockenschuppen ist das Holz etwa 30 cm über dem Erdboden zu lagern, der am besten mit Ziegeln gepflastert ist, um die Bodenfeuchtigkeit abzuhalten. Die Wetterseite soll geschlossen und das Holz so gelagert sein, daß seine Stirnseiten der Sonne und Zugluft nicht ausgesetzt sind.

Stamm-, Rollen- und Scheitholz bedürfen der Gefahr des Reißens wegen besonderer Pflege. Die Hölzer sind zu flecken, indem sie ihrer Rinde mit dem Beil oder dem Schnitzelmesser teilweise entledigt werden. An den Enden bleiben ca. 15 cm lange Köpfe stehen, um zu tiefe Endrisse beim Trocknen zu vermeiden.

Die Eigenart der Hölzer erfordert entsprechende Behandlung. Ahornholz ist besonders empfindlich und wird leicht stickig und grau; es ist vor Nässe zu schützen und muß luftig gelagert sein. Auch Erle und Weißbuche werden leicht stickig. Eichenholz lagert man im geschnittenen Block die erste Zeit am besten im Freien, oben gut abgedeckt, um es auszusäuern. Auch Nußbaum läßt man noch ungeschnitten solange auswittern, bis sich die Borke ablöst.

Die Lufttrocknung dauert bei Nadelhölzern etwa ein Jahr; harte Hölzer bedürfen drei bis vier Jahre, um verwendbar zu sein.

Rollen- und Scheitholz wird im Viereck kreuzweise gelegt, so daß die Luft überall dazu kann. Im Freien muß es schattig liegen. Zugluft und Sonne machen die Stirnseiten tiefrissig.

Behandlung harter tropischer Hölzer. Durch den feinzelligen Bau und die starke Harzinkrustierung dieser Hölzer geht die Verdunstung des Wassergehaltes sehr langsam vor sich, sie dauert viele Jahre, so daß beim Anschnitt schon sehr lange gelagerten Holzes noch Luftrisse entstehen. Zugluft ist diesen Hölzern unbedingt fernzuhalten. Ein trockener, luftiger, aber zugfreier Keller ist der beste Lagerort. Zugeschnittenes Holz wird am besten in Drehspäne eingepackt in der Werkstatt nachgetrocknet, um Risse zu verhüten. Nur so können stärkere Stücke dieser empfindlichen Hölzer rißfrei gehalten werden, weil durch die Späne die Stirnflächen von jeglicher Zugluft abgeschlossen sind.

Am besten werden diese Hölzer im groben, der Arbeit entsprechend, ausgeschrotet und sofort wieder in einer Kiste in Drehspäne verpackt möglichst warm gestellt, im Trockenraum, auf der Hänge über dem Ofen oder auf einem Backofen. Durch die Wärme wird die Feuchtigkeit im Holz von innen nach außen getrieben und von den umgebenden Spänen, die trocken sind, aufgesaugt und nach außen abgegeben. Da sich hierdurch der Feuchtigkeitsgrad überall ausgleicht, können keine Spannungen und demnach auch bei den empfindlichsten Fremdhölzern keine Risse entstehen. Wie groß in den vermeintlich trockenen Hölzern die Feuchtigkeit noch ist, zeigte sich an dem Schwundverhältnis durch das Ovaltrocknen der ausgedrehten Stücke.

Auch noch fast frische einheimische Hölzer, die ausgearbeitet sind, können auf diese Art in kurzer Zeit vollkommen riß- und schwundfrei gemacht werden. Es muß aber bei großer Wärme, am besten im Trockenraum bei 40—60 Grad C, geschehen, damit die Feuchtigkeit schnell ausgetrieben und von den außen trockenen Spänen genügend abgesaugt wird, sonst tritt das Gegenteil ein, das Holz erstickt und verfärbt sich.

Die natürliche Trocknung wird durch zweckmäßige Zerteilung des Holzes für bestimmte Arbeiten gefördert. Der Drechsler sägt, spaltet und schruppt das Holz aus, bohrt es, wo erforderlich, um rißfreies Material zu erhalten.

2. Auslaugen des Holzes.

Bei der Lufttrocknung halten die Saftstoffe noch Wasser gebunden, so daß die Neigung zum Reißen und Verziehen noch immer besteht. Durch Herauslösen der Saftstoffe wird diese Bewegung des Holzes abgetötet. Dazu bieten sich drei Wege.

a. Auslaugen in fließendem Wasser. Der Stamm wird im Fluß verankert, so daß der Druck des Gefälles das Wasser allmählich durch die Poren des Stammes treibt und die Eiweißstoffe auswässert. Solche Auslaugung ergibt sich schon bei Flößhölzern auf ihrem langen Transport.

b. Auslaugen in kochendem Wasser. Durch das Kochen der schon zur Arbeit vorgerichteten Hölzer werden die Saftstoffe schnell gelöst. Dabei ist natürlich häufiger Wasserwechsel nötig, soll die Arbeit nicht ergebnislos sein. Es ist vorteilhafter, statt des Kochens die Zellsäfte durch Wasserdampf zu lösen, indem man über den Waschkessel, der meist im Kleinbetrieb zum Auskochen des Holzes benutzt wird, eine Kiste stülpt und in dieser die Holzteile auf Rosten schichtet. An einer der Stirnseiten wird eine Tür zum Einbringen der Hölzer angeschlagen. Die aufsteigenden Dämpfe durchziehen das Holz und lösen die Säfte, die mit dem Kondensat in den Kessel abrinnen, während die aufsteigenden Dämpfe rein sind.

c. Dämpfen des Holzes. Am wirksamsten geht die Entziehung der Zellsäfte durch Dämpfen vor sich, indem der in das Holz eindringende Wasserdampf so energisch löst, daß in 24—48 Stunden ganze Stämme und Bohlen ausgelaugt werden. Die Dämpfanlage ist ein geschlossener Kessel, wenn mit Überdruck gedämpft werden soll, oder ein gemauerter, auszementierter Behälter. Es kann auch ein entsprechend großer Holzkasten sein, dessen 4—5 cm starke Bohlen, in Nut und Feder abgedichtet, durch Eisenbänder zusammengehalten werden. Die Behälter werden nur durch Holzdeckel verschlossen. Die Hölzer lagern auf Rosten; Bretter sind genau zu stapeln. Die Lagerung ist etwas schräg, damit das Kondenswasser aus dem Holz ablaufen kann. Man dämpft hier mit $^{1}/_{10}$ Atm. Überdruck. Die Dämpfung ist beendet, sobald das Kondenswasser, das zuerst durch die gelösten Säfte rotbraun abfließt, wieder klar ist. Die Hölzer werden durch das Dämpfen dunkler und schöner in der Farbe, besonders die Rotbuche und das Birnbaumholz angenehm rotbraun. Zum Dämpfen wird meist der Abdampf der Betriebsmaschine benutzt. Wo solche nicht vorhanden ist, bedarf es eines Niederdruckdampfkessels, an den auch die Trockenkammer angeschlossen wird. Holz wird auch gedämpft, um es biegefähig zu machen, und zum Schälen oder Messern der Furniere. Durch starkes Dämpfen mit Druck verliert das Holz an Festigkeit, weil neben den Zellsäften noch andere festigende Bestandteile, wie Harze, mit abgeführt werden, so daß das Holz mürbe und strohig wird und sich nicht gut bearbeiten läßt. Über 2 Atm. Druck darf nicht gedämpft werden. Gedämpftes Holz ist dem Wurmfraß und der Fäulnis weniger unterlegen.

Durch Dampf oder Wasser ausgelaugtes Holz trocknet schneller aus und „arbeitet" weniger als ungedämpftes. Zu schnelle Wasserentziehung beim Trocknen führt zur Rißbildung, dem Holzkörper muß daher Zeit zum Zusammenziehen gegeben werden.

3. Künstliche Trockenanlagen.

Im größeren Betriebe der Holzbearbeitung ist die Trockenanlage einer der wichtigsten Einrichtungen, um das Holz möglichst bald zur Verarbeitung zu bringen. Die Anlagen arbeiten nach verschiedenen Systemen, je nach Menge und Art der Hölzer. Für große Betriebe kommt hauptsächlich für Nadelhölzer der Kanaltrockner in Anwendung. Der Trockenprozeß ist ein laufender, indem das Holz auf Stapelwagen im Kanal nach und nach vorrückt und dabei den verschiedenen Trockenstadien ausgesetzt ist.

Für Möbelhölzer oder gar empfindliche Massivhölzer, wie die des Drechslers, kommt nur die Kammertrocknung in Frage, bei der der Trockenprozeß der fortschreitenden Trocknung genauer angepaßt werden kann. Die Kammern werden in bestimmten Zeitabschnitten voll beschickt. Es ist wichtig, nur Hölzer annähernd gleichen Feuchtigkeitsgrades einzustapeln, um die Trocknung nicht zu verzögern.

Die Grundsätze der Trockenanlage sind: Wärme, Feuchtigkeit und Luftbewegung, also Mittel, wie bei der natürlichen Trocknung. Die Wärme hat die Aufgabe, die Feuchtigkeitswanderung im Holz hervorzurufen und das an die Holzoberfläche gebrachte Wasser zum Verdampfen zu bringen. Die Feuchtigkeit dagegen soll die Oberflächenfeuchtigkeit stets in gleichem Schritt mit der Feuchtigkeitsnachwanderung aus dem Holzinnern halten und so verhüten, daß die Holzoberfläche zu schnell trocknet und damit verkrustet. Die Luftbewegung ist erforderlich, um die Wärme dem Holz in allen Teilen des Trockenraumes gleichmäßig zuzuführen und das an der Holzoberfläche verdunstete Wasser fortzuschaffen. Die Elemente eines Trockenraumes sind also Dampfheizung, Ventilatoren zur Luftbewegung und Wärmeausgleich. Die Trockenkammer bedarf demnach einer sorgsamen Bedienung, um Wärme, Luftfeuchtigkeit und Bewegung so zu regeln, daß der Trockenprozeß ohne Störung vor sich geht, was durch entsprechende Kontrollinstrumente, wie Wärme- und Feuchtigkeitsmesser, geschieht. Nur so können die Trocknungsverhältnisse, wie sie der jeweils zu behandelnden Holzart und -stärke am zuträglichsten sind, eingestellt werden, um die Trocknung ohne Rißbildung und Spannung im Holz herbeizuführen, die ein „sich werfen" des Holzes verhütet.

Es gibt verschiedene Systeme von Trockenanlagen, die alle dem gleichen Grundgedanken der Holztrocknung folgen, in der Ausführung aber verschiedene Wege gehen. Im allgemeinen arbeiten diese Anlagen mit Saug- oder Druckluft, entweder mit Heizkammern oder Dampflufterhitzer in Verbindung mit Dämpfeinrichtung oder Sprühdüsen, um die dem Trockenzustand des Holzes angemessene Luftfeuchtigkeit herzustellen.

Die Ausrüstung muß den hauptsächlich zu trocknenden Hölzern angepaßt sein, um spannungslose, schnelle und rißfreie Trocknung zu erzielen. Sie ist für Weichholz oder weniger empfindliches Hartholz anders geartet als für empfindliche Hölzer, die weitgehende Bedienung zur Regulierung der Heizbatterien, Sprüheinrichtungen und Gebläse erfordern.

Für Kleinbetriebe, besonders für den Drechsler mit seinen Massivhölzern, kommt die Frischtrocknung weniger in Frage, sondern mehr ein Fertigtrocknen vorbehandelter Hölzer an der Luft. Dazu genügt eine einfache Trocken-

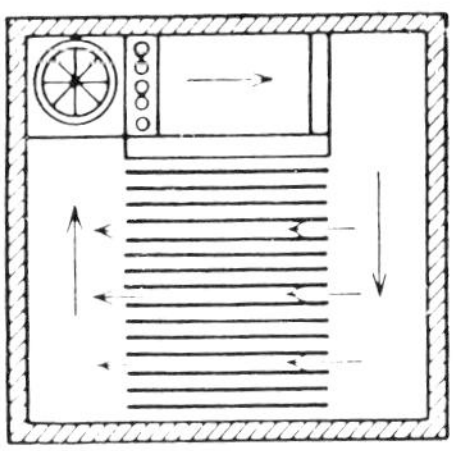

Abb. 14. Schema des Querschnitts einer Trockenkammer für Frischtrocknung.

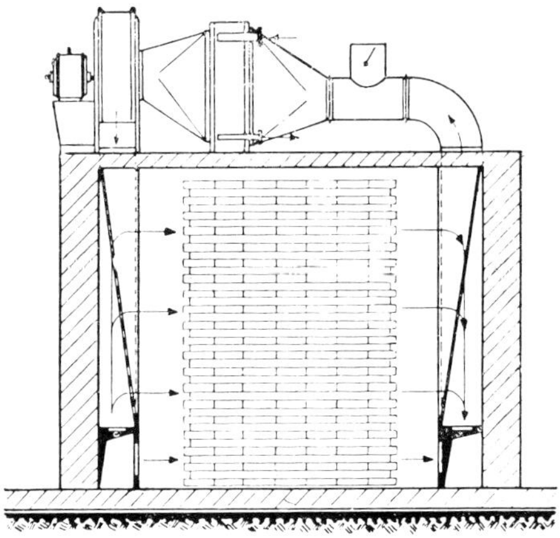

Abb. 15. Querschnitt einer Trockenkammer für empfindliche Harthölzer mit zentral angeordnetem Luftheizaggregat (System Schilde).

kammer mit zentral angeordnetem Luftheizaggregat, deren Beschaffung billiger als solche für Frischtrocknung ist.

Zur gleichmäßigen Verteilung der Warmluft ist der Einbau von Verteilkanälen und -wänden nötig, die aus Holz selbst hergestellt werden können. Die Abb. 15 zeigt den schematischen Querschnitt der Anlage. Das oben montierte Luftheizaggregat kann den örtlichen Verhältnissen entsprechend auch neben, hinter oder unter der Kammer angeordnet werden. Durch Zuführung von Warmluft und Absaugung der Umluft am Fußboden der Anlage wird auch bei der durch den Zentrifugalventilator bedingten schwächeren Luftbewegung eine Gleichmäßigkeit der Trocknung jeder einzelnen Stapellage gewährleistet. Mit Hilfe der Luftverteilwände ist die einmalige Einstellung gleicher Trockenverhältnisse durch Veränderung des Lattenabstandes leicht erreichbar. Die Luft wird vom Ventilator des Zentralaggregates in dauerndem Kreislauf durch den Holzstapel und die Heizbatterie gehalten. Sie erfährt in letzterer jeweils wieder die Erwärmung auf die erforderliche Trockentemperatur.

4. Fällzeit des Holzes.

Als wesentlich für die Dauerhaftigkeit des Holzes gilt die Fällzeit. Die Saftbewegung im Holz ist im Frühjahr am lebhaftesten; im Spätsommer nachlassend, ruht sie im Winter fast ganz. Es ist deshalb verständlich, wenn allgemein das Holz im Winter, von November bis Januar, geschlagen wird. Die Säfte sind in dieser Zeit wässeriger; das Holz trocknet dadurch schneller aus. Das in den Wintermonaten gefällte Holz kann bis zum Frühjahr ohne Nachteil in der Rinde verbleiben, besonders Nadelhölzer. Sie trocknen etwas länger, aber erhalten dabei nicht so tiefgehende Luftrisse (Trockenspalten).

Im Sommer gefälltes Holz muß möglichst sofort entrindet werden, weil in der Wärme die Eiweißstoffe des Safttriebes schnell in Gärung übergehen und der Entwicklung von Fäulnispilzen Vorschub leisten.

Nadelhölzer unterliegen der Rotstreifigkeit (Fichte und Tanne) als erstem Stadium der Trockenfäule. Sie hat ihre Ursache in dem Übereinanderlagern der gefällten Bäume in der Sägemühle, die längere Zeit auf den Einschnitt warten müssen, wodurch die in den Trockenspalten vorhandenen Pilzsporen zur Entwicklung kommen. Das Holz ist noch gut brauchbar, aber immerhin zweitklassig durch seine Verfärbung.

Bei Kiefer zeigt sich eine leichte Zersetzung in sogenannter Verbläuung durch den Blaufäulepilz, der das Splintholz befällt, wenn es zu lange ungeschnitten liegen bleibt oder dumpfig gelagert ist. Das verblaute Holz verarbeitet sich unter dem Hobel und Drehmeisel schlecht; ihm fehlt die Geschmeidigkeit des gesunden Holzes.

Buchen- und Erlenholz wird leicht stickig; es bilden sich weiche weiße Flecke, die sich schnell über die ganze Holzfläche verbreiten und das Holz vollständig zersetzen und unbrauchbar machen. Die Erle ist besonders empfänglich dafür und muß möglichst bald eingeschnitten und luftig gelagert werden. Die Rinde ist bei dem vom

Drechsler gebrauchten Vollholz (erlene Rollen) nach dem Schlagen sofort zu behacken, damit die Säfte im Bast unter der Rinde nicht in Gärung kommen.

Dritter Abschnitt.

Das Holz als Handelsware.

Man unterscheidet im Holzhandel Rundhölzer und Schnitthölzer mit verschiedener Bezeichnung, je nach Art der Aufbereitung.

Stammware: Unterer Teil des Baumes.
Zopfholz: Oberer, ästiger Teil des Stammes.
Rollen: Schwaches Rundholz von 1—2 m Länge.
Scheite oder Kloben: In Hälften oder Viertel gespaltene Stammstücke.
Blöcke: In Bretter zerschnittene Stämme.
Bohlen oder Pfosten: Schnittholz über 30 mm.
Bretter: Schnittholz von 12—30 mm.
Dickten: Schnittholz unter 12 mm.
Vollholz: Ein aus dem Stamm geschnittener Balken.
Halbholz: Zwei aus dem Stamm gesägte Balken.
Viertelholz, Kreuzholz: Vier aus dem Stamm gesägte Balken.
Kanteln: Aus dem Stamm geschnittene schwache, im Querschnitt quadratische Hölzer.
Schwarten: Seitenabfall vom Schnittholz.

Berechnung des Holzes.

Das Einheitsmaß ist das Kubikmeter (cbm oder m^3). In der Berechnung des Rundholzes verwendet man die Inhaltsberechnung der Walze: Halbmesser mal Halbmesser mal 3,14 mal Länge (Formel: $r^2 \times \pi \times h$).

Schnitthölzer werden nach dem Inhalt des Prisma berechnet (Breite mal Stärke mal Länge).

Bretter und Dickten von 30 mm abwärts handelt man nach Flächeninhalt, also nach Quadratmeter (qm oder m^2), wobei die Stärke des Holzes im Grundpreis des Quadratmeters zur Geltung kommt.

Blockware berechnet man nach dem Rundmaß, wie den noch ungeschnittenen Stamm, indem das mittlere

Brett als Durchmesser genommen wird. Es kommt also auch der Schnittverlust voll zur Berechnung. Beim Würfelmaß wird nur die noch vorhandene Holzmasse in Rechnung gestellt (Festmeter), indem die mittleren Breiten aller Bretter des Blockes addiert und mit der Stärke und Länge multipliziert werden. Der Inhalt des Rundmaßes ist gegenüber dem Würfelmaß viel geringer, und zwar je nach Stärke der Bretter. Dementsprechend ist das Kubikmeter im Würfelmaß entsprechend teurer.

Bei der Inhaltsberechnung des Stammes gilt der mittlere Durchmesser mit Rinde gemessen.

Bei starkem Eichenholz hacken die Waldarbeiter in der Mitte des Stammes in einem schmalen Ring die starke Rinde weg, damit der Förster beim Vermessen seine große Meßkluppe zur Berechnung der Holzstärke ansetzen kann. Das Holz wird hier ohne Rinde gemessen.

Rollen und Scheite mißt man nach Raummeter (rm); das ist der Raum eines Meters im Viereck, in den die Hölzer geschichtet werden, bei 1 m Länge. 2 m lange Hölzer ergeben den Doppelraummeter. Der Inhalt eines Raummeters ist ca. $^2/_3$ eines Festmeters.

1 m^3 = 1 000 000 cm^3 = 6 Stellen;
1 m^2 = 10 000 cm^2 = 4 Stellen.

Berechnungsbeispiele.

1. Aufgabe: Ein Eichenstamm ist 3 m lang, unten 70 cm, oben 62 cm stark. Wie groß ist sein Kubikinhalt?

Berechnung: $\frac{70 + 62}{4} = 33$ cm mittlerer Halbmesser (r).

Nach der Formel $r^2 \times \pi$ ist der Querschnitt $33 \times 33 = 1089 \times 3{,}14 = 3419{,}46$ cm^2. $3419{,}46 \times 300$ (Länge) $= 1\,025\,838$ $cm^3 = 1{,}025$ m^3 Inhalt.

Man würde zu dem gleichen Resultat kommen, wenn man den Stamm als quadratisch annimmt, also Seite mal Seite rechnet. Ein vom Viereck umschlossener Kreis hat um 21,5 Proz. kleineren Inhalt als das Viereck. Man braucht also von dem quadratisch berechneten Querschnitt nur 21,5 Proz. abzuziehen.

Beispiel: Der Stamm hat einen mittleren Durchmesser, wie oben 66 cm. $66 \times 66 = 4356$ m^2. 21,5 Proz. von 4356 $= \frac{4356 \times 21{,}5}{100} = 936{,}54$ m^2. $4356 - 936{,}54 = 3419{,}46$ cm^2 $\times 300$ (Länge) $= 1{,}025$ m^3, wie oben.

2. Aufgabe: Eine 7,5 cm starke Bohle ist 3,50 m lang und im Mittel 35 cm breit; eine Baumkante ist mit berechnet. Wie groß ist ihr Kubikinhalt? 35 × 7,5 = 262,5 cm² × 350 = 91875 cm³ = 0,0918 cm³ Inhalt.

3. Aufgabe: Berechnung nach Quadratmeter (m²). Ein Brett von 3 m Länge ist 27 cm breit und 30 mm stark. Das Quadratmeter kostet 2,50 RM.

Lösung: 3 × 0,27 = 0,81 m² × 2,50 = 2,02 RM.

Die Stärke des Brettes kommt hierbei gar nicht zur Geltung, sie wird durch den Preis pro Quadratmeter ersetzt.

Berechnung von Gewichtshölzern nach dem spezifischen Gewicht.

Die tropischen Schwerhölzer werden nach Gewicht gehandelt. Mittels des spezifischen Gewichts der Hölzer läßt sich berechnen, wieviel das Material zu einer bestimmten Arbeit wiegen würde, indem man das nach Kubikzentimetern berechnete Holz nach dem spezifischen Gewicht in Kilogramm umwandelt.

Beispiel: Zu einem Schachspiel wird Ebenholz und Buchsbaumholz gebraucht. Das Holz zu den Figuren würde eine Länge von 80 cm und eine Stärke von 35 mm im Quadrat für jede Holzart erfordern. Der Inhalt wäre 3,5 × 3,5 = 12,25 cm² × 80 = 980 cm³.

Das spezifische Gewicht von Ebenholz ist, hoch gerechnet, 1,35; 1 cm³ = 1,35 g. Das Holz wiegt also ohne Verschnitt 980 × 1,35 = 1323 g = 1,323 kg. Das spezifische Gewicht von Buchsbaumholz ist 1,00, folglich wiegt es soviel Gramm als es cm² Inhalt hat = 0,980 kg.

Bei der Berechnung des Holzes zur Arbeit ist der Verschnitt zu beachten. Er wird prozentual aufgeschlagen, wobei die Qualität des Holzes und die Eigenart zu berücksichtigen ist. Mindere Qualitäten, die ästig oder rissig sind, verursachen natürlich mehr Abfall als erstklassiges Holz. Sie machen auch mehr Arbeit beim Zuschneiden und Bearbeiten. Das Holz muß deshalb in seiner Güte dem Verwendungszweck entsprechen. Hölzer, bei denen der Splint unbrauchbar ist (Eiche und Lärche), sowie die tropischen Kernbäume und leicht rissig werdende, z. B. Weißbuche, Kirsch- und Pflaumenbaum, haben hohen Schnittverlust. Rechnet man im allgemeinen bei Nadelhölzern 10—15 Proz., so beträgt er bei unseren einheimischen Laubhölzern schon 20—25 Proz., bei Eiche $33^1/_3$ Proz. wegen des abfallenden Splints und bei den rißempfindlichen tropischen Edelhölzern 40—50 Proz., je nach Güte des Materials. Billig erstandenes minderwertiges Material kann durch übermäßigen Abfall somit sehr teuer werden.

Vierter Abschnitt.

Die hauptsächlichsten in- und ausländischen Werkhölzer des Drechslers.

Holz kann man durch Beschreibung allein nicht kennen lernen, ohne es gesehen, oder, noch besser, schon verarbeitet zu haben. Darum soll bei den angeführten Hölzern weniger Wert auf die äußere Erscheinung, als auf seine Eigenschaften, Anwendung und Verarbeitung gelegt werden.

1. Nadelhölzer.

1. **Fichtenholz** (Rottanne, Pechtanne).

Farbe: Gelblich- bis rötlich-weiß. Seidenglänzende Hobelfläche.

Bau: Weich, leicht spaltbar. Äste sind im Holz nicht fest verwachsen, sie fallen beim Trocknen der Bretter heraus.

Besondere Merkmale: Harzgeruch von eingebetteten Harzgallen. Regelmäßiger enger Ringbau gibt bestes Resonnanzholz (Haselfichte des Böhmerwald). Fehler: Rotstreifigkeit.

Verwendung: Weiße Möbel, gewöhnliche Drechslerarbeit, Faßspunde.

2. **Tannenholz** (Weißtanne, Silbertanne, Edeltanne), Reifholzbaum.

Bau: Jahresringe grob, harzarm, weich, im Freien wenig widerstandsfähig, im Trocknen dauerhaft. Ist dem Werfen mehr als Fichte unterlegen. Gut spaltbar.

Verwendung: Bauholz, Schnitzholz, Spielwaren, Schachteln, einfache Drechslerarbeiten.

3. **Kiefernholz** (Föhre, Schwarzkiefer), Kernbaum.

Farbe: Splint gelblich, Kern rötlich, bräunt nach.

Bau: Jahresringe (Harzjahre) stark hervortretend, schwerer und härter als Tanne und Fichte. Dauerhaft im Freien.

Besondere Merkmale: Starker Harzgeruch. Fehler: Blaustreifigkeit des Splintholzes.

Verwendung: Tischlerholz, weiße Drechslerwaren.

Weimutskiefer ist weicher, bearbeitet sich sehr glatt, ist gutes Böttcherholz.

4. **Lärchenholz,** Kernbaum.

Farbe: Splint weiß, Kern rötlich, breite, scharf ausgeprägte Jahresringe.

Bau: Sehr harte Harzjahre, weiches Zwischenholz, schwindet deshalb ungleich nach.

Besondere Merkmale: Wirft sich wenig, dunkelt stark nach. Dauerhaft im Freien. Hält sich im Wasser ausgezeichnet. Splint wenig brauchbar.

Verwendung: Wie Kiefer. Aus dem Harz wird das venetianische Terpentin gewonnen.

5. **Zirbelkiefer,** Kernbaum.

Farbe: Splint gelblich, Kern rötlich-braun.

Bau: Feines gleichmäßiges Gefüge, enge Jahresringe, hat viele kleine weiche Ästchen.

Besondere Merkmale: Leicht und weich. Im Trockenen dauerhaft. Wohlriechend.

Verwendung: Vorzügliches Schnitzholz und Tischlerholz des Hochgebirges (Südtirol im Grödental).

6. **Eibenholz,** Roteibe (Europa, Kaukasus).

Farbe: Gelbroter Kern, heller schmaler Splint.

Bau: Äußerst feinjährig, gleichförmig.

Besondere Eigenschaften: Kern dunkelt schnell nach zu schönem Braun. Härtestes Nadelholz, schwer und dicht. Bearbeitet sich sehr glatt. Nimmt schöne Politur an. Enthält den Giftstoff Taxin, besonders in den Nadeln.

Verwendung: Vorzügliches Drechslerholz für feine Arbeiten. Bestes Faßhahnmaterial. Wegen des langsamen Wuchses bei uns nicht mehr angepflanzt. Gewichtsholz.

7. **Amerikanische Kiefer.** Als Maßhölzer bei uns eingeführt als Pitch-Pine, Red-Pine und Yellow-Pine.

Farbe: Schmaler Splint weißlich, unbrauchbar; Kernholz gelblich-rötlich; stark harzhaltig.

Bau: Grobfaserig, aber dicht, hart und schwer.

Besondere Eigenschaften: Engjähriges Holz des Yellow-Pine, das weniger harzreich, geschätzt.

Verwendung: Zu Fußbodenriemen und Außenbauten wegen seiner Dauerhaftigkeit im Freien durch den großen Harzgehalt.

Oregon-Pine. Weich, mittelschwer, Kern hellbraun-rötlich, breiter gelber Splint, unserem Lärchenholz ähnlich. Als Bau- und Möbelholz bei uns eingeführt. Leicht zu bearbeiten.

8. **Zedernholz.** Holz verschiedener Baumgattungen aus Afrika und Nordamerika. Hauptsächlich von der Atlaszeder (Nordafrika).

Bau: Feinjährig, Markstrahlen nicht erkennbar.

Farbe: Rotbraun nachdunkelnd, Splint hell.

Besondere Eigenschaften: Gleichmäßiger Wuchs, kleine runde Äste, häufig von hellen weichen Stellen durchsetzt. Stark wohlriechend.

Floridazeder (Bleistiftholz). Hat eigentümlich scharfen Geruch. Weiches, fast schwammiges Holz. Als Fassung für Bleistifte verwendet.

Verwendung der Zedern zu feinen Drechsler- und Tischlerarbeiten. Handelsform in viereckigen Blöcken, vom Splint befreit.

2. Inländische Laubhölzer.

9. **Ahornholz,** Bergahorn, Spitzahorn, Feldahorn.

Farbe: Weiß bis gelblich. Bergahorn am farbreinsten. Spitzahorn (Leinbaum) gelblich mit rötlichen Adern, dicht und zähe. Feldahorn (Maßholder) gelblich-weiß, im Kern dunkler, oft gemasert.

Bau: Feines Gefüge, mit zahlreichen bräunlichen Markstrahlen (Spiegelholz), Jahresringe wenig hervortretend, gut spaltbar.

Besondere Eigenschaften: Empfindlich in der Lagerung, die luftig, aber schattig sein muß, um die weiße Färbung zu erhalten. Öftere Umstapelung erforderlich. Stockt leicht und wird grau.

Verwendung: Bergahorn für Küchenartikel, Spitzahorn für technische Artikel, Werkzeugstiele, Beilstiele usw.

10. **Akazienholz,** Kernbaum.

Farbe: Gelblich oder grüngelb.

Bau: Zerstreutporig, hart, zähe, feines dichtes Gefüge. Gedreht oder gehobelt seidenglänzend.

Besondere Eigenschaften: Fault nicht und wird vom Wurm nicht angegangen.

Verwendung: Holzwerkzeuge, Hefte, Faßhähne, Bolzen.

11. **Apfelbaum,** Kernbaum.

Farbe: Braun-rötlich, Splint schmutzig-weiß.

Bau: Feinjährig, hart, dicht, auch geflammt, zerstreutporig.

Besondere Eigenschaften: Reißt leicht, wirft sich stark beim Trocknen. Arbeitet sich sehr glatt.

Verwendung: Werkzeuge, Hefte, Mühlkämme.

12. **Elsbeerbaum** (Atlasbeer-), Reifholzbaum.

Farbe: Rötlich-gelb bis bräunlich, oft flammig. Splint hell.

Bau: Dichtes, festes, feines Gefüge, hart, schwerspaltig.

Besondere Eigenschaften: Arbeitet sich glatt, wirft sich wenig, aber schwindet stark. Vorsicht beim Trocknen wegen Rißbildung.

Verwendung: Formschneiden, zu Maschinenteilen, Hefte und Holzwerkzeuge.

13. **Birnbaum,** Reifholzbaum.

Farbe: Lichtgelb, im Alter rötlich-braun, oft auch mit lebhaft rotem Kern im hellen Jungholz.

Bau: Feinzellig, dicht, ziemlich hart, oft schön geflammt, gleichmäßiges Gefüge.

Besondere Eigenschaften: Gedämpftes Holz erhält eine schöne braun-rote Färbung. Bedarf Vorsicht bei der Trocknung, wird leicht rissig.

Verwendung: Feine Drechsler- und Schnitzarbeiten. Zeichenutensilien, Formschneiderei. Schwarz durchbeizt als Ebenholzersatz.

14. **Birkenholz,** Splintbaum.

Farbe: Weißlich bis rötlich.

Bau: Zerstreutporig, Jahresringe wenig hervortretend, leicht aber zähe, schwerspaltig. Wurzelende oft geflammt.

Besondere Eigenschaften: Stark arbeitend.

Verwendung: Feine polierte Drechslerarbeiten. Zapfen. Vorzügliches Wagnerholz, schönes Möbelholz.

Schwedische Birke (Ruchbirke, Maserbirke). Meist aus Finnland. Fast durch den ganzen Stamm schön gemasert durch den eigentümlichen Verlauf der Holzfasern. Marmorartige bräunliche Zeichnung. Vorzügliches Material für gedrehte Schmuckdosen, Schirmgriffe und sonstige feine Drechslerarbeit. Furniere für Möbelbau.

Kanadische Birke. Farbe gelb-rötlich, oft schön geflammt. Verwendung im Möbelbau.

15. **Buchenholz,** Rotbuche, Reifholzbaum.

Farbe: Gelbrot bis rötlich-braun. Dunkelt nach.

Bau: Zerstreutporig, mittelhart, gleichförmig. Jahresringe schwach hervortretend. Zahlreiche kleine Markstrahlen (Spiegelholz) gut spaltbar.

Besondere Eigenschaften: Stark schwindend und sich ziehend. Wird leicht vom Wurm angegangen, stockt leicht. Ist gut spaltbar. Gedämpft schön rotbraun.

Verwendung: Zu vielerlei Drechslerarbeiten und Holzwerkzeugen. Das beste Holz für die Holzbiegerei. Hauptholz der Holzindustrie.

Weißbuche, Splintbaum.

Farbe: Weißlich.

Bau: Jahresringe wenig auffallend und wellig verlaufend. Dicht, schwer spaltig, hart und zähe. Spiegel groß und wenig auffallend.

Besondere Eigenschaften: Stark schwindend und arbeitend, sich verziehend. Reißt stark beim Trocknen. Stockt leicht.

Verwendung: Hauptsächlich für Holzwerkzeuge, Hefte und Maschinenteile, Kegel, Stemmknüppel, Schraubspindeln.

16. Eichenholz, Kernbaum. Stiel- oder Sommereiche, Stein- oder Wintereiche.

Farbe: Kern bräunlich, Splint weißlich.

Bau: Ringporig, Jahresringe hervortretend, großporig, langfasrig, große Spiegel. Wirft sich stark, spaltet leicht.

Besondere Eigenschaften: Sehr dauerhaft im Freien, besonders die Steineiche, sie ist härter und gröber, schwerer verarbeitbar als die Sommereiche, deren Bau gleichmäßiger, feinzelliger ist. Fehler sind doppeltes Splint, Rotfäule, besonders bei der Sommereiche und der Sandwurm, ganz feine Löcher bohrend. Splint unbrauchbar, da er vom Wurm zerfressen wird. Holz stark gerbsäurehaltig.

Moor- oder Wassereiche. Ein jahrhundertelang im Wasser gelagertes Holz; ist schwarzgrau, oft sehr mürbe.

Verwendung: Sommereiche für Möbelbau und Drechslerarbeit. Für Wagner- und Böttcherholz und für Bauarbeit die Steineiche.

Die teils importierte amerikanische und japanische Eiche steht unserer Eiche an Aussehen und Güte sehr nach.

17. Eschenholz, Kernbaum.

Farbe: Kern gelblich bis fast braun, Splint weiß.

Bau: Ringporig, Jahresringe stark hervortretend, zähe, geradspaltig, sehr elastisch, dicht und hart.

Besondere Eigenschaften: Im Trocknen dauerhaft. Splint vom Wurm stark angegangen. Bildet schöne Maser, besonders die ungarische und türkische Blumenesche.

Verwendung: Werkzeuge, Hefte, Stiele, Turngeräte und Sportartikel. Gutes Biegeholz und Wagnerholz.

18. **Erlenholz** (Ellern- oder Elsenholz), Splintholzbaum.

Farbe: rötlich-gelb.

Bau: Zerstreutporig, gleichförmige Struktur, leicht, weich, gut spaltbar. Man unterscheidet Schwarzerle (Roterle) und Weißerle (Grauerle).

Besondere Eigenschaften: Nur im Trocknen dauerhaft oder unter Wasser (Wasserbauholz). Bedarf luftiger Lagerung, stockt leicht. Wird leicht wurmstichig, besonders bei alten Möbeln.

Verwendung: Gutes Drechslerholz, schön polierbar. Zuweilen Maser bildend.

19. **Hartriegel und Kornelkirsche.** Ersterer Splint-, letzterer Kernbaum.

Farbe: Rötlich-braun, Splint hell.

Bau: Feinjährig, sehr hart und schwer, zähe.

Verwendung: Kleine Drechslerarbeiten, Radkämme, Hammerstiele. Vornehmlich aber in seinen Schößlingen Material für die Stockfabrikation. Die Kornelkirsche liefert die bekannten „Ziegenhainer Stöcke".

20. **Kastanie,** Splintbaum.

Farbe: Gelblich bis rötlich.

Bau: Leicht, weich, schwammig, wenig beständig. Textur gleichförmig.

Besondere Eigenschaften: Oft drehwüchsig, verarbeitet sich sonst glatt.

Verwendung: Wie Pappel und Linde zu einfacher Dreharbeit, grobes Schnitzwerk.

21. **Kirschbaum,** Kernholzbaum. Süßkirsche (Vogelkirsche), Sauerkirsche (Weichselkirsche).

Farbe: Rötlich-gelber bis braunrot gestreifter Kern, Splint weißlich.

Bau: Feinporig, mäßig hart, Jahresringe stark auffallend.

Besondere Eigenschaften: Stark schwindend und deshalb leicht rissig beim Trocknen, schlecht spaltend, stark verziehend.

Verwendung: Drechslerwaren aller Art und im Möbelbau wegen seiner schönen Zeichnung und Färbung. Schön polierbar.

Felsenkirsche (türkische Weichsel-).

Farbe: Rötlich-gelb.

Bau: Feinzellig.

Besondere Eigenschaften: Die Rinde und der Splint sind wohlriechend durch das darin enthaltende Cumarin. Die Schößlinge werden im Burgenlande und in Baden, bei Wien in Weichselgärten für Spazierstöcke, Pfeifenrohre und Zigarrenspitzen gezogen.

22. **Lindenholz,** Reifholzbaum. a) Winterlinde (Steinlinde), b) Sommerlinde (großblättrige Linde).

Farbe: Weißlich, gelblich.

Bau: Zerstreutporig, gleichförmig, breiten Splint. Weich, leicht, gut spaltbar.

Besondere Eigenschaften: Leicht trocknend, weich, gut spaltbar, wenig arbeitend. Die Winterlinde ist etwas fester im Gefüge.

Verwendung: Hauptsächlich zu Schnitzwerk, zu Spielwaren, Reißbrettern und Gießmodellen.

23. **Nußbaum,** Walnußbaum, Kernbaum.

Farbe: Graubrauner Kern, breiter heller Splint. Kern oft mit schwarzen Adern durchzogen.

Bau: Zerstreutporig, im Unterstamm oft schön gemasert. Ziemlich hart und zähe.

Besondere Eigenschaften: Trocknet sehr langsam, schwindet dabei beträchtlich und ist dem Verziehen stark unterlegen. Der Splint ist sehr zähe und zum Biegen gut geeignet. In Süddeutschland, Frankreich und Italien viel angebaut. Letzterer wegen seiner gleichförmigen Engstreifigkeit sehr geschätzt. Deutscher Nußbaum liefert schöne Maser.

Kaukasischer Nußbaum, kommt hauptsächlich in Wurzelmaser zu uns und wird als wunderbar gezeichnetes Maserfurnier gemessert.

Amerikanischer Nußbaum, Kernholzbaum. Das Holz ähnelt unserem Nußbaum in seiner Struktur.

F a r b e gleichmäßiger und dunkler (Schokoladenbraun). Geschätzt ist die Pyramidenzeichnung der Furniere. Splint hell. Starke Bäume von glattem Wuchs 1—2 m Durchmesser.

Satinnußbaum, vom nordamerikanischen Amberbaum, der den Kopaiabalsam liefert.

F a r b e : Helles mattes Braun, gestreift. Holz ist weich und leicht. Hat mit Nußbaum keine Verwandschaft, in seiner Struktur eher der Erle ähnlich. Gut verarbeitbar. Einst Modeholz für Schlafzimmermöbel.

Hickoryholz (weißer Nußbaum); Nordamerika.

F a r b e : Weiß mit rötlichem Schimmer, in der späten Verkernung braun, dem Eichenholz ähnlich. Im Bau dem Nußbaumholz verwandt.

B e s o n d e r e E i g e n s c h a f t e n : Sehr elastisch, zähe, schwer und hart. Gut biegefähig.

V e r w e n d u n g : Wie die Esche zu Sportartikeln, hauptsächlich Skier, Stellmacherarbeit, Axt- und Beilstielen. Maßholz.

24. **P a p p e l h o l z,** Zitterpappel (Aspe), Silberpappel, Schwarzpappel.

F a r b e : Weiß bis weißgrau.

B a u : Das Holz der Aspe ist am dichtesten und rein weiß. Die Jahresringe kaum hervortretend. Kern, wenn solcher vorhanden, rötlich-gelb oder grünlich-braun.

B e s o n d e r e E i g e n s c h a f t e n : Aspe hat weiches und schön glatt zu bearbeitendes Holz, seidig glänzend. Das Holz der Schwarzpappel ist schlecht verarbeitbar, schwammig und grobfasriger als das der Aspe. Pappelhölzer sind weich und leicht.

V e r w e n d u n g : Gewöhnliche Drechslerarbeiten, als Blindholz im Möbelbau, Mollen und Backtrögen, Pantoffelhölzer. Aspe für Zündhölzer und Zeichenbretter, zu Zellulose für Kunstseide.

Amerikanischer Tulpenbaum, als Whitewood bei uns eingeführt, Kernbaum.

F a r b e : Grünlich-gelb, Kern grünbraun.

B a u : Gleichmäßig, Jahresringe kaum bemerkbar. Glatter Wuchs. Leichtspaltig, weich.

B e s o n d e r e E i g e n s c h a f t e n : Zieht sich wenig, als Blindholz und Blindfurnier hauptsächlich verwendet. Maßholz.

25. **P f l a u m e n b a u m,** Kernbaum.

F a r b e : Kern lebhaft rotbraun, stark nachdunkelnd, Splint breit und hell.

B a u : Sehr feinjährig, Spiegel klein und zahlreich, dicht und hart, schwer. Farbringe stark vortretend.

B e s o n d e r e E i g e n s c h a f t e n : Stark schwindend und arbeitend. Trocknet sehr langsam aus und ist dem Reißen stark unterlegen. Wird zu schneller Verarbeitung ausgekocht oder gedämpft.

V e r w e n d u n g : Fast ausschließlich zur Faßhahnfabrikation und kleinen Drechslerartikeln.

26. **R ü s t e r n h o l z** (Ulme), Rotrüster und Weißrüster, Reifholzkernbaum.

Farbe: Rotbraun, Splint hell.

Bau: Ringporig wie Eiche und Esche. Grobfasrig, elastisch und biegefähig, hart. Maserwuchs.

Besondere Eigenschaften: Bearbeitet sich nicht gut, indem es gern einspaltet beim Hobeln und Drechseln. Starke Rotrüstern sind häufig rotfaul.

Verwendung: Rotrüster im Möbelbau und Drechslerarbeiten. Weißrüster, die zäher ist, im Wagenbau. Rüstermaser für Furniere und Pfeifenköpfe. Gutes Wasserbauholz.

27. **Vogelbeerbaum** (Eberesche), Kernbaum.

Farbe: Rötlicher oder gelbbrauner Kern, heller Splint.

Bau: Festes und dichtes Holz, elastisch und schwerspaltig.

Verwendung: Gutes Wagnerholz und zu kleinen Drechslerarbeiten, ähnlich dem Elsbeerholz.

28. **Vogelaugenmaser.** Vom amerikanischen Zuckerahorn stammend. Splintbaum.

Farbe: Gelblich bis braungelb, dunkelt schnell nach.

Bau: Durch reiches Knospen am Stamm wird eine Art Maserzeichnung hervorgerufen, die als Vogelauge bezeichnet wird. Das Holz ist ziemlich feinjährig. Die gesproßten Augen kommen am Furnier durch Rundschälung des Stammes zum Ausdruck.

Verwendung: Furniere zum Möbelbau. Grau durchbeizt wird es als „Maple" bezeichnet.

29. **Weidenholz** (Silberweide), Kernbaum.

Farbe: Kern braun, Splint gelblich-rötlich.

Bau: Zerstreutporig, gleichförmiges Gefüge. Jahresringe wenig hervortretend.

Besondere Eigenschaften: Wenig festes, fast schwammiges Holz, der Pappel ähnlich, fasrig, dem Wurmfraß unterlegen.

Verwendung: Zu Blindholz im Möbelbau, Packkisten, Spielwaren, Pantoffelhölzern. Die Weidenruten sind wertvolles Korbmachermaterial.

30. **Weißdorn** (Hagedorn), Kernbaum.

Farbe: Weißlich-rötlich.

Bau: Sehr fein und dicht.

Besondere Eigenschaften: Stark schwindend, hart, meist schwache Stämmchen.

Verwendung: Zu Hammerstielen und ähnlichen Holzwerkzeugen, die Schüsse werden zu Spazierstöcken verarbeitet.

3. Ausländische Schwerhölzer (Gewichtshölzer).

31. **Amarantholz,** Luft- oder Violettholz, Kernbaum.

Herkunft: Südamerika, Cayenne.

Farbe: Frischer Schnitt rötlich-graubraun, an der Luft schnell schön violett werdend, dunkelt stark nach. Splint hell.

Bau: Feiner Ringbau, zarte Spiegel. In den Zellen eine dunkelrote harzartige Substanz (Amantin), die sich beim Ölschleifen zum Teil löst.

Besondere Eigenschaften: Sehr dicht und hart, schön polierbar. Beim Bearbeiten unangenehmer Geruch, führt dabei oft zur Übelkeit.

Verwendung: Feine Drechsler- und Tischlerarbeiten und zur Stockfabrikation.

Handelsform: Viereckig behauene Blöcke. Spezifisches Gewicht 1—1,10.

32. **Buchsbaum,** Splintbaum.
Herkunft: Orient, Westindien.
Farbe: Rein gelb.
Bau: Dichtes, feinjähriges, hartes Holz, gleichmäßiges Gefüge, sehr enge Wuchsringe.
Besondere Eigenschaften:
a) **Türkischer, Persischer Buchs.** Als Abassiabuchs im Handel. Besonders hartes, dichtes Holz. Häufig drehwüchsig, meist längs aufgerissen.
Verwendung: Hauptsächlich zu Platten für Holzschnitt und zum Zeugdruck, Schachfiguren und andere kleine Drechslerarbeiten, Holzblasinstrumente.
b) **Westindischer Buchs.** Glattes, feinjähriges, aber viel weicheres, gleichförmiges Holz. Am frischen Schnitt hochgelb, bald verblassend. Weniger wertvoll als der orientalische.
Buchsbaum stockt leicht und wird blau, besonders der westindische. Bedarf sorgsamer Lagerung. Reißt leicht.
Handelsform: Runde Stämme mit Rinde, bis zu 20 cm Durchmesser. Beim Abassiabuchs liegt der Wert in Astreinheit und glattem Wuchs. Spezifisches Gewicht 1,00.

33. **Blauholz** (Cambecheholz), Kernbaum.
Herkunft: Zentral- und Südamerika.
Farbe: Am frischen Schnitt gelbrot, an der Luft wird es dunkel- bis schwärzlich-rot. Splint hell.
Bau: Feinzellig, am Querschnitt auf dunklem Grunde mattrote, quergestreckte Flecken. Spiegel wenig sichtbar.
Besondere Eigenschaften: Sehr hart, dicht und schwer. Spezifisches Gewicht 1—1,10. Stark farbstoffhaltig. Angenehmer Geruch beim Bearbeiten.
Verwendung: Hauptsächlich zur Farbstoffherstellung. Enthält den Farbstoff „Hämatein" zum Schwarzfärben durch Umsetzung mit Eisensalzen. Der Farbstoff wird durch Kochen aus dem geraspelten Holze extrahiert. Holz für Violinbogen und kleine Drechslerarbeiten, Zigarrenspitzen.

34. **Cocoboloholz,** Kernbaum.
Herkunft: Süd- und Zentralamerika.
Farbe: Am frischen Schnitt lebhaftes Rot, bald nachdunkelnd, hat feine schwärzliche Adern.
Bau: Zerstreute Streifenstruktur, tiefe Poren.
Besondere Eigenschaften: Sehr hart, dicht, spröde und schwer. Es ist eines der gesundheitsschädlichen Hölzer bei der Verarbeitung, ruft Hautausschlag hervor, Reizung der Nasenschleimhäute und Kopfschmerzen.
Verwendung: Schönes Zierholz für feine Drechslerarbeiten, Bürstendeckel, Stockindustrie und Einlegearbeiten.
Handelsform: Vom Splint befreite Stämme bis ca. 3 m Länge, 15—30 cm Durchmesser. Spezifisches Gewicht 1—1,10.

35. **Ebenhölzer,** Kernbäume, Splint hell.
Schwere, dichte, harte Hölzer von tiefschwarzer, dunkelbrauner oder rotbrauner, auch grau-schwarzer Färbung, zum Teil auch gefleckt, verschiedener Baumgattung angehörig; Splint ist hell.

Herkunft: Tropisches Afrika und Indien vom echten Ebenholzbaum und Dattelpflaumenarten.

Bau: Äußerst feines, dichtes Gefüge, zerstreute, scharf eingestochene Poren, die auf dem Längsschnitt Furchen ergeben. Jahresringe sind nicht zu erkennen. Holzzellen enthalten eine braune bis schwarze harzige Masse, die sich beim Ölschleifen löst. Die feinen Markstrahlen enthalten glitzernde Kristalle.

Besondere Eigenschaften: Gut spaltbar, spröde, stark schwindend, reißt leicht. Gut polierbar.

Verwendung: Feine Drechslerarbeiten, Blasinstrumente, Trommelstöcke, Fenster- und Türgriffe, Bürstendeckel, Möbel.

Handelssorten:

a) **Madagaskar-Ebenholz.** Tiefblau-schwarze Stämme, 1—2 m lang, bis 30 cm Durchmesser, sehr dicht und schwer. Das wertvollste der Ebenhölzer. Splint weiß.

b) **Kamerun-Ebenholz.** Braunschwarz, etwas rotstreifig, weniger dicht im Gefüge, geringer im Wert.

c) **Ceylon-Ebenholz.** Etwas grauschwarz (meliert), zäher als die anderen Ebenhölzer. Lange Stämme bis zu 30 cm Durchmesser. Wird meist nachgebeizt zu gleichmäßig schwarzer Färbung. Stockfabrikation, Trommelstöcke.

d) **Makassar-Ebenholz.** Grundton braunschwarz, oft sehr schön gestreift, deshalb im Möbelbau sehr geschätzt. Grobporig.

e) **Gabun-Ebenholz.** Braunschwarz, von gleichmäßiger Färbung.

f) **Coromandel-Ebenholz** (Hinterindien). Rehbrauner Grundton, oft regellos dunkler gestreift oder gefleckt, wie mit Tinte übergossen. Die Zellen entfalten teilweise große Kristalle. Sehr schön gezeichnetes Holz, kommt seltener in den Handel als andere Ebenholzarten.

g) **„Persimon"** ist das Holz der virginischen Dattelpflaume. Es ist hart, schwer und zähe. Der Kern ist schwärzlich-braun, der Splint rauch-grau und ziemlich breit. Das Holz wird hauptsächlich für die Textilindustrie zu Webschützen und Schlaghölzern verarbeitet.

Die Ebenhölzer kommen vom Splint befreit in Stämmen oder meterlangen Scheiten gespalten zu uns. Spezifisches Gewicht nach Art und Dichte 1—1,33.

Eisenhölzer stellen keine bestimmte Holzart dar, es ist eine Allgemeinbezeichnung für sehr schwerbearbeitbare harte Hölzer, wie das Eisengrenadille der Südseeinseln, das Bulletrie oder Pferdefleischholz von Cayenne, das Bongosiholz von Zentralafrika, sowie das rote Quebrachoholz von Argentinien, aus dem die roten Kegelkugeln gedreht werden.

36. **Gelbhölzer** sind hauptsächlich Farbhölzer.

Das **echte Gelbholz,** als Kernholz des Färbermaulbeerbaumes liefert den im Alkohol löslichen Farbstoff „Morin", der als Gelbholzextrakt zum Beizen verwendet wird. Kommt wenig zur Verarbeitung.

Das Holz ist schwer, dicht und hart, gelb bis dunkelgelb.

Zu den Gelbhölzern zählen noch andere tropische Hölzer, die sich wegen ihrer schönen gelben Farbe und guten Verarbeitung zum Möbelbau und zu Drechslerarbeiten gut eignen.

Das **Mwùleholz** (Odûmholz) aus dem tropischen Afrika.

Farbe: Hellgelb bis braungelb.

Besondere Eigenschaften: Nicht sehr schwer, ist aber festes, dauerhaftes Holz. Wird wie das Teakholz nicht von Insekten angegriffen. Auch wegen seiner Ähnlichkeit mit Teakholz als

Mwùleteak bezeichnet. Erzeugt beim Bearbeiter Krankheitserscheinungen.

Verwendung: Im Möbelbau, hauptsächlich Schiffseinrichtungen.

Andere zur Verarbeitung gelangende Gelbhölzer sind das **Karaiben-Gelbholz,** seidenglänzend, von gelbbrauner Färbung, und das **Tajubaholz** mit gelbrotem Ton von Guinea stammend, sowie das harte **Macaraiboholz,** tief ockergelb, für kleine Tischler- und Drechslerarbeit.

37. **Grenadilleholz** (braunes Ebenholz).

Herkunft: Afrika, Südseeinseln.

Farbe: Braunschwarz mit rötlichen Adern.

Bau: Sehr feinzellig, dicht, Poren mit metallisch glänzender, harziger Füllmasse. Splint hell. Jahresringe eng, dünn und schwarz, dem Holze eine schöne, wässrige Zeichnung gebend.

Besondere Eigenschaften: Schwerspaltig, spröde, hat metallischen Klang, ist hochpolierfähig.

Verwendung: Feine Drechslerarbeit, hauptsächlich für Holzblasinstrumente, Trommelstöcke und Xylophonplatten.

Handelsform: Runde behauene Stämme. Spezifisches Gewicht 1—1,25.

38. **Grünholz** (Greenheart).

Herkunft: Westindien, Antillen.

Farbe: Grünbraun, am Querschnitt dicht gedrängte, kleine gelbe Pünktchen.

Bau: Derbwandig, Gefäße stark harzhaltig.

Besondere Eigenschaften: Sehr hartes Holz, aber gut bearbeitbar (geschmeidig).

Verwendung: Im Schiffsbau wie Pockholz, zur Stockfabrikation und kleinen Drechslerarbeiten.

Handelsform: In dünnen Stämmen. Spezifisches Gew. 1,10.

39. **Jakarandaholz** (Palisander).

Herkunft: Brasilien, Ostindien, Mexiko.

Farbe: Violett, dunkelrotbraun oder schokoladenbraun, mit schwarzen Adern durchzogen. Splint hell.

Bau: Hellrötliche Gefäßporen, konzentrische, wellige Wuchsringe, lange mit Harz gefüllte Poren.

Besondere Eigenschaften: Hart, schwer spaltbar.

Verwendung: Sehr geschätztes Furnierholz für Möbel-, Billard- und Klavierbau, kleine Drechslerarbeiten. Eines der hauptsächlichsten Edelhölzer.

Handelsform: In runden, oft sehr starken Stämmen. Auch als Palisander bezeichnet. Gewöhnlich benennt man das violettbraune Holz mit Palisander, das mit fahlerem braunen Ton Jakaranda. Die besten Sorten kommen von Bahia und Rio de Janeiro (Rio-Palisander). Das ostindische und mexikanische Holz ist weniger gesucht. Spezifisches Gewicht 0,9—1,00.

40. **Königsholz.**

Herkunft: Jamaika, Sumatra, Java.

Farbe: Braunviolett bis schwarzbraun, mit rötlichen Adern durchzogen, dem Rio-Palisander ähnlich, aber feiner im Bau.

Bau: Auf violettrotem Grunde konzentrische dunkle Ringe (Farbringe). Feinporig. Poren Kristalle enthaltend. Verschiedenen Baumarten entstammend.

Besondere Eigenschaften: Schöne Farbenzeichnung und Streifen im Längsschnitt.

Verwendung: Bürstendeckel, feinen kleinen Drechslerarbeiten, Kassetten usw. Teuerstes Holz.

Handelsform: Runde, behauene Stämme.

Korallenholz (siehe Rothölzer).

41. **Kokosholz** (Kubagrenadille).

Herkunft: Westindien, Kuba.

Farbe: Dunkelolivbraun, mit feinen schwarzen Adern durchzogen. Splint sehr hell und breit.

Bau: Äußerst fein und dicht.

Besondere Eigenschaften: Sehr schwer und hart. Zählt zu den Eisenhölzern.

Verwendung: Messerschalen, Zigarrenspitzen, feine handgedrehte Kleiderknöpfe und sonstige kleine Drechslerarbeiten.

Handelsform: Schwache Stämme mit Splint. Schwerstes Holz. Spezifisches Gewicht 1,33—1,40.

42. **Mahagoniholz** (Akajou-, Caobaholz).

Mahagoni ist eines der bekanntesten und wichtigsten Fremdhölzer. Stammt von Bäumen verschiedener Gattung.

Herkunft: Westindien, Afrika.

Farbe: Rötlich-gelb bis braunrot, stark nachdunkelnd.

Bau: Sehr gleichförmig, schlicht, gewellt, gemasert. Besonders geschätzt ist der Pyramidenmaser, aus der Astgablung geschnitten. Großporig.

Besondere Eigenschaften: Widerstandsfähig gegen Wurmfraß und Fäulnis, schwindet wenig, wirft sich nicht, mäßig schwer.

a) **Echtes Mahagoni** von Westindien und Mittelamerika. Kommt in bis zu 10 m langen, bis über 1 m starken, viereckig behauenen, vom Splint befreiten Blöcken zu uns. Von den nach ihrer Herkunft benannten Sorten ist das Tabasko-Mahagoni das beste. Ihm am nächsten steht das Kuba-Mahagoni (Mexiko, Honduras, Panama) und Nicaraguamahagoni.

Verwendung: Vorzügliches Möbelholz, Drechslerarbeiten, und wegen seines geringen Schwindmaßes (1,4) zu photographischen und physikalischen Apparaten am besten geeignet.

b) **Afrikanisches Mahagoni** (Sapeli-Mahagoni). Lebhaft schmal gestreift, durch den Lichteinfall in die regelmäßig angeordneten, in wechselnder Richtung laufenden Poren hervorgerufen. Farbe: Dunkelrötlich-braun. Großporig. Schönes Furnierholz. Geringeres Material ist das Lagos- und Kamerunmahagoni, dem echten an Härte und Schwundverhältnissen sehr nachstehend.

Die hellsten, an Wert sehr nachstehenden Mahagoniarten, sind das **Gabun- und Okúme-Mahagoni,** das in großen Mengen zu Blind- und Sperrholz in dem Möbelbau Verwendung findet. Es ist leicht, weniger gut verarbeitbar.

c) **Falsches Mahagoniholz** (Gambia-Mahagoni — Cailcedraholz). Dem echten Mahagoni sehr ähnlich, mehr rotbraun, etwas dunkler, härter, nicht so gleichförmig im Bau.

Kolonial-Mahagoni (Akajouholz), vom westindischen Elefantenlausbaum. Mäßig hart.

Prima-Vera-Holz aus Mexiko. Rötlich-gelb, mittelschwer, ziemlich hart. Möbelholz, wie echtes Mahagoni.

Cedrelaholz (Akajou-femelle) aus Westindien. Gelbrot, von starkem aromatischem Geruch, sehr weich und leicht. In der Heimat zu Zigarren- und Zuckerkisten verarbeitet.

d) **Australische Harthölzer,** dem Mahagoni im Bau ähnlich, kommen als Holz der riesigen australischen Fieberheilbäume in den Handel. Sie finden ihrer Ausmaße und Härte wegen zu Straßenpflaster, Fußböden, Treppenstufen Verwendung. Die wichtigsten sind das Jarrah-Karri, Talgholz und Blackbutt. Letztere besonders schwere Hölzer, gegen Fäulnis und Wurmfraß widerstandsfähig.

43. **Olivenholz,** Kernholzbaum.

Herkunft: Südeuropa, Nordafrika.

Farbe: Braungelber Grund mit dunkelbrauner wässriger Zeichnung (Adern). Splint gelblich-hell und breit.

Bau: Äußerst feinjähriges, dichtes und festes Gefüge, Wuchsringe stark hervortretend. Knorriger Wuchs.

Besondere Eigenschaften: Holz schwer, hart und dauerhaft, sehr ölhaltig, schwer trocknend, stark schwindend.

Verwendung: Kunstgewerbliche Drechslerarbeiten, Konfektionsknöpfe, Bürstendeckel. Gewichtsholz.

44. **Partridgeholz** (Rebhuhnholz).

Herkunft: Tropisches Amerika.

Farbe: Braun, mit zahlreichen hellen Sprenkeln, ähnlich der Rebhuhnfeder.

Bau: Kleinporig, dichtes Gefüge.

Besondere Eigenschaften: Hart, zähe biegbar.

Verwendung: Zu Messerschalen, Bürstendeckeln; Stockfabrikation.

Handelsform: Vom Splint befreite Blöcke. Spezifisches Gewicht 1,00.

45. **Pferdefleischholz** (Bulletrie, Panakokoholz).

Herkunft: Tropisches Amerika.

Farbe: dunkelrot, bräunlich nachdunkelnd.

Bau: Sehr feinzellig. Poren mit brauner Harzmasse gefüllt.

Besondere Eigenschaften: Dicht und sehr hart, elastisch. Wird zu den Eisenhölzern gezählt.

Verwendung: Vornehmlich zu Geigenbogen, Stockfabrikation, Konfektionsknöpfe.

Handelsform: Vom hellen Splint befreite runde Stämme. Spezifisches Gewicht 1,2—1,3.

46. **Pockholz** (Guajakholz, Franzosenholz).

Herkunft: Westindien, Mexiko.

Farbe: Grünlich-braun, Splint gelblich.

Bau: Poren regellos verteilt. Ringbau. Holzfasern vollständig verdickt. Gefäße stark mit Harz gefüllt, das ein Viertel des Gewichtes ausmacht und aus dem lebenden Stamm ausfließt, oder durch Erwärmen ausgeschmolzen oder mit Alkohol ausgezogen wird.

Besondere Eigenschaften: Ungemein hart und schwer, kaum spaltbar, da die Holzfasern gekrümmt ineinander verstrickt sind.

Verwendung: Hauptsächlich zu Kegelkugeln, Maschinenlagern und Schiffsblockarbeiten. Die Abfälle und Späne vorzügliches Heizmaterial mit aromatischem Geruch, wird in der Medizin für Medikamente verwendet.

Handelsform: In glatten, runden Stämmen mit Splint. Von 1,5—2 m Länge, bis 30 cm Durchmesser. Hauptsächlich von

St. Domingo und Jamaika. Bedarf sorgsamer Pflege und Lagerung, da es leicht rissig wird. Kommt auch im Ausschnitt von Kugelklötzen und Pfosten in den Handel. Spezifisches Gewicht 1,35.

Veraholz, ein als Pockholz verarbeitetes Holz aus Westindien, mehr hellbraun, dem Grünherzholz (38) ähnliches Holz. Sehr schwer und hart. Spezifisches Gewicht 1,25—1,30.

47. **Quebrachoholz** (Rotes Quebrachoholz).

Herkunft: Argentinien.

Farbe: Am frischen Schnitt fleischrot, stark nachdunkelnd. Splint hell.

Bau: Sehr dichtes Gefüge mit spärlichen großen Poren durchsetzt, Holzfasern gekrümmt und verflochten, daher schlecht spaltbar.

Besondere Eigenschaften: Stark gerbsäurehaltig. Schweres Holz; gehört zu den Eisenhölzern.

Verwendung: Hauptsächlich zur Gerbstoffgewinnung und zu Kegelkugeln, die sich aber mehr abnutzen als Pockholzkugeln. Zu Holzhämmern und Stemmknüppeln.

Handelsform: Runde, behauene Stämme. Spezifisches Gewicht 1,2—1,3.

48. **Rosenholz.** Stammt von verschiedenen Baumgattungen. Der Begriff „Rosenholz" ist in der Benennung der Hölzer ein sehr weitgehender, und weniger wegen des rosenähnlichen Geruchs als vielmehr von der rosenartigen Färbung (rot und gelb) abgeleitet. Die Hölzer sind schwer, hart und spröde.

Bau: Konzentrisch geschichtet, mit starken ringförmigen Farbstoffablagerungen in verschiedenen Nuanzen geflammt. Dichtes Gefüge, vereinzelt stehende große Poren am Längsschnitt ersichtlich.

a) **Echtes Rosenholz** (Bahia, Brasilien).

Farbe: Hell, rosen- bis fleischrot mit karminroten Streifen am Längsschnitt.

Besondere Eigenschaften: Die schöne Färbung verblaßt mit der Zeit etwas. Geruchlos. Bei der Verarbeitung starke Reizung der Nasen- und Rachenschleimhäute. Niesreiz.

b) **Ostindisches Rosenholz,** schwarzes Botanyholz, engl. „Blackwood". Dunkel, purpurfarbig, geruchlos.

c) **Afrikanisches Rosenholz** (Tropisches Afrika).

Farbe: Kern hellrot bis rötlich-braun mit dunklen Querstreifen. 20—30 cm starke Stämme. Wegen seiner Eignung zum Schiffsbau auch als afrikanisches Teakholz bezeichnet.

d) **Bubingaholz,** auch als Rosenwood bezeichnet, stammt seinem Bau nach von einer Jakarandaart. Das Holz hat einen blaßrot-gelben Grundton, ist teilweise gestreift oder gemasert und gefleckt, oft auch einfarbig. Modernes Möbelholz.

e) **Rodiserholz,** von den kanarischen Inseln. Kommt nur in schwachen Stücken vor. Farbe wachsgelb bis braunrot geflammt. Kräftiger angenehmer Geruch. Aus den Wurzeln wird ätherisches Öl gezogen. Holz verblaßt sehr, ist sehr dicht und hart, wird wenig verwendet.

f) **Westindisches Rosenholz** (Jamaikarosenholz). Hellfarbig, wohlriechend, liefert ätherisches Öl.

Verwendung: Schönes Drechsler- und Furnierholz, Bürstendeckel und Einlegearbeiten.

Handelsform: Vom Splint befreite, behauene, runde Stämme Spezifisches Gewicht 1,00—1,10.

49. **Rothölzer.** Lebhaft rote Hölzer verschiedener Baumgattungen aus Südamerika, Westafrika und Ostindien. Die Farbe dunkelt bei allen Rothölzern stark nach bis zum Rotbraun. Die echten Rothölzer sind Farbhölzer, ihre Zellen enthalten große Mengen Farbstoffe, die durch Kochen herausgezogen und extrahiert werden.

a) **Fernambukholz** (Brasilienholz).

Farbe: Gelblich-rot, schnell nachdunkelnd.

Bau: Durch zarte Linien angedeuteter Ringbau. Die Zellen enthalten den Farbstoff „Brasilien".

b) **Sappanholz** (unechtes Sandelholz).

Herkunft: Ostindien.

Farbe: Lebhaftes Rot.

Besondere Eigenschaften: Am frischen Schnitt aromatischer Geruch.

c) **Padouk.**

Herkunft: Indien, Sundainseln, Südafrika.

Farbe: Lebhaftes Hellrot, stark bräunlich-rot nachdunkelnd.

Bau: Durch den verschiedenen Lichteinfall in die verschieden gelagerten Zellen erscheint das Holz hell- und dunkelgestreift.

d) **Korallenpadouk** (Südafrika).

Farbe: Hellrot, Splint weiß.

Bau: Feinzellig zarter Ringbau, schwer und hart.

e) **Korallenholz** aus Westindien.

Farbe: Bernsteingelb bis rötlich.

Bau: Feinzellig mit gewebeartiger zarter Zeichnung. Die Gefäße enthalten gelbrotes Harz. Hart und spröde.

f) **Condoriholz,** aus dem tropischen Asien, der Reunion und Madagaskar.

Verwendung: Die Rothölzer, besonders Padouk und Korallenholz, sind schöne wertvolle Drechsler- und Tischlerhölzer, Bürstendeckel. Spezifisches Gewicht 1—1,10.

50. **Sandelholz** (Rotes Sandelholz — Caliaturholz) aus Ostindien.

Farbe: Intensives Rot, dunkelt stark nach, enthält den Farbstoff „Santalin".

Gelbes Sandelholz. Gelblich-rötlich, starker aromatischer Geruch. Liefert das Sandelholzöl. Sandelhölzer sind hart und spröde, schwer spaltbar.

Verwendung: Zu feiner Drechsler- und Tischlerarbeit. Bei häufiger Verarbeitung kann Nierenerkrankung eintreten.

51. **Satinholz,** Atlasholz, Seidenholz, Zitronenholz. Bezeichnung für verschiedene tropische Hölzer, die auf glatter Fläche einen seidigen Glanz aufweisen. Zitronenholz wegen seiner gelben Farbe.

Herkunft: West- und Ostindien.

Farbe: Blaßgelb bis hochgelb und rötlich-gelb.

Bau: Sehr feinzellig, mit einem gelben Harz gefüllt, daher der seidige Glanz. Sehr hart und spröde.

Besondere Eigenschaften: Gegen Zugluft sehr empfindliches Holz, reißt sehr leicht und stockt auch, wenn es nicht richtig gelagert wird, daher auch viel fahlfarbiges Holz im Handel.

a) **Westindisches Satinholz,** aus San Domingo, Porto Rico, Jamaika und Bahama. Hell- bis kanariengelb, gleichförmig im Bau. Gut polierbar. Beim Zerschneiden einen angenehmen mandelartigen Geruch ausströmend.

b) Ostindisches **Satinholz** aus Vorderindien, Ceylon. Härter als voriges, schön gestreift durch den Lichteinfall in die verschieden gerichteten Streuporen. Schlecht verarbeitbar, im Reißen nicht so empfindlich. Führt in seinen Randzellen große Kristalle, daher stark glänzend.

c) **Satinée,** Kirschsatin, rotes Atlasholz. Wertvolles Zierholz von rotbraunem Anflug, feinem Zellenbau. Für kleine Luxusgegenstände geeignet.

d) **Nußsatin,** dem Nußbaum zugehörig, der Abstammung nach (23).

Die Satinhölzer stumpfen infolge der eingebetteten Kristalle die Werkzeuge sehr und rufen bei der Bearbeitung starke Reizung der Rachen- und Nasenschleimhäute hervor, sowie Entzündung der Haut.

Verwendung: Zu feinen Möbeln, Kabinenbau, feinen Drechslerarbeiten, Bürstendeckeln, Handspiegeln usw.

Handelsform: In viereckig behauenen Blöcken. Spezifisches Gewicht 1,00.

52. **Schlangenholz,** Tiger- oder Letternholz, Muskatholz.

Herkunft: Nordbrasilien, Guyana.

Farbe: Gelbrot mit eigentümlich braunen Flecken, der Schlangenhaut ähnlich.

Bau: Feinzellig, zahlreiche hellfarbige große Spiegel, daher die fleckige Zeichnung.

Besondere Eigenschaften: Sehr hart, spröde und leicht spaltend in seinen Spiegeln. Neigt zu Rißbildung. Eines der am schönsten gezeichneten Hölzer. Gesundheitsschädlich in der Bearbeitung.

Verwendung: Zu feinen Drechslerarbeiten, Stockfabrikation, Zigarrenspitzen, Violinbogen.

Handelsform: Glatt behauene, runde 2 m lange Stämme bis zu 20 cm Durchmesser, ohne Splint.

53. **Teakholz,** Tikholz, Indische Eiche.

Herkunft: Indien, Ceylon, Java, Südchina.

Farbe: Rotbrauner Kern, hellbrauner Splint.

Bau: Ringporig wie die Eiche. Zellen mit Harzmasse ausgefüllt. Die Holzfasern stark verdickt.

Besondere Eigenschaften: Sehr fäulniswidrig, hat eigentümlichen Fettgehalt, daher rosten in ihm Schrauben und Nägel nicht wie in der säurehaltigen Eiche. Wird selbst vom Bohrwurm nicht angegriffen. Bestes Schiffsbauholz.

a) **Birma Teakholz,** das geschätzteste. Farbe dunkelgoldgelb, dunkelgestreift (Moulain-Teak), mehr graubraun (Rangoon-Teak). Geringer im Wert ist das Bangkok und Java Teak.

b) **Moa- oder Native-Teak** (Australisches Teakholz). Hellgelb bis gelbbraun, sehr harzreich, fest und schwer. Wie die australischen Harthölzer für Treppenbelag und Parkettriemen geeignet.

c) **Vacapouholz** (brasilianisches Teakholz). Farbe dunkelbraun, eigentümlich zackige Zeichnung. Dicht und hart, dem Partridgeholz ähnlich. Zählt zu den Eisenhölzern.

Verwendung der echten Teakhölzer im Schiffsbau, zum Teil auch als Möbelholz.

Handelsform: In Blöcken und Planken. Spezifisches Gewicht 0,9.

54. **Zebraholz,** echtes Zirikotaholz.

Herkunft: Südamerika.

Farbe: Kaffeebraun, mit dunklen bis schwarzen Längsstreifen gezeichnet.

Besondere Eigenschaften: Hart, schwer. Durch seine schöne Zeichnung wertvolles Holz für Kunsttischler und -drechsler.

55. **Zebrano** (Zingano), falsches Zebraholz.

Herkunft: Afrika.

Farbe: Auf rötlichem Grunde dunkelrote bis braune enge Streifen am Längsschnitt.

Bau: Grobporig, harte, stark markierte Jahresringe, weicheres Zwischenholz.

Besondere Eigenschaften: Läßt sich wegen der ungleichen Härte schlecht verarbeiten. Unruhige Zeichnung, deshalb für größere Möbelstücke nicht geeignet, aber als Zierteile daran viel verwendet. Holz mäßig hart.

Handelsform: Starke runde Stämme. Spez. Gewicht 0,9—1,0.

Wurzelmaserhölzer. In der Drechslerei und Tischlerei kommen einige wertvolle knollenartige Wurzelmaser zur Verarbeitung.

56. **Bruyèreholz** (baumartige Haide).

Herkunft: Südfrankreich, Spanien, hauptsächlich Korsika.

Farbe: Fleischrot, stark nachdunkelnd.

Bau: Rübenförmige maserwüchsige Wurzel, dicht, mittelhart, mit viel Erdeinschlüssen.

Besondere Eigenschaften: Feine Maserzeichnung, hat hohen Kieselgehalt, brennt deshalb schwer, schwindet stark.

Verwendung: Hauptsächlich in der Pfeifenfabrikation zu Pfeifenköpfen und zu Schirmgriffen. Auch zu kleinen Schnitzereien.

Handelsform: In gedämpften Wurzelknollen und in zugeschnittenen Pfeifenköpfen (Ebichons) ab Livorno. Spezifisches Gewicht 1,00.

57. **Amboinamaser** (Kajolholz).

Herkunft: Indien und ostasiatische Inseln.

Farbe: Lederbraun.

Bau: Verworrener Faserverlauf des sehr großen knolligen Wurzelstückes.

Besondere Eigenschaften: Ziemlich leicht und häufig weiche, faulige Stellen eingeschlossen, daher viel Abfall des sehr teuren Materials.

Verwendung: Zur Pfeifenfabrikation, zu Einlegearbeit und Furnieren.

Handelsform: Knollen verschiedenen Ausmaßes. Spezifisches Gewicht 0,8—0,9.

58. **Thujamaser** (Sandarakbaum).

Herkunft: Nordafrika. Wurzelknolle des Sandarakbaumes, aus dessen Rinde das zu Lacken und Polituren verwendete Harz durch Anritzen fließt.

Farbe: Rotbraun, mit zahlreichen kleinen schwarzbraunen Augen durchsetzt, die dem Holze die schöne Zeichnung geben.

Besondere Eigenschaften: Ziemlich leicht, verworrener Faserverlauf, weiche Stellen eingeschlossen, viel Abfall des teuren Holzes. Hauptsächlich zu Furnieren gemessert. Wertvolles Möbelfurnier.

Handelsform: Bis zu fast 1 m langen Knollen.

Behandlung der Fremdhölzer.

Die harten, dichten Tropenhölzer erfordern eine andere Pflege als die einheimischen Hölzer. Sie sind sehr rißempfindlich durch ihr dichtes Gefüge, das nur sehr schwer austrocknet. So reißen selbst viele Jahre gelagerte Hölzer, wenn ein neuer Anschnitt gemacht wird. Die Lagerung soll im trockenen, gelüfteten, aber zugfreien Keller geschehen. Helle Hölzer, wie Buchsbaum und Zitronenholz, erhalten im muffigen Raum Stockflecke, blaue Streifung, wenn sie nicht genügend austrocknen können.

Die Stammenden kann man zum Schutze gegen Zugluft mit Papier verkleben, oder mit Leinöl bestreichen, auch mit Leim. Sobald ein Abschnitt gemacht ist, soll die Fläche mit Leim oder Öl vor der zu schnellen Nachtrocknung geschützt werden, da sich sonst neue Stirnrisse bilden. Selbst in der Bearbeitung müssen größere Stücke, wie Dosen und Schalen, durch zudecken mit Spänen vor Haarrissen geschützt werden, bis sich das Holz der veränderten Temperatur und Luftfeuchtigkeit angeglichen hat.

II. Teil.

Bearbeitung des Holzes.

Zurichten und Verleimen.

Erster Abschnitt.

1. Das Zurichten.

Um das Holz auf die Drehbank zu spannen, bedarf es des Vorrichtens durch Zuschneiden, Spalten, Abrichten mit Handhobel oder der Maschine. Das setzt gute Kenntnisse der Hölzer und ihrer Eigenheiten voraus, um richtige Wahl zu treffen und das Material höchst ökonomisch zu verwerten. Vor allen müssen Äste und Risse oder sonstige Fehler berücksichtigt werden. Zur Verwendung von Spaltholz aus Scheit- und Rollholz eignet sich nur geradjährig gewachsenes Holz. Die Einteilung ist so vorzunehmen, daß das Material auch voll ausgenutzt wird. Vollholz spaltet man im Kern auf. Die Spaltstücke sind mit dem Zurichtbeil so zu behacken, daß sie sich auf der Drehbankspindel leicht ausrichten und weiterbearbeiten lassen. Zum Spalten dient die Spaltklinge, die von beiden Seiten keilig zugeschliffen ist, gegenüber dem Zurichtbeil, das einseitig, mit langer Fase angeschliffen, schärfer schneiden muß.

Das Zuschneiden aus Brettware bedarf vorteilhafter Einteilung. Die Kernbretter sind im Mark zu trennen. Schlechte Schnitte bedeuten Holzverlust. Nur gut vorgerichtete, scharfe Sägen ergeben einen geraden Schnitt. Beim Querschneiden von Scheit- und Rollholz auf der Bandsäge ist Vorsicht geboten, es muß auf dem Sägetisch sicher aufliegen, damit es nicht kippt und das Blatt sich fest in das Holz einschlägt, wodurch das Sägeblatt zerreißt oder sich verbiegt. Beim Querschneiden bringt man Rollholz auf eine ausgekimmte Unterlage (Schlitten, siehe S. 78) oder setzt zur Vorsicht eine Schraubzwinge an, daß es nicht rollen kann. Die Bandsägenführung mit dem

Blattschutz ist in Schnitthöhe einzustellen. An der Kreissäge darf nicht ohne Spaltkeil und oberen Schutz des Blattes geschnitten werden (siehe Unfallverhütungsvorschriften).

2. Das Verleimen.

Zum Verleimen von Fugen und Klötzern bedarf es zur haltbaren Verbindung die Verwendung besten Leimmaterials. Zum Zusammenfügen von Brettern ist nur Hautleim (Lederleim) wegen seiner Zähigkeit geeignet, nicht spröder Knochenleim. Zum Aufeinanderleimen von Flächen läßt sich auch Mischleim (Haut- und Knochenleim gemischt) verwenden. Für Arbeiten, die der Feuchtigkeit ausgesetzt sind, darf nur Kaltleim benutzt werden, da tierischer Leim aufweicht und fault.

Leimzubereitung.

Der Tafel-, Haut- und Knochenleim muß geweicht werden, indem er in reinem kalten Wasser gequellt wird. Je länger er bis zur Durchquellung braucht, um so ergiebiger und besser ist er. Dabei darf sich nichts von den Tafeln ablösen. Wird das Wasser schlierig und riecht faulig, so ist der Leim minderwertig. Je länger der Leim wässern muß bis er vollkommen durchweicht ist, und je mehr er aufquillt, Wasser aufnimmt, um so ergiebiger ist er. Die Tafeln können 24—36 Stunden quellen. Nach dem Aussehen der Tafeln läßt sich Leim nicht beurteilen, er muß nicht unbedingt klar sein, auch gute Qualität kann trüb aussehen. Zerschlägt man eine Leimtafel mit dem Hammer, so zeigt sich ob der Leim zähe ist, die Tafel soll Risse erhalten, aber nicht gleich kurz zerspringen. Am sichersten zeigt natürlich die Leimprobe die Bindekraft und Zähigkeit. Man fügt zwei Brettstückchen genau zusammen und verleimt sie unter sorgfältiger Beachtung der Anwärmung. Nach eintägiger Trocknung schlägt man das Brett längs der Fuge derb auf. Springt das Holz neben der Fuge, so hat der Leim große Bindekraft.

Zum sogenannten Abkochen des Leimes bedarf es vorläufig keines Wasserzusatzes, der Leim hat beim Weichen genügend aufgenommen. Der Leim darf überhaupt nicht kochen, er soll nur zergehen, denn beim Kochen verliert er ebenso wie beim häufigen Warmmachen, besonders wenn er anbrennt, an Bindekraft; er wird spröde und kurzbrüchig.

Den Leim schmilzt man in einem Topf aus Kupfer oder verzinktem Eisen, der in einen Wasserbehälter eingesetzt wird, also nicht über dem direkten Feuer. Das gilt auch vom Handleimtopf bei der Verarbeitung.

Der gußeiserne Leimtiegel (Dreifuß) sollte in keiner Werkstatt mehr zu finden sein, weil der Leim bei dem häufigen Wärmen über direktem Feuer anbrennt.

V e r l e i m u n g : Auf die Verleimung der Fläche wird viel zu geringe Sorgfalt gelegt, indem beim Zusammenfügen zu wenig darauf geachtet wird, daß die Hölzer in ihrer Zeichnung zueinander passen, denn die Verleimung

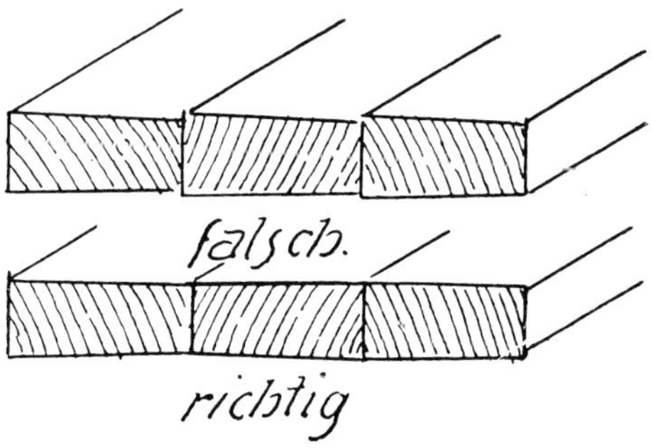

Abb. 16. Verleimen des Holzes zu Flächen.

soll wenig auffallen. Da das Splintholz, weil es saftreicher ist, mehr schwindet als Kernholz, muß Splint an Splint und Kern an Kern geleimt werden, da bei dem unvermeidlichen Nachtrocknen sich besonders an polierter Fläche später Absätze zeigen würden. (Schema Abb. 16.)

Die zu verleimenden Brettstücke müssen auch in einer Wuchsrichtung liegen, weil sonst das Licht in den Holzporen verschieden reflektiert wird und Farbunterschiede auftreten, durch welche die Verleimung stark hervortritt. Bei Aufleimern an gedrehten Formen sieht das sehr übel aus.

Beim Übereinanderleimen von Hölzern ist zu beachten, daß nicht die Kernseiten, die sogenannten rechten Seiten, aufeinandergesetzt werden, sondern die linken (Splintseiten), weil die Kernseiten sich beim Nachtrocknen gewölbt ziehen und bei nicht ganz trockenem Holze dann die

Fugen sperren. Umgekèhrt aber dicht bleiben, weil die Splintseite sich bemüht hohl zu werden, und an der Fuge keine Spannung vorhanden ist. (Abb. 17.)

Die Fugen müssen dicht gefügt sein, wenn sie haltbar und unauffällig sein sollen, am wenigsten dürfen sie an den Enden klaffen, aber auch hohl gefügte Hölzer erhalten Spannung nach dem Verleimen und sind nicht haltbar.

Die Stärke des Leimes gibt keine Gewähr für die Haltbarkeit der Verleimung, im Gegenteil, es bildet sich eine trennende Filmschicht zwischen den Holzteilen, die nach vollkommener Erhärtung spröde wird und bei starkem

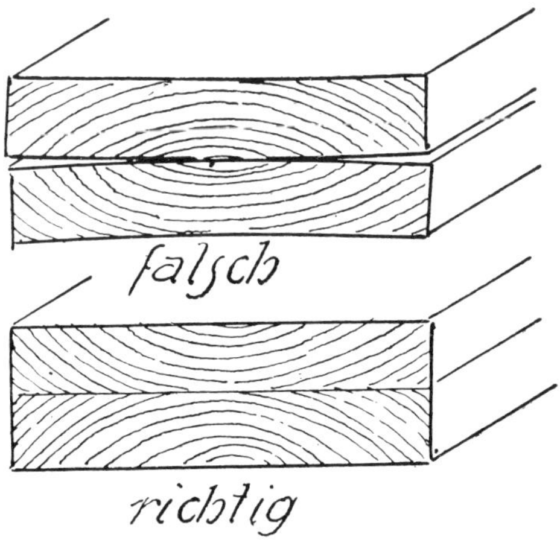

Abb. 17. Verleimen des Holzes zu Blöcken.

Prall springt. Das Holz muß dicht aufeinanderliegen und der Leim sich in die Fasern durch den Druck einpressen. Für Weichhölzer benutzt man deshalb schwächeren Leim als für Hartholz, bei dem der Leim nicht so leicht ins Holz eindringen kann, weshalb mit dem Zahnhobel feine Furchen eingearbeitet werden (abgezahnt), in die sich der stärkere Leim einpreßt.

Starke Drehstücke, wie Säulen, verleimt man am besten hohl und setzt an den Enden kurze Stücke ein. Dabei wird Holz gespart und die Gefahr des Aufreißens der Fugen durch Nachtrocknen und Verziehen des Massivholzes vermieden. Auch hier muß das Holz so zusammengebracht werden, daß die Zeichnung der Teile zusammenpaßt. (Abb. 18.)

Um den aufgestrichenen Leim bis zur Einspannung flüssig zu halten, sind die Fugen der Hölzer anzuwärmen. Es darf aber nicht so geschehen, daß der Leim darauf Blasen zieht und verbrennt. Solche Fugen halten nicht, sie sind spröde und brüchig. Es verleimt sich besser, wenn man nur einen Teil wärmt und auf den anderen den Leim reichlich aufstreicht, dann verrutschen sich die Teile beim Einspannen weniger.

Um beim Anwärmen auf den Hölzern eine gleichmäßige Temperatur zu erhalten, dient der sogenannte Leimofen, auf dessen Platte das Holz gelegt wird. Bei Leimöfen mit direkter Feuerung unter der Platte kann das Holz leicht überhitzt und angesengt werden, wenn

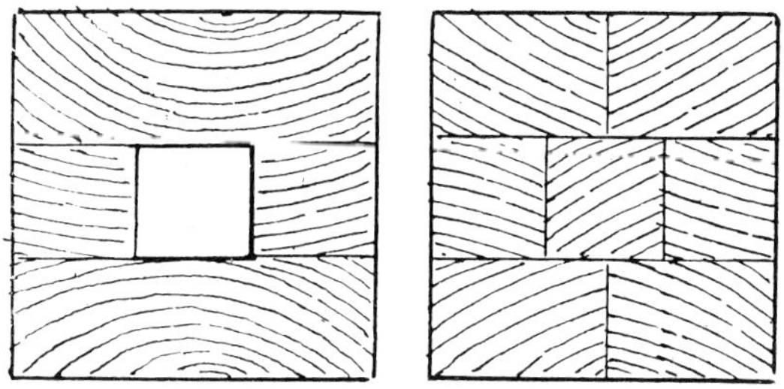

Abb. 18. Verleimen des Holzes zu Säulen.

nicht darauf geachtet wird. Bei Öfen mit Wasserkasten unter der Platte, ebenso bei mit Dampf geheizten Wärmeplatten kann das nicht vorkommen.

Beim Aufeinanderleimen von Flächen zieht man die Leimzwingen erst in der Mitte an, damit der überschüssige Leim an den Seiten heraustreten kann.

Zum Verleimen bedient man sich der Keilzwingen (siehe S. 115) oder bei Massenverleimung der praktischen eisernen Fugenverleimapparate. Zur Blockverleimung dient die Schraubzwinge (siehe S. 114).

Zum Verleimen heller Hölzer, wie Ahorn, Aspe, verwendet man weißen Leim, der als russischer Leim zu haben ist, oder man mischt ihn mit Kreide oder Lithopone, damit die Fugen nicht auffallen.

K a l t l e i m u n g verwendet man bei umfangreicher Leimung, die vorzeitiges Erstarren des Leimes bis zur Einspannung befürchten läßt oder wo Feuchtigkeit den tierischen Leim aufweichen und dieser faulen würde.

Der Hauptbestandteil des Kaltleims ist das Kasein, welches durch laugige Stoffe aufgeschlossen wird. Dadurch entsteht an mit Kaltleim behandelten Fugen eine Verfärbung des Holzes. Je größer die Wasserfestigkeit des Leimes sein muß, um so laugiger ist der Leim. Das Kaltleimpulver wird mit kaltem Wasser sorgfältig verrührt bis alle Klümpchen aufgelöst sind und ein sämig glatter Brei entsteht. Der Kaltleim bindet innerhalb 3—6 Stunden ab, so lange muß die Leimung eingespannt bleiben. Es darf nicht mehr Leim angerührt werden als gerade gebraucht wird.

Ein neues wasserfestes Leimpräparat ist der Kauritleim, ein Kondensationsprodukt aus Harnstoff und Formaldehyd. Der Kauritleim W ist im Kalt- und Heißleimverfahren anwendbar. Der Leim wird in flüssiger Form geliefert und muß zum Leimen mit einem sogenannten Härter verarbeitet werden.

Zur normalen Kaltleimung wird der Kalthärter (gelb) auf der einen Fläche dünn aufgetragen (50 g auf 1 qm). Der Auftrag muß vollkommen trocknen (etwa 30 Minuten, evtl. länger). Der Kauritleim ist auf die andere Leimfläche aufzutragen und muß kurz antrocknen, bis der Leim zähflüssig geworden ist. Die beiden Flächen werden zusammengelegt und sofort gepreßt. Die Preßdauer soll bei 20 Grad R ca. zwei Stunden sein. Die höchste Festigkeit ist nach 24 Stunden erreicht.

Bei kleineren Arbeiten kann der Gelbhärter und der Kauritleim auch auf eine der Leimflächen aufgetragen werden. Der Gelbhärter muß aber erst eine halbe Stunde angetrocknet sein, ehe der Kauritleim darauf gebracht wird. Dann werden die Hölzer sofort zusammengelegt und gepreßt.

Zur Herstellung einer festen Verleimung sind die Vorschriften genau durchzuführen. An weiterer Vereinfachung des Leimverfahrens wird noch gearbeitet.

Kauritleim als Holzgrundierung.

Der Kauritleim ist auch ein gutes Grundiermittel zur Härtung und Unempfindlichmachung der Holzfläche gegen Feuchtigkeit, Laugen und Säuren, z. B. für Holzteller und Obstschalen.

Dazu werden 100 Teile Kauritleim mit 300—500 Teilen Wasser verdünnt und 10 Teile Kalthärter (gelb) zugesetzt.

Das Verhältnis zwischen Kauritleim und Kalthärter 10 : 1 ist stets innezuhalten.

Diese Mischung ist mit feinkörnigem, wasserfestem Schleifpapier naß einzuschleifen. Soll die Holzfläche gebeizt werden, muß das innerhalb 3—4 Stunden nach dem Grundieren geschehen.

Bei großporigen Hölzern wird eine später auftretende weiße Porenfärbung durch Zusatz eines der Holzfarbe entsprechenden Füllstoffes zur Leimmischung vermieden. Als Füllstoffe eignen sich Lenzin, Holzstaub, Bimsmehl usw., und zum Anfärben der Leimschicht Eisenoxydfarben.

Kauritleim als Holzkitt.

100 Teile Kauritleim, 10 Teile Kalthärter werden mit Holzstaub oder Bimsmehl angerührt und damit verkittet. Die Verkittung steht nach dem Abbinden, ohne das sonst nach Verkitten übliche Einsinken der Kittmasse.

Zweiter Abschnitt.

Sägen und Sägemaschinen.

1. Allgemeines.

Die Sägen teilt man nach Art ihrer Bewegung in Hand- und Maschinensägen. Der wirkende Teil, das Blatt, ist ein dünnes Stahlband oder eine runde Scheibe (Kreissäge) verschiedenen Durchmessers. Beide sind mit schneidenden Zähnen besetzt, die den mannigfaltigen Rohstoffen entsprechend in Form, Größe und Stellung verschieden sind. Die Schnittfähigkeit des Sägeblattes hängt von der Verwendung eines guten, zähharten Stahles (Tiegelgußstahl) ab. Es bedarf überall gleichmäßiger Härte, Stärke und sauberen Schliffes. Als Kennzeichen dafür muß sich das Blatt, mit den Enden zwischen die Ballen beider Hände genommen, zu einem gleichmäßigen Kreisbogen drücken und bei Aufhebung der Spannung in seine gerade Lage zurückfedern. Unregelmäßiger Schliff und Härte ergibt einen ungleichen Bogen. Die Härte läßt sich durch Anfeilen feststellen. Im allgemeinen hält ein hartes Blatt länger Schnitt. Bei zu harten Blättern brechen beim Schränken die Zähne aus.

Für die Wirksamkeit der Säge ist die Bezahnung entscheidend. Form, Größe und Zahnteilung muß den Eigenschaften des Materials entsprechen. Bei fasrigen Stoffen, wie Holz und Horn, ist auch die Schnittrichtung, ob längs oder quer zur Faser, für die Zahngröße und Form maßgebend.

1. Zahnteilung. Die Entfernung von einer Zahnspitze zur anderen heißt Zahnteilung, sie bestimmt die Zahl der Zähne und den Raum in den Zahnlücken zur Aufnahme der Sägespäne. Mit der Zähnezahl wächst die Schnittwirkung. Je härter der Arbeitsstoff ist, um so mehr Schneiden bedarf es und um so kleinere Zahnteilung ist erforderlich. Auch beim Querschneiden bedarf es einer kleineren Zahnteilung und anderer Lage der Zähne als bei Langholz, weil ihnen mehr Widerstand entgegengesetzt wird.

Das Sägemehl nimmt in seiner lockeren Beschaffenheit mehr Raum ein als das frühere feste Holz, besonders bei weichem und nassem Material; es bedarf dazu weiter und tiefer Zahnlücken.

Soll die Säge gut arbeiten, muß die Schnittgeschwindigkeit bei Maschinensägen im richtigen Verhältnis zur Härte des Arbeitsstoffes stehen um starke Erwärmung zu vermeiden.

2. Form und Lage der Zähne. Wie alle Schneidwerkzeuge erhält die Säge durch die Art ihrer Zuschärfung (Schneidenwinkel) den Grad ihrer Wirkung. Durch den Zahnspitzenwinkel wird die Zahnform bestimmt, und zwar mit Rücksicht auf die Härte des Arbeitsstoffes und Schnittrichtung bei Holz und Horn. Hieraus erklärt sich, daß z. B. für weiches Holz im Längsschnitt eine spitze, liegende Zahnform am wirksamsten ist, während Hartholz eines mehr stumpfwinkligen Zahnes bedarf, der dem größeren Widerstand mehr standhält. (Abb. 19.)

Durch die verschiedene Beanspruchung der Säge beim Lang- und Querschneiden kann ihre Wirkung selbst bei einer Holzgattung nicht gleich sein. Bei Langholz wirken die Zähne wie eine Reihe spaltender Keile, bei Querholz muß aber die Holzfaser durchschnitten werden. Man stellt sie deshalb mehr aufrecht, um zu verhüten, daß sie, nicht wie die auf Stoß gefeilten Zähne, die Holzfasern umfassen und seitlich herausreißen. Am saubersten und leichtesten schneiden bei Querholz die Zähne, welche wechselnd

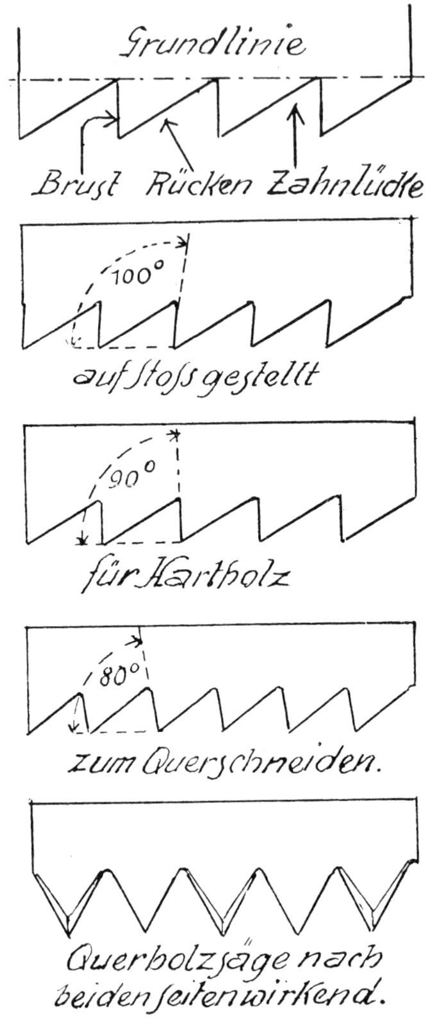

Abb. 19. Zahnformen.

etwas schräg nach oben gefeilt sind, wodurch die Zähne keine Schneidkanten, sondern scharfe Spitzen erhalten. (Siehe Abb. 19.)

Sägen auf Stoß gestellt, wirken nur nach einer Schnittrichtung, aufrecht stehende, z. B. bei Wald- und Schrotsägen, arbeiten auch beim Rückzug der Säge.

Um diesen Sägen für das nasse Holz genügend Raum für die Sägespäne zu schaffen, sind die Zahnlücken verbreitert, was auch durch Ausstanzen eines Zahnes um den anderen geschehen kann.

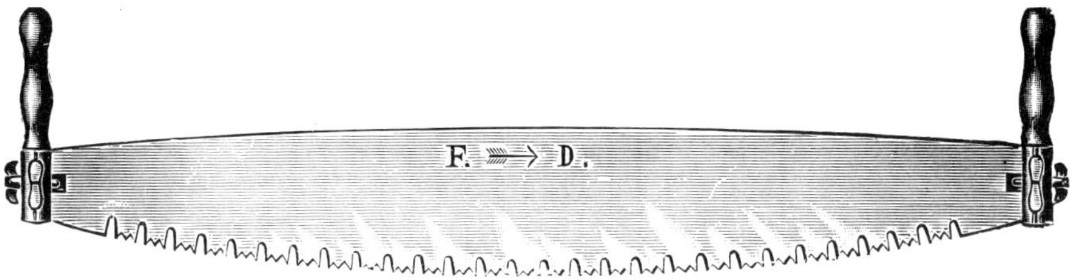

Abb. 20. Schrotsäge.

2. Handsägen.

1. Schrotsäge (Abb. 20). Sie ist eine ausgesprochene Quersäge mit gerader, meist aber flach gewölbter Schneidkante, wie sie zum Fällen der Bäume oder beim Drechsler zum Abkürzen der Stämme und Scheite dient. Die Zähne sind wechselseitig nach rechts bzw. links schräg nach oben ausgeschärft. Das Blatt ist stark, um genügend Spannung zu haben.

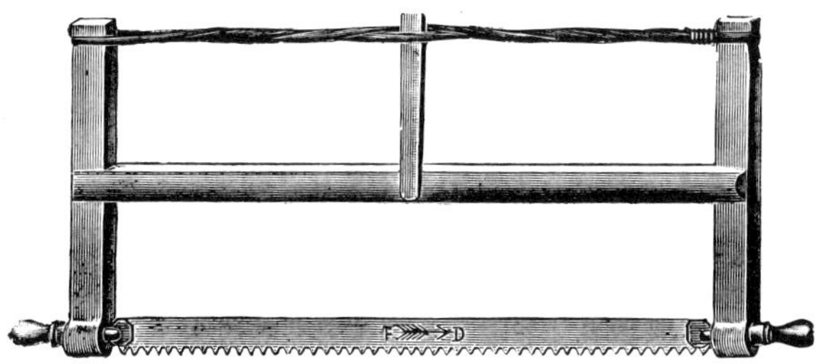

Abb. 21. Spannsäge.

2. Spannsägen (Abb. 21). Das schwache Blatt erhält seine Spannung durch das Sägegestell, aus den beiden Armen und dem Steg bestehend. Es soll leicht sein, aber stabil genug, um die Säge nicht vibrieren zu lassen. Dem Blatt wird die Spannung durch Zusammendrehen der Sägenschnur mittels Knebels verliehen. Sie ist nach Gebrauch am Abend abzuspannen, um die Sägenarme zu entlasten. Durch Drehen der Sägenhefte, in

denen das Blatt befestigt ist, kann es seitlich gerichtet werden, um beim Trennen langer Hölzer das Gestell längs derselben zu führen.

Bei Spannsägen unterscheidet man nach Art der Sägearbeit die Zuschneidesäge (Faustsäge) mit großen auf Stoß gestellten Zähnen, die Trennsäge oder Schlitzsäge mit kleineren Zähnen zu sauberem Schnitt mit senkrechter Brust und die Absetzsäge mit kleinen Zähnen, ein wenig rückwärtsgestellter Brust, als ausgesprochene Quersäge; sie hat kürzeres Gestell. Die Schweifsäge hat schmales

Abb. 22. Fuchsschwanz.

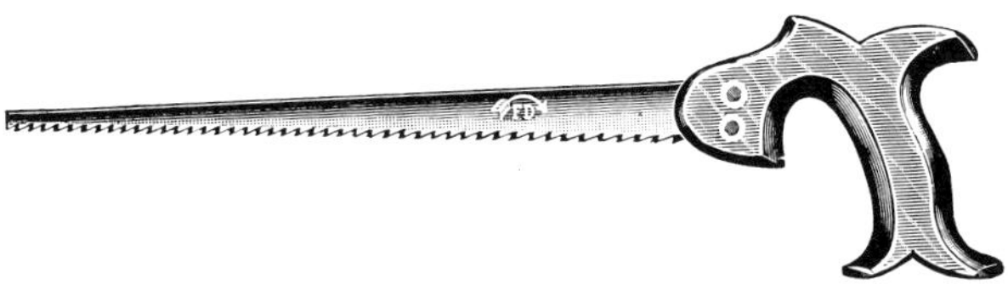

Abb. 23. Stichsäge.

Blatt (3—10 mm). Die Zähne sind etwas zurückgefeilt, da die Säge lang und quer zur Faser bei den Schweifungen arbeiten muß. Um auch innerhalb der Holzfläche Schweifungen auszuführen, ist das Sägeblatt an dem einen Sägengriff aushängbar (Aushängesäge).

3. Ungespannte Sägen. Sie haben ein sehr breites Blatt, das genügend stark ist, oder bei schwachen Blättern am Rücken mit Messing- oder Eisenfassung versehen ist. Der Griff dieser Sägen ist handlich ausgeschnitten. Dazu gehört der Fuchsschwanz (Abb. 22) als Quersäge mit sehr kleinen, etwas zurückgefeilten Zähnen, und die Stichsäge mit sehr starkem, nach vorn schmal zulaufendem Blatt. Zähne sind niedrig, langgestreckt und wechselnd schräg nach oben ausgeschärft. (Abb. 23.)

3. Maschinensägen.

Maschinensägen sind die in allen Zweigen der Holzbearbeitung verwendeten Gatter-, Kreis- und Bandsägen, welche allgemein mit motorischer Kraft betrieben werden.

1. Das Sägegatter ist die Hauptmaschine des Sägewerks zum Schneiden der Bretter und Pfosten aus Stämmen. Man unterscheidet Horizontal- und Vertikalgatter, zu letzteren gehören die Vollgatter als leistungsfähigste Sägemaschine, bei der eine Anzahl Sägen in den

Abb. 24. Kreissäge.
Werkfoto: Teichert & Sohn, Liegnitz

sich auf- und abbewegenden Rahmen gespannt sind, so daß der Stamm in einem Durchgang geschnitten wird.

Das Horizontalgatter hat nur ein höchstens zwei Sägeblätter, der Sägerahmen arbeitet waagerecht. Der Schnitt wird genauer, besonders bei schwachen Brettern und Dickten. Die Furniersägen sind Horizontalsägen. Der Transportwagen des Holzes läuft senkrecht im Gegensatz zu den Brettsägen, wo er waagerecht unter der Säge durchläuft. Beim Vollgatter wird der Baumstamm durch zwei Riffelwalzen transportiert und am Ende durch einen kurzen Wagen, der wie beim Horizontalgatter auf Schienen läuft, unterstützt.

2. Kreissäge (Abb. 24). Die schnelle fortlaufende Drehung des Sägeblattes gibt der Kreissäge ihre große Leistung. Die Sägewelle ist unmittelbar unter der Tischplatte der Maschine gelagert, damit das Sägeblatt möglichst weit aus dem Tisch hervorragt, um die Schnitthöhe auszunutzen. Das ist sehr wichtig, denn je kleiner das Blatt sein kann, um so mehr Spannung hat es und um so schwächer kann es sein, was Ersparnis an Schnittverlust und Kraftverbrauch bedeutet.

Das Sägeblatt kann in der Schnitthöhe verstellt werden, sei es durch heben und senken des Sägetisches oder der Sägewelle, durch Schlitten und Schraubspindel. Parallel zum Sägeblatt ist ein Linealanschlag verschiebbar angebracht, um die zu schneidende Breite einzustellen. Die Feinstellung erfolgt durch eine Art Mikrometerschraube. Sichere Lagerung der Welle ist Hauptbedingung für gutes Arbeiten der Säge. Wegen des leichteren Ganges erhalten moderne Kreissägen Kugel- resp. Walzenlager.

Je nach Art der Verwendung ist die Konstruktion der Kreissäge verschieden. Der Sägetisch kann aus Holz sein mit hölzernem Untergestell, auf dem die Sägewelle aufgeschraubt ist. Solche Kreissägen sind nur für grobe Zuschneidearbeit geeignet.

Bei modernen Kreissägen ist der Sägetisch zum Gehrungsschneiden bis zu 45 Grad kippbar. (Abb. 24.) Für die Rahmenfabrikation ist die Kreissäge zu Gehrungsschnitten mit einem Rolltisch versehen, der, auf Rollen laufend, mit dem am verstellbaren Gehrungswinkel angelegten Werkstück längs der Säge vorgeschoben wird. Der Anschlagwinkel ist mit Gradeinteilung versehen.

Für Klein- und Mittelbetriebe ist die Kombination von Kreissäge und Fräsmaschine sehr praktisch, die in verschiedener Ausführung — je nach Größe des Geldbeutels und Anforderungen der Arbeit — auf dem Markte sind. Die Abb. 25 zeigt eine solche Maschine höchster Anforderung mit eingebautem Elektromotor, bei der alle laufenden Teile im Gußkörper staubsicher eingebaut sind und die Späneableitung durch Exhaustorabzug eingerichtet ist. Der Tisch ist 600 × 720 mm groß und für alle Säge- und Fräsarbeit **ausreichend.**

Abb. 25. Kreissäge mit Fräsmaschine kombiniert.
Werkfoto: Ferdinand Fromm, Stuttgart-Bad Cannstatt

Das Aufspannen des Sägeblattes auf die Welle erfolgt zwischen den Flanschscheiben, die in genauer Arbeit tadellosen Lauf sichern.

Um Sägen verschiedener Größe und Stärke auch bei ungleicher Bohrung aufspannen zu können, ist die Sägewelle mit Zentriervorrichtung versehen. (Abb. 26.) Die Schraube c am Kopf der Welle hat einen Konus, der drei Stifte b, radial gerichtet, gegen die Lochwandung des Sägeblattes treibt und es zentriert.

Die Flanschengröße richtet sich nach der Stärke und Durchmesser der Sägeblätter. Schwache Blätter bedürfen größerer Flanschen, um beim Schneiden den erforderlichen Stand zu haben.

Für die Drehzahl des Kreissägeblattes ist sein Durchmesser und seine Bezahnung maßgebend; ebenso die Härte des Schnittmaterials. Je härter dieses ist, um so kleiner muß die Zahnteilung und geringer die Drehzahl sein, damit das Blatt nicht heiß läuft und die Spannung verliert, was sich durch Schlottern des Blattes bemerkbar macht. Dieser Fehler kann durch Verminderung der Drehzahl oder der Zähnezahl durch Ausbrechen eines Zahnes um den anderen ausgeglichen werden.

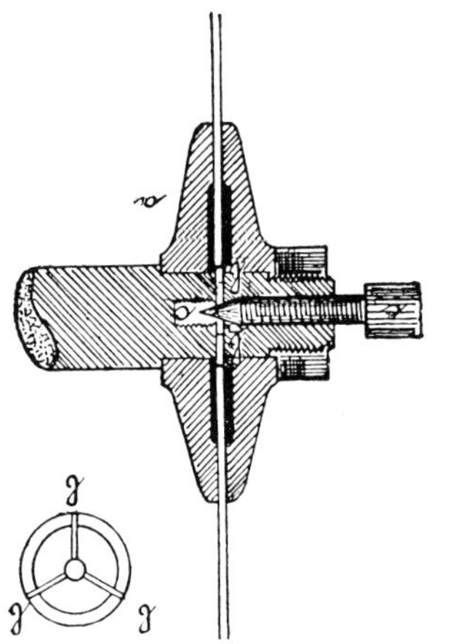

Abb. 26. Zentriervorrichtung für Kreissägeblatt.

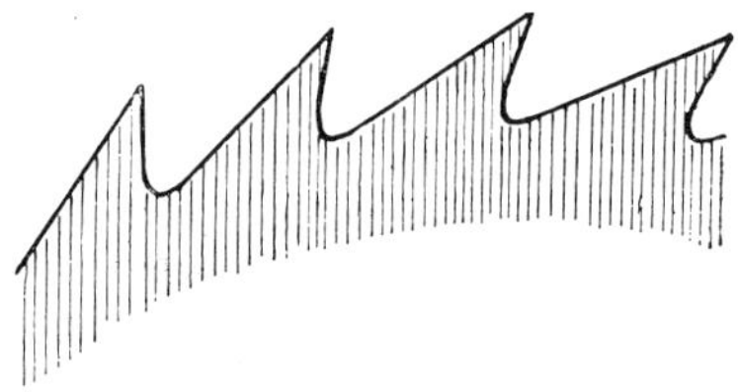

Abb. 27. Kreissägezahnung für Langholz.

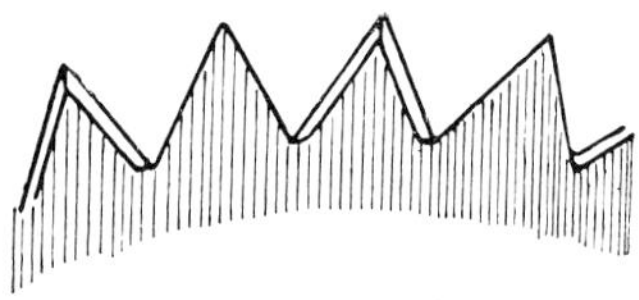

Abb. 28. Kreissägezahnung für Querholz.

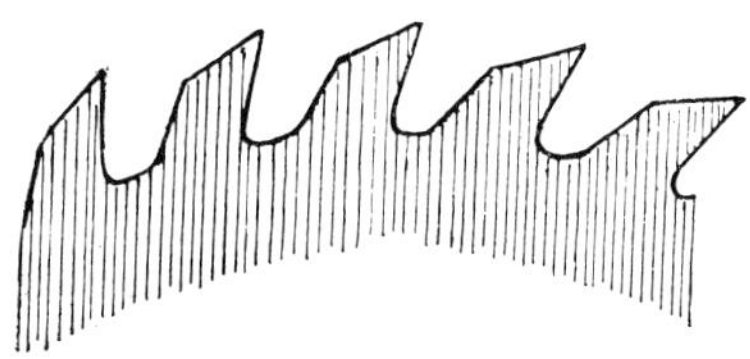

Abb. 29. Kreissägezahnung für Lang- und Querholz.

Die Form und Größe der Zahnung entspricht im allgemeinen dem bereits Gesagten. Hartes Holz erfordert weniger tiefe, mehr aufrecht stehende Zähne, besonders beim Schneiden von Lang- und Querholz; weiches Holz größere, tiefere, mehr auf Stoß gestellte Zähne. (Abb. 27 u. 28.) Für Lang- und Querschneiden, Hart- und Weichholz haben sich Zahnformen wie Abb. 29 als vorteilhaft erwiesen, da man nicht bei jeder Schnittart die Säge wechseln kann. Höchstleistung kann eine solche Kombination, wie bei Spezialsägen, nicht erbringen.

Zum Querschneiden sollen stark überhängende Zahnformen nicht verwendet werden, da Gefahr besteht, daß das Holz in die Säge gezogen wird und den Arbeiter gefährdet. Die Schnittgeschwindigkeit schwankt in der Holzbearbeitung zwischen 40 und 52 m/sek. Dem entspricht bei großen Kreissägen die Drehzahl bei

25 cm Blattdurchmesser von 3000—4000 in der Minute
30 cm Blattdurchmesser von 2500—3300 in der Minute
35 cm Blattdurchmesser von 2200—2800 in der Minute
40 cm Blattdurchmesser von 1900—2500 in der Minute

Feinzähnige Sägen, wie sie zum Aufspannen auf der Drehbank benutzt werden, erhalten ca. 25 m/sek Schnittgeschwindigkeit mit einer Drehzahl bei

25 cm Blattdurchmesser von 1800 minutlich
20 cm Blattdurchmesser von 2400 minutlich
15 cm Blattdurchmesser von 3000 minutlich

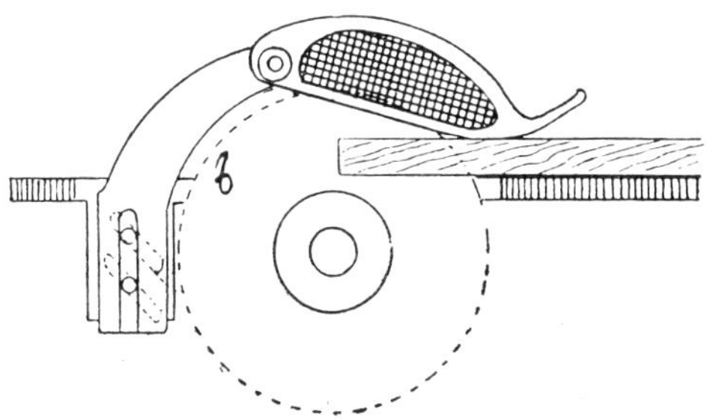

Abb. 30. Kreissägenschutz mit Spaltkeil.

Die Gefährlichkeit der Kreissäge bei der Bearbeitung erfordert genaue Beachtung der Schutzvorrichtungen. Das Blatt muß unter dem Sägetisch umkleidet sein. Oberhalb derselben ist eine Schutzhaube anzubringen, die der zu schneidenden Holzstärke entsprechend eingestellt werden kann und der Beobachtung der Schnittführung nicht hinderlich ist. Bei kleineren Sägen kann sie am Spaltkeil befestigt oder von oben einstellbar sein. Der Spaltkeil (Abb. 30) ist ein wichtiges Schutzmittel gegen Zurückschleudern des Holzes. Er ist dicht hinter der Umfläche des Sägeblattes angebracht und treibt durch seinen keiligen Querschnitt den aus der Säge austretenden Schnitt etwas auseinander, damit das Holz von den rückwärtigen Sägezähnen nicht hochgerissen und gegen den Arbeiter geschleudert wird. Kleine feinzähnige Sägen bedürfen dieses Schutzes nicht, soweit sie wenig im Tisch vorstehen.

3. Die Bandsäge eignet sich für den Drechsler besonders, da man auf ihr auch starke Hölzer trennen und im Bogen schneiden kann. Die Bandsägen werden in verschiedenen Größen von 350—900 mm Sägedurchmesser gebaut. Für den Holzdrechsler ist die Säge von 700 bis

Abb. 31. Motorbandsäge.
Werkfoto: Teichert & Sohn, Liegnitz

800 mm die geeignete. Je massiger das Gestell ist, um so ruhiger arbeitet die Säge, da Vibration die Schnittfähigkeit des Blattes ungünstig beeinflußt. Das gilt besonders für solche mit eingebautem Motor, die eine durch den Drehstrommotor bestimmte hohe Arbeitsgeschwindigkeit haben. (Abb. 31.)

Die Größe der Sägenräder bestimmt die Grenze der Durchgangsbreite des Holzes. Sie hat auch Einfluß auf die Haltbarkeit des Sägeblattes, denn je kleiner der Biegungsdurchmesser desselben ist, um so größer ist die Spannung im Blatt und Brüchigkeit des Stahlmaterials. Bei kleinen Sägen ist deshalb der Verschleiß der Sägeblätter größer, weil ihre Stärke im Verhältnis zum Raddurchmesser größer sein muß, um die erforderliche Spannung beim Schneiden zu haben. Normal soll die Blattstärke nur $^{1}/_{1000}$ des Sägenraddurchmessers betragen; bei einer Bandsäge von 700 mm also ca. $^{7}/_{10}$ mm. Die Spann- und Ausrichtungsapparatur der Bandsäge ist der wichtigste Teil derselben, von dem der Gang der Maschine abhängt.

Das untere Sägenrad ist fest gelagert und bei der modernen Maschine mit dem ein- oder angebauten Elektromotor gekuppelt, also riemenlos arbeitend. Alle Teile laufen in Wälzlagern, wodurch sehr leichter Gang erzielt wird. Das obere Rad ist in einem Supportschlitten gelagert, um das Blatt spannen zu können. Die eigentliche seiner Absteifung dienende Spannung erhält das Blatt durch elastische Lagerung des Rades mit Einwirkung des Spannhebels, der durch das am Hebelarm eingestellte Gewicht den Lagerschlitten hochdrückt. Dadurch kann sich das Sägeblatt bei der Erwärmung durch das Sägen dehnen und beim Abkühlen zusammenziehen; die Spannung wird gemäß der Gewichtsbelastung stets die gleiche bleiben.

Das Sägeblatt läuft wie ein Riemen über die Sägenräder, und zwar leitet es dorthin, wo es die größte Spannung erhält, also wo die Radumflächen am weitesten voneinander stehen. Die Zähne des Blattes sollen vor dem Radrand vorstehen. Nur schmale Sägen zum Schweifen läßt man auf der Mitte der Fläche laufen. Um das Blatt so dirigieren zu können, ist das Lager des oberen Rades pendelnd gelagert und kann mit der Regulierschraube mehr oder weniger geneigt werden, um dem Blatt den gewünschten Lauf zu geben.

Der Sägenradumfang ist mit einer Gummibandage umlegt, um dem Blatt elastische Unterlage zu geben. Für den Schnitt der Säge ist die Führung des Blattes unterhalb des Tisches und hauptsächlich über dem Werkstück maßgebend. Die untere Führung besteht häufig aus zwei schräg gegen die Blattflächen eingestellten Hirnholzlamellen, zwischen denen das Blatt durchläuft. Die obere Führung erfolgt seitlich und am Rücken des Sägeblattes. Letztere, um ihm Halt gegen den Arbeitsdruck beim Schneiden zu geben. Bandsägeführungen gibt es in zahlreichen Konstruktionen; sie laufen alle darauf hinaus, bei sicherer Führung möglichst wenig Reibung am Blatt zu verursachen. Deshalb haben sie kugelgelagerte Rollen oder Scheiben, die sich am Blatt abwälzen, oder nur eine plan anlaufende Gegendruckscheibe und als Seitenführung geschliffene Stahlbacken, die genau zur Blattstärke eingestellt sind, zwischen denen das Blatt durchläuft. Eine solche sehr einfache, aber das Blatt sicher leitende Konstruktion zeigt Abb. 32. Je länger die seitliche Führung ist, um so sicherer arbeitet das Sägeblatt. Um große Rei-

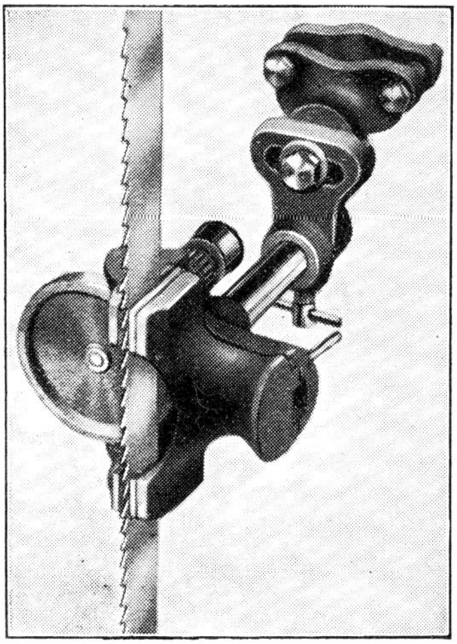

Abb. 32. Bandsägenführung.
Werkfoto: Vollmer-Werke Maschinen-Fabrik A.-G., Biberach (Riß)

bung zu vermeiden, sind die Leitbacken an der Führung in der Mitte ausgespart. (Abb. 33, Fig. c.) Ungünstig wirken Sägeführungen, bei denen die Leitrollen nebeneinander liegen, so daß das Blatt nur in einem Punkte geführt wird, wie Abb. 33, Fig. b zeigt, oder rechts bzw. links übereinander liegen (Abb. 33, Fig. a), so daß das Blatt einseitig abweichen kann. Die Führung ist an der Bandsäge auf Schnitthöhe zugleich mit dem Sägenschutz einstellbar, was zur Erzielung sauberen Schnittes beachtet werden muß.

Das Sägeblatt soll in seinem ganzen Lauf durch einen Schutz verdeckt sein, damit beim Zerreißen der Arbeiter geschützt ist. Beide Sägenräder und das Blatt zwischen ihnen müssen bis auf die Schnitthöhe verdeckt sein, was bei modernen Bandsägen bereits durch Konstruktionsteile durchgeführt ist.

Die Sägengeschwindigkeit bei Bandsägen beträgt normal 20—25 sek/m. Dem entspricht die Drehzahl der Sägenräder:

bei 900 mm Durchmesser 450—500 in der Minute,
bei 800 mm Durchmesser 500—550 in der Minute,
bei 600 mm Durchmesser 550—600 in der Minute.

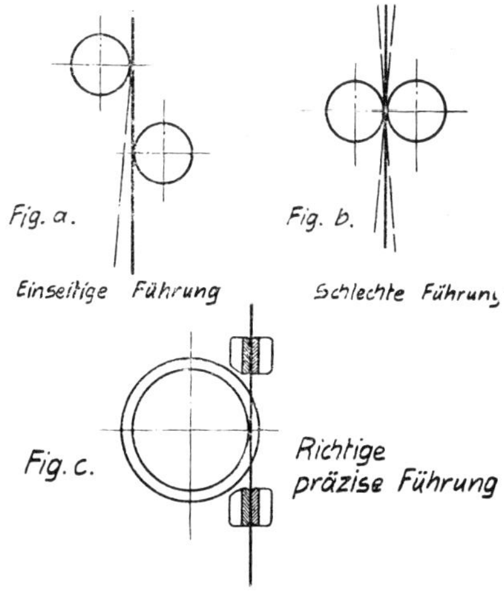

Abb. 33. Schema zur Bandsägenführung.

Bei motorgekuppelten, riemenlos arbeitenden Bandsägen mit Kurzschlußmotor richtet sich die Umdrehung nach der Drehzahl des Motors, die je nach der Schaltung 750, 1000 oder 1500 beträgt. Das entspricht einer Sägengeschwindigkeit von 21 bis 42 sek/m.

Diese Sägemaschinen sind kräftig gebaut, um erschütterungsfrei zu arbeiten. Die Schnittleistung ist sehr groß. Motorbandsägen mit 30—50 cm Raddurchmesser arbeiten mit 1000 Umdrehungen.

4. Die D e k u p i e r s ä g e ist eine auf und ab gehende Säge mit schmalem Sägeblatt zum Schneiden in Bogenführung. Das 20—35 cm lange Sägeblatt ist ausspannbar,

um Innenkurven aussägen zu können. Die Einführung geschieht durch Bohrungen im Werkstück.

Man unterscheidet Bügel- und Federsägen, indem das Blatt durch Holz- oder Stahlbügel, ähnlich der Armbrust, oder durch eine kräftige Spiralfeder in Spannung gehalten wird. Die auf und ab gehende Bewegung des Sägeblattes bewirkt ein Exzenterantrieb. Die Hubgeschwindigkeit

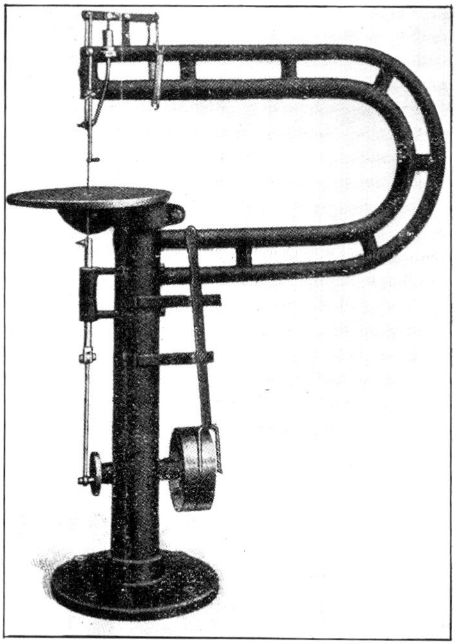

Abb. 34. Dekupiersäge.

beträgt bei Bügelzug ca. 400, bei Federzug bis 750 in der Minute. Bei zu schnellem Gang kann der Bügel oder die Feder nicht entsprechend zurückschwingen, was zum häufigen Reißen des Blattes führt.

Die obere Sägenführung kann an einem verspannten Balken von der Decke herab montiert sein, wie es zum Dekupieren großer Werkstücke erforderlich ist, oder die Maschine ist mit einem weit ausladenden Arm versehen, dessen Durchgang die Größe der Dekupierarbeit begrenzt. (Abb. 34.)

Dritter Abschnitt.

Schärfen der Sägen.

Einen sauberen Schnitt erhält die Säge nur unter sorgfältiger Wahrnehmung der zum Schärfen erforderlichen Voraussetzungen. Die Zahnspitzen müssen in gerader resp. kreisrunder Linie stehen und auch seitlich genau ausgerichtet sein. Ihr Zuschärfungswinkel muß dem Werkstoff entsprechen. Ungleichmäßiges Schärfen gibt unsauberen Schnitt, erfordert mehr Kraftaufwand und führt besonders bei stumpfen Maschinensägen zur Erhitzung des Sägeblattes, das bei Kreissägen die Spannung verliert, schlottert und sich verzieht. Es bekommt Brandstellen und wird unbrauchbar.

Das Schärfen besteht im Schränken und Feilen der Sägezähne. Unter Schränken versteht man das wechselseitige Abbiegen der Zahnspitzen aus der Blattebene, um dem Sägeblatt freien Schnitt zu verschaffen. Dem gleichen Zweck dient auch das Stauchen, d. h. Verbreiterung der Zahnspitzen bei starken Kreissägeblättern, oder die Sägeblätter erhalten einen keiligen Querschnitt durch Schwächerschleifen nach der Scheibenmitte. (Hobelkreissägen.)

1. Zum Schränken bedient man sich des Schränkeisens, des Schraubenziehers und der Schränkzange; auch Schränkmaschinen sind im Gebrauch. Das Schränkeisen hat verschieden breite Schlitze, der Stärke des Sägeblattes entsprechend. Es bedarf der Hand eines geübten Arbeiters, um die Zähne gleichmäßig auszurichten. Auch mit dem Schraubenzieher ist das Schränken Gefühlssache. Es geht schneller als mit dem Schränkeisen, hat aber den Übelstand, daß die Zähne, die an der Brust gefaßt werden, etwas mehr Schränkung erhalten als die am Rücken gefaßten, was sich bei liegenden Zähnen besonders bemerkbar macht. Die Säge neigt dann zum Verlaufen beim Schneiden. Dasselbe gilt von der Sägefeile, wenn sie zum Schränken verwendet wird. Die Schränkzange (Abb. 35) erleichtert das Schränken. Es bedarf keiner besonderen Übung, da das Ausbiegen nach der eingestellten Schränkweite gleichmäßig werden muß. Zu Band- und Kreissägen verwende man stets die Schränkzange. Die Konstruktion muß so beschaffen sein, daß der Zahn sich leicht damit durchbiegen läßt und die Biegung nur an der Spitze, nicht am Grunde erfolgt. Für starke Kreissägeblätter bedarf es

kräftiger Schränkzangen (Abb. 36), womit man Blätter bis zu 3 mm schränkt. Der Schränkstift läßt sich durch die Stellmutter auf die geforderte Schränkweite einregulieren. Die Schränkmaschine arbeitet im Sinne der Schränkzange; sie lohnt sich nur in Großbetrieben.

Schmale Blätter der Schweif- und Dekupiersägen dürfen mit Schraubenzieher oder Sägefeile nicht geschränkt werden, weil sich das Blatt dabei windschief zieht. Schmalen Sägeblättern und solchen mit sehr kleinen

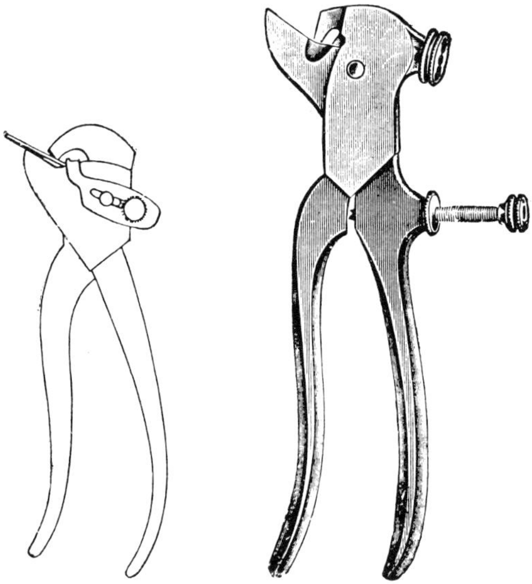

Abb. 35 u. 36. Schränkzangen.

Ab. 37. Ausbiegen des Zahnes (Schema).

Zähnen gibt man die Schränkung durch Schlagen mit einem kleinen Hammer und Senkstift, z. B. für kleine Kreissägen, Fuchsschwanz, Fein- und Dekupiersägen, die mit der Schränkzange nicht zu fassen sind. Durch den gleichmäßigen Schlag wird eine genaue Ausrichtung erzielt und die Zahnspitze nicht beschädigt. Die Schränkung soll nicht mehr, als zum freien Schnitt der Säge erforderlich ist, geschehen, um sauberen Schnitt zu erhalten. Zum Sägen weichen und nassen Holzes wird weiter geschränkt, als bei trockenem und hartem Holz. Ungleiche Schränkung ergibt zackigen Schnitt und erschwert das Schneiden.

Harte Sägen müssen vorsichtig geschränkt werden, damit die Zähne nicht ausbrechen. Der Zahn soll nicht bis zum Grund ausgebogen werden, nur die Spitze ist umzubiegen (Abb. 37); der Zahn erhält sonst leicht Risse, und schmale Blätter verziehen sich. Die Schränkung darf höchstens bis zur doppelten Breite der Blattstärke erfolgen; wird mehr geschränkt, so bleibt im Schnitt Holz stehen, was wegbröckelt und schweren Schnitt erzeugt.

2. Das Feilen. Zum Schärfen wird wie zum Schränken die Säge in die eiserne Sägekluppe (Abb. 38 u. 39), bei Handsägen auch in den Schraubstock gespannt. Der Schwerpunkt beim Schärfen liegt in der Innehaltung des für den Werkstoff geeigneten Brustwinkels des

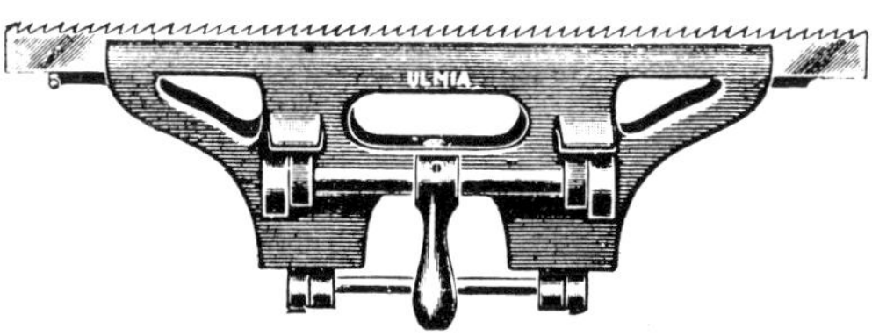

Abb. 38.
Sägenfeilkluppe für Hand- und Bandsägen.

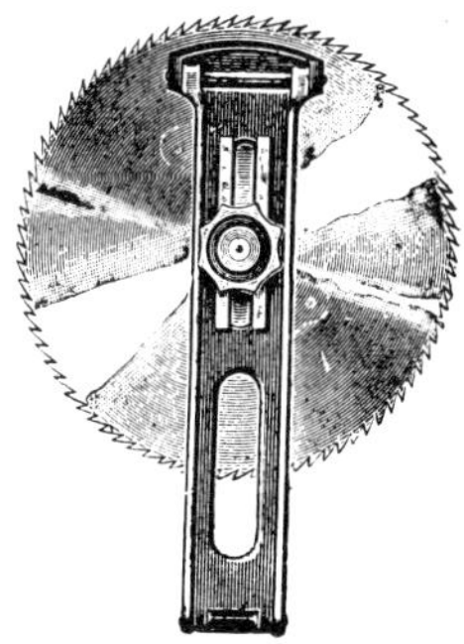

Abb. 39. Sägenfeilkluppe für Kreissägen.

Zahnes. Es ist nicht gleichgültig, ob man in Richtung gegen den Zahn oder mit der Zahnung schärft. Gegen den Zahn wird stets zu besserem Schnitt führen, weil erst die Brust und dann der Rücken des Zahnes geschärft wird. Der an der Spitze sich bildende Grat steht dabei auf Stoß, während er umgekehrt aufrecht gerichtet ist und schon beim ersten Schnitt abbricht und die Schärfe verlorengeht. Die Sägefeilen haben gerundete Ecken, besonders die für Bandsägen, damit der Zahnschlund nicht scharfwinklig wird, was zum Einreißen des Sägeblattes Veranlassung gibt.

Beim Schärfen wird im Laufe der Zeit die Zahnlinie uneben. Das wird durch Abrichten mit der Feile beseitigt. Kreissägen spannt man zum Abrichten verkehrt auf und läßt die vorstehenden Zähne mit einem Stück Schmirgelstein ablaufen. Das Schränken muß selbstverständlich vor dem Schärfen geschehen.

Zum Schärfen von Band- und Kreissägen bedient man sich mit Vorteil der Schärfmaschine. Eine der besten der im Handel befindlichen zeigt die Abb. 40. Sie arbeitet im Sinne des Handfeilens. Schärfmaschinen mit Schleifscheiben sind nur für große Kreis- und Gattersägen geeignet, weil bei schwachen Sägeblättern die Zahnspitzen leicht verbrennen.

Abb. 40. Sägenschärfmaschine.
Werkfoto: Vollmer-Werke Maschinen-Fabrik A.-G., Biberach (Riß)

Bei dem Mechanismus der Bandsägenschärfmaschine kommt es hauptsächlich darauf an, daß sich die Feile wie bei dem Handschärfen etwas seitlich in die Zahnlücke hineinlegt und nach dem Feilstrich in gleicher Art wieder heraushebt, damit die Zahnspitzen nicht beschädigt werden und Brust und Rücken des Zahnes gleichmäßigen Feilstrich erhalten. Nicht minder wichtig ist die Einstellung des Vorschubs des Sägeblattes durch die Klinke, damit die Feile genau in der Zahnlücke einsetzt.

Eine Sägenschärfmaschine will genau einreguliert sein. Je einfacher die Konstruktion ist und je genauer die Regulierung möglich ist, um so brauchbarer ist die Schärfmaschine. Für den guten Schnitt des Bandsägeblattes ist an der Schärfmaschine die Funktion der Spannbacken wichtig, die dem Sägeblatt leichten Durchlaß geben, aber es im Augenblick des Feilstrichs festklemmen, damit das Blatt von der Feile nicht seitlich gedrückt wird und dadurch die Zahnspitzen etwas schräg, statt rechtwinklig, angeschärft werden. Die Säge würde bei ungleicher Zuschärfung seitlich zu laufen geneigt sein.

Mit der Schärfmaschine behält das Sägeblatt stets gleiche Zahnteilung und Zahnhöhe. Die Maschine hat automatischen Ausrücker, bedarf deshalb beim Schärfen keiner Aufsicht. Sobald das Sägeblatt die Maschine durchlaufen hat, wird sie vermittels des angespannten Klobens stillgesetzt. Die Maschine schärft Bandsägen von 5 bis 50 mm Breite und Kreissägen von 80 bis 400 mm Durchmesser bis zu 2,5 mm Stärke und 3—14 mm Zahnweite, je nach Ausführungsart. Die Feilmaschine kann auch mit der Schränkmaschine kombiniert sein.

Löten der Bandsägeblätter.

Wer mit der Bandsäge arbeitet, soll auch imstande sein, gebrochene Blätter zu löten. Die Blattenden sind in Länge eines Zahnes, bei kleinen Zähnen zweier Zähne mit der Feile sauber abzuschrägen. Die Meinung, daß eine breite Lötfläche besser hält, ist irrig. Das Gegenteil ist richtig, denn die Lötstelle ist hart und spröde, biegt sich nicht wie das Blatt und bricht neben der Lötstelle beim Lauf um das Sägerad um so leichter. Bei breiter Lötstelle werden die Blattenden sehr schwach, so daß es leicht vorkommt, daß sich die Lötstelle beim Sägen aufrollt. Mit übereinander gelegten Blattenden bringt man das Sägeblatt in die Lötklammer, die meist zur Bandsäge geliefert wird (Abb. 41) und spannt es so ein, daß der Blattrücken am Anschlag überall dicht anliegt. Durch Umwickeln der Lötstelle mit schwachem Eisendraht (Blumendraht) ist die Fuge dicht zu machen. Das Lot, Messingschlaglot oder besser Silberlot, das leichter fließt, wird, mit einem Brei von Borax und Wasser vermengt, dicht neben die Fuge gelegt. Zum Schmelzen dient eine Benzinlötlampe. Die Lötstelle ist überall in Holz-

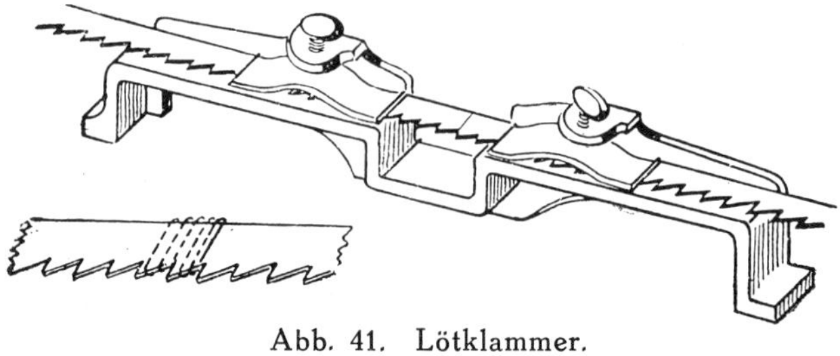

Abb. 41. Lötklammer.

kohlestücken einzuhüllen, damit die Hitze gehalten wird. Sobald das Lot fließt, dringt es in die Fuge ein, weil die glühende Drahtumwicklung sich dehnt und beim Erkalten sich wieder zusammenzieht. Die Kohle wird sofort entfernt, damit die Lötstelle erkaltet. Die befeilten Lötstellen dürfen beim Einspannen des Blattes nicht mit den Fingern berührt werden, sonst lötet es nicht. Das gelötete Blatt wird überfeilt; die Lötstelle darf nicht stärker bleiben als das übrige Blatt und die Zähne sind nicht zu schränken. Die angepriesenen Kaltlote (Weichlote) halten nicht.

Abb. 42. Elektrischer Bandsägenlötapparat.
Werkfoto: Elektro-Apparate-Bau G. m. b. H., Lippstadt (Westf.)

Am haltbarsten und einfachsten ist das Hartlöten mit dem elektrischen Bandsägelötapparat (Abb. 42) mittels Wechsel- bzw. Drehstromes. Nachdem das Sägeblatt, wie oben, in die Lötklammer des Apparates eingeschraubt und das Lot zwischen die Lötstelle mit Borax oder der dazu gelieferten Lötsalbe gebracht ist, wird der Strom eingeschaltet. Sobald die Lötstelle glüht und das Lot schmilzt, schaltet man am Apparat den Strom ab. Zugleich wird die Lötstelle mit der beigegebenen Zange zusammengedrückt.

Das Ein- und Ausschalten des Stromes erfolgt durch leichtes Seitwärtsdrücken des Hebels, so daß man, je nach Breite der Sägeblätter, die zum Schmelzen erforderliche Glut herausbringen kann. Der ganze Lötvorgang dauert kaum eine Minute. Nach dem Löten schaltet man den Strom nochmals leicht ein, um die hart gewordene Lötstelle etwas nachzuglühen, so daß ein Brechen in oder hinter der Lötstelle nicht eintreten kann.

Im Handel gibt es einen Moxapparat zum Löten der Sägeblätter, bei dem das zwischen die Lötstelle gebrachte Lot durch Entzündung einer die erforderliche Glut entwickelnden Schweißmasse schmilzt und die Lötstelle mit der Zange schnell zusammengedrückt wird.

Das Arbeiten an der Bandsäge.

Das Arbeiten an der Bandsäge bedarf größter Umsicht und sachgemäßer Behandlung derselben, um das Reißen der Blätter möglichst zu vermeiden. Die Rückenrolle der Sägeführung ist so einzustellen, daß das Sägeblatt leicht daran streift. Sie gibt dem Blatt Halt gegen den Arbeitsdruck beim Sägen. Die Führung ist dicht über der Schnitthöhe einzustellen. Soll der Schnitt nicht ganz durchgeführt werden, ist das Holz sehr vorsichtig zurückzuziehen, damit dabei das Sägeblatt nicht von den Sägerädern gezogen wird. Das Schneiden von Rund- und Scheitholz bedarf besonderer Aufmerksamkeit, da ersteres durch Rollen von den Zähnen leicht aus der Hand gerissen wird, die Säge sich darin fest schlägt und meist reißt oder deformiert wird, was oft zu Handverletzungen führt. Diesen Gefahren sollte man durch Verwendung einer einfachen Vorrichtung des Zuführungsschlittens (Abb. 43) begegnen.

In die dreieckigen Ausschnitte des aus Holz zusammengeschlitzten Schlittens wird das Rundholz eingelegt und gegen die Säge geschoben, wo es sicher aufliegt und nicht rollen kann. Bei Scheiten ist darauf zu achten, daß sie sicher auf dem Sägetisch aufliegen, evtl. ist ein Keil unterzustecken, damit es nicht seitlich kippen kann, was das Einknicken oder Festfahren der Säge im Holz zur Folge hat.

Bei aller Sägearbeit an der Maschine darf man sich von nichts ablenken lassen; denn schnell ist ein Unglück geschehen. An der Kreissäge soll man gegen Ende des Schnittes das Holz mit dem Stock durchschieben. Durch Unachtsamkeit und Leichtsinn kommen an dieser Säge die meisten und schwersten Unfälle vor.

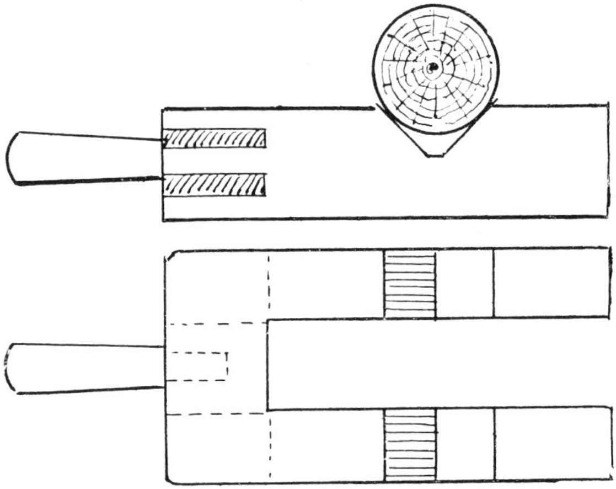

Abb. 43. Gabel zum Schneiden von Rundholz.

Aufziehen der Bandsägebandagen.

Es kommt vor, daß sich die Gummibandage von dem Sägenrad löst oder erneuert werden muß. Zum Wiederaufleimen müssen die Leim- oder Kittreste sorgsam entfernt werden. Neue Bandagen nimmt man im Durchmesser ungefähr 5 Proz. kleiner als das Sägenrad, da sie mit Dehnung aufgezogen sein müssen, um festzusitzen. Zur Befestigung verwendet man meist guten Hautleim, keinen Knochenleim, oder in feuchten Räumen einen Harzkitt aus einer Mischung von Guttapercha, Holzteer und Harz, der auch höhere Beanspruchungen zuläßt.

Zum Aufleimen ist die Radfelge mäßig vorzuwärmen und mit dem Leim gleichmäßig zu bestreichen. Auch an der Innenseite der Gummibandage ist Leim anzugeben. Dann wird die Bandage aufgezogen. Damit die dabei erzeugte Dehnung sich ausgleicht, zieht man rund herum die

Bandage etwas ab und läßt sie zurückschnellen. Neue Bandagen sind vor dem Leimen innen mit Sandpapier zu überschleifen, um den anhaftenden Gummistaub zu entfernen. Da alte Bandagen schon geweitet sind und sich nicht so straff ziehen wie neue, umlegt man sie beim Leimen mit einer schwachen Leiste und setzt Zwingen an.

Zum Aufkitten wird die Felge mittels Benzinlötlampe so heiß gemacht, daß der aufgetragene Harzkitt zähflüssig läuft, und dann der Belag aufgezogen.

Vierter Abschnitt.

Bohrer und Bohreinrichtung für Holz.

1. Bohrer.

Dem Faserbau des Holzes entsprechend müssen die Bohrer sehr scharfschneidig sein, um leicht in das Holz einzudringen und glatte Bohrwandungen zu erzielen. Bei der verschiedenen Bohrrichtung zur Faser kann der Bohrer nicht gleich gut bohren, seine Schneide muß dementsprechend ausgebildet sein. Man unterscheidet demgemäß Bohrer für Lang- oder für Querholz und solche, deren Schneiden den Anforderungen beider Holzrichtungen entspricht.

Zu den Langholzbohrern zählt der Löffelbohrer und der Spiral- oder Schneckenbohrer ohne Vorschneider. Ein ausgesprochener Querholzbohrer ist der bekannte Zentrumbohrer. Die mit Vorschneider versehenen Schneckenbohrer arbeiten in beiden Holzrichtungen gleich gut, ebenso der spitzenlose Forstnerbohrer.

a) Löffelbohrer. Der Hauptbohrer des Drechslers ist der Löffelbohrer, der zum Bohren auf der Drehbank bei Rotation des Werkstücks verwendet wird. Es ist ein Tiefenbohrer; seine löffelartige Schneide bringt die Bohrspäne mit heraus. Die beiden Schneiden stoßen zu einer kurzen Spitze zusammen. Die Tiefe des Löffels ist gleich der halben Breite. Die Löffelwandung soll möglichst schwach sein, um eine recht scharfe Schneide und möglichst viel Raum für die Späne zu erhalten. Vielfach wird die Schneide des Löffels vom Fabrikanten wenig sorgsam hergestellt, so daß es mancher Nacharbeit bedarf. Die Meinung, daß die Spitze des Löffelbohrers schlank sein müsse, um guten Schnitt zu haben, ist falsch. Die Rundung der beiden Schneidenwände zur Spitze darf nur wenig über einen Halbkreis ragen, wenn der Bohrer gut schneiden und beim Bohren die Mitte halten soll. Je schlanker sie gestaltet ist, um so flacher liegt sie gegen die Holzfaser, die sich nur dann gut durchschneiden läßt, wenn sie fast winklig angegriffen wird. (Abb. 44.)

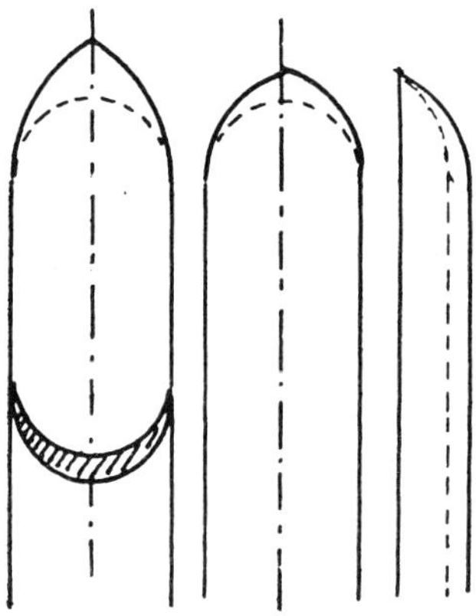

falsch richtig

Abb. 44.
Löffelbohrer (Schneidenbildung).

Abb. 45. Schaber zum Schärfen des Löffelbohrers.

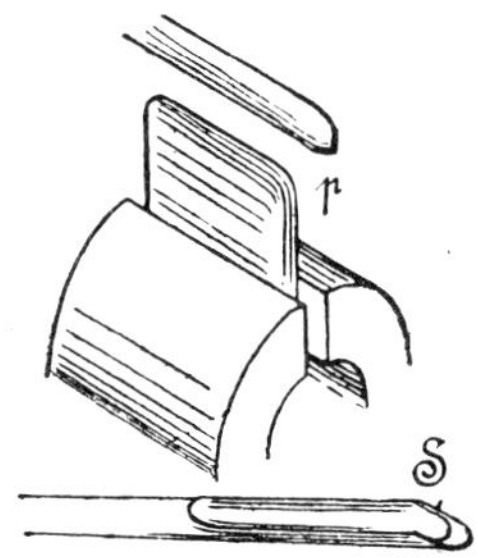

Abb. 46. Aufwerfen des Löffelbohrers.

Abb. 47. Zentrumbohrer.

Das Ausschärfen des Löffels kann durch Ausschaben mit einem aus einer alten Sägefeile zugeschliffenen Schaber geschehen. (Abb. 45.) Er wird an der Spitze eingesetzt und nach beiden Seiten damit ausgeschärft. Der Bohrer darf zum Ausschaben nicht zu hart sein. Man kann den Löffel auch mit einem kleinen Schleifrädchen ausschleifen und dem Bohrer dann größere Härte geben, wodurch er länger Schnitt hält. Durch das Ausschärfen nutzt sich der Bohrer an der Spitze stark ab. Man kann ihn dort wieder richten, indem der Löffel geglüht und die Spitze, wie Abb. 46 zeigt, über der in den Schraubstock gespannten Stahlpunze p durch Hämmern wieder heruntergezogen wird. Vorher muß die Spitze, wie bei S, schräg weggefeilt werden, damit genügend Material zum Schlagen der neuen Spitze vorhanden ist.

b) Der Zentrumbohrer (Abb. 47) arbeitet nur in Querholz, da seine dünne dreikantige Spitze im Langholz nicht genügend Führung hat und sich beim Bohren seitlich verläuft durch den ungleichen Widerstand, den

Abb. 48. Verstellbarer Zentrumbohrer.

der Vorschneider gegenüber dem schaufelförmigen Nachschneider findet. Bedingung für guten Schnitt des Bohrers ist, daß der Vorschneider gegen den Nachschneider weder nach vorn noch seitlich zu viel vorsteht. Der Vorschneider ist stets von innen auszuschärfen und der Nachschneider von außen. Qualitätsbohrer sind solche mit vierkantiger Angel.

Es gibt verstellbare Zentrumbohrer (Abb. 48), bei denen Vor- und Nachschneider wie bei den Schneckenbohrern zusammenliegen. Die Schneide besteht aus einem seitlich

Abb. 49. Forstnerbohrer.

verstellbaren Flügel, so daß verschiedene Bohrgrößen anhand einer Meßskala eingestellt werden können. Es ist mehr ein Montagebohrer für behelfsmäßige Verwendung; sonst nicht zu empfehlen, schon wegen des hohen Preises und seiner mäßigen Schnittfähigkeit.

c) Der Forstnerbohrer (Abb. 49) ist ein Bohrer ohne Führungsspitze. Bei ihm wirkt die zylindrische Schneide als Führung und Vorschneider, der Span wird durch die diametral gestellten Schneiden innerhalb des Zylinders ausgehoben. Die Schneiden haben vorzügliche

Schnittstellung, so daß der Bohrer bei seiner guten Führung sich nicht verlaufen kann. Wandung und gerader Boden der Bohrung werden sehr sauber.

Der Bohrer wird auch mit Zentrierspitze hergestellt, um genaues Einsetzen des Bohrers zu erleichtern. Durch die Führung des kreisförmigen Vorschneiders kann der Forstnerbohrer auch dort eingesetzt werden, wo anderen Bohrern der zentrische Einsatz fehlen würde. Wegen der starken Reibung des Führungszylinders darf der Bohrer nicht schnell laufen, aber unter starkem Arbeitsdruck

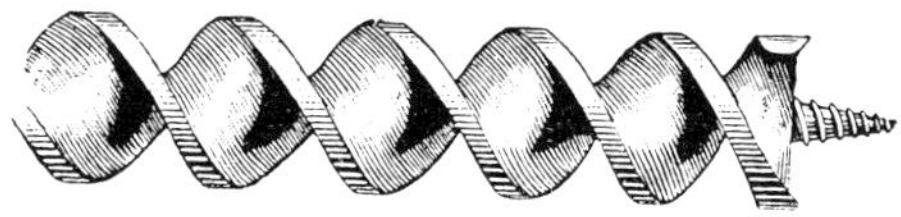

Abb. 50 a. Schlangenbohrer für Hirn- und Querholz.

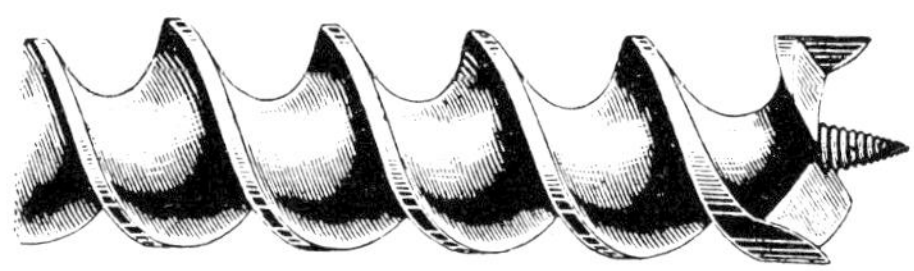

Abb. 50 b. Schlangenbohrer für Hirn- und Querholz.

Abb. 50 c. Schlangenbohrer nur für Hirnholz.

durch Vorschub mittels Hebels oder Schraubenzugs an der Drehbank oder Bohrmaschine.

d) S c h n e c k e n b o h r e r. Die Schnecken- oder Schlangenbohrer verlaufen in ihrer Schneide gegen die Angel in ein Schneckengewinde, das beim Bohren die Späne aus dem Loch befördert. Der Bohrer ist deshalb für tiefe Löcher besonders geeignet. Die Schneiden und Schnecken sind verschieden ausgebildet und dementsprechend ist die Bohrwirkung.

Man unterscheidet ein- und doppelschnittige Bohrer mit ein- und zweigängigen Schnecken. Die Zentrierspitze der Schneckenbohrer ist mit Gewinde versehen, das den Bohrer in das Holz einzieht. Der Gewindegang der Spitze bestimmt daher die Stärke des Spanes. Bohrer mit Grobgewinde sind für Weichholz bestimmt, das feine Einzugsgewinde für Hartholz und Maschinenbohrer. Zum Bohren auf der Drehbank feilt man das Gewinde vierkantig, um ihm den Einzug zu nehmen für die schnelle Umdrehung der Spindel.

Beim Schneckenbohrer liegt Vor- und Nachschneider zusammen, deshalb bedarf auch das Nachschärfen der Schneiden sorgsamster Ausführung. Beim Jenning-Patentbohrer (Abb. 50 b) ist die Verteilung der Schneiden in Vierteilung bemerkenswert. Der Bohrer läßt sich dadurch genauer schärfen. Auch wirkt die Verteilung günstiger beim Bohren, weshalb dieser Bohrer als der wirksamste, besonders bei Hartholz, anzusehen ist. Alle mit Vorschneider versehenen Schneckenbohrer eignen sich gleich gut für Hirn- und Querholz. Der Cooks-Patentbohrer (Abb. 50 c) dient nur zum Bohren von Langholz; ihm fehlt der Vorschneider. Die beiden Schneidenflügel sind hakenförmig umgebogen, das Einzuggewinde ist fein-

Abb. 51. Spiralbohrer.

gängig. Der Bohrer läßt sich gut nachschärfen. Er arbeitet durch seine schwachen Schneiden sehr leicht im Holz und ist für große tiefe Löcher in Langholz für die Drehbank sehr geeignet.

Schneckenbohrer schärft man vorsichtig mit feiner Dreikantfeile nach, den Vorschneider von innen, den Nachschneider von oben.

Zum Bohren kleiner Löcher in Langholz eignet sich der aus der Metallbearbeitung übernommene Spiralbohrer. (Abb. 51.) Der Bohrer arbeitet vorzüglich, wenn er richtig geschliffen wird. Das gilt besonders von den kleinen Bohrern, die der Drechsler braucht.

Zum genauen Schleifen dienen spezielle Spiralbohrerschleifmaschinchen, die für den Drechsler aber kaum in Frage kommen. Er muß deshalb mit Geschick und gutem Auge das Schleifen an der Schmirgelscheibe vollziehen. Der Schneidenwinkel beträgt ca. 55 Grad.

e) H o h l s t e m m e r. Um in Werkstücken □ Löcher herzustellen, dient der sogenannte Hohlstemmer. (Abb. 52.) In dem Stemmwerkzeug rotiert ein Schneckenbohrer, welcher das runde Loch bohrt, und der Hohlstemmer

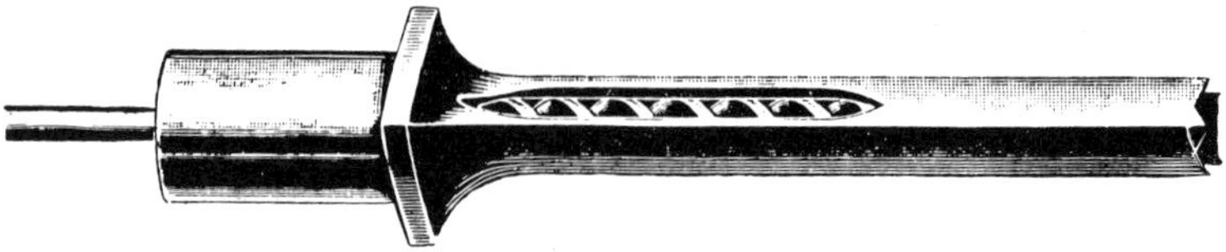

Abb. 52. Hohlstemmer für quadratische Löcher.

drückt die Ecken weg. Zum Bohren ist starker Druck des Werkstückes gegen das Werkzeug erforderlich, um die Ecken wegzuschneiden, was mittels Schraubspindel, z. B. der Reitstockpinole, geschehen kann.

Für Holz gibt es kleine Spiralbohrer mit besonders weitem Spiralgang zur Aufnahme der Späne (Marmorbohrer).

2. Bohreinrichtung und Bohrmaschine.

Der Drechsler bedient sich zum Bohren auf der Drehbank verschiedener Hilfseinrichtungen. Für längere Arbeiten bedarf es zum Bohren eines Stützlagers, Bohr-

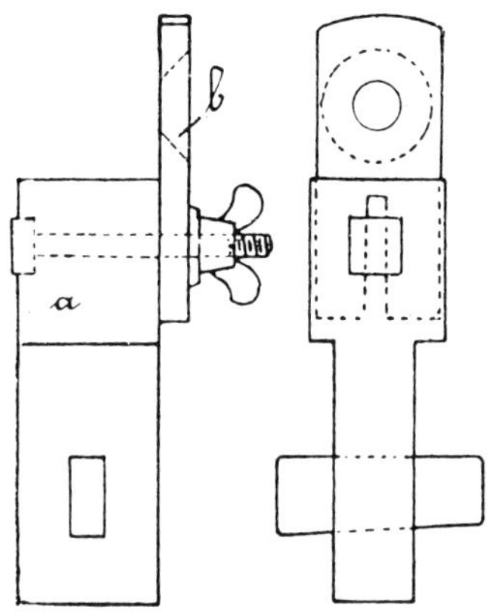

Abb. 53. Bohrbrille mit Untersatz.

brille oder Bohrlünette genannt. Man verwendet solche von Holz und Eisen. Die Befestigung derselben auf den Drehbankwangen geschieht mit dem hölzernen Dockenstock (Abb. 53) oder einem eisernen Untersatz. Die Holzbohrbrille b wird durch eine Flügelmutter angezogen und ist im Schlitz zur Spindelhöhe verstellbar. Zur Bohrbrille eignet sich nur hartes Holz, Ahorn oder

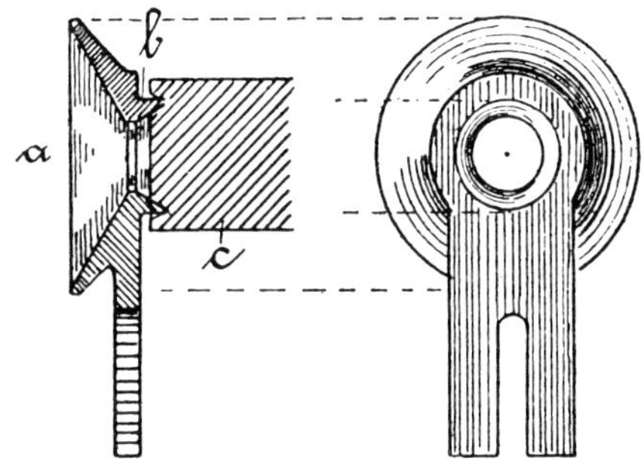

Abb. 54. Eiserne Bohrbrille.

Rotbuche, nicht Eiche, weil diese leicht einbrennt. Der eingedrehte Konus zur Aufnahme des zu bohrenden Werkstückes soll 45 Grad betragen. Kleine Bohrbrillen versieht man mit einem Zinn- oder Pockholzeinsatz, der die ge-

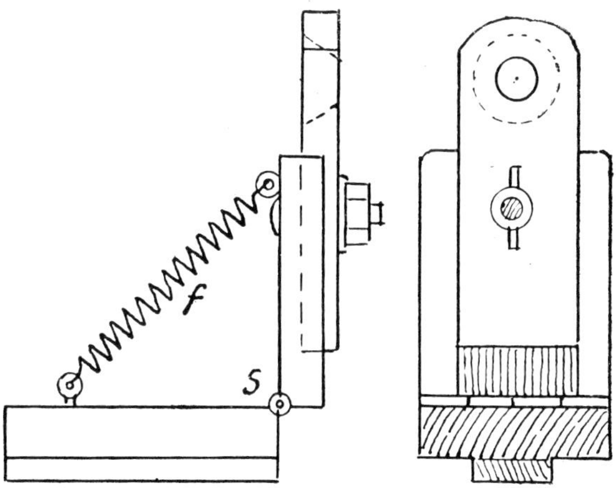

Abb. 55. Bohrlünette umklappbar.

ringste Reibung verursacht. Um das Einbrennen abzuschwächen, bestreicht man die Reibungsflächen mit trockener Seife. Bei häufigem Gebrauch sind eiserne Bohrlünetten zu empfehlen. (Abb. 54.) Die eine Seite a zeigt den Trichter zur Aufnahme verschieden starker Hölzer, die andere Seite b hat einen vorstehenden Falz mit nach innen gekehrter Abschrägung. Sie dient zum Bohren starker Dreharbeiten, indem in deren Stirnseite eine dem Falz entsprechende Nut eingedreht wird, in der

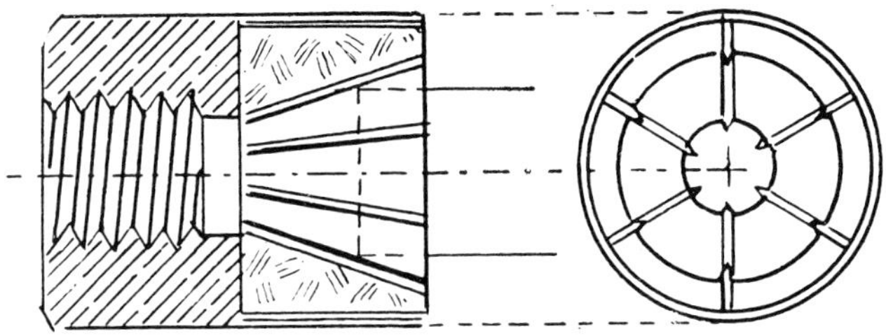

Abb. 56. Spannfutter für Bohrlünette.

das Werkstück c sicher läuft und nur geringe Reibung verursacht gegenüber einer Lauffläche, die den vollen Durchmesser umfaßt.

Die Abb. 55 zeigt eine Bohreinrichtung zum schnellen Bohren schwacher langer Gegenstände, die das Ein- und Ausspannen und Bohren gestattet, ohne die Drehbankspindel stillzusetzen. Das Spindelfutter (Abb. 56) ist zur Aufnahme der Arbeit trichterförmig ausgedreht. Der Trichter ist mit der Säge in Sechsteilung geschlitzt und Stahlplättchen eingesetzt, die innen etwa 4 mm vorstehen. Sie sind beiderseitig angeschärft, damit sich das eingesetzte Holz darin eindrückt und sich nicht drehen kann.

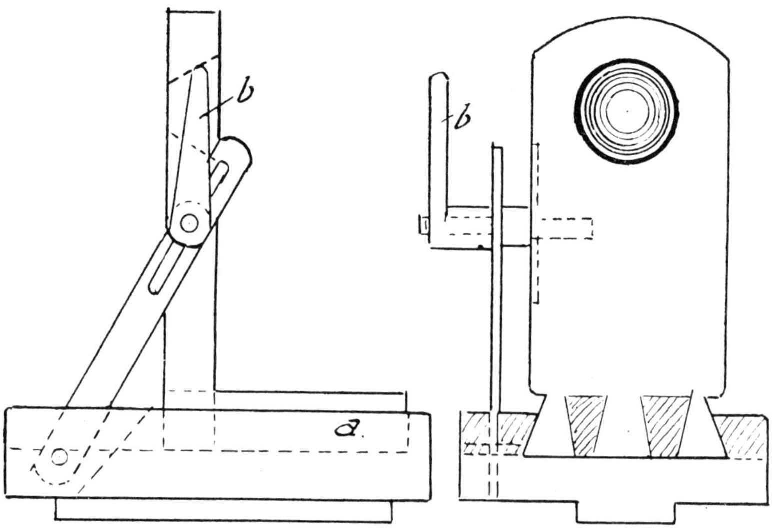

Abb. 57. Bohrlünette mit Schlittenführung.

Außen ist ein Ring aufgezogen, der die Platten festklemmt. Die Bohrlünette wird am besten aus Pockholz oder mit einem Einsatz aus solchem hergestellt. Sie kann für verschiedene Spindelhöhen verstellbar eingerichtet sein. Der hölzerne Untersatz auf den Drehbankwangen ist im Scharnier s umklappbar, um das Arbeitsstück aus- und einzuspannen. Die Spiralfeder f schlägt die Lünette gegen das eingesetzte Arbeitsstück und dieses im Futter fest.

Die Abb. 57 zeigt eine Bohrlünette zum Schnellbohren stärkerer Drehstücke. Sie läuft auf einem Holzschlitten a, der schnelles Einspannen gestattet, indem er mit dem Hebelarm b vor- oder zurückgezogen und mit dem Griff c festgestellt wird, damit beim Zurückziehen des Bohrers das Holz nicht aus der Lünette fällt. Es ist praktisch, den Schlitten durch Gewichtszug beim Einspannen gegen das Werkstück vorschieben zu lassen, was die Arbeit fördert.

Der Drechsler verwendet zu seinen Bohrarbeiten selten eine Bohrmaschine. Er benutzt dazu die Drehbank, indem er den Bohrer in einem Bohrfutter auf die Spindel bringt. Das kann in einem Spund geschehen, mit dem der Bohrer in dem Spundfutter zentrisch gerichtet werden kann. Es zeigt sich hierbei der Übelstand, daß durch das Klopfen beim Richten der Bohrer sich im Spund lockert. Die Bohrereinspannung (Abb. 58) mit dem Schraubheft hat sich bewährt. Im Spindelfutter ist vorn ein Einsatz b aus Querholz eingeleimt, in den das Gewinde eingeschnitten ist. Der Konus c als Anlagefläche des Bohrerheftes bewirkt, daß sich der Bohrer beim Festschrauben zentrisch ausrichtet.

Da Holzfutter, die zum Bohren auf verschiedenen Drehbänken benutzt werden, nicht immer genau laufen, bietet sich in dem R i c h t r i n g d ein Mittel, den Bohrer genau auszurichten. Der Ring hat einen Durchmesser von 10 cm und eine Stärke von 6 mm. Die eine Seite ist nach innen schwächer gedreht, hat also keiligen Querschnitt. Die Bohrung ist ca. 10 mm größer als der Spindelgewindedurchmesser. Der eiserne Ring wird zwischen Spindelbund und -futter geklemmt und mit dem Hammer gerichtet, bis der Bohrer zentrisch läuft. Der Ring wirkt wie ein Keil, aber nach jeder Richtung. So kann man alle in ein Futter gespannte Arbeiten zentrisch oder exzentrisch richten bis zu einem bestimmten Ausschlag, z. B. auch zum Abdrehen ausgesprungener Billardbälle.

Zum Zusammenbohren zusammengesetzter gedrehter Gegenstände in verschiedenem Winkel bedient sich der Drechsler einfachster Hilfsmittel auf der Drehbank. Zum Winkligbohren von Scheiben usw. dient die Vorsatzscheibe, welche auf die Reitstockpinole gesteckt und mit der das Arbeitsstück vorgeschoben wird. Bei gedrehten Werkstücken setzt man einen Klotz auf, welcher im rechten Winkel ausgeschnitten ist und in dessen Aus-

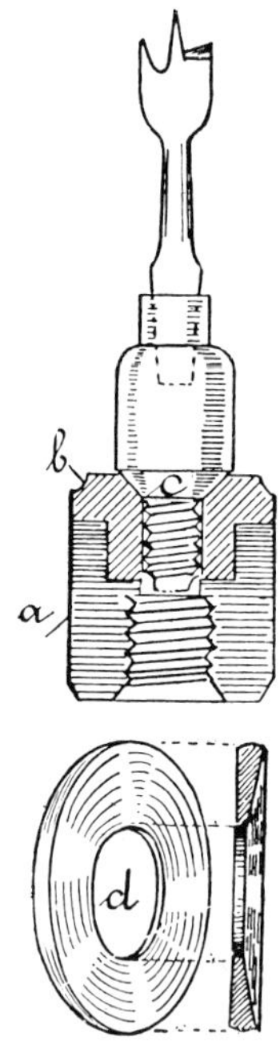

Abb. 58. Hölzernes Bohrfutter mit Zentrierring.

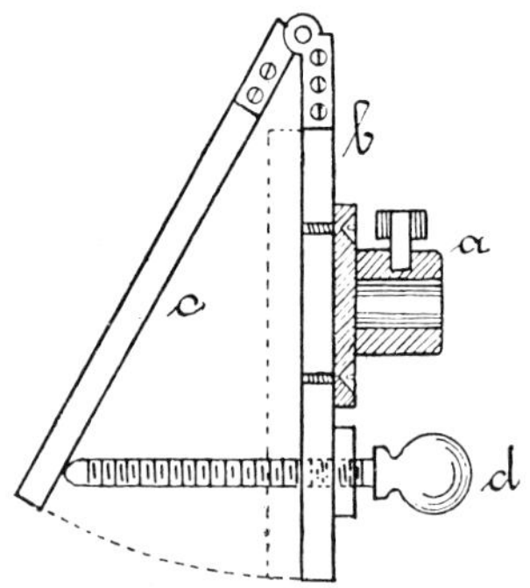

Abb. 59. Bohranlage zum Schrägbohren von Platten.

schnitt die Rundung sichere Anlage erhält. Die Bohrung wird dadurch genau auf die Achse der Arbeit gerichtet.

Um in einem beliebigen Winkel zur Achse zu bohren, zeigt Abb. 59 eine einfache Vorrichtung, die auf die Reitstockpinole gesetzt wird. Durch die Schraube d wird die gewünschte Schräglage der Anlage c eingestellt. Bei gedrehten Teilen bedarf es zu genauer Anlage des Aufsetzens eines Winkelausschnitts.

Zu genauen Winkelbohrungen, z. B. beim Zusammensetzen gedrehter Stühle usw., eignet sich folgendes Verfahren, das gutes Auge und Geschick erfordert. Der zu bohrende Winkel wird mit dem Stellmaß von der Zeichnung abgenommen und dieses vorn an der Drehbankwange mit seinem Anschlag angelegt, so daß der andere Schenkel schräg über der Wange liegt, und zwar senkrecht unter der Bohrerspitze. Zum Bohren visiert man mit dem Auge über das Werkstück zum Stellwinkel und richtet es nach dessen Lage. Dabei ist auch die waagerechte Richtung einzuhalten.

Die Abb. 60 zeigt die Art der Einstellung des Winkels. Pfeil a ist der Bohrer auf der Drehbank, b der Stellwinkel,

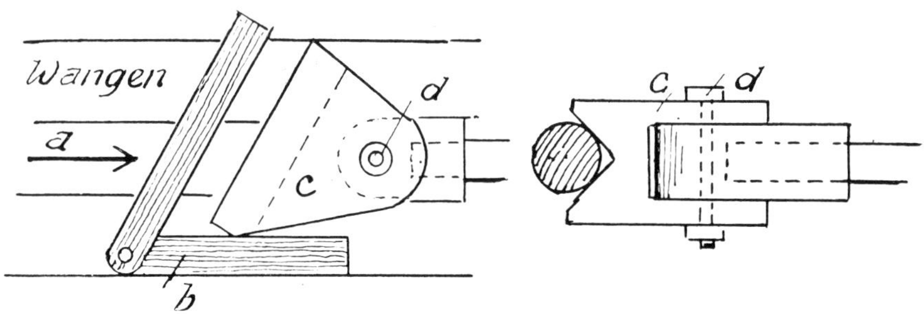

Abb. 60. Vorrichtung zum Schrägbohren von Dreharbeit.

w sind die Drehbankwangen, c ist eine nach dem Winkel einstellbare Anlage für das zu bohrende Werkstück. Sie ist ausgekimmt, wie die Abbildung in Ansicht erkennen läßt, damit der Bohrer genau zur Achse des Werkstückes bohrt. Nach der Winkeleinstellung wird die Schraube d angezogen. Die Anlage wird auf die Reitstockpinole gesteckt.

Statt der Drehbank eignen sich besonders für Mengenartikel Bohrmaschinen, die horizontal oder vertikal arbeitende Bohrspindeln haben. Zum Bohren und Ausfräsen von Scheiben bedient man sich der letzteren als Schnellbohrmaschine mit einem Auflagetisch. Die Maschine muß sich auf genaue Bohrtiefe einstellen lassen. Die Abb. 61 zeigt eine praktische Horizontalbohrmaschine einfachster Art zum Bohren von Drehstücken. Die Spindel ist kugelgelagert und mit Bohrfutter versehen. Die runden oder kantigen Hölzer werden durch Hebeldruck in die Zentrierbacken eingespannt und gelöst, während mit der anderen

Hand der Vorschubhebel des Bohrschlittens bedient wird. Durch Anschlag läßt sich die Bohrtiefe genau einstellen. Der Arbeitsbereich ist 15—80 mm Stärke und bis zu 250 mm Bohrtiefe.

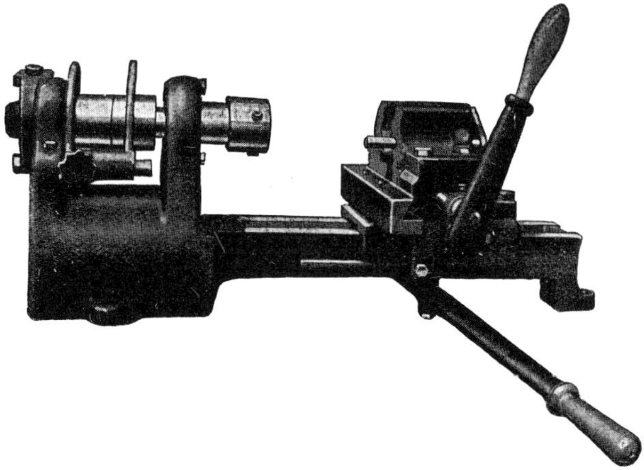

Abb. 61. Horizontal-Bohrmaschine.
Werkfoto: Walter Hempel, Nürnberg-S.

Fünfter Abschnitt.

Fräser und Fräsmaschinen.

1. Fräser.

Fräser sind schnell rotierende Werkzeuge, deren Stirnseite oder Umfang mit Schneiden besetzt sind. Die Fräser ersetzen in ihrer Wirkung oft Bohrer, Säge, Hobel und Feile in günstigster Weise.

1. Fräsbohrer. Die Fräsbohrer arbeiten in verschiedener Anordnung der Schneiden. Sie sind ein- oder zweischneidig und der Arbeit entsprechend in ihren Schneiden geformt.

Die Fräsbohrer werden vom Holzdrechsler zum Ausbohren von Höhlungen mit rundem oder geradem Grunde, Eindrehen von Falzen und Andrehen kurzer Zapfen, hauptsächlich für Spezialartikel, verwendet, weil sie genaue Form und Maßhaltigkeit ergeben. Weiterhin finden die Fräsbohrer hauptsächlich als einschneidige Fräser auf

Oberfräsen, Schnitzmaschinen und Windungsfräsmaschinen Verwendung.

Größere Verwendung hat der Fräsbohrer in der Bearbeitung harter Drehstoffe, besonders in der Kleiderknopffabrikation, Kunsthorn- und Kunstharzverarbeitung (siehe diese) gefunden.

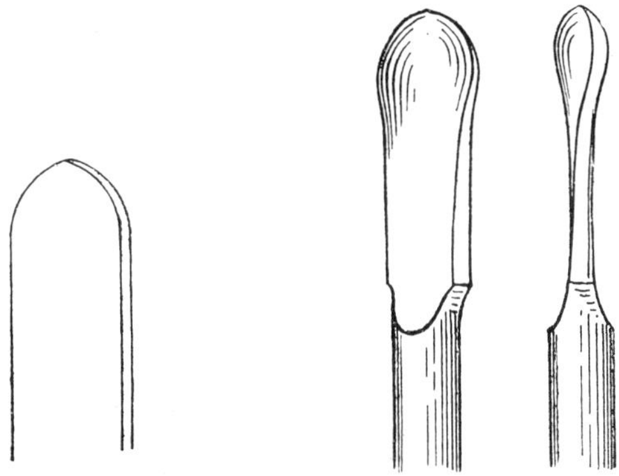

Abb. 62 und 63. Zwirlbohrer.

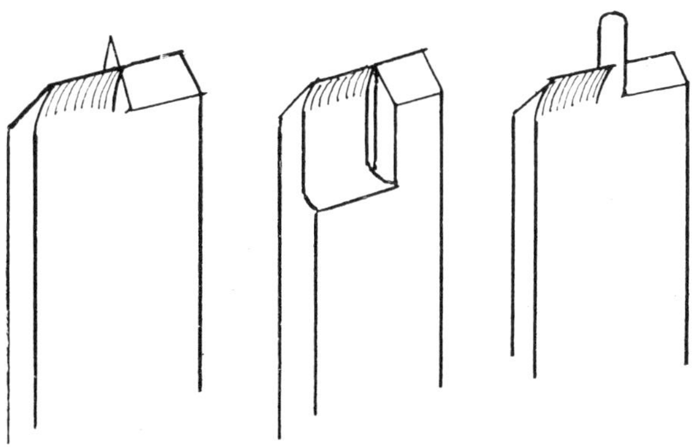

Abb. 64 bis 66. Zwirlbohrer für geraden Lochboden.

Für Faserstoffe, Holz und Horn müssen die Schneiden der Fräsbohrer möglichst auf Schnitt stehen, indem sie gegen die Bohrachse geneigt sind, wie die Abb. 62—66 zeigen. Die Fräser können mit einer Zentrierspitze oder einem Führungszapfen versehen sein; letzterer, wenn eine Bohrung vorhanden ist, in der der Zapfen dem Fräser zum Ein- oder Andrehen von Falzen oder Auskesselungen Führung gibt. Diese kann auch ein Spiralbohrer übernehmen, der in den Fräser eingesetzt ist.

Bei dem zweischneidigen Fräser stehen sich die Schneiden diametral gegenüber. In der Mitte, wo sie zusammenstoßen, entsteht durch die wechselständige Zuschärfung bei den Fräsern ohne Führungsspitze oder Zapfen eine schlechte Schnittstelle, die man umgehen kann, indem an dem einen Schneidenflügel eine Kerbe oder Kehle genau an der Bohrachse eingefeilt wird (Abb. 65). Dadurch lassen sich die Schneiden an der Schmirgelscheibe sauber ausschleifen.

Die hochtourig laufenden Fräsbohrer der modernen Elektro-Oberfräsen mit einer Drehzahl von 12—18 000 erhalten nur einen Schneidenflügel, der hoch auf Schnitt

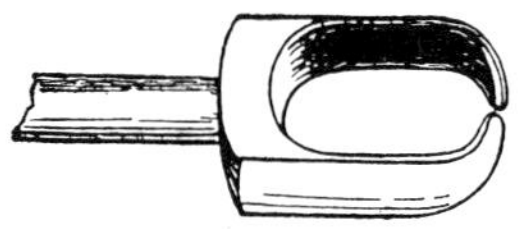

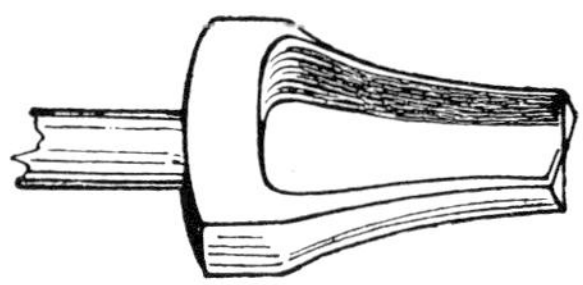

Abb. 67 und 68. Fräsbohrer, Handdreharbeit verrichtend.

gestellt werden kann und sich leicht schärfen läßt. Auch für den Windungsfräsapparat ist der einschnittige Fräser zu empfehlen.

Die angeführten Fräsbohrer bedürfen, soweit sie keine führende Spitze haben, zwangsläufiger Führung im Arbeitsstück, sei es auf der Drehbank durch Verwendung des Reitstocks oder bei der Bohrmaschine und der Oberfräse durch Auflage auf dem Maschinentisch.

Im Handel sind Fräsbohrer in ihrer mannigfaltigen Beschaffenheit wenig erhältlich. Sie müssen von der Werkzeugfabrik nach Angabe hergestellt werden oder der Drechsler macht sich einfach geformte selbst.

Eine besondere Art Fräsbohrer speziell für Langholz zum Ausbohren kleiner Mengenartikel zeigen die Abb. 67 u. 68. Sie werden hauptsächlich auf Fassondrehbänken benutzt zum Ausbohren von Eierbechern und ähnlichen Hohlkörpern von zylindrischer oder konischer Hohlform. In ihrer Wirkung stellen sie hoch auf Schnitt gestellte Drehstähle dar. Der zwischen den beiden Schneiden gebildete Hohlraum nimmt die abgelösten Späne auf und gibt ihnen einen freien Austritt. Die Fräser werden vom Längssupport gegen das auf der Spindel rotierende Arbeitsstück geführt.

Zu den Fräsbohrern sind noch einige mit gezahnter Schneide zu rechnen, wie der Schraubenversenker (Krauskopf) oder der Zapfenfräser zum Nachfräsen gedrehter Zapfen auf genaues Maß bei Sprossenwerk.

Der Zapfenfräser kann auch mit Zentrierhülse versehen sein, um an Stäben den Zapfen genau zentrisch anfräsen zu können, wie in Abb. 69 ersichtlich. Die Länge des anzuschneidenden Zapfens wird durch die an der Rückseite einstellbare Schraube bestimmt. Die Bohrung des Zapfenfräsers ist kurz hinter den Schneiden erweitert,

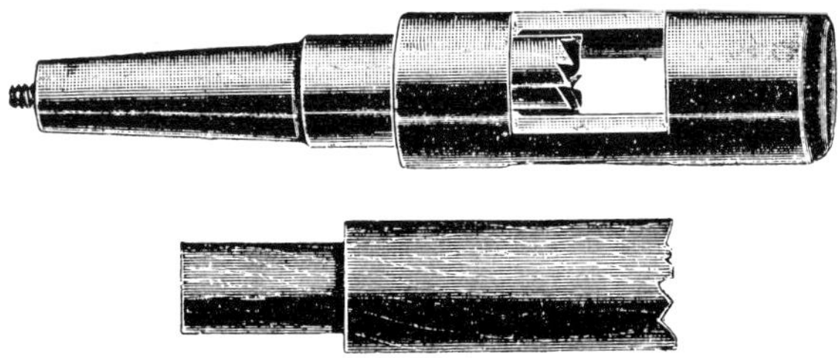

Abb. 69. Zapfenfräser mit Zentrierhülse.

um die Reibung des Zapfens zu vermeiden. Die Zähne sollen möglichst groß und tief eingefeilt sein.

Der Perlfräser (Abb. 70) dient zum Anfräsen perlschnurartiger Verzierungen. Er ist halbkugelig ausgedreht und bis zur Mitte mit Einschnitten versehen, welche die Schneiden bilden. Für Holz genügen drei Schneiden. Je härter der Werkstoff, wie Knochen oder Kunsthorn, ist, um so mehr Schneiden bedarf es.

2. *Die Kronensäge* (*Kronenbohrer oder Zylindersäge*). Sie dient zum Ausfräsen von runden Scheiben aus dem Brett auf der Drehbank oder Bohrmaschine und besteht aus einem Stahlzylinder, dessen Stirnseite mit einer Anzahl tief eingeschnittener Zähne besetzt ist. Der Fräser kann aus einem Stück ausgedreht sein (Abb. 71), oder, bei größeren Fräsern, ein Zylinder aus Stahlblech gebogen sein, der, wie in Abb. 72, mittels Eisenringes auf ein Holzfutter getrieben wird. Je stärker das auszufräsende Holz ist, um so tiefer und größer muß

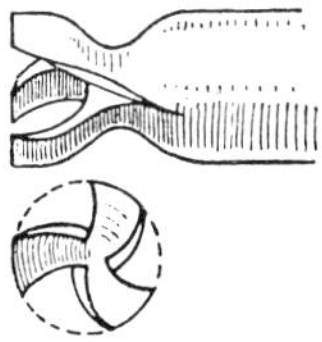

Abb. 70. Perlfräser.

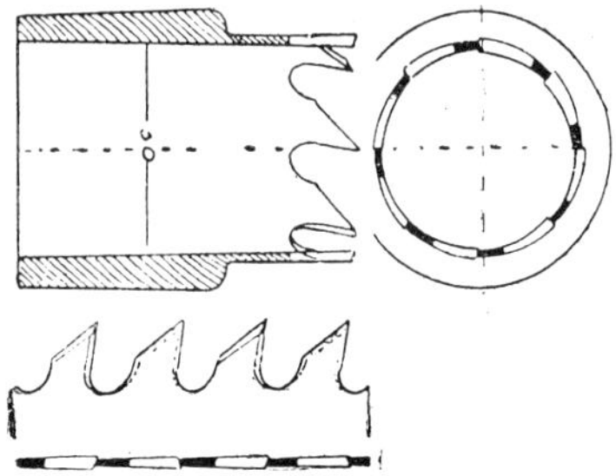

Abb. 71. Kronensäge (Zylinderbohrer).

die Zahnteilung sein, um die Späne bis zum Austritt des Fräsers aufnehmen zu können, sonst stopfen sich die Späne fest und der Fräser wird heiß. Bedarf die Scheibe einer Bohrung, so wird ein Bohrer in den Fräser eingesetzt, der zugleich als Führung dient.

Die Abb. 73 zeigt eine Kronensäge für große Durchmesser, die leicht aus einer Riemenscheibe passenden Durchmessers hergestellt werden kann, indem ein Stück breiten Blockbandsägeblattes um die schwach konisch gedrehte Scheibe gebogen und ein Eisenring aufgezogen wird. Zur Sicherung werden an der Umfläche drei Schrauben eingezogen.

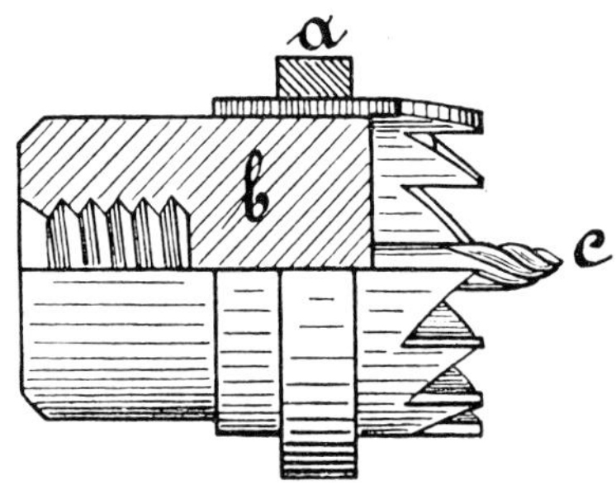

Abb. 72. Kronensäge aus Stahlblech gebogen.

Die aus dem vollen Stahlmaterial gedrehten Fräser verlaufen in ihrer Wandung nach hinten schwächer, um freien Schnitt zu haben. Aus Stahlblech gebogene werden wie Sägen geschränkt.

Es ist praktisch, den Kronenbohrer mit Auswerfer zu versehen, der die ausgefräste Scheibe aus dem Fräser drückt, um fortlaufend arbeiten zu können. In der Abb. 74 ist ein solcher Kronenbohrer mit Auswerferstift dargestellt, der, durch eine kräftige Spiralfeder getrieben, die ausgefräste Scheibe aus dem Fräser drückt. Ohne Auswerfer bleibt die Scheibe oft im Fräser sitzen und die

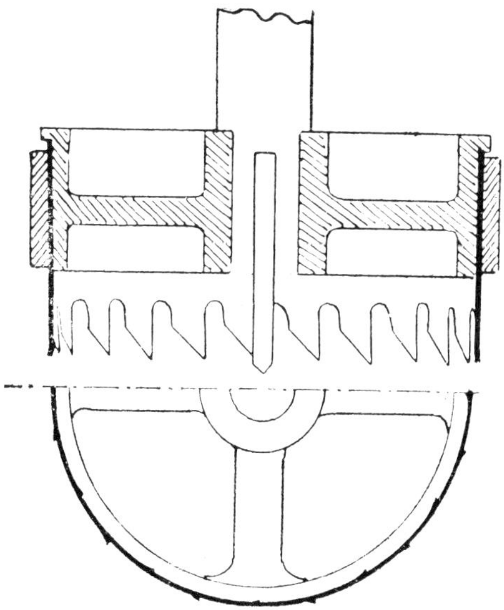

Abb. 73. Kronensäge für große Scheiben.

Frässpindel muß zum Entfernen der Scheibe erst stillgestellt werden.

Ohne Auswerfer können die Scheiben auch so tief eingefräst werden, daß sich an der Rückseite des Brettstücks die Frässpur markiert und der Fräser oder das Brett zurückgezogen wird. Wenn die ganze Fläche des Brettstücks befräst ist, bricht man die Scheiben heraus.

In der Bearbeitung harter Drechslerstoffe, wie Elfenbein, Knochen, Perlmutter und der Kunststoffe, als auch in der Knopffabrikation spielt der Kronenbohrer eine weit größere Rolle als in der Holzdrechslerei.

3. Kronenfräser. Die in der Holzbearbeitung auf der sogenannten Tischfräse zum Fräsen von Profilkanten an Platten und Leisten arbeitenden Kronenfräser

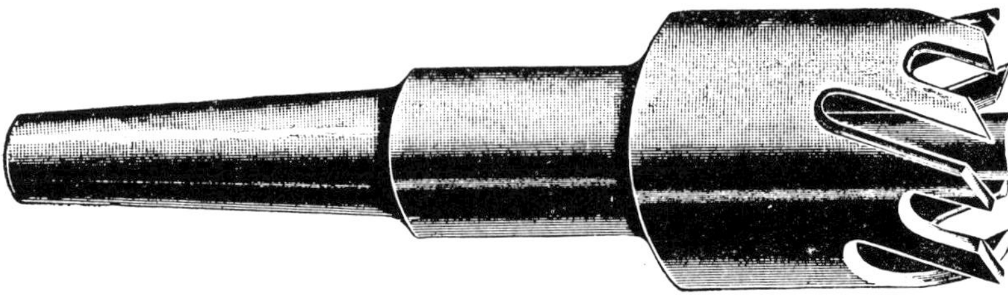

Abb. 74. Kronenbohrer mit Auswerfer.

erhalten ihre Schneiden durch mehrere Einschnitte in den profilierten Stahlkörper. (Abb. 75.) Wegen der bei Schweifungen oder krummfasrigem Gefüge des Holzes oft gegen die Faser arbeitenden Schnittrichtung muß der Fräser in beiden Drehrichtungen arbeiten können. Dies zu erreichen, sind die zwischen den Spänenuten gebildeten Schneidkanten mit hohlem Rücken versehen. Um die

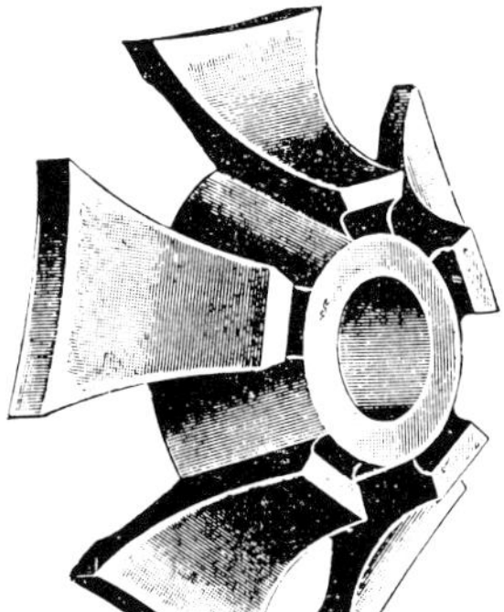

Abb. 75.
Kronenfräser für Tischfräse.

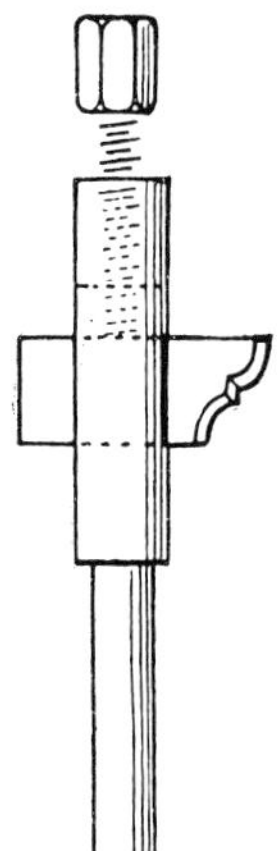

Abb. 76.
Fräsdorn mit Messer.

Reibung auf das geringste zu beschränken, erhält der Fräser nur vier oder fünf Schneiden nach jeder Drehrichtung; die Spänenuten sind möglichst breit zu machen. Je flacher das Profil des Fräsers liegt, um so ungünstiger zeigt sich die Schnittwirkung. Für geradlinige Fräsarbeit, z. B. Leisten, kann statt des Kronenfräsers ein Fassonmesser in den geschlitzten Fräsdorn (Abb. 76) gespannt werden oder ein Messerkopf wird auf den Fräsdorn gesetzt, in den zwei sich gegenüberliegende Fassonmesser eingesetzt werden.

Für größere Mengen Profilleisten eignet sich die Kehlmaschine oder die Abrichthobelmaschine, in deren Messerwelle die Kehlmesser befestigt werden. Von oben und seitlich wirkt eine Druckvorrichtung resp. Druckfedern, die die Leisten beim Durchschieben gegen die Messer drücken.

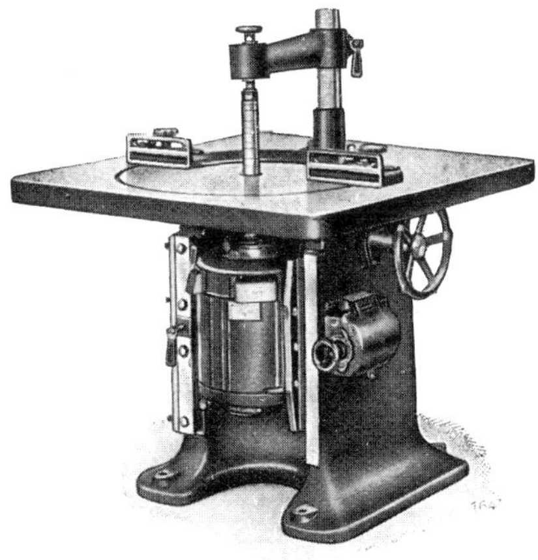

Abb. 77. Tischfräsmaschine.
Werkfoto: Teichert & Sohn, Liegnitz

4. Schärfen der Fräser. Bei allen mehrschneidigen Fräsern ist darauf zu sehen, daß alle Schneiden genau im Flugkreis liegen, um wirken zu können. Alle zurückstehenden Schneiden arbeiten leer, die vorstehenden stumpfen schnell ab und die Arbeit zeigt Messerschläge. Das Schärfen erfolgt mit kleinen Schleifrädchen, deren Umfläche der Fräserform entsprechend profiliert sein muß.

2. Fräsmaschinen.

1. Die Tischfräse. Neben mancherlei für Spezialarbeiten ausgebildeten Fräsmaschinen und -apparaten,

die zum Teil auf der Drehbank zu montieren sind, ist die Tischfräsmaschine für den Holzdrechsler fast unentbehrlich. Es bedarf dazu nicht immer einer großen Tischlerfräse (Abb. 77); für wenig umfangreiche Arbeiten genügt oft eine kleine Maschine, um den vorkommenden Arbeiten zu genügen. Auch bei diesen Kleinmaschinen gibt es wie bei den großen Tischfräsen Kombinationen mit der Kreissäge, die sich als vorteilhaft erwiesen haben.

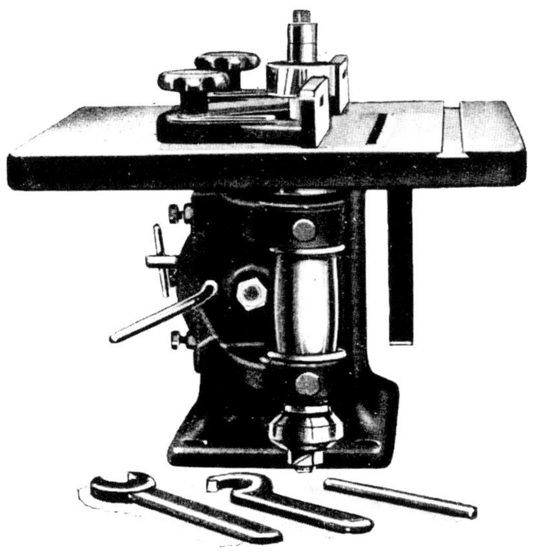

Abb. 78. Kleine Tischfräse mit Kreissäge kombiniert.
Werkfoto: Witt & Co., Leipzig C 1

Die Maschinen sind in ihren Spindellagerungen so kräftig gebaut, daß sie allen Anforderungen genügen, die im Kleinhandwerk gestellt werden. Das gilt auch von Abrichthobelmaschinen, die, wie die Fräsen, auf dem Werktisch montiert werden. Die Maschinen sind jetzt alle mit Kugellagerung versehen, und zum Teil auch mit eingebautem Elektromotor, also riemenlos arbeitend. Die Kleinfräsen haben normale Frässpindeln mit 16 mm Dorn, für die üblichen Kronenfräser passend. Die kombinierte

Maschine (Abb. 78) hat für Fräser und Kreissäge nur eine Spindel. Diese ist im Winkel von 90 Grad drehbar; senkrecht als Frässpindel, waagerecht als Sägewelle zum Aufspannen des Sägeblattes bis 25 cm Durchmesser. Der

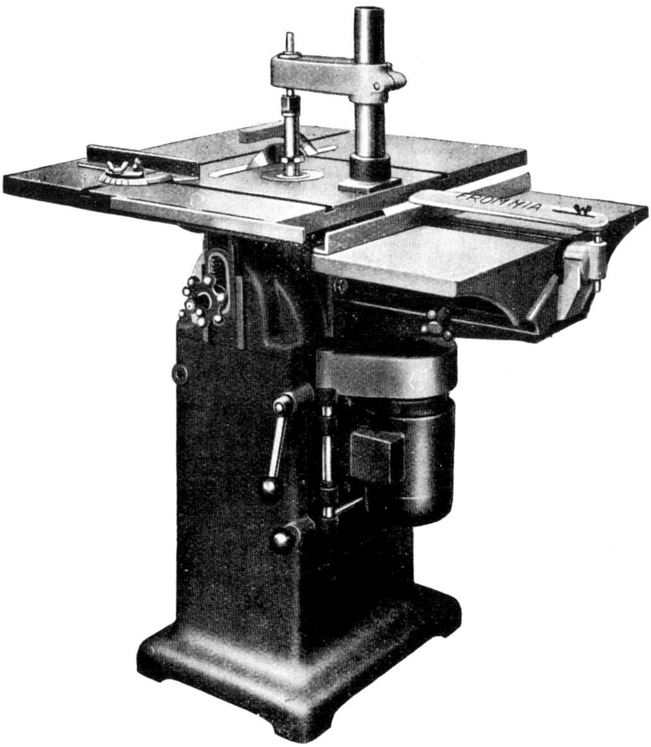

Abb. 79. Kombination von Tischfräse, Kreissäge und Hobelmaschine.
Werkfoto: Ferdinand Fromm, Stuttgart-Bad Cannstatt

Tisch ist 50 mal 50 cm und für die Kreissäge mit Nut für das Schiebelineal versehen.

Die Abb. 79 zeigt eine Kombination von Kreissäge, Fräsmaschine und dem Anbau einer kleinen Abrichthobelmaschine von 260 mm Breite. Die Maschine ist für die verschiedenen Arbeitsgänge sehr handlich eingerichtet. Es bedarf dazu keiner Umbauerei, um von einer Bearbeitung zur anderen überzugehen. Die Maschine ist kräftig gebaut, für alle Arbeiten geeignet und gestattet mit einem 30 cm Sägeblatt Schnittstärken bis 10 cm bei 3500 Umdrehungen. Die Fräser können bis 80 mm verwendet werden bei einer Drehzahl von 6000 Umdrehungen. Die Hobelwelle macht 3500 Umdrehungen und hat 26 cm Hobelbreite, die für die meisten Arbeiten ausreicht. Der Maschinentisch ist 60 mal 72 cm groß und in der Höhe auf 6 cm verstellbar, auch für Gehrungsschnitte in Schräglage von 45 Grad einzustellen. Der angebaute Normalmotor hat eine dreistufige Riemenscheibe und treibt die Arbeitswellen mit Keilriemen an. Die Maschine bedarf keiner örtlichen Montage. Der schwere kastenförmige Fuß, der alle sich bewegenden Teile birgt, gibt der Maschine festen Stand.

In der Drechslerei wird die Tischfräse viel zum Einfräsen des Falzes in Bilderrahmen benutzt, weil das Eindrehen desselben zeitraubendes Umspannen erfordert. Um den Falz auch in den polierten Rahmen einfräsen zu können, bedarf es eines Kugellageranlaufringes, der beim Fräsen nicht mitläuft, sondern sich an der polierten Kante abwälzt und nicht einbrennt. Als Schutz beim Arbeiten an der Tischfräse dient ein Ring, der dicht über dem Fräser aufgesetzt ist und diesen überragt. Der Schutzring (Abb. 80) kann auch kugelgelagert sein, so daß er beim Berühren durch die Hände stillsteht, indem sich die Spindel in dessen Lager dreht. Vorsicht ist beim Fräsen geboten. Fräswunden sind schmerzhaft und heilen schwer.

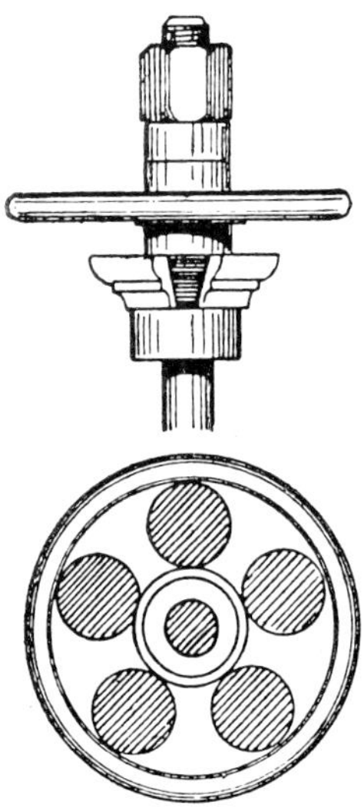

Abb. 80. Frässpindel mit Schutzring.

Außer zur Flächenfräserei wird die Tischfräse häufig vom Drechsler zum Kannelieren gedrehter Gegenstände, wie Säulen, Schrank-, Tisch- und Stuhlfüße, gebraucht. Dazu bedarf es einer Kannelierlade (Abb. 81), in der das Werkstück, wie in der Drehbank, aufgespannt wird. Die Fräslade wird am Fräser entlang geschoben. Bei zylindrisch gedrehtem Schaft kann der Stellring des Fräsers an diesem entlang gleiten; er bestimmt die Frästiefe. Bei gewölbten Kanneluren bedarf es einer Frässchablone, die

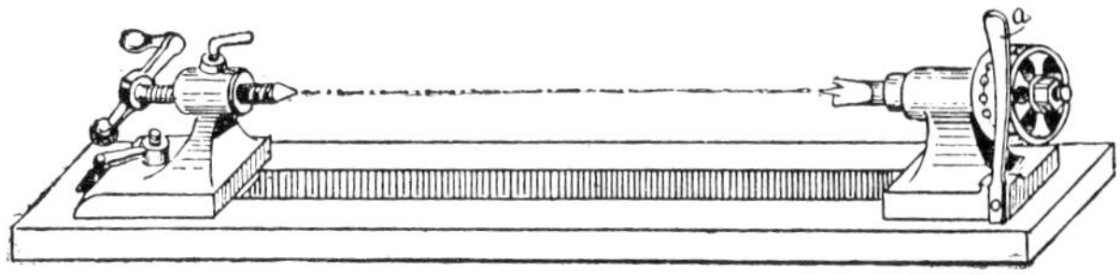

Abb. 81. Kannelierlade für Fräsmaschine.

an das Grundbrett der Fräslade angeschraubt wird, an der der Ring anläuft, damit die Kanneluren dem Durchmesser des Werkstücks entsprechende Breite und Tiefe erhalten. Die Einteilung der Kanneluren oder Stäbe erfolgt durch die Teilscheibe, die mehrere Teilkreise hat, um die gebräuchlichen Teilungen herzustellen.

2. Die Oberfräse. Für den Drechsler und Klein-Holzwarenfabrikanten ist die moderne Oberfräse (Abb. 82) ein wichtige Hilfsmaschine fabelhafter Leistung und Sauberkeit der Arbeit geworden. Die Oberfräsen sind vielseitig verwendbar. Sie dienen zum Ausfräsen schwierigster Gußmodelle, von Etuis, Federkästen und dergleichen, auch zur Herstellung von Bügeleisengriffen und solchen für Fuchsschwänze, Stichsägen, Rauhbankhobelgriffen usw., überhaupt zu Arbeiten, die sonst mit der Dekupiersäge ausgeschnitten und befräst oder befeilt werden müßten, soweit es sich um Herstellung größerer Mengen handelt. Das gilt besonders für Tierfiguren der Spielwarenindustrie.

Die Oberfräse arbeitet mit einschnittigen Fräsbohrern und sehr hoher Drehzahl, 12—24 000 Umdrehungen in der Minute, je nach Typ der Maschine und Art der Verwendung. Bei der modernen Oberfräse ist der eingebaute Elektromotor zugleich Werkzeugträger. Der Fräsbohrer arbeitet senkrecht zur Tischplatte, auf der das Arbeitsstück aufliegt. Für die Herstellung

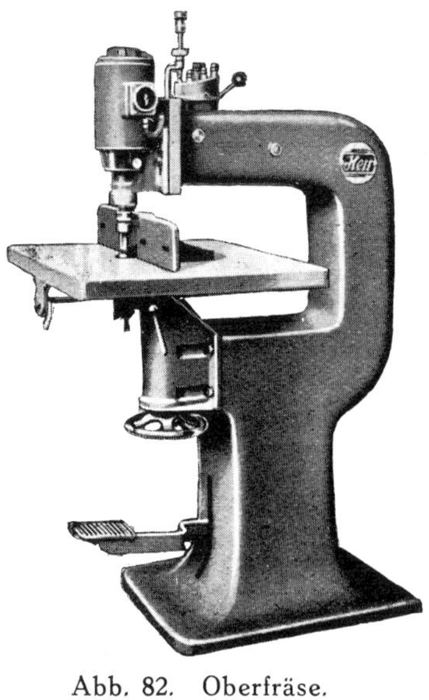

Abb. 82. Oberfräse.
Werkfoto: Elze & Heß, Gera

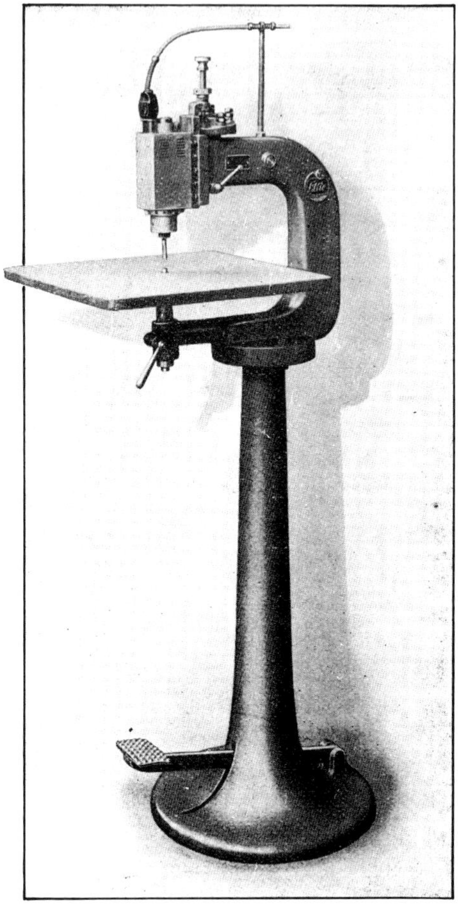

Abb. 82 a. Kleine Oberfräse KOF zum Ausfräsen schwacher Dekupierarbeiten mit 24000 Umdrehungen.

Werkfoto: Elze & Heß, Gera

von Massenartikeln ist die Oberfräse durch das Ausfräsen nach einer Schablone sehr wertvoll. Es bedarf keiner Aufzeichnungen; der Fräser arbeitet die Form aus, wie sie die unter dem Aufspannbrett eingearbeitete Schablone (Abb. 83) angibt, indem ein im Maschinentisch vorstehender Führungsstift in die Schablonenkontur eingreift. Der Arbeiter bewegt nur das Schablonenbrett, auf dem das Arbeitsstück aufgeklemmt ist. So kann die Maschine mit

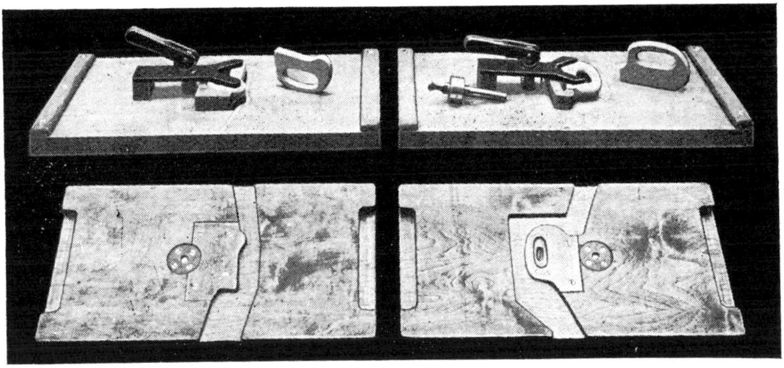

Abb. 83. Schablonenführung zur Oberfräse.
Werkfoto: Elze & Heß, Gera

kleinen Fräsern das Holz auch durchfräsen und die Arbeit einer Dekupiersäge verrichten, wobei die Kanten der Kontur zugleich sauber gerundet werden und jede Feilarbeit wegfällt. Mit der Kleinoberfräse für leichte Arbeiten bis 10 mm Holzstärke und einem Flugkreis des Fräsers bis 10 mm lassen sich die schwierigsten Dekupierarbeiten ausführen. Für die oben angeführten Arbeiten und die Spielwarenindustrie ist eine Oberfräse mittleren Typs geeignet. Durch die hohe Drehzahl des Fräsers kann

Abb. 83 a. Einige Fräsproben von K. O. F.
Werkfoto: Elze & Heß, Gera

der Arbeit ein großer Vorschub bei höchster Glätte der Fräsung gegeben werden, die fast ein Nachschleifen erübrigt.

Sechster Abschnitt.

Raspeln und Feilen.

Beides sind Werkzeuge zum Formen, Vor- und Nacharbeiten unebener Flächen, Schweifungen usw., bei denen vorteilhafte Bearbeitung an Hobel- und Drehbank nicht möglich ist.

Der Hieb der Raspel ist der Härte des Werkstoffes und der Wirkung entsprechend grob oder fein. Man unterscheidet groben, mittleren und feinen Hieb. Groben Hieb erhalten nur große Raspeln. Der Mittelhieb ist an den Raspeln mit B (Bastard) bezeichnet und der feine mit S (Schlichthieb). Zwischen beiden ist noch der $^{1}/_{2}$ S (Halbschlichthieb) eingeschoben. Ganz feinhiebige kleine Raspeln erhalten SS (Feinschlichthieb). Die Feinschlichtraspel läßt sich auch mit Vorteil zum Fertigformen verwenden, wenn das Sauberschleifen auf den gut wirkenden Schleifscheiben und Schleifbändern geschieht.

1. Raspeln werden in Längen von 3 bis 18" engl. hergestellt. Der Raspelhieb befindet sich nur an den Breitseiten; an den Schmalseiten sind die Raspeln glatt oder haben groben Feilhieb. An halbrunden Raspeln sind die scharfen Kanten fein gezähnt. Nach dem Querschnitt unterscheidet man flache, halbrunde und runde Raspeln. Unter Nadelraspeln und Nadelfeilen versteht man kleine 15 cm lange verschiedenen Querschnitts, die zum Teil mit Stiel versehen sind. Die Güte der Raspeln liegt im guten Schnitt und in gut verteilten Hiebzähnen, vor allem in sachgemäßer Zahnform in bezug auf Schärfe. Tiefe und Stellung auf Stoß. Zu stark auf Stoß gehauene Raspeln arbeiten schwer.

2. Die Feilen sind den Raspeln gleich geformte Werkzeuge mit vielen durch Kreuzhieb, aus Grund- und Oberhieb, bestehenden Zähnchen, die an der Arbeit eine glatte Fläche ergeben. Der Oberhieb ist weniger gegen die Achse geneigt als der Unterhieb. Dadurch erhält die Feile keine genau hintereinander stehenden Zähne, die

Furchen ergeben würden. Der Grad des Hiebes wird, wie bei der Raspel, durch B, $^1/_2$ S und S oder SS bezeichnet. Durch diese Benennung erhält man noch keinen festen Begriff von der Feinheit des Hiebes, weil die Hiebskala bei großen Feilen gröber ist als bei mittleren oder kleinen. Feilen und Raspeln werden ohne Angel gemessen.

Die Querschnitte der Feilen sind mannigfaltig. Es gibt flache und halbrunde oder solche mit flacher Wölbung. Rundfeilen nennt man auch „Rattenschwänze". Messerfeilen haben einen keiligen Querschnitt. An Vogelzungen ist der Querschnitt ein Bogenzweieck. Dreikantfeilen haben scharfe Kanten im Gegensatz zu Sägefeilen, deren Kanten mehr oder weniger gerundet sind. Für große Mühl- und Kreissägen wird eine flache Feile mit gerundeten Schmalseiten hergestellt. Die Sägefeilen zeichnen sich durch große Härte aus. Den Namen Raumfeilen oder Kabinetfeilen führen kleine schwache und schmale Feilen

Abb. 84. Handstoßfeile.

von 10—15 cm Länge, die in der Drechslerei für Elfenbeinarbeiten usw. gebraucht werden.

Für Holzarbeiten eignen sich hauptsächlich Bastard- und Halbschlichtfeilen, weniger Schlichtfeilen, deren feiner Hieb sich vom Feilstaub schnell zusetzt. Manche Feilenfabriken bezeichnen den Hieb mit Nummern 1, 2 und 3, statt B, $^1/_2$ S und S.

Beim Feilen muß der Hieb von den festgesetzten Spänen befreit werden, was durch Ausbürsten mit Drahtbürste geschieht. Bei harzigem Holz brennt man die Verkittung des Hiebes über einer Flamme ab und bürstet aus.

Der Qualitätsunterschied der Feilen ist sehr groß und demnach auch der Preis. Nur beste Qualität arbeitet zufriedenstellend. Grauschwarze Färbung, die das Vorhandensein von Glühspan anzeigt, soll die Feile nicht haben, da sie schnell abstumpft; sie muß hellgrau, ohne dunkle Flecken und Streifen sein.

Bei aller Raspel- und Feilarbeit ist zu beobachten, daß die Werkzeuge in richtiger Hiebfolge verwendet werden. Will man mit grober Raspel die Arbeit fördern, so muß mit einem feineren Hieb nachgeraspelt werden, ehe man zur Feile greift, da es zu lange dauert, bis die groben

Raspelstriche mit der Feile entfernt sind. Das gilt besonders bei Hartholz oder anderen harten Werkstoffen.

Alle Feilarbeit ist nach dem ersten Schleifen zu wässern, damit die niedergelegten Holzfasern hochquellen. Am besten eignet sich dazu Leimwasser, bei dem die Faser sich starr aufrichtet und gut abgeschliffen werden kann.

3. Stoßfeilen (Abb. 84). Sie haben keinen Kreuzhieb, sondern parallel laufende eingefräste Schneiden, die einen kräftigen sauberen Schnitt ergeben. Sie sind zum Ausarbeiten und Schlichten gleich gut zu gebrauchen und besonders für harte Arbeitsstoffe oder Hartholz geeignet. Die im Querschnitt mannigfaltig geformten Feilen können in ihrer Zahnteilung verschieden sein. Für hartes Material werden feinzähnige Feilen verwendet. Stoßfeilen werden nur auf Bestellung hergestellt. Spezialfabrik ist die Firma Paul Dick, Eßlingen. Für Holz ist eine Zahnung von 4 bis 5 Zähnen auf 1 cm, für Horn, das sich sehr vorteilhaft mit Stoßfeilen bearbeiten läßt, von 5 bis 6, und für Elfenbein und Kunststoffe von 6—7 Zähnen geeignet.

Die Stoßfeile läßt sich mit der sogenannten Spießkantfeile nachschärfen, einer Flachfeile, deren Schmalseiten schräg geschliffen sind, so daß ihr Winkel dem der Zahnlücke gleicht. Es wird dabei nicht die Brust, sondern nur der Rücken der Stoßfeile nachgeschärft, um die Zahnteilung mit der Zeit nicht zu verändern.

4. Kreisraspeln und -feilen. Große Arbeitsvorteile bieten die Kreisraspeln und Kreisstoßfeilen. Die auf der Drehbank rotierenden Feilen bedürfen eines gröberen Hiebes als Handraspeln und -feilen. Ihre Umdrehung ist der Hiebgröße und Härte des Werkstoffes anzugleichen, damit sie nicht heiß laufen und am Werkstück Brandflecke erzeugen, besonders wenn sie abgestumpft sind. Die Werkzeuge müssen genau rund laufen und dürfen nicht vibrieren. Das ist für die Sicherheit des Arbeiters Bedingung, denn Kreisraspel und -stoßfeile sind gefährliche Werkzeuge, die schwere Wunden an den Händen erzeugen. Das Werkstück ist stets etwas unterhalb der Achse gegen die Scheibe zu führen, also im Abzug, damit sich die Zähne nicht in das Holz stoßen und es aus der Hand reißen. Es gehört Übung dazu, um gewandt an der Scheibe zu arbeiten.

Die Raspel- und Feilscheiben (Abb. 85) sind meist auf beiden Flächen und an der Umfläche mit Zähnen besetzt.

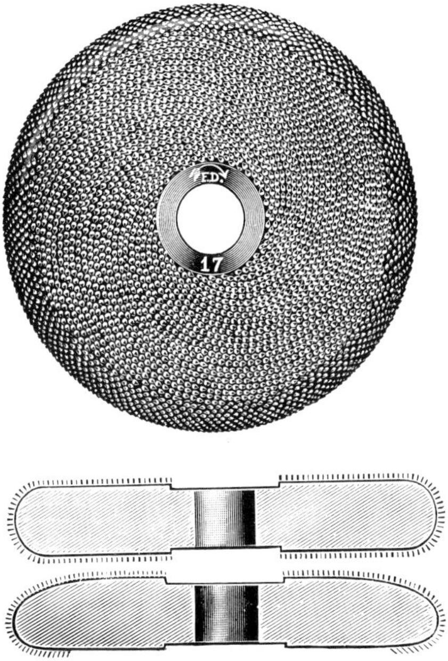

Abb. 85. Kreisraspel.

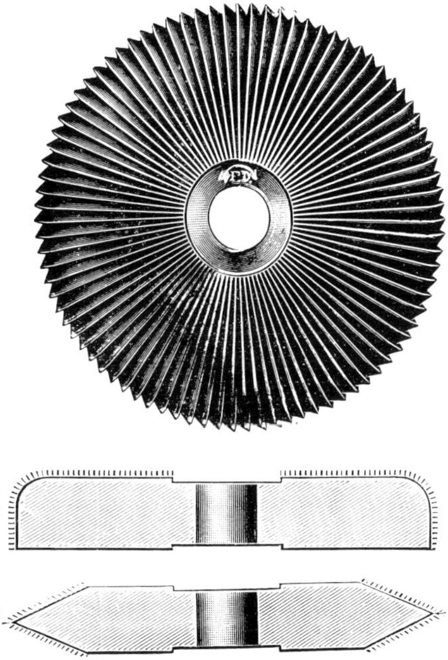

Abb. 86. Kreisstoßfeile.
Werkfoto: Friedr. Dick, Eßlingen a. N.

Der Umkreis kann gerade, gewölbt oder spitzkantig geformt sein. In der Regel ist eine Fläche feiner bezahnt als die andere. Feilenhieb eignet sich wenig für Holzarbeit; der Hieb setzt sich schnell zu. Dafür verwendet man Stoßfeilenzahnung (Abb. 86), die radial gestellt ist und nachgefeilt werden kann. Hauptsächlich werden Kreisfeilen in der Stockfabrikation und Hornverarbeitung benutzt.

Eine neue Art Kreisstoßfeilen zeigt die Abb. 87. Die gefrästen Zähne der Scheibe verlaufen im Kreisbogen, sind scharf unterschnitten und dadurch sehr wirksam. Diese Feilscheiben sind glashart und stumpfen kaum ab. Sie können nicht nachgeschärft werden. Zum Arbeiten auf der Umfläche dienen Feilringe gleicher Zahnung, die auf eine viergeteilte Aluminiumscheibe durch einen Achsenkonus festgetrieben werden. Man kann sie durch den billigen Neubezug nach Abstumpfung leicht ersetzen. Diese Scheiben und Ringe eignen sich besonders für hartes

Drechslermaterial, sogar für Metalle, ohne frühzeitig abzustumpfen. Die Feilscheiben und -ringe werden in drei verschiedenen Zahnungen im Durchmesser von 150 bis 300 mm hergestellt. (Abb. 88.)

Abb. 87. Kreisstoßfeile mit Bogenzahnung.
Werkfoto: Friedr. Dick, Eßlingen a. N.

Spannwerkzeuge für Säge- und Feilarbeit.

Der Schraubstock ist das verwendbarste Befestigungsmittel für Säge- und Feilarbeit. Beim gewöhnlichen Schraubstock (Abb. 89) ist die Backenöffnung in der Spannweite sehr beschränkt und die Anlage nicht parallel zueinander. Die Spannhöhe ist aber größer als bei dem Parallelschraubstock, dessen Spannbacken stets parallel zueinander stehen. Seine Spannweite ist groß und sehr ausnutzbar. Der Parallelschraubstock ist meist drehbar eingerichtet, so daß an ihm handlich gearbeitet werden kann. Die eingesetzten Spannbacken sind aus Stahl und können erneuert werden. (Abb. 90.)

Der Feilkloben (Abb. 91) dient zum Fassen kleiner Arbeiten, die in der Hand bearbeitet werden sollen. Sein Bau stimmt mit dem gewöhnlichen Schraubstock überein. Kleine Kloben haben zum Fassen einen Stiel (Stielkloben) und dienen vielfach zum Einspannen kleiner Bohrer. (Abb. 92.)

Die Spannkluppe (Abb. 93) wird zwischen die Backen des Schraubstockes gesetzt; sie hat Holzbacken zum Einspannen zerbrechlichen Werkstoffes.

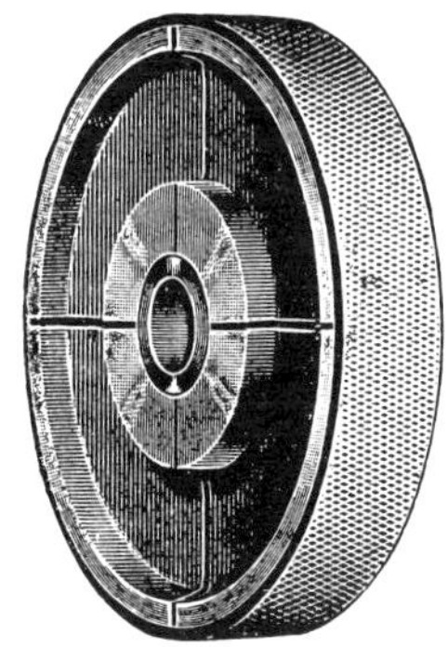

Abb. 88. Planscheibe mit endlos aufgezogenem Feilring.

Die Holzzange (Abb. 94) braucht der Drechsler meist auf der Drehbank zum Abschrauben der auf Zapfen oder Schrauben gedrehten kleinen Arbeitsstücke. Am zylindrisch gedrehten Holz ist am Ende ein Heft angedreht; es

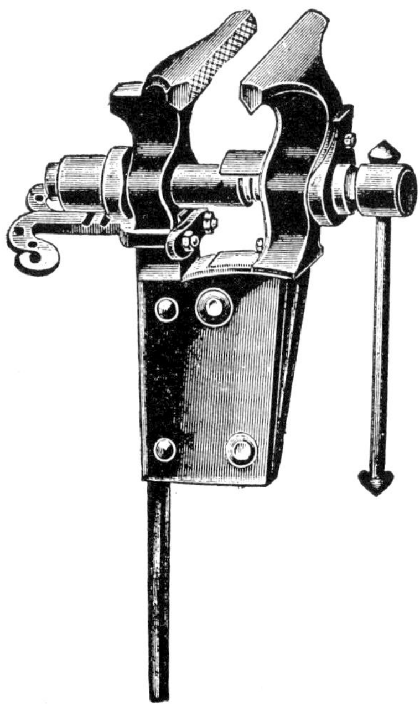

Abb. 89. Schraubstock.

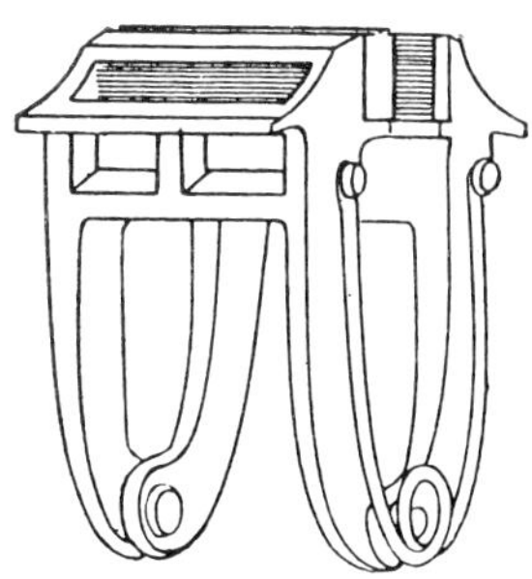

Abb. 93. Spannkluppe.

Abb. 90. Parallelschraubstock.

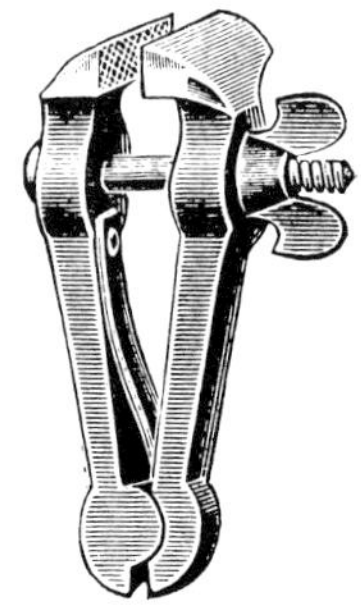

Abb. 91. Feilkloben.

wird längs aufgeschnitten und oben in dem eingedrehten Einstich durch Drahtumwicklung verbunden.

Die Feilkluppe (Abb. 95) dient zum Einspannen beim Feilen flacher Werkstücke. Sie wird in die Vorderzange der Hobelbank eingespannt. Die beiden Backen sind durch kräftige Scharniere verbunden. In der Feilkluppe lassen sich auch Handsägen schärfen.

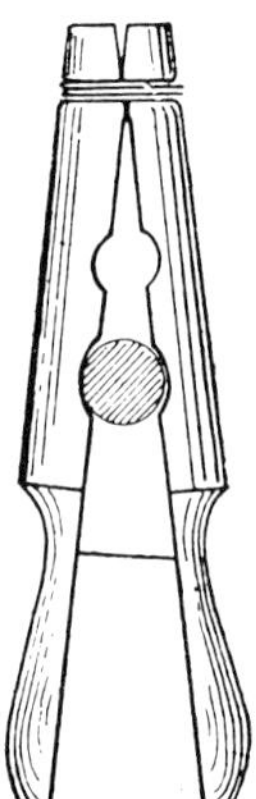

Abb. 94. Holzzange.

Abb. 92. Stielkloben.

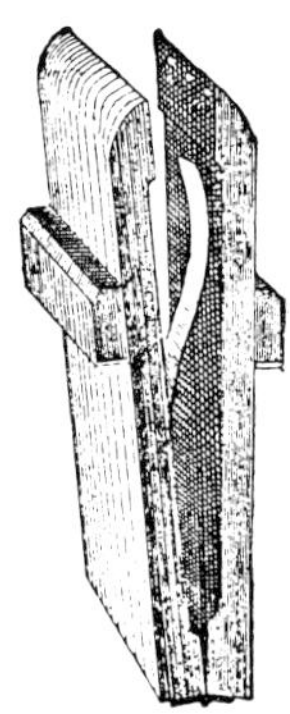

Abb. 95. Feilkluppe.

Siebenter Abschnitt.

Hobel und Hobelmaschinen.

1. Hobel.

Den Hobel als Hauptwerkzeug des Tischlers kann auch der Drechsler nicht entbehren. Der Anwendung nach unterscheidet man Schrupp-, Schlicht- und Doppelschlichthobel. Zum Geradehobeln der Fugen dient die Rauhbank und zum Aufrauhen der Leimflächen der Zahnhobel. Außerdem braucht der Tischler noch verschiedene Spezialhobel, wie den schmalen Simshobel, Kehlhobel, Nut- und Schiffhobel, die Plattbank usw.

Beim Schrupphobel kommt es auf große Spanabnahme an, um das Holz auszuarbeiten; er ist deshalb schmäler als andere Hobel und die Schneidlinie des Eisens etwas gewölbt, um in das Holz leichter einzugreifen und grobe Späne abzunehmen.

Beim Schlichthobel steht das Hobeleisen wie beim Schrupphobel im Winkel von 45 Grad zur Hobelsohle. Er kann ein Doppelhobel sein, wenn dem Hobeleisen noch eine sogenannte „Klappe" aufgesetzt ist (Abb. 96), die den Hobelspan steiler aufsteigen läßt, um den Span zu brechen, wodurch das Vorspalten, besonders bei rauhwüchsigem Holz, verhindert oder eingeschränkt wird. Die Klappe ist verstellbar. Je weiter ihre Zunge nach der Schneide des Eisens zu gestellt wird, um so wirksamer ist sie, um so kürzer wird der Span gebrochen.

Der Putzhobel ist ein Hobel mit Klappe, dessen Eisen steiler zur Hobelsohle steht (50 Grad). Der Hobelspalt ist möglichst eng, um dem Einreißen der Holzfaser, besonders bei unregelmäßig gewachsenen Faserschichten, zu begegnen. Mit dem Putzhobel wird nur ein feiner Span abgenommen; er ist hauptsächlich zum Furnierputzen bestimmt. Für Weichholz ist er nicht geeignet, weil er durch die steilere Stellung des Eisens zu wenig Schneidkraft besitzt, deshalb auch schwerer geht als die anderen Hobel.

Hobeleisen müssen gerade und im Winkel zur Hobelsohle passend angeschliffen sein. Die Ecken der Schneide sind etwas zu runden, damit sie beim Hobeln keine Spuren hinterlassen. Der Zuschärfungswinkel beträgt ca. 20 Grad für Hartholz und für den Putzhobel ca. 30 Grad, damit die Schneide nicht ausbricht.

Die Rauhbank kommt meist mit Klappe zur Anwendung, da das Ausschruppen jetzt meist mit der Hobelmaschine erfolgt. Die Rauhbank unterscheidet sich vom Schlichthobel nur durch ihre Länge, die dem Hobel die zum Fügen notwendige Führung gibt.

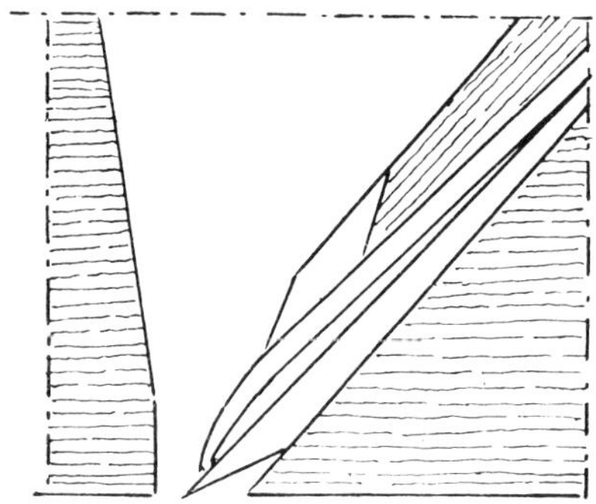

Abb. 96. Hobeleisen mit Klappe (Schema).

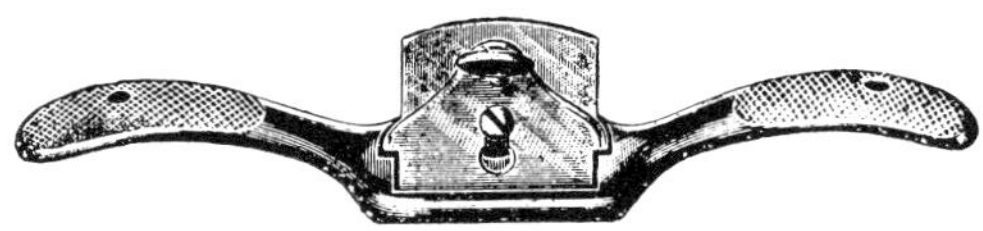

Abb. 97. Stuhlhobel (Schinder).

Beim Zahnhobel steht das Hobeleisen fast senkrecht. Es ist auf der Oberseite fein gerieft, so daß beim Anschleifen an der Schneide feine Zähne entstehen, mit denen die Leimfläche des Holzes durch Kreuzung des Hobelstriches aufgerauht wird, um dem Leim in hartem Holz Bindung zu geben. Weichholz wird nicht gezahnt, weil der zum Leimen verwendete schwächere Leim sich in die Poren einpressen kann.

Der Stuhlhobel (Schinder) (Abb. 97) ist ein Werkzeug, das der Drechsler verschiedentlich zum Ausarbeiten von Bogen und Abrundungen mit Vorteil verwenden kann. Für den Stuhlbauer ist es zum Ausarbeiten der Stuhllehnen und geschwungenen Füße ein Hauptwerkzeug. Die

Hobelsohle und das Hobeleisen kann gerade oder flach gerundet sein.

Die Ziehklinge ist ein Stahlblech in Federhärte, zu der sich ein Stück verbrauchtes Gattersägeblatt eignet. Sie dient zur Glättung der Holzarbeit von Hobel- und Feilstrichen. Die Schnittwirkung erhält die Ziehklinge durch das Andrücken eines Grates an ihren Kanten. Die Kanten sind vorher mit der Feile genau gerade abzurichten und auf dem Wetzstein zu glätten. Der Grat wird mit dem Ziehklingenstahl angedrückt, indem man die Ziehklinge an der Tisch- oder Hobelbankkante anlegt, festdrückt und mit dem Stahl unter starkem Druck fast senkrecht langsam über die Kante der Ziehklinge zieht. Oftes oder schnelles Ziehen hat keinen Zweck; mit ein bis zwei Zügen muß der Grat vorhanden sein. Beim Abziehen der Holzfläche wird die Ziehklinge mit beiden Händen zwischen Daumen und Zeigefinger gefaßt, ein wenig schräg nach vorn gehalten und nicht unter starkem Druck gezogen, wodurch feiner Span abgenommen wird. Die Ziehklinge muß stets scharf sein. Da sich der Grat schnell abnutzt, muß er neu angestrichen werden. Dazu drückt man ihn durch flaches Überstreichen der Ziehklingenfläche mit dem Stahl zurück und zieht ihn von neuem an. Es ist notwendig, die Kanten öfters mit der Feile wieder abzurichten.

2. Die Hobelbank.

Die Hobelbank, der Werktisch des Tischlers (Abb. 98), hat ein 8—10 cm starkes Blatt aus gedämpfter Rotbuche, das dem Verziehen nicht ausgesetzt ist. Vorn befindet sich die Beilade, in deren kastenartiger Vertiefung die im Gebrauch befindlichen Werkzeuge abgelegt werden, um beim Hantieren nicht im Wege zu sein. Zum Einspannen der Werkstücke dient die Vorder- und Hinterzange; beide werden durch hölzerne oder eiserne Schraubspindeln bewegt. Das Einspannen geschieht zwischen den Bankhaken, deren einer in die längs der Kante der Hobelbank in kurzen Entfernungen eingestemmten Löcher der Länge des Werkstückes entsprechend eingesteckt wird, der andere in dem Zangenteil sitzt.

Die Schraubzwingen dienen zum Zusammenpressen der Holzteile beim Verleimen. Man verwendet

Holz- und Eisenzwingen. (Abb. 99 u. 100.) Die letzteren sind handlicher, lassen sich besser ansetzen, sind schneller spannbar durch die Verschiebbarkeit ihrer Arme, viel-

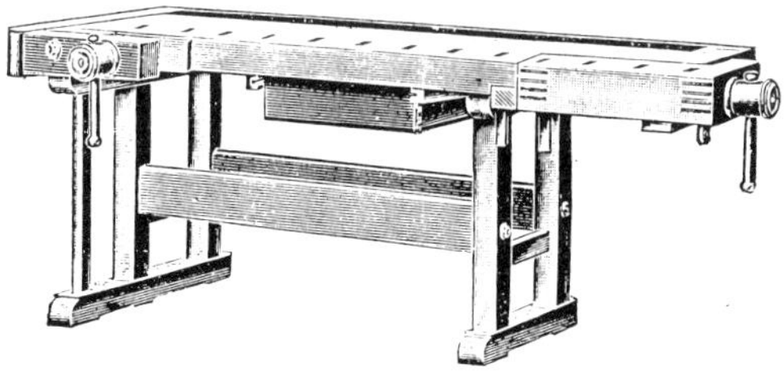

Abb. 98. Hobelbank.

leicht auch haltbarer als die Holzzwingen, obwohl sie sich an ihren Kanten abarbeiten und dann ihre Klemmwirkung verlieren, indem der verschiebbare Arm an seiner Schiene beim Ansetzen der Zwinge abgleitet. Die Holzzwingen

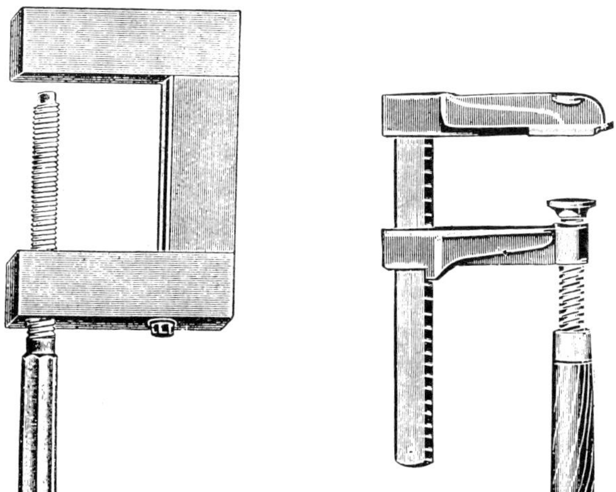

Abb. 99 und 100. Schraubzwingen.

haben den großen Vorteil, daß sie sehr elastisch wirken und so das Holz nachziehen, wenn der Leim sich durch den Druck in der Fuge setzt. Das macht sich besonders bei starkem Leim zu Hartholz bemerkbar, wo Eisenzwingen nach der Verleimung längst nicht mehr so festsitzen als beim Anschrauben, entgegen den Holzzwingen, die beim Schwinden der Leimfuge entsprechend nachdrücken.

Die Keilzwingen (Abb. 101) sind einfache Spannwerkzeuge zum Verleimen von Platten. Sie bestehen aus etwa 12 cm breiten, 35—40 mm starken Leisten, an deren Enden je ein Klotz gleicher Stärke aufgeleimt und ver-

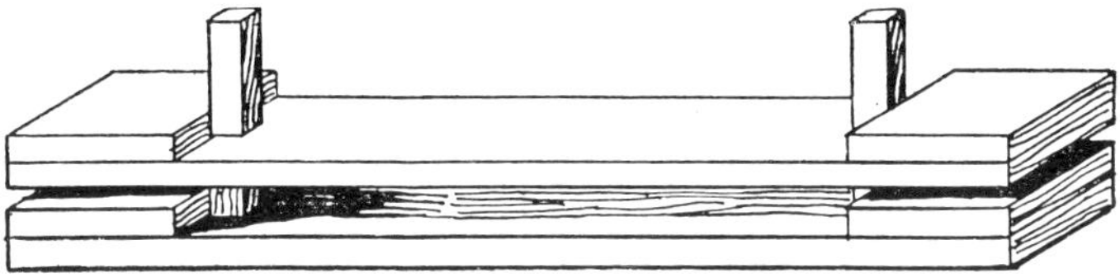

Abb. 101. Keilzwinge zum Verleimen von Flächen.

dübelt oder verschraubt ist. Man hat Keilzwingen paarweise von verschiedener Länge. Zwischen den Klötzen werden die zu verleimenden Holzplatten eingelegt und die Leimfugen durch Anziehen zweier gegenständiger Keile zusammengepreßt. Um das Sichhochkrümmen der Platten zu verhindern, wird oben noch eine gleiche Leiste aufgelegt und an den Enden mit Zwingen verschraubt.

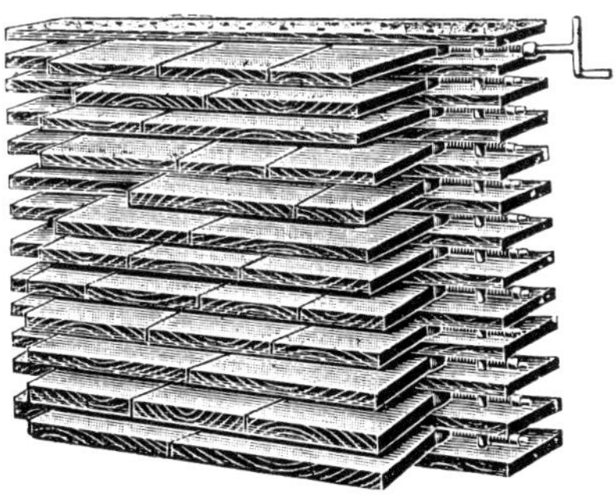

Abb. 102. Fugenleimapparat.

Fugenleimapparat (Abb. 102). Für Werkstätten, wo viel Platten und Scheiben zur Verleimung kommen, ist es vorteilhaft, sich eines Fugenleimapparates zu bedienen, bei dem, ähnlich wie bei der Keilzwinge, das Einspannen der Platten durch Anziehen der Keile oder durch Schraubspindeln erfolgt. Der Vorteil des Leimapparates besteht in schneller Leimarbeit und geringem

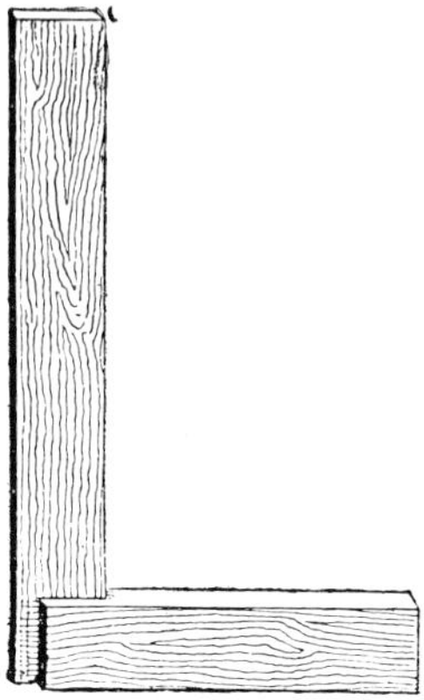

Abb. 103. Winkelmaß.

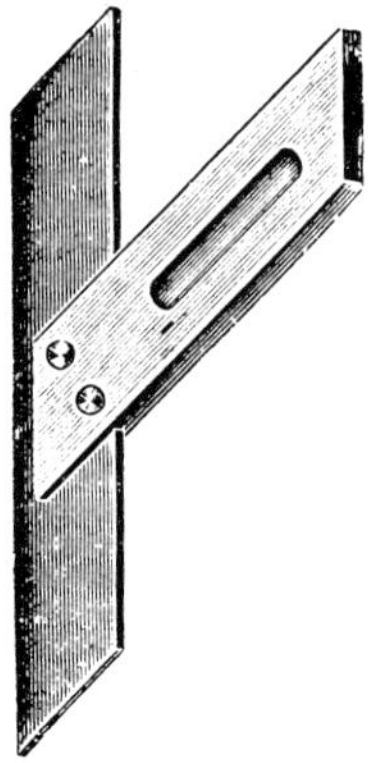

Abb. 104. Gehrungswinkel.

Platzbedarf, da die Platten eng übereinander gesetzt und die einzelnen Spanner für jede Holzbreite eingestellt werden können. Der Fugenleimapparat besteht aus Eisenschienen oder kräftigen Holzleisten, wie die Keilzwingen, in deren in verschiedenem Abstand eingebohrte Löcher die Spannteile nach Breite der zu verleimenden Bretter eingesteckt werden, wie die Abbildung erkennen läßt.

3. Hilfswerkzeuge für die Hobelarbeit.

Das Winkelmaß (Abb. 103) ist das wichtigste Richtwerkzeug beim Tischlern. Es hat einen stärkeren Schenkel, den Anschlag, und einen schwächeren, die Zunge. Der Anschlag wird beim Messen an die Kante des Holzes angelegt. Außer dem rechten Winkel (90 Grad) wird zum Anreißen von Gehrungen der „Gehrwinkel" (Abb. 104) gebraucht. Außer den feststehenden Winkeln bedarf es häufig des Stellwinkels (Abb. 105) zum Aufmessen beliebigen Winkels. Die Feststellung erfolgt durch Flügelmutter im Gelenk oder nur durch Holzschraube.

Zum genauen Bestoßen von Leisten im rechten oder Gehrwinkel dienen die Stoßladen (Abb. 106). Sie bestehen aus einem schmalen Brett, auf das am Kopf ein Anschlag von 90 Grad, bei der Gehrung von 45 Grad zur Längsseite aufgeleimt ist. Das gegen den Anschlag ge-

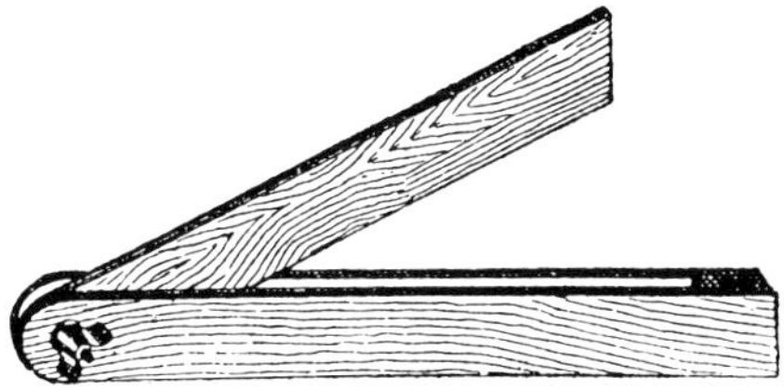

Abb. 105. Stellwinkel.

Abb. 106. Stoßlade.

setzte Werkstück wird mit dem längs des Brettes an der Kante angelegten Hobel bestoßen.

Dem gleichen Zweck dient die Gehrungslade (Abb. 107). In diese wird die zu bestoßende Leiste eingespannt und über die Ladenfläche gehobelt, wobei darauf zu achten ist, daß die Lade vom Hobel nicht mit angegriffen wird, da der genaue Winkel das Werkzeuges verlorengeht.

Zum Schneiden von Gehrungen dient die Schneidlade. Sie wird aus drei Brettern kastenförmig verleimt und verschraubt. In sie wird ein rechtwinkliger und zu beiden Seiten je ein Winkelschnitt von 45 Grad für Gehrungen gemacht, nach denen die eingelegten Leisten ge-

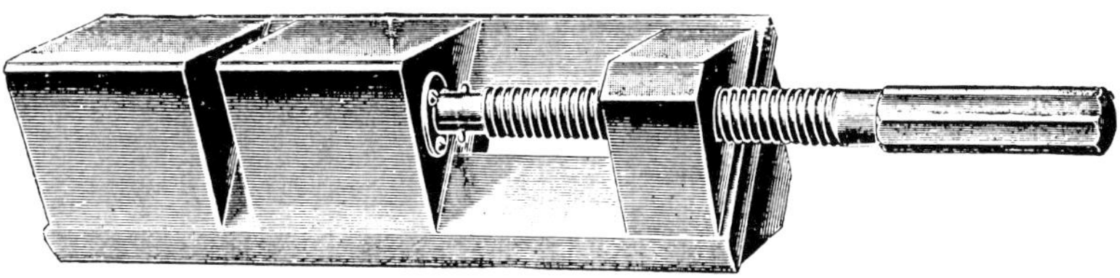

Abb. 107. Gehrungsstoßlade.

schnitten werden, indem die Säge durch die Schnitte geführt wird.

Den gleichen Zwecken dient die Gehrungssäge (Abb. 108), bei der die Säge in den nach dem Winkel einstellbaren Führungen gleitet. Besondere Vorteile bietet die Gehrungssäge gegenüber der Schneidlade nicht. Sie

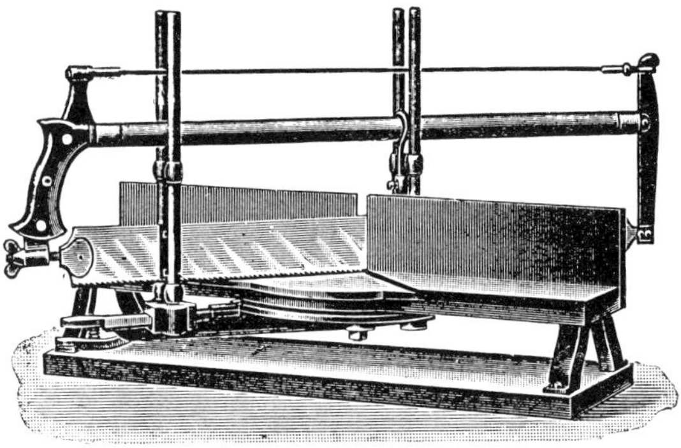

Abb. 108. Gehrungssäge.

wird hauptsächlich für Einrahmungen verwendet; ein guter Tischler gebraucht sie nicht.

Die Wasserwaage ist für den Handwerker unentbehrlich. Auch der Drechsler gebraucht sie zum Ausrichten beim Aufstellen der Drehbänke und zu anderen Angelegenheiten. Mit den beiden Libellen, wie man die Wasserblase in der Gasröhre bezeichnet, kann die Arbeit sowohl waagerecht als auch senkrecht gerichtet werden.

4. Hobelmaschinen.

Die Arbeit der Hobelmaschinen ist eigentlich ein Fräsen, indem mit schnellrotierenden Messern die gerade Fläche auf dem Holz hergestellt wird. Es entstehen kurze Späne und die Messer hinterlassen auf der sonst glatten geraden Fläche feine wellige Spuren, die später durch das Abputzen mit dem Handhobel oder auf Schleifmaschinen beseitigt werden müssen.

Man unterscheidet Hobelmaschinen zum Ebnen der Fläche und Fügen der Schmalseite des Holzes (Abricht- und Fügemaschinen) und solche, bei denen das auf letzteren abgerichtete Holz auf gleichmäßige Stärke gebracht wird. Mit Benutzung eines Druckapparates können auf den Abrichtmaschinen Profilleisten gekehlt werden oder es werden spezielle Kehlhobelmaschinen verwendet, in denen die auf den Hobelmaschinen vorbereiteten Leisten durch Transportwalzen selbsttätig über die rotierenden Messer geschoben werden.

Man baut auch kombinierte Hobelmaschinen, die mit zwei übereinanderliegenden Tischen versehen sind, zwischen denen die Messerwelle arbeitet, so daß auf dem oberen abgerichtet, auf dem unteren das Holz zum Stärkenhobeln durch Transportwalzen unter der Messerwelle durchgeleitet wird. Der vordere Obertisch muß dazu seitlich hoch- oder heruntergeklappt und seitlich gedreht werden, je nach Konstruktion, um das Werkstück zum Stärkenhobeln unter die Messer zu bringen. Solche Kombinationsmaschinen gestatten nicht das handliche Arbeiten der Einzelmaschinen und sind nur angebracht, wo Platzmangel die Aufstellung beider Maschinen nicht zuläßt. Die Beschaffungskosten betragen etwa $^2/_3$ zweier Einzelmaschinen.

Abb. 109. Abrichthobelmaschine.
Werkfoto: Teichert & Sohn, Liegnitz

Die Abrichtmaschine (Abb. 109) hat lange Auflagetische, die dem Holz zum Fügen eine gute gerade Führung geben. Das seitlich in genauem Winkel eingestellte Lineal, gegen welches das Brett beim Hobeln gedrückt wird, bewirkt die Herstellung winkliger Hobelflächen. Je mehr Auflage die Tische auf dem Maschinenkörper haben, um so genauer wird die Fügearbeit. Bei billigen Maschinen mit kurzem Körper können die Tische durch geringes Absinken nach den Enden aus der Flucht kommen und keine geraden Fugen ergeben.

Bei der Dicktenhobelmaschine (Abb. 110) arbeitet die Messerwelle über dem Tisch und ist durch einen Eisenschirm, der zugleich als Spanfänger dient und die Späne nach vorn ableitet, abgedeckt. Der Tisch ist der zu hobelnden Holzstärke entsprechend in der Höhe durch Handrad verstellbar. Der Vorschub des Holzes erfolgt durch eine geriffelte Walze, die so zur Messerwelle eingestellt ist, daß die Eindrücke derselben mit weggehobelt werden. Die hinter der Messerwelle liegende Abzugwalze ist glatt.

Moderne Hobelmaschinen arbeiten riemenlos, indem die Messerwelle mit dem angebauten Elektromotor gekuppelt ist. Der Vorteil liegt in dem leichten Gang der Maschine durch Wegfall des Vorgeleges und Beseitigung

Abb. 110.
Dicktenhobelmaschine mit Flanschmotor, riemenlos arbeitend.
Werkfoto: Teichert & Sohn, Liegnitz

des Riemendruckes. Die Aufstellung der Maschinen im Raum kann viel zweckmäßiger erfolgen, weil sie nicht nach einer Transmission gerichtet sein muß.

Dem Bedürfnis des Kleinhandwerks Rechnung tragend, hat man wie bei anderen Holzbearbeitungsmaschinen Kleinhobelmaschinen zu billigen Preisen hergesellt, indem das gußeiserne Unterteil wegfällt und die Maschine auf stabilem Holzbock montiert wird. (Abb. 111.) Es gibt auch gute Kombinationen von Kreissäge, Fräse und Abrichthobelmaschine (siehe Abb. 79), die dem Drechsler und Kleintischler gute Hilfsmittel sind und rationelles Arbeiten ermöglichen.

Hobelmaschinen müssen hohe Umlaufzahlen haben, ca. 4000—4500. Als Einbaumotoren kommen nur Drehstrommotoren in Anwendung; bei kleinen Maschinen Kurzschlußläufermotoren und, um die erforderliche Drehzahl zu erreichen, Spezialmotoren.

Abb. 111. Abrichthobelmaschine auf Bock montiert.
Werkfoto: Witt & Co., Leipzig C 1

Mit Normalmotor von 3000 Umdrehungen ausgerüstete, riemenlos arbeitende Hobelmaschinen werden auch mit geräuschlos arbeitendem Spezialwinkeltrieb ausgerüstet, um die erhöhte Drehzahl von 4500 Umdrehungen zu erreichen. Der Antrieb mit Anbaumotor kann auch durch Kurzriemen auf Wippe zum Spannen des Riemens erfolgen. (Abb. 112.)

Den mit Normaleinbaumotor von 3000 Umdrehungen versehenen, riemenlos arbeitenden Hobelmaschinen kann

Abb. 112. Dicktenhobelmaschine mit Motorwippe.
Werkfoto: Teichert & Sohn, Liegnitz

man keinen so hohen Materialvorschub geben, als bei 4000 bis 4500 Umdrehungen. Man hat versucht, solches durch vier, statt zwei, Messer in der Welle auszugleichen. Das hat sich nicht bewährt wegen der Schwierigkeit, die vier Messer alle genau im Flugkreis einzusetzen, was schon bei zwei Messern sorgsamer Arbeit bedarf.

5. Einrichten und Bedienen von Hobelmaschinen.

Vom Einrichten der Hobelmaschine hängt die Güte der Hobelarbeit ab. Es besteht hauptsächlich im sorgfältigen Einsetzen der Messer und bei der Dicktenhobelmaschine auch in richtiger Einstellung der Transportwalzen. Zum Herausnehmen und Wiedereinsetzen der Messer muß bei der Abrichtmaschine die Messerwelle durch Zurückziehen beider Tischhälften freigelegt werden. Bei der Abrichtmaschine dürfen nur noch runde Messerwellen, keine vierkantigen — wegen möglicher schwerer Verletzungen des Arbeiters —, beim Hobeln Verwendung finden. Nach dem Lösen der Messerklappen werden die Messer herausgenommen. Der Riemen muß von der Messerwelle abgeworfen und bei riemenloser Maschine die Sicherung gelöst sein.

Das Schleifen geschieht auf besonderen Messerschleifmaschinen, von denen die mit Topfschleifscheiben arbeitenden ihrer besseren Schleifkraft wegen bei geringerer Reibung den Schleifrädern vorzuziehen sind. Wo sich die Beschaffung der Schleifmaschine nicht lohnt, hält man ein paar Reservemesser vorrätig und läßt die Messer anderwärts schleifen. Die geschliffenen Messer müssen unbedingt gleiches Gewicht haben. Sie sind deshalb zu wiegen, indem auf beide Waagschalen je ein Messer gelegt wird; sie müssen balancieren. Das zu schwere Messer ist entsprechend abzuschleifen. Bei ungleichem Gewicht läuft die Maschine unruhig, was der vibrierende Ton der arbeitenden Maschine verrät. Das wirkt auch nachteilig auf die Lagerung. Die Messer sind nach dem Schleifen sorgsam auf einem geraden Karborundum- oder Arkansaswetzstein abzuziehen. Der Zuschärfungswinkel der Messer soll etwa 30 Grad betragen. Zu schlanke Schneiden brechen aus und bei zu stumpfwinkligen gibt es schlechten Schnitt.

Die Messer werden erst dem Augenmaß nach in die Maschine eingesetzt; man läßt sie nicht über 1 mm an den

Wellenlippen vorstehen. Dann wird der Vordertisch herangeschoben, festgeschraubt und die Messer werden in gleicher Höhe genau ausgerichtet. Dazu bedarf es des Stellholzes a (Abb. 113, das auf den Tisch fest aufgelegt wird, um bei langsamem Hin- und Herdrehen der Messerwelle auszumitteln, ob die Messerschneiden das Holz überall gleichmäßig streifen. Das Ausrichten geschieht durch Vorschlagen der Messer mit einem dünnen Schlageisen durch die in der Messerklappe befindlichen Schlitze von der Rückseite aus. Das Anziehen der Befestigungsschrauben hat gewissenhaft zu geschehen, damit sich das Messer nicht etwa lockert und durch die hohe Fluggeschwindigkeit herausgeschleudert wird.

Die Stärke der Spanabnahme beim Hobeln wird durch die Einstellung des hinteren Maschinentisches mit dem unter dem Tisch befindlichen Handrad bestimmt.

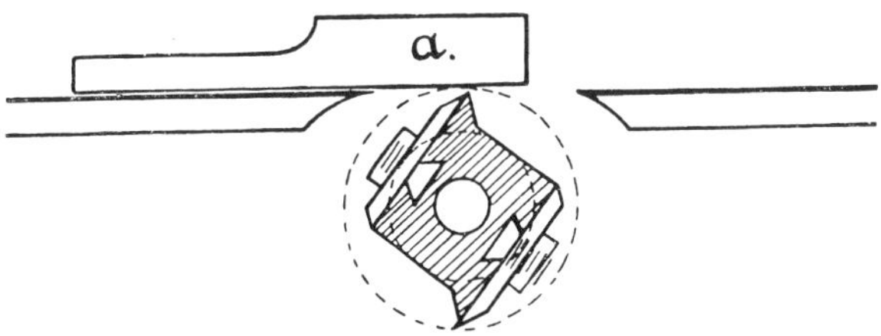

Abb. 113. Schema zum Einsetzen der Messer in die Hobelmaschine.

An der Dicktenhobelmaschine kann die Messerwelle vierkantig sein, weil sie durch den Spanschirm im Betrieb dem Arbeiter nicht zugänglich ist. Sie hat einen freieren Schnitt als die runde Messerwelle und bessere Späneabfuhr. Nach Aufklappen des Spanschirmes wird mit der Einstellung der Messer ähnlich verfahren. Hier kommt die Oberseite des Stellholzes mit den Messern in Berührung. Es ist nach dem Ende hin abgeschweift und auch an der Unterseite etwas ausgespart, damit die aus dem Tisch wenig hervortretenden Leitwalzen und oben die Riffelwalze nicht berührt werden. (Abb. 114.)

Der Gang der Hobelmaschine ist von genauer Einstellung der Transport- und Leitwalzen abhängig. Die Riffelwalze und hintere glatte Transportwalze sind in der Höhe beweglich gelagert. Erstere wird durch das Hebelgewicht, letztere durch Spiralfeder herabgedrückt. Die notwendige Begrenzung dieser Bewegung nach unten wird durch die Stellschrauben f reguliert. Besonders genau muß die als Druckbalken vor der Messerwelle dienende Verlängerung g des Spanschirms und der Druckbalken h eingestellt sein. Ersterer hat bei schwachen Dickten das Hochfedern des Holzes vor den Messern zu verhindern und letzteres es aus gleichem Grunde niederzuhalten. Das Holz muß ohne Spielraum durchgleiten können. Bei gut eingestellter Maschine läßt sich schlichtes Holz bis auf 1 mm herab sauber aushobeln. Die den Durchgang des Holzes leitende Riffelwalze ist in ihrem Druck so zu

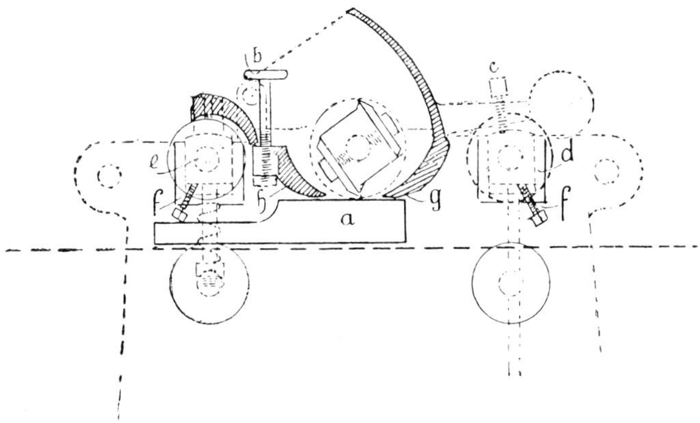

Abb. 114.
Schema zum Einsetzen der Messer in die Dicktenhobelmaschine.

regulieren, daß sie nicht tiefer in das Holz eindrückt, als der Span beim Hobeln abgenommen wird, sonst machen sich die Eindrücke an der gehobelten Fläche bemerkbar. Bei gut eingestellter Maschine läuft das Holz ohne Stockung durch.

Die Schutzvorschriften verlangen, daß bei der Abrichtmaschine der Messerspalt des Tisches auch bei ruhender Maschine durch die Schutzvorrichtung bedeckt ist, die an jeder Maschine angebracht ist. Beim Hobeln muß sie erst recht vorhanden sein. Es ist strafbar, sie beim Arbeiten zu entfernen, auch wenn sie dem Arbeiter hinderlich erscheint. Sie ist so einzustellen, daß das Holz bequem darunter hinweggeschoben werden kann.

An der Dicktenhobelmaschine muß vor der Riffelwalze eine Rückschlagsicherung angebracht sein, die verhütet, daß Hölzer ungleicher Stärke, die von der Riffelwalze nicht gefaßt, von den rotierenden Messern zurückgeworfen werden und den Arbeiter schwer verletzen können. Die Rückschlagsicherung besteht aus einer Anzahl Lamellen, die nebeneinander gereiht sind und beim Rückschlag das Holz festklemmen. Kurze Hölzer, die nicht gleichzeitig von der Riffel- und Abzugwalze gefaßt werden können, dürfen nicht zum Hobeln kommen.

Zur Reinhaltung des Arbeitsraumes von Spänen und Staubentwicklung sollen die Hobelmaschinen möglichst mit Späneabzug durch Exhaustor versehen sein.

6. Rundstabhobel und Rundstabhobelmaschinen.

Rundstäbe werden für viele Zwecke in der Holzbearbeitung gebraucht, auch vom Drechsler und in der Stock- und Schirmmacherei.

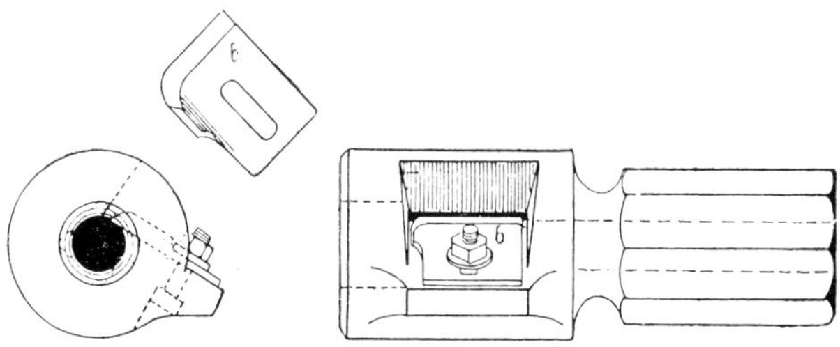

Abb. 115. Rundstabhobel.

Für Einzelarbeit oder geringe Menge bedient man sich des sogenannten Handziehhobels, mit dem die Stäbe auf der Drehbank gezogen werden. Dieser arbeitet im Sinne des von der Hand geführten Drehmeisels, indem ein oder zwei sich gegenüberstehende Messer in dem Hobelkörper befestigt sind, die den quadratisch zugeschnittenen Holzstab abdrehen. Die Abb. 115 zeigt einen einfachen Ziehhobel aus Holz. Zur Einführung und Zentrierung des Stabes, der in der Drehbank läuft, ist der Hobelkörper in ca. 20 mm Länge zylindrisch ausgedreht, wie es der Diagonalquerschnitt des Stabes erfordert. Die durchgehende Bohrung entspricht der Stärke des Rundstabes. Das seitlich eindringende Messer b ist von der Seite aufgebogen und dient so dem Wegschruppen der Ecken und Schlichten des Stabes. Seine Stellung muß hoch auf Schnitt gerichtet sein; deshalb wird das Hobeleisen von oben zugeschärft. Die Abb. 116 zeigt einen anderen Hobel, bei dem die Bohrung zur Aufnahme des kantigen Stabes vorn trichterförmig erweitert ist. Die Schnittstellung des Messers ist hier gut erkennbar. Je längere Führung dem Hobel hinter dem Messer gegeben wird, um so sauberer wird die Arbeit.

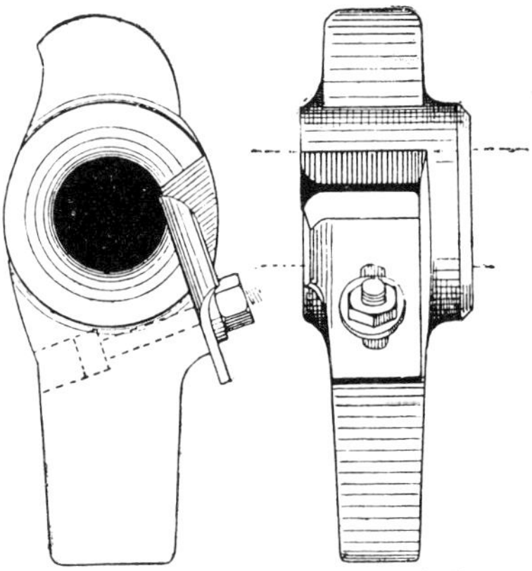

Abb. 116. Rundstabhobel.

Vorteilhafter arbeitet der Stabhobel, wenn er auf der Drehbank rotiert und der Stab dagegen geführt wird, wie der eiserne Hobel in Abb. 117 zeigt. Dazu ist eine Hohlspindel erforderlich, durch die der Stab geschoben wird. Da der Stab beim Hobeln guter Führung bedarf, ist für jede Stärke ein entsprechender Hobel erforderlich.

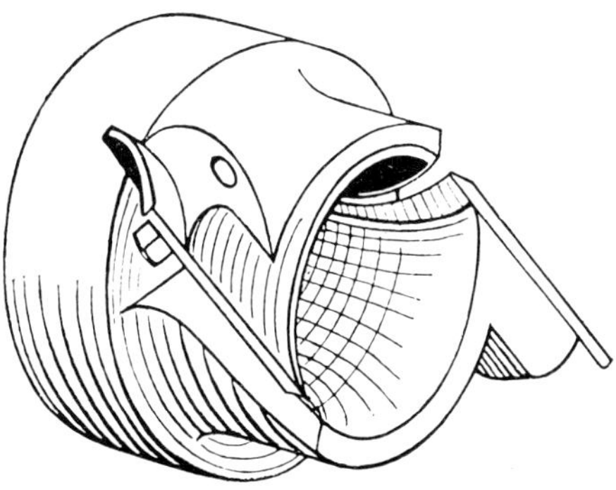

Abb. 117. Rotierender Rundstabhobel.

Für die Massenherstellung von Rundstäben sind spezielle Rundstabhobelmaschinen mit großer Leistung am Platze. Als einfachste zeigt sich der Ziehstock (Abb. 118), wo der Stab wie bei der Hohlspindel mit der Hand durchgeschoben wird. Vor dem Ziehfutter ist eine Rollenführung angebracht, durch die das Kantelstück dem Hobel zentrisch zugeführt wird und es dabei vor Drehung schützt. Die Abb. 119 zeigt eine kleine halbautomatisch wirkende Rundstabhobelmaschine, bei welcher der Kantel mit der Hand zugeführt wird und, sobald ihn hinten die Abzugwalzen erfaßt haben, selbsttätig durchgezogen wird. Die Maschine zeigt einen in Stärke verstellbaren Messerkopf

Abb. 118. Ziehstock.
Werkfoto: Martin & Mühlig, Leipzig N 23

mit einem Materialdurchlaß von 10—30 mm oder von 20—65 mm. Besondere Vorteile bieten die verstellbaren Messerköpfe nicht, weil ihre Führung nicht so gut ist als beim dimensionierten Messerkopf und durch ihre komplizierte Konstruktion das Mehrfache kosten. Sie bedürfen geschickter Einstellung, um sauber zu arbeiten. Die Maschinen werden auch mit einfachen Messerköpfen zur Auswechslung hergestellt.

Für besondere Zwecke, wie Herstellung konisch verlaufender, zylindrischer oder leicht fassonierter, auch gebogener Stäbe, z. B. Billardstöcke, Wurfspeere, Spaten-, Schaufel-, Besen- und Rechenstiele, Leitersprossen, Stuhlbeine und Lehnen für Wiener Kaffeehausstühle, gibt es automatisch arbeitende Rundstabhobelmaschinen größter Leistung. Die konzentrische Bewegung der Messer im

Hobelkopf wird durch eine Rundschablone, der herzustellenden Form der Arbeitsstücke entsprechend, betätigt.

Rundstabhobelmaschinen laufen sehr schnell, je nach der Stärke der Rundstäbe mit 1900—3000 Umdrehungen.

Abb. 119. Halbautomatische Rundstabhobelmaschine.
Werkfoto: Martin & Mühlig, Leipzig N 23

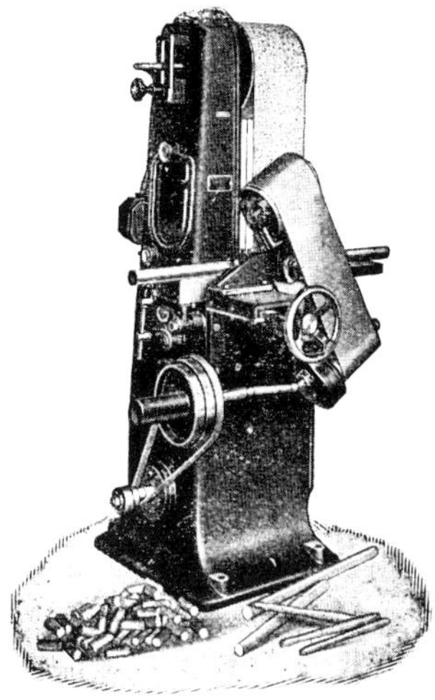

Abb. 120. Automatische Rundstabschleifmaschine.

Werkfoto: Ernst Carstens, Nürnberg-W.

Für Massenfabrikation werden auch Rundstabschleifmaschinen hergestellt, die mit Schleifbändern arbeiten, zwischen denen sich der Stab beim selbsttätigen Vorschub dreht. (Abb. 120.)

III. Teil.

Das Drehen.

Maschinen und Werkzeuge.

Das „Drechseln" oder „Drehen", wie man die Tätigkeit des Drechslers bezeichnet, ist ein Vorgang, bei dem das rotierende Werkstück mit schneidenden Werkzeugen (Drehstählen) durch Handgeschicklichkeit beliebig geformt werden kann. Der Querschnitt der Arbeit ist kreisförmig.

Zur Umdrehung des Werkstücks dient die Drehbank, deren Einrichtung die fortlaufende Bewegung des Arbeitsstücks gegen das Werkzeug gestattet. Bei geeigneten Vorrichtungen kann dem Werkstück neben der Drehung auch eine exzentrische oder achsial hin und her gehende Bewegung gegeben werden („Ovaldrehen" und „Passigdrehen").

Erster Abschnitt.

Die Drehbank.

Der Vorläufer unserer heutigen Drehbank ist die „Wippe" (Abb. 121), bei der die Bewegung eine vor- und zurückgehende war, wie die Abbildung zeigt. Die heutige in allen Teilen vollkommen ausgebildete Drechslerbank (Abb. 122) wird kaum noch mit Fuß betrieben, seit die elektromotorische Kraft überall Eingang gefunden hat. Das frühere Holzgestell ist auch durch Eisen ersetzt worden, das von unbegrenzter Dauer ist und durch seine Schwere festen Stand hat.

Die Drehbankwangen sind aus einem Stück gegossen, durch Querstege verstärkt und auf den beiden eisernen Böcken befestigt. Man zieht auch von einer Wand zur anderen an der Fensterseite der Werkstatt U-Eisenträger, die gut einzementiert sind, und auf die mehrere Drehbankgarnituren gesetzt werden können. Im Abstand von höchstens 2 m müssen die Wangen durch einen Eisen-

Abb. 121. Der Drechsler an der Wippe.

bock unterstützt sein. Solche Anordnung ermöglicht das Drehen sehr langer Arbeitsstücke.

Die Garnitur besteht aus Spindelkasten, Reitstock und Werkzeugauflage. Vor den Wangen befindet sich das Bankbrett zum Ablegen der in Arbeit befindlichen Objekte.

Die Seele der Drehbank ist der Spindelkasten, dessen Spindellagerung die Güte der Drehbank ausmacht. Zum heutigen Kraftbetrieb der Drehbänke baut man nur doppelt gelagerte Spindeln. Sie haben entweder Gleit-

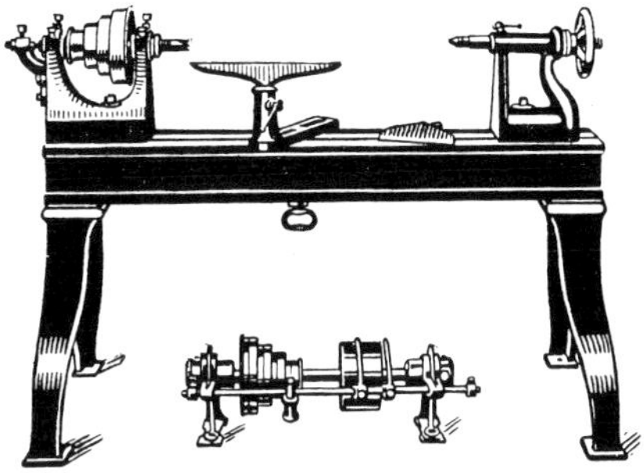

Abb. 122. Drehbank.
Werkfoto: Ernst Schumann, Engelsdorf b. Leipzig

lager oder Kugellagerung. Als Gleitlagerung ist jetzt allgemein das Ringschmierlager in Verwendung, weil es durch die Selbstschmierung bei leichtem und sicherem Gang auch der geringsten Wartung bedarf. Das hintere Lagergehäuse umschließt zugleich die Gegendruckschraube, vor der noch eine gehärtete Stahlkugel eingelagert ist, die den achsialen Arbeitsdruck auffängt und wenig Reibung hat.

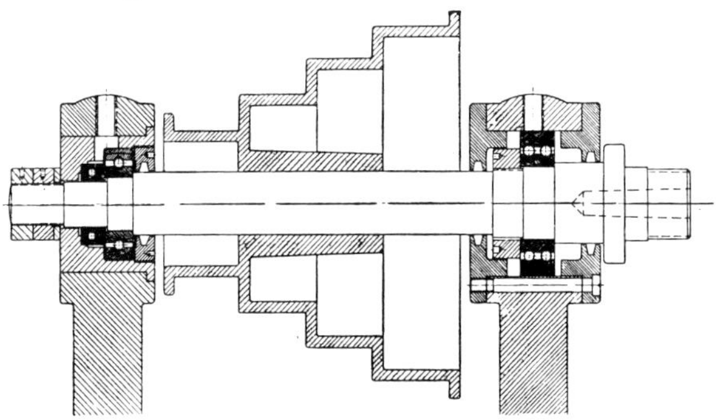

Abb. 123. Spindelkastenkugellagerung (Schnitt).

Im Ölraum des Ringschmierlagers hängt im geschlitzten Lager auf der Spindel aufliegend der Schmierring. Er taucht in die Ölkammer unter dem Lager ein und wird von der rotierenden Spindel bewegt, so daß fortlaufend Öl in das Lager läuft.

Die Wälzlagerung (Abb. 123) ist für Drechslerbänke lange ein Problem unklarster Auffassung gewesen. Es hat lange gedauert, bis man die Vorurteile gegen die Widerstandsfähigkeit dieser Lagerung wegen des Schlags beim Befestigen des Holzes auf der Spindel überwunden hat. Das Wälzlager kann ein Kugel- oder Rollenlager sein. Das Vorderlager besteht aus einem zweireihigen Kugellager oder einreihigen Rollenlager, das sicheren und leichten Gang hat, und an der Rückwand des Spindelkastens aus einem einreihigen Kugellager, das weniger belastet wird. Weiterhin ist hinter dem Kugellager noch ein Drucklager eingebaut, welches den achsialen Arbeitsdruck und Schlag auffängt. Wenn das Drucklager in Achsenrichtung gut reguliert ist, gibt es an der Lagerung eigentlich nichts mehr nachzustellen, da eine Abnutzung der glasharten Kugeln oder Rollen wie beim Rotguß-

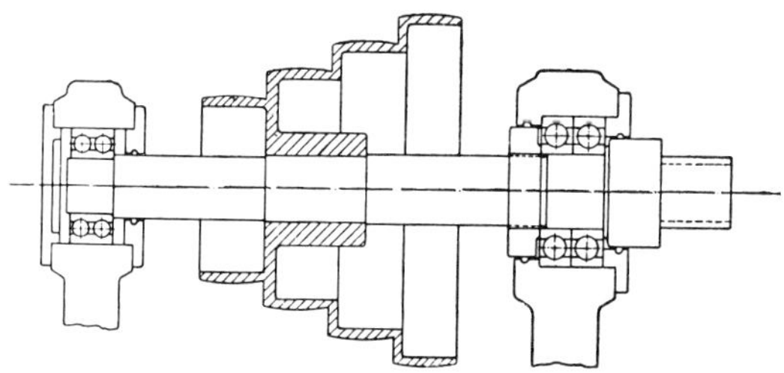

Abb. 124. Spindelkastenkugellagerung (Schnitt).

gleitlager nicht vorhanden ist, so daß die Spindel bei sachgemäßer Behandlung nach Jahren noch sicher arbeitet. Es kommt selten vor, daß das Lager wegen eines Fehlers ausgewechselt werden muß, was bei der Normierung der Kugellager sehr einfach und billiger als die Erneuerung eines Gleitlagers ist. In der Abb. 124 ist der Schnitt einer kugelgelagerten Drehbank zu sehen, bei welcher besonders widerstandsfähige doppelte Radiallager verwendet sind, die derart hohe relative Tragfähigkeit aufweisen, daß sie auch axiale Schläge beim Einspunden des Holzes aufnehmen können und hinten das Gegendrucklager wegfällt. An der Lagerung ist nichts einzustellen und die Behandlung ist dadurch für den Drechsler einfacher als bei dem Gegendrucklager, das, zu scharf eingestellt, ein Heißlaufen der Radiallager bewirken kann. Diese Lagerung ist noch neu. In den eineinhalb Jahren, in denen die Lagerung in der Praxis arbeitet, haben sich noch keine Schäden gezeigt.

Die Kugellagerung bedarf nur geringer Wartung. Das Lagergehäuse wird mit Kugellagerfett gefüllt und läuft lange Zeit ohne Erneuerung. Die Lager sind durch eingesetzte Filzringe staubsicher abgedichtet. Die Spindel läuft viel leichter und sicherer als mit Gleitlagern. Für Hohlspindeln mit ihren starken Lagerstellen ist die Kugellagerung besonders vorteilhaft im Betrieb.

Die Wirtschaftlichkeit der Kugellagerung für Drehbänke gegenüber dem Gleitlager ergaben mit neuesten

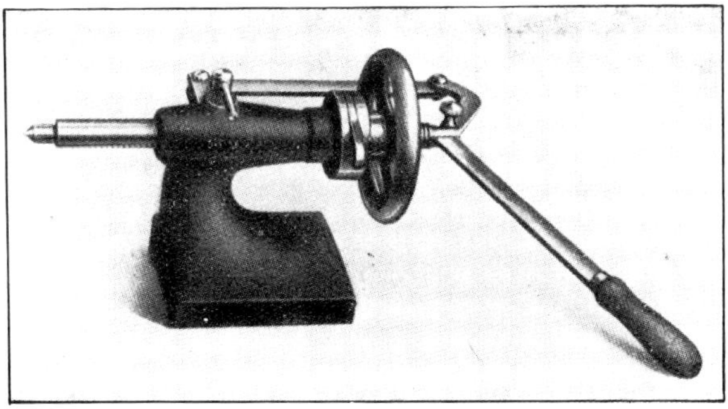

Abb. 125. Reitstock mit Hebelvorschub.

Drehbankkonstruktionen in der Deutschen Fachschule für Drechsler in Leipzig angestellte Vergleiche im Leerlauf:

Einfaches Gleitlager
1200 Umdr. 1,4 Amp., 2100 Umdr. 1,6 Amp.
Breites Ringschmierlager
1150 Umdr. 1,6 Amp., 2100 Umdr. 1,8 Amp.
Kugellagerung
1150 Umdr. 0,9 Amp., 2100 Umdr. 1,2 Amp.
Kugellagerung riemenlos
1150 Umdr. 0,8 Amp., 2100 Umdr. 1,0 Amp.

Die Schwere des Spindelwörtels hat auf den Gang der Drehbank in bezug auf Anlauf und Stillsetzen der Spindel durch die gesteigerte Fliehkraft wesentlichen Einfluß. Der Wörtel soll deshalb möglichst dünnwandig ausgedreht sein, um den geringsten Kraftverbrauch beim Anlauf zu haben.

Der Reitstock als Stützlager des eingespannten Holzes ist auf den Wangen verrückbar; er wird durch

Ringmutter oder Schlüssel ober- oder unterhalb der Wangen festgestellt. An neuen Drehbankkonstruktionen erfolgt die Feststellung des Reitstocks oberhalb der Wangen auch durch einfachen Hebelzug mit Exzenterwirkung, wodurch das Einstellen des Reitstocks auf die Drehlänge schnell vonstatten geht. Sie ist der Drehbank in Abb. 128 eigen. Der Reitnagel (Körnerspitze) ist zur genauen Einstellung verschiebbar. Er kann mit freiliegendem Schraubengang (Pinole) oder verdeckter, innenliegender Schraube versehen sein. Die verdeckte Pinole zeichnet sich durch geringes Baumaß aus. Zum Bohren mittels Pinole ist der Hebelvorschub für Spezialarbeiten praktisch. (Abb. 125.)

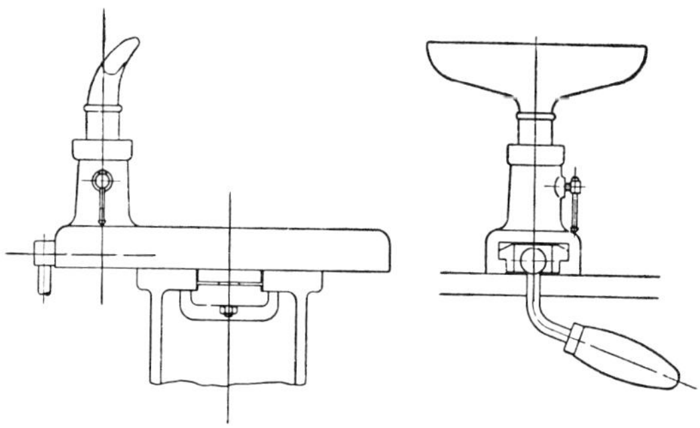

Abb. 126. Untersatz für Werkzeugauflage mit Hebelspannung.
Konstruktion: Baumann & Falk, Zeulenroda

Der Untersatz mit Werkzeugauflage als Stützpunkt des Drehwerkzeuges ist durch verdeckte Schlitzführung in der Sohle verstellbar. Der Schaft der Werkzeugauflage kann in runder oder quadratischer Bohrung des Untersatzes Aufnahme finden. Die letztere Anordnung ist durch den guten Halt in drei Anlagepunkten vorteilhaft.

Eine Neuerung für das Feststellen und Lösen des Untersatzes auf den Drehbankwangen, die beim Arbeiten viel Zeit erspart, ist die Exzenterstellung. Sie spannt und löst die Stellung der Werkzeugauflage durch einfachen Hebelzug, wie die Abb. 126 erkennen läßt. Diese schnelle Feststellung hat noch den Vorteil, daß beim Verschieben des Untersatzes die Hemmungen wegfallen, wie sie bei der üblichen Feststellung mit Schraube und Ringmutter unterhalb der Wangen häufig eintreten.

Beschaffung, Aufstellung und Pflege der Drehbank.

Die Art der Verwendung, ob für Holz oder anderes Material, und die durchschnittliche Größe der Arbeitsstücke sind bestimmend für das Maßverhältnis der Drehbank. Die Spindelhöhe schwankt zwischen 175—300 mm. Für die üblichen Holzarbeiten ist die Drehlänge 1—1,20 m geeignet.

Bei der Aufstellung der Drehbank sind die Wangen sowohl längs als auch quer mittels Wasserwaage auszurichten, sonst können Spindel und Reitstockspitze nicht stimmen, was die Hauptsache ist. Zur Kontrolle wird ein langes Stück Holz in das Futter geschlagen und an der Stirnseite ein Mittelpunkt eingestochen, zu dem der vorgezogene Reitnagel zentrisch stehen muß. Ebenso muß die Pinolenspitze zur Dreizackspitze zentrieren.

Für ordentliche Schmierung der schnellaufenden Spindel ist Sorge zu tragen und zweckloses, unvernünftiges Schlagen beim Einspunden des Holzes zu vermeiden.

Um bei alten Drehbänken die ausgelaufenen Gleitlager wieder gängig zu machen, befeilt man sie an ihren Stoßflächen und schabt sie aus. Vorher sind die Lagerstellen der Spindel, in die meist Unebenheiten eingelaufen sind, auf einer Drehbank bei langsamem Lauf sauber zu überfeilen und mit dem Schmirgelholz einzuglätten. Die Unterschalen im Spindelkasten werden mit Kreide eingerieben und die eingelegte Spindel darin hin und her bewegt. Wo sich dann in der Lagerschale Reibungsstellen zeigen, ist mit einem aus einer alten Sägefeile zugeschliffenen Schaber wegzuschaben. Die Arbeit ist zu wiederholen, bis alle Kreidestellen gleichmäßig abgerieben werden. Beim Oberlager ist ebenso zu verfahren. Die durch das Auslaufen gesenkte Lagerstelle ist durch Unterlegen schwacher Blechstreifen bis zur Übereinstimmung der Dreizack- und Pinolenspitze zu heben. Die Spindel muß, bis sie sich im Lager eingelaufen hat, reichlich Schmierung erhalten. Zur Einglättung empfiehlt sich ein Zusatz von Graphit zum Öl.

Für die Lebensdauer der Kugellagerung ist die Schmierung und Wartung ausschlaggebend. Während bei den Gleitlagern (Lagerschalen) die Schmierung vorzugsweise Verminderung der Reibung bezweckt, soll sie beim Kugel-

resp. Wälzlager die Abnutzung vermindern und die polierte Stahloberfläche vor Rost schützen.

Unreine Schmiermittel bringen feste Fremdkörper in das Lager, deshalb ist besonders auf die Reinheit des Schmiermittels zu achten. Dieses muß chemisch neutral, also frei von Säuren und Alkalien sein, um nicht selbst Ursache zur Rostbildung oder des Anfressens der polierten Stahlflächen der Kugeln zu sein.

Man schmiert die Wälzlager mit Mineralölen oder Schmierfetten bester Qualität, zumal der Schmierbedarf äußerst gering ist. Mineralöle verwendet man hauptsächlich für sehr schnellaufende Maschinen, wie Elektromotoren; für Drehbänke eignet sich die Fettschmierung besser. Reine Vaseline hat zu niedrigen Schmelzpunkt; sie läuft schon bei geringer Erwärmung aus den Lagern. Die Kugellagerfette sind feste Fette. Sie müssen das ganze Lagergehäuse ausfüllen, damit von außen Staub durch die Filzdichtung, die in die Nuten der Lagerdeckel eingesetzt ist, nicht eindringen kann. Das Nachfüllen braucht nur in längeren Zeiträumen zu erfolgen; öfteres Nachfüllen drückt das Fett nur unnötig heraus. Zur Generalreinigung nach längerem Zeitlauf wird das Kugellager mit Benzin durchspült und neues reines Kugellagerfett verwendet.

Sind Kugeln durch irgendwelche Umstände beschädigt, so ist der ganze Satz zu erneuern, da auch alle anderen Kugeln im Ring an ihrer Glätte Schaden genommen haben. Beschädigte Kugellager erkennt man am Geräusch, indem Staub oder Sand kratzende Töne hervorruft. Bei Rostbildung durch säurehaltige Schmiermittel macht sich ein rauhes Laufen bemerkbar.

Eine Abnutzung der Lagerteile ist bei normalem Gang nicht vorhanden. Die Spindel läuft unbedingt sicher und dabei spielend leicht.

Drehbankantriebe.

Wir können die Drehbänke und Bandsäge in der Werkstatt mit einem einzigen Motor antreiben und die Kraft durch Transmission und Vorgelege auf die Maschinen übertragen (Gruppenantrieb).

Man kann aber bei elektrischem Betrieb auch zum Antrieb der Maschinen mit je einem Motor übergehen (Einzelantrieb).

Welcher der gegebene ist, bestimmen die örtlichen Verhältnisse der Werkstatt und Art des Betriebes, ob ein voller Dauerbetrieb der Drehbänke vorliegt oder diese oder jene Maschine zeitweilig stillsteht.

Schon die Wahl der Antriebsmaschine will bei einem größeren Betriebe sondiert sein, ob eine Lokomobile, ob Ölgas, Holzgas oder ein Elektromotor am vorteilhaftesten ist. Bei ersterer spricht das Vorhandensein genügenden Holzabfalls und Späne für die Feuerung mit, sowie die Ausnutzung des Abdampfes für Heizen, Dämpfen und Trocknen des Holzes. Für mittlere Betriebe ist mit Ölgas, Holzgas und Elektromotor zu rechnen; bei letzterem entscheidet der örtliche Strompreis. Kleine Werkstätten sind auf den Elektromotor angewiesen.

Transmissionsantriebe brauchen viel Kraft; sie müssen dort ausscheiden, wo sie sehr lang sein müssen und ihr Eigenkraftverbrauch in ungünstigem Verhältnis zur übertragenen Kraft steht.

Der Einzelantrieb mit Elektromotor hat den Vorteil, daß die Drehbänke und Sägemaschinen in der Werkstatt nach Licht- und Platzverhältnissen günstig gestellt werden können und sich nicht in Reih und Glied nach dem Wellenstrang zu richten haben. Die kleine Drechslerwerkstatt, überhaupt solche mit Elektromotor betriebene, braucht weder Transmission noch Vorgelege. Drehbank, Bandsäge und Schleifstein können direkt vom Motor mit Riemen angetrieben werden oder sie arbeiten mit angebautem Motor „r i e m e n l o s". Dadurch wird viel Platz gespart, zum Teil werden auch die laufenden Betriebskosten verringert.

Der Antrieb der Drehbank mit Einzelmotor geschieht entweder von oben von der Wand aus oder von unten im linken Drehbankfuß. Dem Motor muß ein Stufenwörtel in Übereinstimmung mit dem der Drehbank aufgesetzt werden, um die dem Arbeitsstückdurchmesser entsprechenden Umdrehungen zu erreichen.

Die Abb. 127 zeigt eine moderne Holzdrehbank mit im Drehbankfuß montiertem Motor, der staubsicher gekapselt ist und auf einer Wippkonsole sitzt, durch deren Federung der endlos geleimte Riemen automatisch gespannt wird. Die Drehbankspindel erhält dadurch einen ruhigen, stoßfreien Gang. Die Riemenscheibe sitzt so dicht am Motor, daß bei dessen kräftiger Ankerwelle ein Stützlager überflüssig ist.

Eine andere Neukonstruktion von Motordrehbänken bietet die Abb. 128. Der Spindelkasten, in Spezialkugellagern laufend, wie zu Abb. 124 beschrieben, ist geschlossen. Sein Antrieb erfolgt von dem im Fuß montierten Motor außerhalb der Drehbank am Spindelende durch frei fliegende Stufenscheibe mit vier Rillen, wodurch ein größeres Drehzahlenbereich vorhanden ist. Bei 1500 Umdrehungen des Motores ergeben sich Spindel-

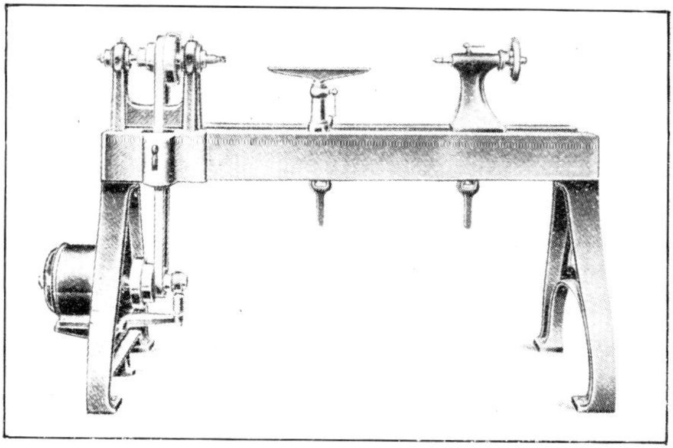

Abb. 127. Motordrehbank.
Werkfoto: Alex. Geiger, Ludwigshafen a. Rh

geschwindigkeiten von 430, 800, 1650 und 3200. Bei Verwendung eines Umkehrschalters kann der Spindel Rechts- und Linksgang gegeben werden.

Der Spindelwörtel ist über der größten Stufe mit glatter Wulst versehen, um nach dem Ausschalten die Spindel handlich stillzusetzen.

Der Antrieb der Spindel vom Motor erfolgt durch den bewährten Keilriemen. Beim Umlegen des Riemens auf eine andere Stufe wird die Konsole des Motores an dem ersichtlichen Handhebel etwas gehoben. Auf Wunsch wird eine Kupplung eingebaut, um die Drehbankspindel für kurze Unterbrechung der Dreharbeit stillzusetzen, ohne den Motor abzuschalten, wodurch der hohe Anlaufstrom gespart wird. Die Kupplung ist so ausgebildet, daß sie gleichzeitig als Bremse dient. Die Keilriemenscheibe läuft auf Kugellagern und die Riemenspannung wird durch eine in Höhe nachstellbare Feder reguliert.

Der Rand an der Stirnseite des Spindelwörtels ist so breit, daß in 3—4 Teilringen Lochreihen von 16, 18, 24 und 60 zur Herstellung von Teilarbeiten eingebohrt werden können, wie sie z. B. zum Aufzeichnen von Windungen, Kantigfeilen und Einbohrungen in Werkstücke gebraucht werden. Auf der Oberseite des Spindelkastens ist in der

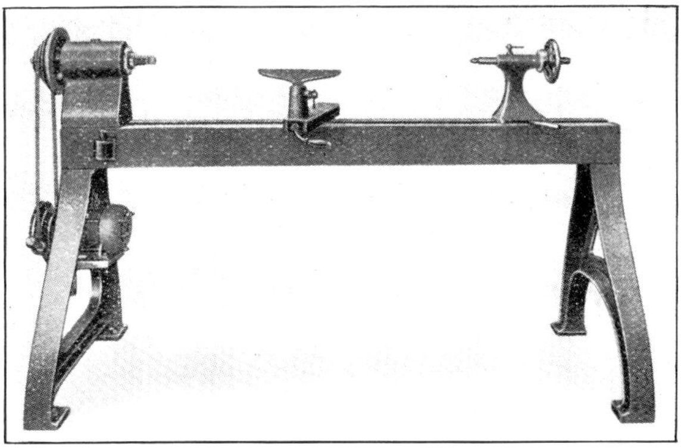

Abb. 128. Motordrehbank mit Außenantrieb.
Werkfoto: Alex. Geiger, Ludwigshafen a. Rh.

Mitte ein Arretierknopf angebracht, durch dessen Herunterdrücken die Spindel festgestellt wird, um die Spannfutter leicht aufschrauben und lösen zu können. Der Werkzeugschienenuntersatz ist, wie schon früher erwähnt, mit Schnellspannung versehen, indem die Vorlage durch Hebeldruck festgestellt wird. Das gleiche ist auch beim Reitstock vorgesehen, was schnelles Arbeiten gestattet.

Die Drehzahländerung durch Regulierwiderstände des Motoranlassers gilt nur für Gleichstrom und ist nur eine behelfsmäßige. Der Stromverbrauch wird durch diese Herabminderung nicht geringer, denn er wird im Widerstand in Wärme umgesetzt. Die Abregulierung des Widerstandes wird auch nur dann vollkommen erreicht, wenn der Motor so belastet ist, wie der Regulator gebaut ist, also auf Vollast, und das kommt selten vor. Bei Wechselstrom (Drehstrom) kann die Drehzahl des Motores durch Polumschalter vermindert, halbiert werden. Allgemein wird man mit Stufenscheiben die erforderlichen Umdrehungen herstellen.

Das Ideal der Kraftübertragung ist, alle Zwischentriebe vom Motor zur Arbeitswelle auszuschalten, wie es jetzt bei allen Maschinen mit unveränderter Drehzahl (Hobel-

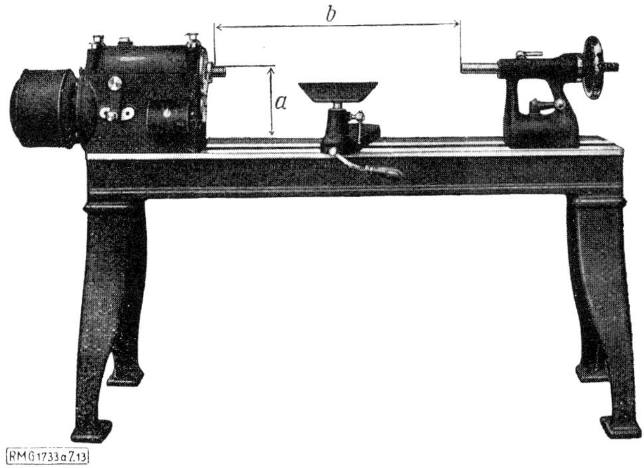

Abb. 129. Riemenlos arbeitende Drehbank mit Flanschmotor.
Werkfoto: Baumann & Falk, Zeulenroda

und Sägemaschinen) verwirklicht ist, indem der Motor mit der Arbeitswelle durch Anbau gekuppelt ist.

An Drehbänken ist diese Anordnung wegen des erforderlichen Drehzahlwechsels weniger anwendbar.

Bei der riemenlosen Drehbank (Abb. 129) ist der Motor an der Rückwand des Spindelkastens angeflanscht. Die Motorenwelle arbeitet nicht direkt auf die Spindel, sondern ist mit einer darunter liegenden Welle gekuppelt, welche drei verschiedene Umdrehungen mittels Schieberädern auf die Spindel überträgt, die im Spindelkasten in Öl laufend verschlossen sind. Die Geschwindigkeiten sind durch einen äußeren Hebel einstellbar. Der Kraftverbrauch ist wesentlich geringer als beim Riemenantrieb, der besonders bei straff gespannten kurzen Flachriemen stark auf die Lager drückt.

Der Schnitt durch den Spindelkasten (Abb. 130) zeigt die Funktion der Schieberäder, die je nach der gewünschten Umdrehung der Spindel durch Verschieben der Räder auf der unteren Welle mittels des Hebels außen an der Spindelkastenwand in die oberen eingreifen und so die Drehzahl der Spindel ändern. Die Verschiebung kann nur bei Stillstand des Motores geschehen.

Die in Ölrieselung laufenden Zahnräder arbeiten geräuschlos. Die Arbeitsspindel läuft im vorderen Lagerkopf

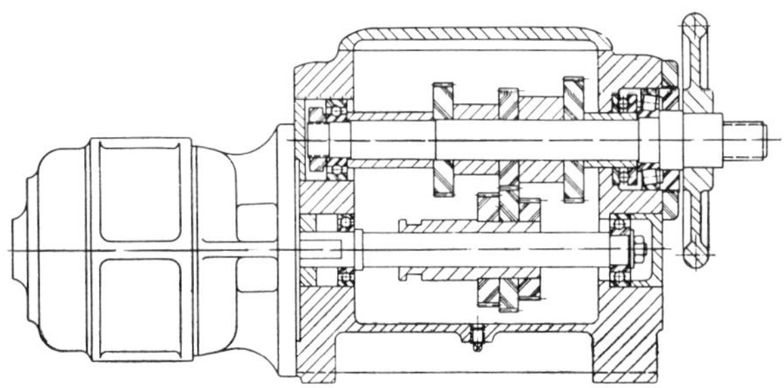

Abb. 130. Schnitt
durch den riemenlos arbeitenden Motordrehbank-Spindelkasten.
Konstruktion: Baumann & Falk, Zeulenroda

in nachstellbaren Kegelrollenlagern und einem Gegendruckkugellager, das den Schlag beim Einspunden des Holzes aufnimmt. Durch die Verschiebung der Zahnräder können bei kleiner Spitzenhöhe der Drehbank 3 oder 6 Drehzahlen, bei größeren Spitzenhöhen 4 oder 8 Drehzahlen erreicht werden. Durch Motorschaltung kann Rechts- und Linkslauf und auch Stillstand der Spindel erfolgen, während der Motor weiterläuft, um den unnötig hohen Anlaufstrom bei kurzer Unterbrechung der Dreharbeit zu sparen.

Die Drehbankspindel erhält mit Hilfe der Umpolschaltung des Motors 6 Drehzahlen von 500, 700, 900, 1100, 1400 und 1800. Die Spindel kann durch das vorn am Spindelkopf sitzende Bremsrad schnell stillgelegt werden. Zum Auf- und Abschrauben der Futter ist oben auf dem Spindelkasten ein Arretierknopf angebracht, bei dessen Druck die Spindel feststeht.

Eine andere Konstruktion von Drehbänken mit Flanschmotor am Spindelkasten, die sich seit einigen Jahren bewährt hat, zeigt Abb. 131. Sie hat neben anderen Vorzügen den Vorteil, daß zum Stillstellen der Spindel der Motor nicht unbedingt ausgeschaltet werden muß und dadurch der hohe Anlaufstrom gespart wird, was bei dem häufigen Abstellen, wie es beim Drehen unvermeidlich ist, sehr ins Gewicht fällt. Bei dieser Motor-Drehbank ist auch der Motor am Spindelkasten angeflanscht und mit einer Welle unter der Spindel gekuppelt. Die Übertragung von da auf die Arbeitsspindel erfolgt mittels Gummikeilriemens, wie der Schnitt durch den Spindelkasten (Abb. 132) zeigt. Die unteren Scheiben sitzen auf der

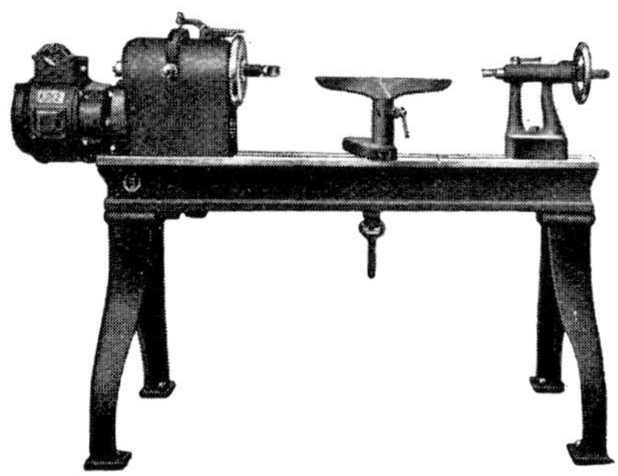

Abb. 131. Motordrehbank.

Werkfoto: Ernst Schumann, Engelsdorf b. Leipzig

Welle fest, auf der oberen Spindel sind sie Losscheiben. Zwischen beiden befindet sich eine Kupplung einfachster Art, die durch einen Hebel außen am Spindelkasten nach links oder rechts in eine der Keilriemenscheiben eingeschoben wird und dadurch die Spindel in Drehung versetzt. Da die gegenständigen Scheiben ungleicher Größe sind, ergeben sich bei der Steuerung zwei verschiedene Drehzahlen.

Der Keilriemenantrieb ist der modernste, zuverlässigste Antrieb kürzester Spannungen, welcher selbst an schweren Maschinen der Metallbearbeitung restlos angewandt wird. Er zieht vollkommen durch, ohne hart angespannt zu sein, daher der ruhige, leichte Gang. Durch einen Polumschalter bei Drehstrom lassen sich noch weitere zwei Geschwindigkeiten herstellen, so daß der Drehbank 600, 875, 1200 und 1760 Umdrehungen, auf Wunsch auch höhere, gegeben werden. Im Spindelkasten sind alle beweglichen Teile staubsicher eingeschlossen, aber durch die abnehmbare Seitenwand gut zugänglich.

Die Abb. 133 zeigt eine für kräftige Drehbänke geeignete Ausführung, bei welcher der Antrieb durch den Elektromotor im Gehäuse eingeschlossen ist. Die Spindel

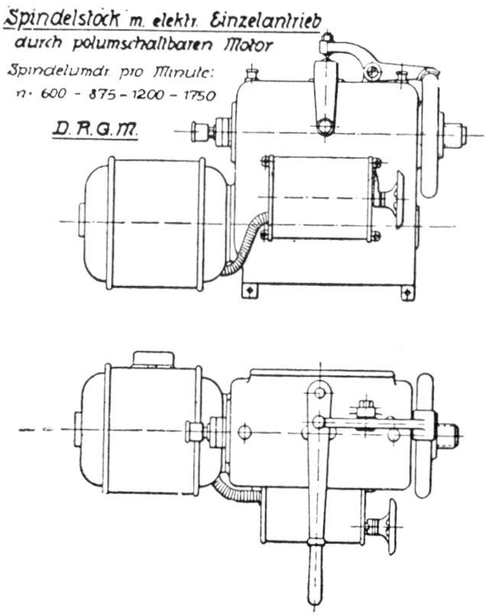

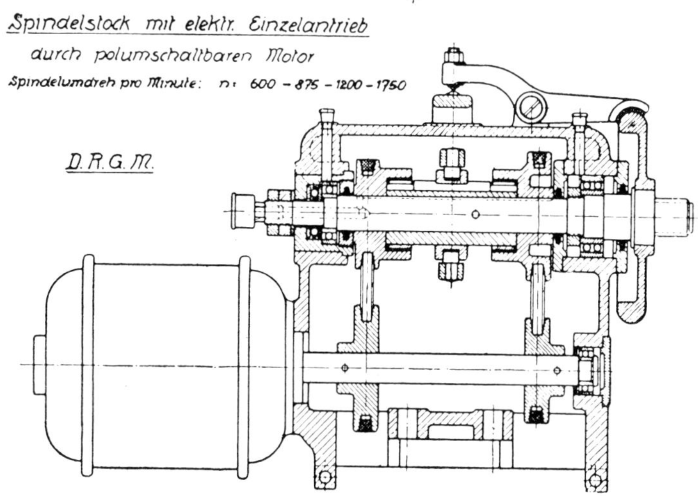

Abb. 132. Schnitt durch den Motordrehbank-Spindelkasten.
Konstruktion: Ernst Schumann, Engelsdorf b. Leipzig

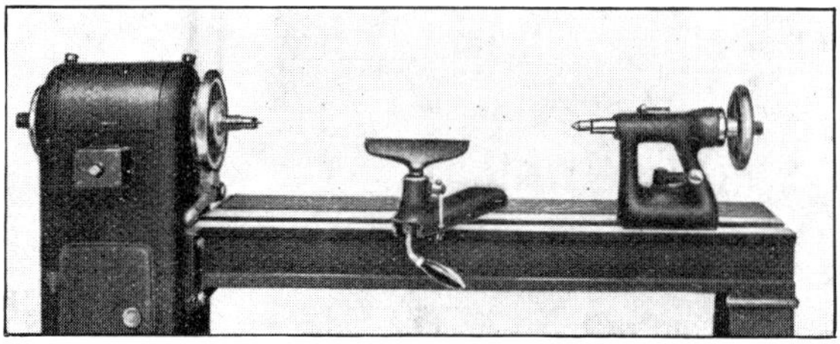

Abb. 133. Motordrehbank mit Innenantrieb.
Werkfoto: Baumann & Falk, Zeulenroda

kann vor- und rückwärts Spindelgewinde tragen, um als Kopfbank zum Drehen großer Scheiben und Ringe benutzt zu werden. Durch das Gehäuse ist die Drehbank sehr standfest und sind die laufenden Teile staubsicher verschlossen. Der Antrieb der Spindel erfolgt durch Riemenzug und 3—6stufige Scheiben bei Umdrehungen von 550 bis 1800 mit Normalmotor. Reitstock und Handauflage haben Schnellspannung.

Für bestimmte Dreharbeiten, wie Riemenscheiben, Walzen und Modelle, die genau zylindrisch oder kegelförmig gedreht sein müssen, was durch die Handdreherei

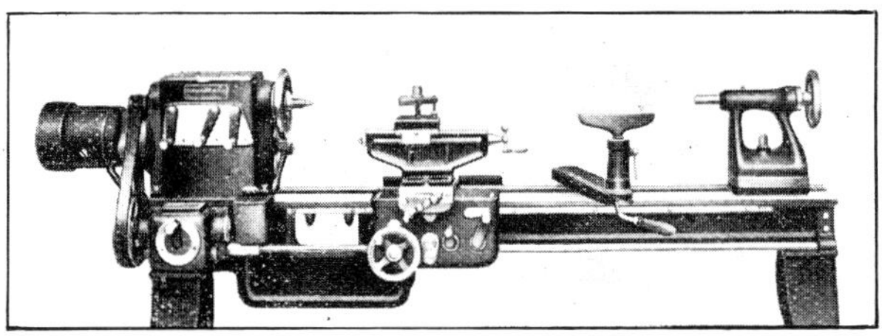

Abb. 134. Support-Motordrehbank.
Werkfoto: Baumann & Falk, Zeulenroda

nicht vollkommen erreicht wird, bedarf es der Führung des Drehstahles mittels Supports. Dieser kann für kurze Laufbahn auf die Drehbankwangen gesetzt und örtlich aufgeschraubt werden, oder die Drehbank hat ein Bett mit Prismenführung, auf welcher der Support durch Zahnstange und Ritzel oder mittels Leitspindel längs der Wangen selbsttätig fahrbar ist. Als Kreuzsupport mit Querschlitten kann auch plan gedreht werden.

Die Abb. 134 zeigt eine solche Motor-Holzdrehbank mit gekröpftem Bett und darüber liegender Brücke für

Langdreherei. Durch die Zugstange (Leitspindel) vor den Wangen, die mit der Arbeitsspindel durch die Riemenübertragung in einem bestimmten Drehverhältnis steht, wird der Support selbsttätig längs bewegt. Er kann vor- und rückwärts arbeitend geschaltet werden und ebenso wird der darauf befindliche Querschlitten nach Schaltung zum Plandrehen betätigt. Die Spindel kann bei riemenlosem Antrieb, wie in der Abbildung, mit 6 oder 8 verschiedenen Drehzahlen von 155 bis 1600 in der Minute angetrieben werden.

Zweiter Abschnitt.

Einspannwerkzeuge für Drehbänke.

Die verschiedene Größe und Gestalt der Arbeitsobjekte und Art ihrer Bearbeitung erfordert zur Befestigung auf der Drehbankspindel eine Auswahl geeigneter Auf- und Einspannvorrichtungen. Die Zweckmäßigkeit dieser Hilfsmittel liegt in schneller haltbarer Befestigung der Arbeitsstücke und Ausnutzung des Materials.

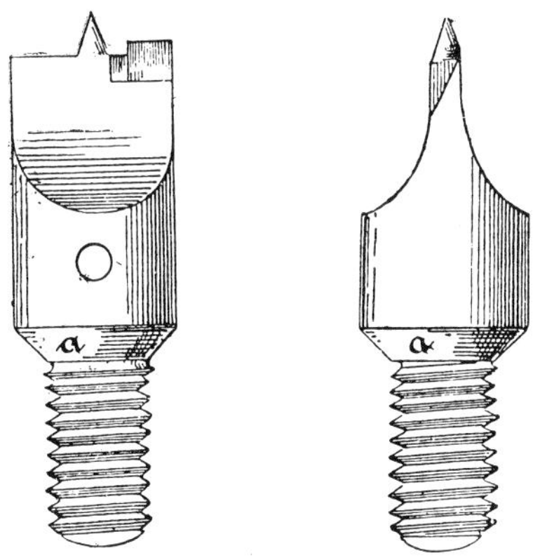

Abb. 135. Dreizack.

1. Der Dreizack (Zwirl) (Abb. 135) dient zum Einspannen der Holzstücke zwischen Spindel und Reitstock. Er wird in die Spindel eingeschraubt. Die schräge Anlagefläche sichert beim Einschrauben den zentrischen Lauf. Die Zacken zu beiden Seiten der Spitze sind wechselseitig

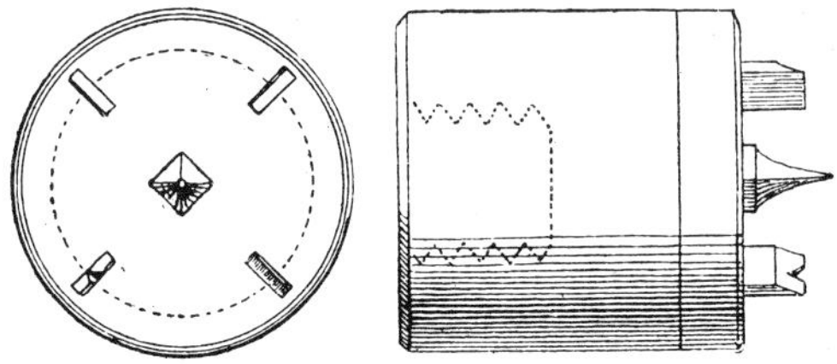

Abb. 136. Stachelfutter.

zugeschärft und eine davon ist durch eine Kerbe gekennzeichnet, um das Arbeitsstück auch wiederholt genau zentrisch einspannen zu können.

2. Das Stachelfutter (Abb. 136). Arbeitsstücke größeren Durchmessers bedürfen bei der Entfernung des Angriffspunktes des Werkzeuges von der Spindelachse einer größeren Befestigungsfläche. Dazu dient das Stachelfutter. Die zentrische Spitze und die drei oder vier radial gestellten Zacken sind an der Stirnseite eines Futters aus Weißbuchenholz eingeschraubt. Die Zacken sind scharf zugefeilt und stehen gegen die Spitze etwas zurück.

Man kann auch scheibenförmige Stücke aus Querholz, z. B. Rosetten, auf dem Stachelfutter drehen, eine Einspannung, die sehr praktisch ist. Die Zacken müssen hier nach einer Richtung stehen und die Scheibe ist so aufzuschlagen, daß die Holzfaser in Richtung der Zacken steht. (Abb. 137.)

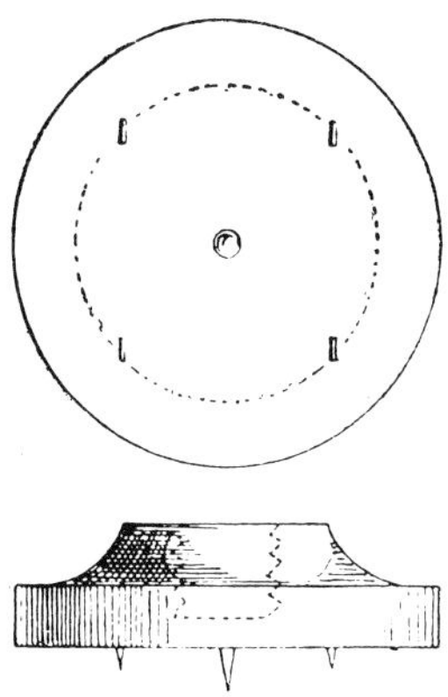

Abb. 137.
Stachelfutter für Scheiben.

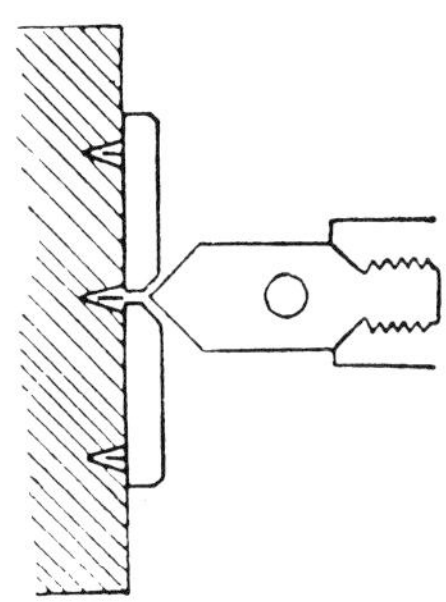

Abb. 138.
Körnerscheibe.

Bei schweren Arbeitsstücken dringt die Pinole durch starkes Anziehen tief ein, wodurch die Reitstockspitze heiß wird und die Spindel schwer geht. Man benützt eine Körnerscheibe von Eisen (Abb. 138), die, mit Körnerloch versehen, zum Einsetzen der Pinole in das Holz geschlagen wird. Die Scheibe erhält durch die drei oder vier Zacken im Holz den Halt.

Vollkommener ist die Reitstockspitze mit Kegellager, um bei schweren Stücken oder großem Gegendruck die

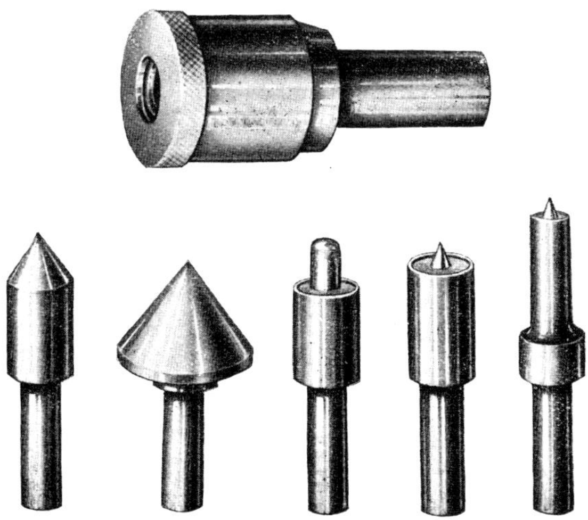

Abb. 139. Reitstockspitze mit Kegellager.
Werkfoto: Adolf Lang, Zeulenroda

Reibung zu beseitigen. Die Reitstockspitze (Abb. 139) wird mit verschiedenen Einsätzen, der Arbeit entsprechend, geliefert.

Der Vorteil gegenüber dem feststehenden Reitnagel besteht in der Kraftersparnis, weil auf Kugellagerung laufend. Die Spitze läuft sich nicht heiß, wodurch eine größere Drehzahl beim Arbeiten möglich ist und das fortwährende Schmieren wegfällt.

3. Der Drei- und Vierkantstift (Abb. 140) dient zum Aufspannen von Werkstücken mit Bohrung, wie Hefte, Spulen usw. Diese Befestigung sichert dem Arbeitsstück die genau zentrisch liegende Bohrung und

gibt ihm durch das Eindringen der scharfen Kanten den zum Drehen erforderlichen Halt. Für Holz benutzt man den Vierkant-, für hartes Material den Dreikantstift.

4. Das Spundfutter (Abb. 141) dient zur Befestigung kurzer Arbeitsstücke auf der Spindel, ohne Unterstützung des Reitstocks. Zur Anfertigung der Holzfutter bedarf es gut ausgetrockneten Weißbuchenholzes. Des-

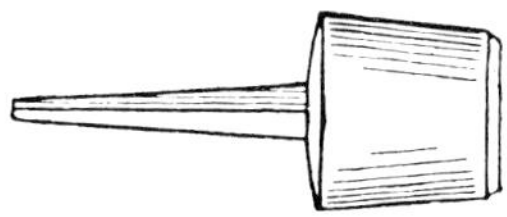

Abb. 140. Vierkantstift.

halb schrotet und bohrt man das Holz und lagert es erst einige Zeit in der Werkstatt, ehe es geschraubt und fertig gedreht wird, damit es nicht nachtrocknen kann und die warm aufgezogenen Ringe fest bleiben. Da der Verschleiß beim hölzernen Spundfutter groß ist, sind Eisenfutter in drei bis vier Größen ratsamer. Besonders große Futter, z. B. für Kegelkugeln, werden aus Holz hergestellt. Das Innere der Einschlagfutter ist leicht konisch zu drehen, damit das Holz beim Einschlagen festsitzt.

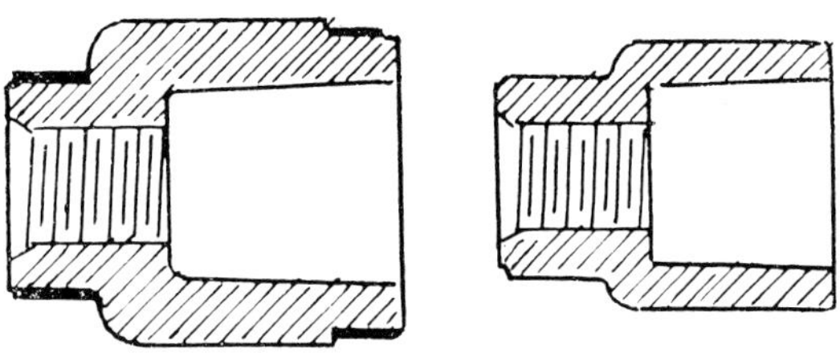

Abb. 141. Spundfutter.

5. Der Anschlag (Abb. 142) ist ein Werkzeug zum Befestigen weichen Holzes auf der Drehbankspindel; er ist dem erzgebirgischen Spielwarengebiet entlehnt. Der Anschlag hat den Vorteil, Holz jeden Durchmessers darauf zu befestigen, was durch Schlagen auf die beiden keilförmigen Stahlringe geschieht. Das Holz hält sehr fest. Um den Restspund aus dem Anschlag zu entfernen, bedient man sich eines Eisenhebels, den man in die offene Ringstelle einführt.

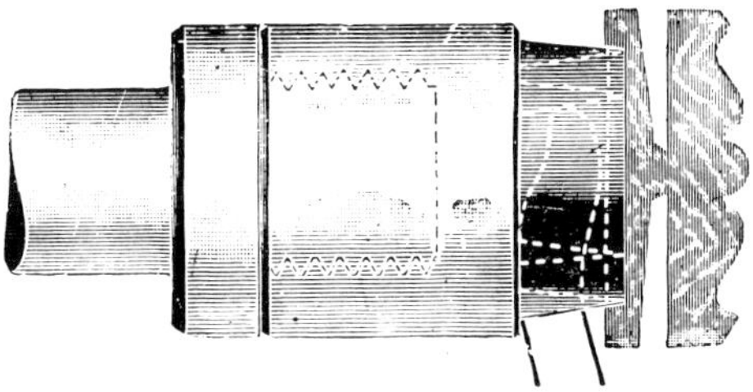

Abb. 142. Anschlag.

6. Das Schraubenfutter (Abb. 143) dient zum Aufspannen von Querholzscheiben. Ein solches Futter läßt sich aus Holz herstellen, indem von der Rückseite her eine Holzschraube eingezogen wird. Man sichert die Schraube vor dem Zurückdrehen, das beim Aufschrauben des Arbeitsstückes eintreten könnte, durch Einschlagen einer Drahtklammer über den Schraubenschlitz. Für kleine Arbeiten ist diese Selbstanfertigung praktisch, während zum Drehen großer Scheiben das eiserne Schraubenfutter vor-

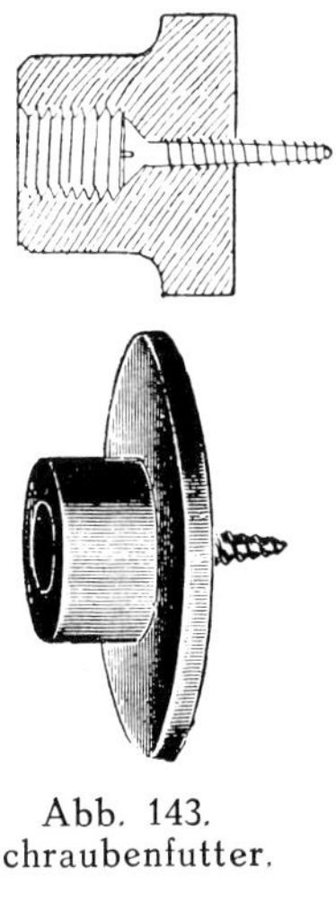

Abb. 143. Schraubenfutter.

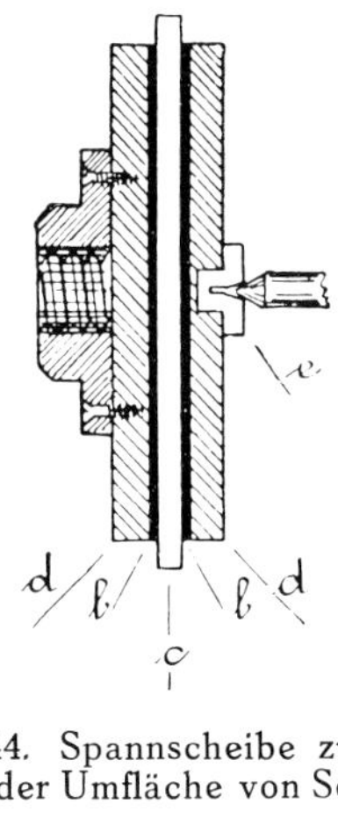

Abb. 144. Spannscheibe zum Abdrehen der Umfläche von Scheiben.

zuziehen ist. Bei ihm hat die Schraube ein grobes, scharf eingeschnittenes, konisches Gewinde, das sich in das Holz fest einzieht. Das Werkstück muß an der Scheibe fest anliegen. Zum Drehen großer schwacher Platten bedarf es einer größeren Hinterlegscheibe, um das Federn der Arbeiten zu verhindern.

7. Das Kittspund- oder Pechfutter dient zur Befestigung von Scheiben, die keiner Bohrung bedürfen, wie kleine Rosetten, Kernmarken usw. Das an seiner Stirnseite plan gedrehte Futter erhält in der Achsenmitte eine kleine Zentrierspitze. Als Befestigungsmittel dient ein Harzkitt, wie Siegellack oder Pech. Eine gut haftende Mischung ist: 4 Teile schwarzes Pech, 1 Teil Ziegelmehl, oder: 8 Teile Kolophonium, 2 Teile Wachs und $^1/_2$ Teil gemahlener Bimsstein. Man gießt den geschmolzenen Kitt in eine Papierhülse, um ihn zum Aufreiben handlich zu machen. Zum Befestigen der Arbeit wird der Kitt bei Rotation der Spindel aufgerieben und das Arbeitsstück mit dem Handballen dagegen gepreßt. Dadurch wird der Kitt weich und hält die Scheibe fest. Die Kittfläche soll dem Arbeitsstück entsprechend groß sein.

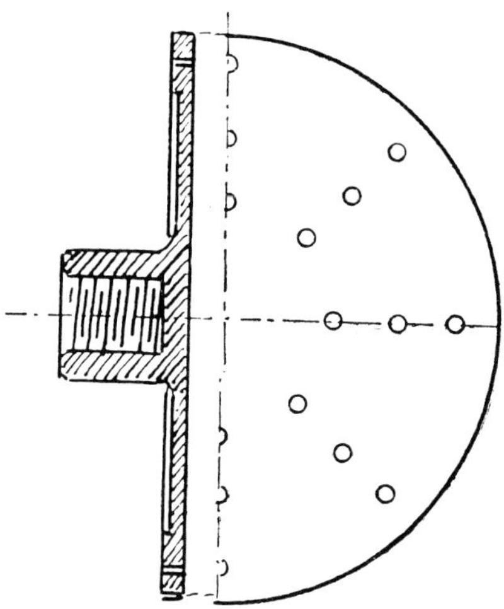

Abb. 145. Planscheibe.

Um größere gehobelte Scheiben auf der Umfläche abzudrehen, die eine Beschädigung der Flächen durch das Aufspannen nicht zulassen, dient beistehende Vorrichtung (Abb. 144). Die zu beiden Seiten des Arbeitsstückes c befindlichen Holzscheiben d sind mit Pappe b beklebt, um elastisch zu sein, und ein Glaspapierring von etwa 6 cm

Breite aufgeleimt, an dem die abzudrehende Scheibe Halt bekommt. Damit die Reitstockspitze sich nicht tief in die Vorsatzscheibe eindrückt, ist der Stahlkörner e eingelassen. Zu den Holzscheiben d ist Sperrholz zu verwenden, um das Verziehen zu vermeiden.

8. Planscheiben (Abb. 145) sind größere Scheiben aus Holz oder Eisen, die mit Futtergewinde versehen sind, um darauf Platten, Ringe, Schalen und Kränze zum Drehen zu befestigen. Zu Holzplanscheiben wird Sperrholz benutzt, das auf ein aus Querholz hergestelltes Futterstück geleimt und verschraubt wird. Statt der vollen Scheibe wird zum Abdrehen großer Ringe und Kränze das Kreuz (Abb. 146) verwendet. Es besteht aus zwei zusammengeplatteten Leisten, die an einem Futter festgeschraubt sind. Die Leisten müssen stark sein, damit die Arbeit beim Drehen nicht federt. Die Befestigung der Arbeitsstücke erfolgt bei Planscheiben und Kreuz durch Andrehen eines Außen- oder Innenfalzes und evtl. Anziehen durch Holzschrauben von der Rückseite.

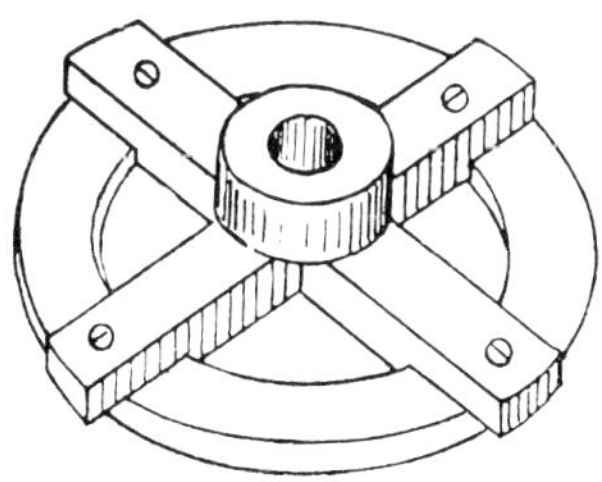

Abb. 146. Kreuz zum Aufspannen von Ringen.

Beachtliches beim Einspannen der Arbeit.

1. Beim Schlagen des Holzes auf den Dreizack ist sachlich zu verfahren, damit es nicht gespalten wird. Der Dreizack darf nicht zu schlanke Fase erhalten. Harte, spröde Hölzer wie Ebenholz soll man auf dem Dreizack nicht drehen, weil sie zu leicht springen. Dazu dient ein Spannwerkzeug, wie Abb. 147. Statt der Zentrierspitze des Dreizacks ist ein 2—3 mm starker Bohrer vorhanden, gegen den das Holz während des Ganges der Drehbankspindel durch die Pinole getrieben wird, so daß er ein kleines Loch bohrt, das dem Holz die Führung gibt. Die Stirnseite des Mitnehmers ist durch 4—6 Einkerbungen mit scharfen Schneiden versehen, die leicht im harten Holz Halt finden, ohne es zu sprengen. Da beim Dreizack hauptsächlich das Eindringen der Spitze die Ursache zum Spalten bildet, ist sie durch den Bohrer ersetzt.

2. Zum Einschlagen in das Spundfutter ist an den Hölzern möglichst ein Spund anzuschroten. Dieser darf nicht zu tief in das Futter ragen, weil sich das Holz nicht ausrichten läßt. Kantelstücken verbricht man die Kanten durch Behacken mit Beil oder Meisel. Gute Zurichtung erleichtert das Einspannen und Ausrichten des Holzes.

3. Zur Befestigung von Scheiben auf dem Schraubenfutter muß die Bohrung zur Schraube gut passen. Am Loch ist vorn mit dem Krauskopf oder der Drehröhre die Kante stark zu verbrechen, damit von der Schraube kein Grat herausgedrückt wird, der die gute Anlage an der Planscheibe behindert.

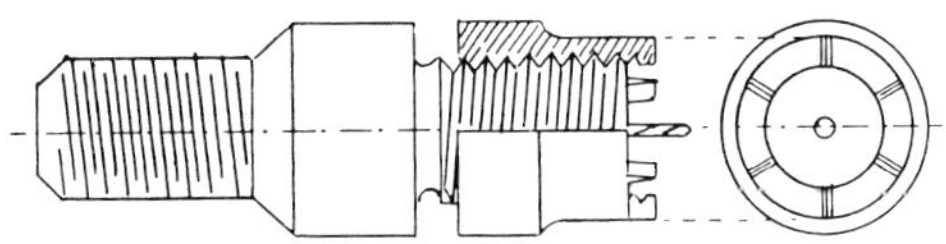

Abb. 147. Zackenspannung für harte, spröde Hölzer.

4. Gebohrte oder ausgedrehte Arbeitsstücke setzt man auf Zapfen oder Falze. Bei schwacher Wandung, die das Aufplatzen befürchten läßt, wird der Zapfen etwas gewölbt, aber nach hinten abfallend gedreht, so daß die Spannung nicht vorn an der Kante wirkt.

5. Müssen gebohrte kleine Gegenstände aus harten Werkstoffen auf dem runden Stift gedreht werden, um die Bohrung mit dem Vierkantstift nicht zu beschädigen, so rauht man den Stahlstift durch einen Zug mit der Feile bei langsamem Lauf der Spindel auf. Der so entstehende feine Gewindegang zieht das aufgesetzte Stück fest.

„Lünette" oder „Haken" zum Drehen langer schwacher Gegenstände.

Die Lünette ist ein Stützlager, das beim Drehen das Durchbiegen und Federn des Arbeitsstückes verhindern soll. Der geübte Drechsler versteht es in vielen Fällen, beim Drehen seine linke Hand als Stützlager wirksam zu gebrauchen, indem er gemäß der fortschreitenden Arbeit das rotierende Material darin gleiten läßt.

Die Lünette erfüllt ihren Zweck am besten, wenn in ihrem Lager das Holz nach keiner Richtung auszuweichen vermag und die geringste Reibung entsteht. Diesen Anforderungen entspricht die Lünette in Abb. 148. Sie besteht aus zwei gekreuzten 15 mm starken Brettchen aus Ahorn oder Buche, die in ihren winkligen Ausschnitten vier Anlagepunkte ergeben, während bei dem einfachen Haken nur zwei Anlagepunkte vorhanden sind, die ein Ausweichen nach unten gestatten. Die Lünetten werden in einen Dockenstock gespannt und unter den Drehbankwangen festgekeilt. Bevor die Lünette am Arbeitsstück angesetzt wird, muß eine Lagerstelle genau rund und glatt angedreht sein. Ist sie unrund und vom Federn uneben, wird die ganze Dreharbeit unrund. Um das Einbrennen zu verhüten, gibt man an der Lagerstelle etwas trokkene Seife an. Sehr lange und schwache Arbeiten dreht man nicht auf dem Dreizack, sondern schlägt sie in das Futter und setzt die Pinole vor; dann ist in vielen Fällen die Lünette entbehrlich.

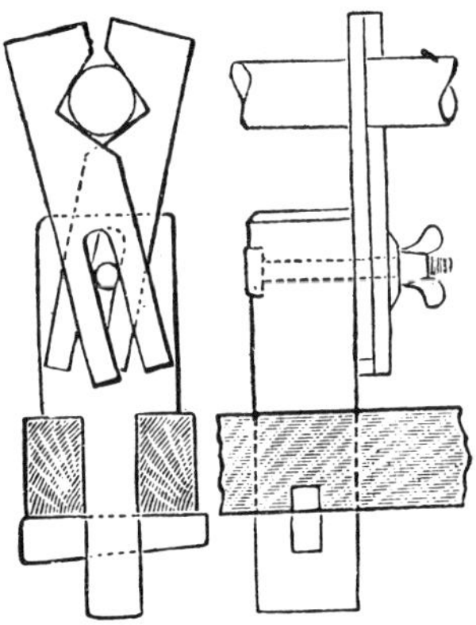

Abb. 148.
Lünette zum Drehen schwacher Werkstücke.

Dritter Abschnitt.

Drehwerkzeuge für Holz.

Der Drechsler formt seine Arbeit freihändig, d. h. nicht mit Werkzeugen, welche die Form oder Teile derselben in ihrer Schneide tragen. Der Drechsler kann deshalb mit verhältnismäßig wenig Drehwerkzeugen auskommen, um so mehr ist aber Handgeschicklichkeit und Augenmaß erforderlich, da sich die Formen durch Messungen nicht so genau feststellen lassen, als bei Flächen.

1. Drehwerkzeuge für Oberflächenbearbeitung.

Des Holzdrechslers Hauptwerkzeuge sind Meisel und Röhre (Abb. 149), letztere von $^1/_4$—$^5/_8$ Zoll Breite, und eine Schrupppröhre von $^3/_4$—1 Zoll Breite. Als solche dient auch ein Tischlerhohleisen von 1—1$^1/_4$ Zoll Breite, besonders für Weichhölzer. Das Hohleisen gestattet bei seiner schwachen Wandung leichtes Eindringen in das Holz und Losreißen grober Späne. Die Schneide der Drehröhre ist halbrund, die der Schrotröhre nur leicht gewölbt.

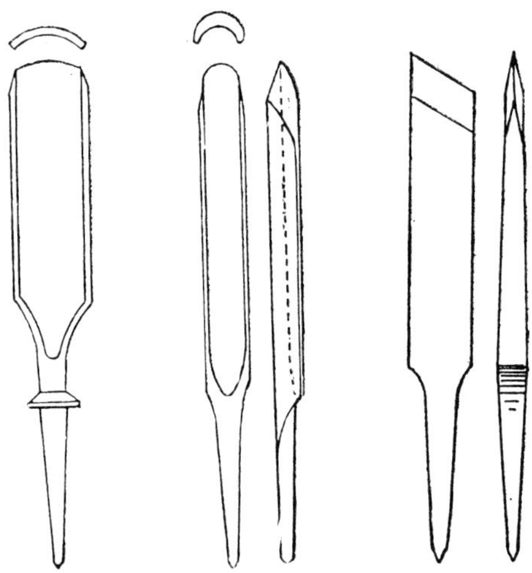

Abb. 149. Drehmeisel und Drehröhre.

Die Drehmeisel zum Schlichten gerader oder kugeliger Formen kommen in Breiten von $^3/_8$—1$^1/_2$ Zoll in Verwendung. Sie sind beiderseitig und schräg zur Achse angeschliffen.

Für sehr kleine Einkehlungen benutzt man den Hohlkehlenstahl (Abb. 150), der keilförmigen Querschnitt hat; dessen Abrundung längs der Schmalseite gestattet leichten Anschliff des Werkzeugs.

Schmale Platten und Vertiefungen dreht man mit dem Plattstahl. Er ist wie der vorige nach dem Rücken verjüngt, damit die Schneide an der Seite auch freien Schnitt erhält. Als Stichstahl muß dieses Werkzeug hinter seiner

Schneide ein wenig schmäler werden, damit er beim tiefen Einstechen im Holz nicht klemmt.

Der Schlichtstahl dient zum Drehen von Querholzflächen. Man benutzt dazu auch ein breites Tischlerstecheisen. Er ist einseitig geschliffen und erhält durch Streichen mit dem Ziehklingenstahl einen Grat, um bei Querholz bessere Schnittwirkung zu erzielen. (Abb. 156a.)

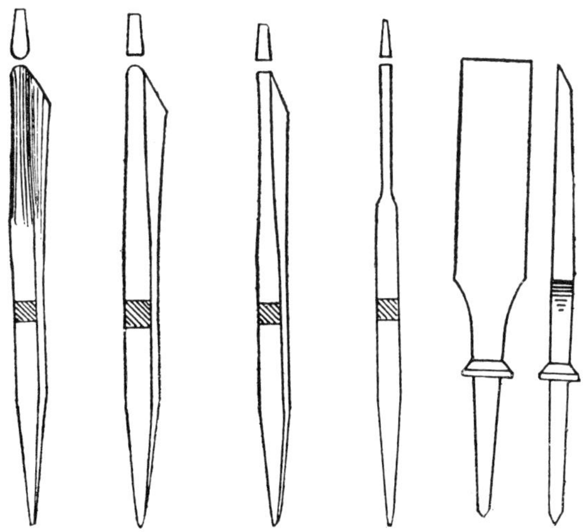

Abb. 150. Hohlkehlenstähle, Stechstahl und Schlichtstahl.

2. Werkzeuge zum Ausdrehen von Hohlkörpern.

Dosen, Schalen und dergleichen bedürfen zum Drehen anders geformter Werkzeuge, die in ihrer Wirkung den vorigen Drehstählen entsprechen. Man unterscheidet auch hier Schrot- und Schlichtwerkzeuge.

Der Ausdrehhaken arbeitet ähnlich der Drehröhre. Bei tiefer Ausarbeitung bedarf es zum Angriff vorheriger Bohrung der Arbeit. Das Werkzeug setzt geschickte Handhabung und richtige Formung der Schneide voraus, wie Abb. 151 zeigt, um damit sicher arbeiten zu können, da die schwache hakenförmige Schneide leicht in das Holz einschlägt. Der gekröpfte Hakenstahl (Abb. 152) ist leichter zu handhaben und für wenig tiefe weite Aushöhlungen geeignet. Bei den verschiedentlich im Handel erhältlichen Hakenstählen ist die Schneide nicht richtig ausgearbeitet, so daß sie erst sachgemäß nachgeschliffen werden muß, um damit wirksam hantieren zu können. Die Zuschärfung der Hakenstähle, des Krummeisels und Bodeneisens soll nur von der Innenseite geschehen, nicht von außen, was wohl leichter ist, dem Werkzeug aber nicht den richtigen Schnitt gibt. Man benutzt dazu

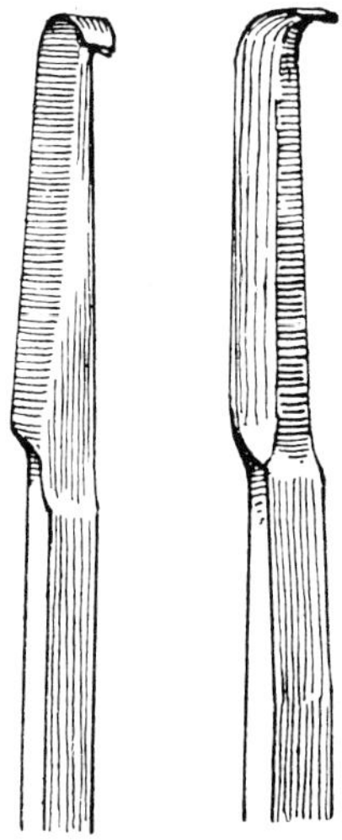

Abb. 151.
Ausdrehhaken.

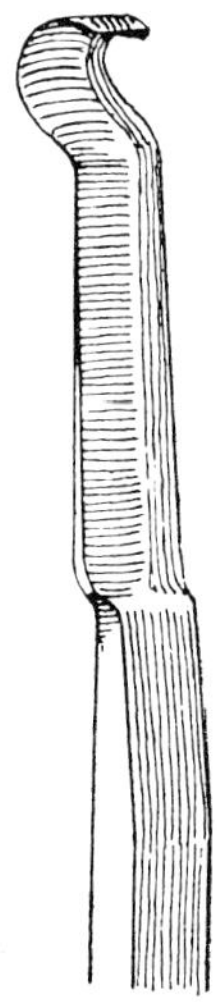

Abb. 152.
Ausdrehhaken gekröpft.

schwache kleine Schmirgelscheiben und wetzt mit dem entsprechend zugeschliffenen kleinen Wetzstein nach.

Der Krummeisel (Abb. 153) ist ein Schlichtwerkzeug für flache, schalenförmige Erzeugnisse. Er arbeitet hoch auf Schnitt und ergibt selbst bei Weichholz glatte, glänzende Fläche. Der Stahl wird, in der Drehachse ansetzend, in wenig schräger Haltung der Schneide nach dem Rande zu geführt.

Das Bodeneisen (Abb. 154) schlichtet den geraden Boden im Hohlkörper; es sticht, vom Mittelpunkt ausgehend, mit seiner Schneidkante einen schwachen Span ab, wie der Meisel an der Stirnseite von außen.

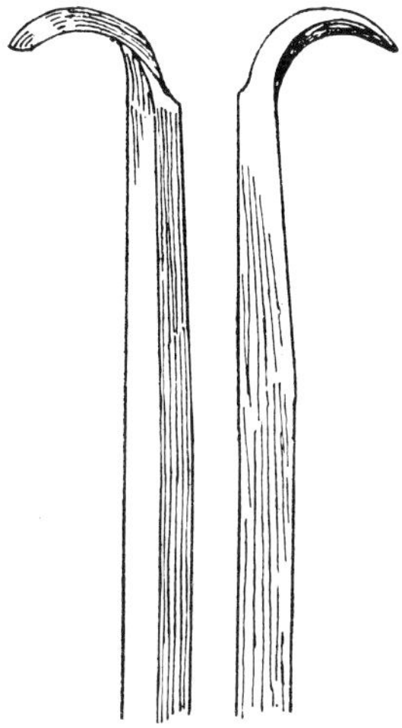

Abb. 153. Krummeisel.

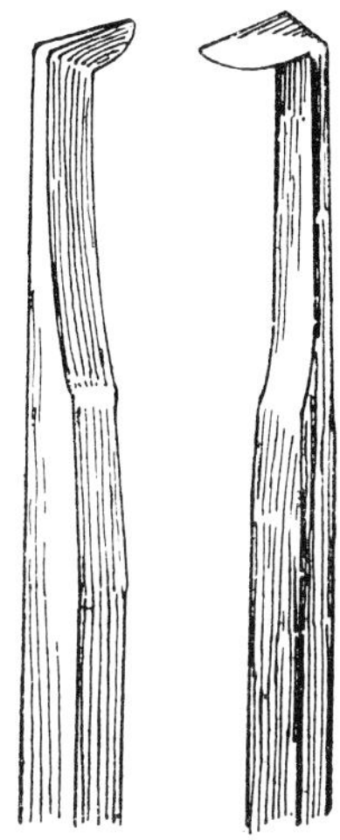

Abb. 154. Bodeneisen.

Die beiden letzten Werkzeuge, so alt sie auch sind, kommen leider wenig in Anwendung, da sie zu unbekannt sind.

Ausdrehstähle verschiedener Form (Abb. 155) sind besonders für Hartholz gebräuchlich zum Schlichten zylin-

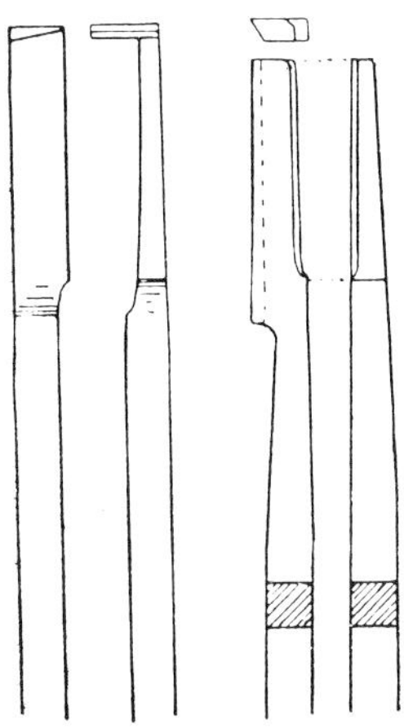

Abb. 154a. Bodeneisen.

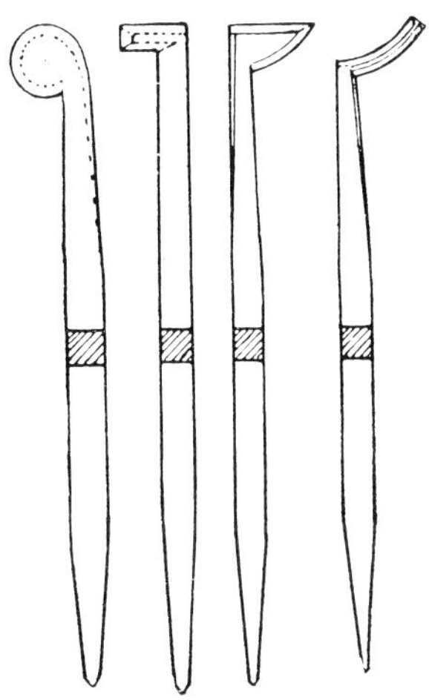

Abb. 155. Ausdrehstähle.

drischer oder gewölbter Innenwandung. Diese Werkzeuge arbeiten weniger auf Schnitt, als die vorigen, und deshalb nicht so glatt und sauber.

Schärfen der Werkzeuge.

Allgemeines über Schneidenbildung.

Für die Zuschärfung der Werkzeuge ist die Natur des Werkstoffes maßgebend, besonders dessen Härte. Sie muß nach verschiedenen Gesichtspunkten gestaltet werden, um größtmögliche Sauberkeit und Arbeitsleistung zu vollbringen. Die Schärfe des Werkzeugs ergibt der Winkel, der durch Anschleifen gebildet wird. Je spitzer dieser gestaltet ist, um so schärfer ist das Werkzeug (Zuschärfungswinkel). In Berücksichtigung der Härte des Werkstoffs liegt die Grenze der Zuschärfung dort, wo die Schneidkante am Werkzeug ausbrechen oder zu schnell abstumpfen würde, indem sie dem harten Werkstoff nicht genug Widerstand zu bieten vermag.

Die Erfahrung hat gezeigt, daß der geeignete Zuschärfungswinkel für Weichholz 20—30 Grad, für Hartholz 30—40 Grad, für Horn, Elfenbein und Kunststoffe 40—50 Grad beträgt. Diese Werte können natürlich nur Anhaltspunkte sein; es muß der Erfahrung und Überlegung des Arbeiters überlassen bleiben, bei der oft ungleichen Beschaffenheit der Rohstoffe sein Werkzeug diesen anzupassen.

In Verbindung mit der Zuschärfung steht die Stellung des Werkzeugs zum Rohstoff (Angriffswinkel), deren Wahl die Schnittfähigkeit beeinflußt. Den höchsten Schnitt beim Drehen zeigt die Tangentenstellung a (Abb. 156) mit messerartig schälender Wirkung, die natürlich nur Werkzeugen mit sehr spitzem Schneidenwinkel eigen sein kann.

Großen Einfluß auf den Schnittwert des Werkzeugs hat seine Härte, die dem Werkstoff ebenso wie die Anschärfung angepaßt sein muß. Mit der Härte des Stahles wächst seine Sprödigkeit, so daß einem harten Stahl keine spitze Zuschärfung gegeben werden kann, weil die Schneide sonst ausbricht.

Aus alledem ergibt sich, daß dem Werkzeug keine größere Härte gegeben werden darf, als zur haltbaren Schneide gegenüber dem Werkstoff erforderlich ist, um ihm möglichste Schärfe im Anschliff zu geben.

Die günstige Wirkung und Erhaltung der Schneidfähigkeit des Drehstahles setzt aber auch eine zweckmäßige Umdrehung des Werkstücks voraus, weil die beim Eingriff entstehende Reibung das Werkzeug um so schneller abstumpft, je höher die Umdrehung und härter das Arbeitsstück ist.

Die durch zu hohe Umdrehung sich am Drehstahl entwickelnde Erwärmung macht die Werkzeugschneide weich, sie läuft blau an („verbrennt"). Die Umdrehung muß deshalb in bestimmten Grenzen gehalten werden, die der Härte und dem Umfang des Werkstücks entspricht.

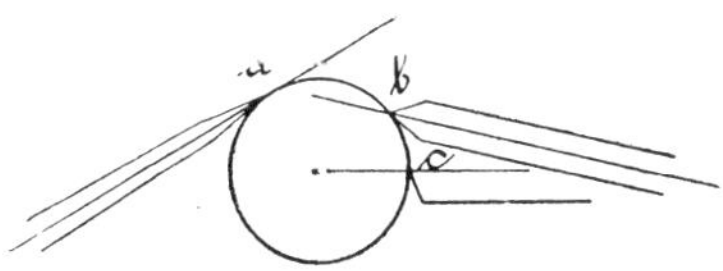

Abb. 156. Stellung des Drehstahles: a) für Holz hoch auf Schnitt, b) für härtere Werkstoffe (Horn, Elfenbein usw.), c) für strukturlose Werkstoffe.

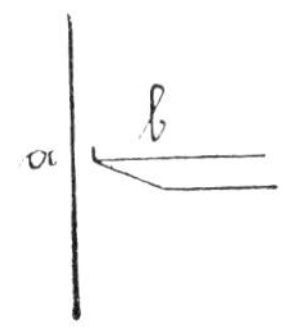

Abb. 156a. Gestrichener Schlichtstahl, durch den Grat rein schälend wirkend.

Schleifen der Werkzeuge.

Zum Schärfen des Werkzeugs dienen der Schleifstein (Sandstein) oder künstliche Schleifscheiben. Die Zweckmäßigkeit des Naturschleifsteins liegt in seiner guten Schleifkraft bei geringer Umfangsgeschwindigkeit, welche die schwachen Schneiden der Holzdrehwerkzeuge nicht so leicht „verbrennen" läßt, als bei Schleifscheiben, die nur bei sehr hoher Drehzahl günstig wirken und deshalb Naßschliff erfordern, der lästiges Spritzen verursacht. Schleifscheiben benutzt man mehr für Werkzeuge mit stumpferem Zuschärfungswinkel, hauptsächlich in der Metallbearbeitung und bei harten Drechslerwerkstoffen.

1. Der Schleifstein.

Der Naturschleifstein ist eine Quarzbildung, deren Körner durch ein zementartiges Bindemittel vereinigt sind. Die Formation des Gesteins ist von ungleicher Beschaffenheit; die Quarzkörperchen sind scharfkantig oder abgerundet von verschiedener Größe, das Bindemittel ist kieselig, tonig oder kalkhaltiger Natur.

Das Mengenverhältnis zwischen Körnung und Bindemittel ist Schwankungen unterworfen. Die kieseligen Bindungen sind die härtesten, die tonigen für Schleifsteine weniger geeignet, weil sie schmieren. Die Struktur des Steins darf nicht zu hart und dicht sein, sonst kommen die Quarzkörper nicht zu freier Wirkung, der Stein schleift sich glatt und greift nicht mehr. Ein guter Schleifstein soll feines, aber scharfes Korn und nicht zu harte kieselige Bindung haben, auch keine weichen Stellen besitzen, wodurch der Stein bald unrund wird.

Nach dem äußeren Ansehen läßt sich ein Stein nicht immer beurteilen. Es sind oft Tonstellen oder ausgekittete Löcher vorhanden, die am behauenen Stein nicht auffallen, beim Übergießen mit Wasser aber, soweit sie sich auf der Oberfläche befinden, durch ihre Färbung zum Vorschein kommen. Der Schleifsteinkauf ist Vertrauenssache. Mit ausgesuchten Garantiesteinen, die natürlich mehr kosten, fährt man besser, weil sie durch ihre gute Schleifkraft die Schleifarbeit verbilligen.

Durch nasses Schleifen gewinnt der Stein an Schleifkraft, indem das Bindemittel erweicht und die abgestumpften Quarzkörner rechtzeitig losläßt, so daß neue scharfe Körner zum Angriff kommen. Der Schleifstein darf im Trog nicht im Wasser stehen, da die im Wasser stehenden Stellen weich werden und sich schnell abnützen.

Zum Abrichten des unrund gewordenen Steins eignet sich ein Gasrohr von $^1/_4$—$^3/_8$ Zoll am besten, weil sich an der Wandung des Rohres dauernd neue Schneiden anarbeiten, die scharf in den Sandstein eingreifen, während an den häufig verwendeten alten Feilen sich schnell eine wirkungslose Fläche anschleift. Die im Handel befindlichen Schleifsteinabrichter haben nicht die Leistung wie das Gasrohr.

Beim Abrichten legt man eine starke Leiste vor dem Stein quer über den Trog und führt das Rohr etwas schräg nach unten gerichtet unter Drehung gegen den Stein, so daß sich das Rohr langsam nach den Kanten hin bewegt und seitlich gut eingreift. Zum Sauberdrehen wird das Rohr waagerecht gegen den Stein gedrückt und unter langsamer Drehung über die Breite des Steins geführt.

Das Aufsetzen des Schleifsteins auf die Welle (Abb. 157) geschieht mit Spannscheiben, nicht durch Aufkeilen. Zwischen Stein und Flansch a wird eine Pappscheibe b gebracht, die sich in die behauenen Seiten einpreßt und Halt gibt.

Beim Schleifen der Werkzeuge kann die Umdrehung des Steins im Gegen- oder Ablauf erfolgen. Beim Gegenlauf des Steins läßt sich eine bessere hohle Fase erzielen als umgekehrt. Schmale oder spitze Werkzeuge, wie Stichel, werden besser im Ablauf geschliffen, um der Gefahr zu begegnen, daß das Werkzeug einmal vom Stein zurückgestoßen wird und einsticht, was zur Verletzung der Hände führen kann. Die Drehröhren sind vor den Meiseln zu schleifen, um den Stein möglichst gerade zu halten. Die Röhren müssen dauernd hin und her bewegt werden, um keine Rillen einzuschleifen. An den Werkzeugen ist die Fase mit der Schneidkante parallel zu schleifen, sonst

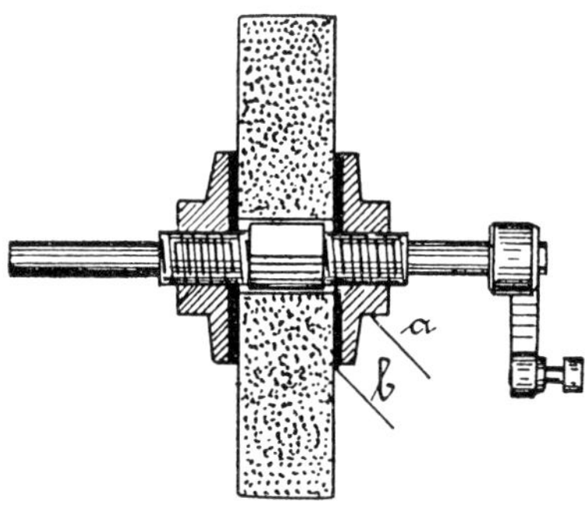

Abb. 157. Aufsetzen des Schleifsteines.

ändert sich der Zuschärfungswinkel. Beim Schleifen der Drehröhren (Abb. 158) ist besonders darauf zu achten.

Der Schleifstein kann nur gut arbeiten, wenn ihm die seiner Größe angemessene Umdrehung gegeben wird. Die Umfangsgeschwindigkeit beträgt 8—9 sek/m. Dem entsprechen bei 70 cm Durchmesser 360—440 Umdrehungen in der Minute. Mit abnehmendem Durchmesser muß der Stein schneller laufen, um die gleiche Leistung zu behalten. Es ist deshalb wünschenswert, eine Stufenscheibe auf Stein und Vorgelege anzubringen.

Die Abb. 159 zeigt einen mit Motor gekuppelten Schleifstein, bei dem die angemessene Drehzahl durch einen Schneckenantrieb erreicht wird. Ihm kann durch Schaltung verschiedene Drehzahl, seinem jeweiligen Durchmesser entsprechend, gegeben werden. Durch Umschaltung kann er vor- oder rückwärts gesteuert werden.

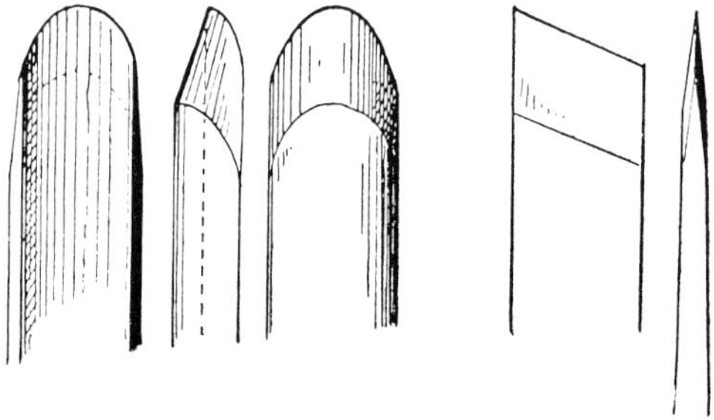

Abb. 158. Zuschärfung der Drehwerkzeuge.

Abb. 159. Motorgekuppelter Schleifstein.
Werkfoto: Gebr. Zeibig, Leipzig W 31

2. Die Schleifscheibe.

Was vom Schleifstein über Körnung und Bindung in ihrem Verhältnis zueinander gesagt wurde, trifft im wesentlichen auch auf die künstlichen Schleifscheiben zu. Hier kann aber die Körnung der Schleifkristalle und Härte des Bindemittels der Schleifarbeit entsprechend hergestellt werden. An Stelle des früher verwendeten Naturschmirgels ist der schleifkräftigere Elektrokorund getreten, dessen zähe, widerstandsfähige Kristalle zum Schleifen der Werkzeuge wirksamer sind.

Bindungen. Die Schleifkristalle werden in der Schleifscheibe durch Bindemittel zusammengehalten, die je nach Verwendung der Scheiben aus Gummi, Kunstharz, Schellack oder Keramik (Ton) bestehen können. Zum Werkzeugschleifen sind die keramisch gebundenen Scheiben am besten geeignet, weil sie durch ihre Porosität den darin gelagerten Schleifkristallen freien Schnitt und größere Angriffsfähigkeit geben, auch weniger Wärme entwickeln und sich nicht so leicht verschmieren wie die Scheiben anderer Bindung.

Körnung und Härte. Der Körnung der Kristalle entsprechend, geben die Scheiben gröberen oder feineren Schliff. Die Körnung wird nach Ziffern bezeichnet. So sind zum Schärfen der Werkzeuge die Nummern 60—80 geeignet. Man verwende eher ein gröberes Korn, denn feines, das sich leichter verschmiert und stumpft, weil das Bindemittel feines Korn fester hält.

Die Härte des Korns ist immer gleich. Die Wirkung der Scheibe beruht auf dem Bindemittel. Je weicher es ist, um so eher wird es sich abnutzen und die abgestumpften Kristalle loslassen, so daß neue scharfe frei werden und die Scheibe immer griffig bleibt.

Zu weiche Bindung läßt die Körner vorzeitig los, nutzt sich schnell ab und arbeitet unwirtschaftlich. Um die richtige Körnung und Härte der Bindung zu erhalten, ist beim Kauf die Verwendung der Scheiben genau anzugeben.

Drehzahl. Bei hoher Drehzahl wirkt die Schleifscheibe härter; es ist also die Möglichkeit gegeben, eine an sich zu harte Scheibe durch verminderte Drehzahl weicher arbeitend zu machen und umgekehrt durch erhöhte Drehzahl härter wirken zu lassen.

Befestigung der Schleifscheibe. Schleifscheiben müssen sorgsam auf der Welle befestigt werden.

Gewöhnlich ist die Bohrung mit Weißmetall umgossen. Die Bohrung muß auf die Welle gut passen, damit die Scheibe nicht schleudert. Sie wird auf beiden Seiten durch je einen Flansch gehalten (Abb. 160). Diese müssen

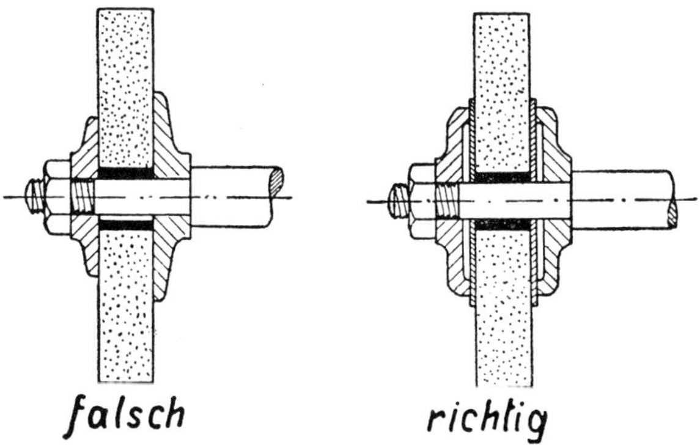

Abb. 160. Befestigung der Schleifscheibe.

mindestens $^1/_3$ des Scheibendurchmessers haben und gleich groß sein. Sie sind bis auf einen schmalen Rand auszusparen und zwischen Flansch und Scheibe ist eine Pappeschicht zu bringen, durch die beim Anpressen der Scheiben Unregelmäßigkeiten ausgeglichen werden.

Abrichten der Schleifscheibe. Das beste Werkzeug ist der Diamant, der im Support langsam an der Scheibe vorbeigeführt wird und eine saubere Arbeits-

Abb. 161. Schleifsteinabrichter.

fläche und vorzüglichen Feinschliff auch bei gröberen Scheiben ergibt. Zum Schärfen der Werkzeuge genügt auch ein Schleifscheibenabrichter (Abb. 161), der aus spornartigen Hartgußrädchen besteht. Mit diesem lassen sich auch zu hart gebundene und daher glatt gewordene Scheiben aufrauhen.

Die auf der Schleifscheibe aufgedruckte Drehzahl darf

nicht überschritten werden, weil die Gefahr des Zerspringens besteht.

3. Abziehen der Werkzeuge.

Der beim Schleifen entstandene Grat an den Werkzeugschneiden wird durch Abziehen auf dem Wetzstein entfernt. Man unterscheidet Wasser- und Ölsteine. Als erstere gelten die sogenannten blauen weichen Messingsteine, der härtere Thüringer Hustenberger Stein mit feinem Korn und der gelbe belgische Brocken. Es sind feinkörnige Tonschiefer von mehr oder weniger Quarzsubstanz durchdrungen, die dem Stein die Härte gibt. Durch Anfeuchten mit Wasser bildet sich beim Wetzen ein Schleim des erweichten Tonschiefers, so daß die freiwerdende Quarzsubstanz zur Schleifwirkung kommt.

Zu den Ölsteinen zählt der Levantiner; er ist fein- und dichtkörnig, mit Kieselsäure stark durchdrungen, von weißgelber Färbung. Durch das Öl gewinnt der Stein wesentlich an Schleifkraft. Die gelbe Wetzschicht liegt beim Levantiner auf einer dunklen Schichtung auf.

Für sehr harte Stähle eignen sich die viel kräftiger wirkenden amerikanischen Washita- und Arkansassteine. Die in größter Menge sehr gleichmäßig verteilten feinen Poren des fast reinen Silikats ermöglichen den direkten Kontakt des Korns mit dem zu schärfenden Werkzeug und machen ihn zum wirksamsten Stein. Der Arkansasstein ist dichter im Korn; er ist härter und gibt einen feineren, aber nicht so schnellen Schliff. Der Stein ist grauweiß mit rötlichen feinen Adern durchzogen. Man unterscheidet Qualitätssorten, die verschieden im Korn sind. Die Steine kommen in Brocken, mit einer geschliffenen Seite oder allseitig geschliffen in den Handel. Letztere sind sehr teuer.

Den neuen Stein legt man erst in eine Mischung von Maschinenöl und Petroleum, damit er ganz davon durchzogen wird, so daß er transparent erscheint.

Für Hartstahl (Schnelldrehstahl) verwende man möglichst weiche Washita- oder Arkansassteine, weil sie kräftiger wirken und sich das Korn durch den Abschliff schneller erneuert.

Die ähnlich den Schleifsteinen aus Elektrokorund hergestellten Wetzsteine haben den Vorzug, in jedem erforderlichen Korn und jeder Bindung erhältlich zu sein.

Ist die Bindung zu hart, so verschmieren sie sich bald und wetzen schlecht; ist sie zu weich, so nutzen sie sich schnell ab.

Uneben gewordene Abziehsteine kann man am Schleifstein oder an der Schleifscheibe abrichten. Verschmierte Steine kocht man mit Sodalösung aus. Um dem Abziehstein offenes Korn zu erhalten, schützt man ihn vor Staub am besten im Blechbehälter mit Petroleum.

Führung der Werkzeuge.

Das Drechseln erfordert zum Formen der Arbeit eine Fertigkeit, die erst durch fortgesetzte Übung erreicht wird. Die Schwierigkeit liegt in der freien Führung der Werkzeuge, nur durch die Auflage unterstützt, in dem die linke Hand den Angriffspunkt fixiert und die rechte das Werkzeug am Heft fassend in entsprechenden Wendungen eingreifen läßt.

Die Art der Einwirkung des Drehstahls richtet sich nach den Eigenschaften des Arbeitsstoffes. Die Führung des Drehstahles ist um so schwieriger, wenn die Struktur des Rohstoffes eine mehr faserige ist, wie z. B. das Holz. Das Werkzeug muß beim Drehen möglichst schälend wirken, was eine geschickte Führung desselben voraussetzt, aber leicht ausgleitet, was der Drechsler als „Nürnberger" bezeichnet. Harte oder strukturlose Stoffe erfordern beim Drehen weniger Fertigkeit, da sie sich nach jeder Richtung hin gleichmäßig sauber bearbeiten lassen und der Drehstahl mehr schabend wirken kann.

Beim Holzdrechseln unterscheidet man das Drehen längs des Holzes und quer zur Faserrichtung. Bei letzterem wechseln bei jeder Umdrehung Stirn- und Langholz an der Umfläche, was eine andere Haltung der Werkzeuge erfordert als beim Langholzdrehen, indem der Meisel oder die Röhre mehr seitlich angreift. Beim Drehen von Querholzflächen ist die Holzfaser wechselnd parallel und winklig zum Drehmeisel gerichtet. Die Schnittwirkung des Meisels ist in ihrer winkligen Stellung zur Arbeitsfläche sehr ungünstig, besonders in der Parallelstellung der Faser zum Werkzeug bei weichen Hölzern, wodurch dort Rauheit entsteht. Dem wird durch das „Streichen" des Meisels oder Schlichtstahles begegnet, indem mit einem harten runden Stahl an der Schneide ein Grat angedrückt wird, wie beim Tischler an der Ziehklinge. Dadurch steht

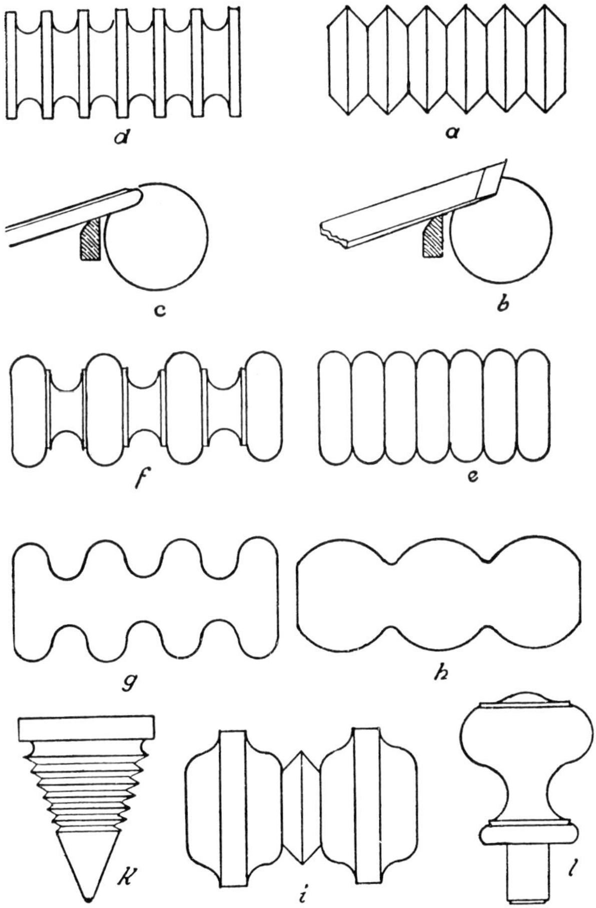

Abb. 162. Übungstafel zum Drechseln.

die Schneide hoch auf Schnitt und ergibt eine saubere Fläche, indem sie rein schälend wirkt.

Beim Ausdrehen von Hohlkörpern ist die Technik und Anwendung der Werkzeuge eine ganz andere. Auch hier muß möglichst auf Schnitt gearbeitet werden, um saubere Arbeit zu erhalten, indem entsprechend geformte Werkzeuge, wie Ausdrehhaken, Ausdrehschlichtstähle für Wandungen, Krummeisel für kugelige Höhlungen und Bodeneisen für gerade Böden, Anwendung finden.

Die Drehform setzt sich im wesentlichen aus folgenden Profilelementen zusammen: Spitzstab, Rundstab und Kugelform durch Bearbeitung mit dem Meisel, und die Hohlkehle mit Übergang vom Viertelstab zur Viertelkehle, woraus das Karnies entsteht, durch Verwendung der Drehröhre. (Siehe Übungstafel, Abb. 162.)

Für den angehenden Drechslerlehrling ist es zur schnellen Erlernung der in der Technik des Drechslers erforderlichen Führung der Werkzeuge angebracht, Übungen wie in Abb. 162 zu machen, die in ihrem Rhythmus zugleich das zum Drechseln unbedingt notwendige Augenmaß schärfen. Um die Lust am Lernen anzuregen, sind kleine praktische Aufgaben, wie z. B. Kreisel, Kastenknöpfe, Kleidernägel, entsprechend in die Übungen einzuschalten.

D e r K r e u z s u p p o r t. Obwohl der Drechsler seine Drehstähle im allgemeinen frei mit der Hand auf der Werkzeugauflage führt und seine Arbeit frei formt, verlangen verschiedene Arbeiten, wie genau ebene, zylindrische oder kegelförmige Formen und Ausdreharbeiten, die nur bei zwangsläufiger Führung des Drehstahls erreicht werden können, die Verwendung des Kreuzsupports (Abb. 163), der auf der gewöhnlichen Drehbank aufgespannt werden kann. Er hat an seiner Grundplatte eine Führung zwischen den Wangen. Der Support besteht aus einem unteren Quer- und oberen Längsschlitten, so daß das in der Klaue am oberen Schlitten eingespannte Werkzeug längs und quer zur Spindel arbeiten kann. Der Längsschlitten ist schräg zur Spindelachse einstellbar, um auch konisch zu drehen. Die Bewegung erfolgt durch die Transportspindeln mit Kurbelgriff. Der Support ist für den Drechsler ein unentbehrliches Hilfswerkzeug auch für andere Arbeiten, z. B. zum Ausstechen von Scheiben auf genaues Maß, Einspannen von Fräs- und Bohrwerkzeugen oder besonderer Apparate für Spezialarbeiten.

Abb. 163. Kreuzsupport.
Werkfoto: Adolf Lang, Zeulenroda

Meßwerkzeuge.

Zur Herstellung maßhaltiger Dreharbeit bedarf es des Zirkels und der Schiebelehre. Zur Abmessung von Längen oder zum Schlagen von Kreisbögen dient der Stechzirkel (Abb. 164), der auch als Bogenzirkel zum Feststellen oder als Federzirkel mit Feinstellschraube (Abb. 165) ausgebildet sein kann.

Der Greif-, Rund- oder Tastzirkel (Abb. 166) dient zum Stärkemessen; er kann wie der Stechzirkel zum Bogen- oder Federzirkel ausgebildet sein. Zum gleichen Zweck

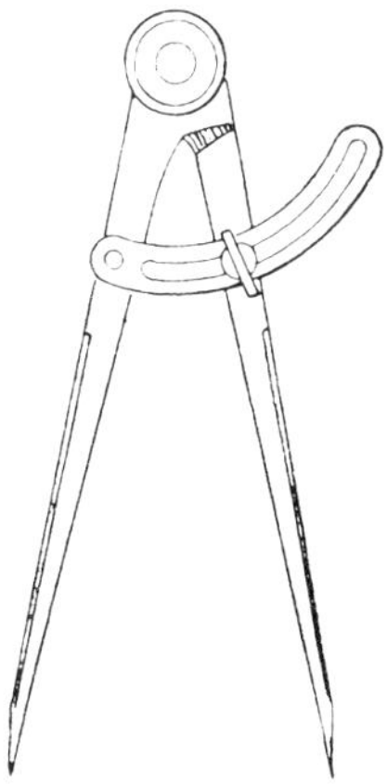

Abb. 164.
Stechzirkel.

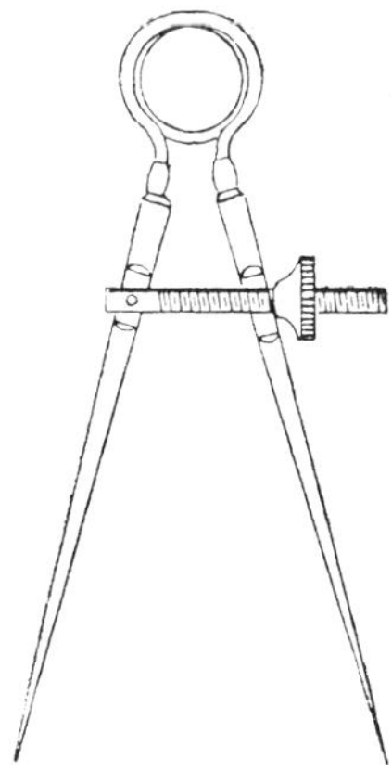

Abb. 165.
Federzirkel
mit Einstellschraube.

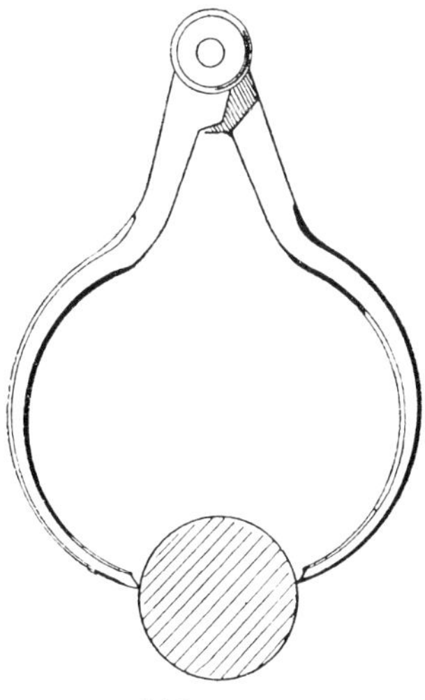

Abb. 166.
Greifzirkel.

wird die Schiebelehre benutzt. Die Schiebelehre (Abb. 167) ist eine Stärkelehre mit genauer Maßeinteilung; sie kann auch mit einer Tiefeneinstellung versehen sein, was zum Ausdrehen von Hohlkörpern sehr praktisch ist. Mit der Schiebelehre können sehr genaue Maße, bis auf $^1/_{10}$ mm, eingestellt werden, wenn sie mit Nonius versehen ist. Die Lehren haben in der Regel Zentimeter- und Zolleinteilung (1 englischer Zoll = 25,4 mm). Der Nonius ist eine am Schieber der Schiebelehre angebrachte Skala von 9 mm Länge, die in 10 Teile geteilt ist. Bei geschlossener Lehre stimmt der 0-Strich des Nonius mit dem 0-Strich der

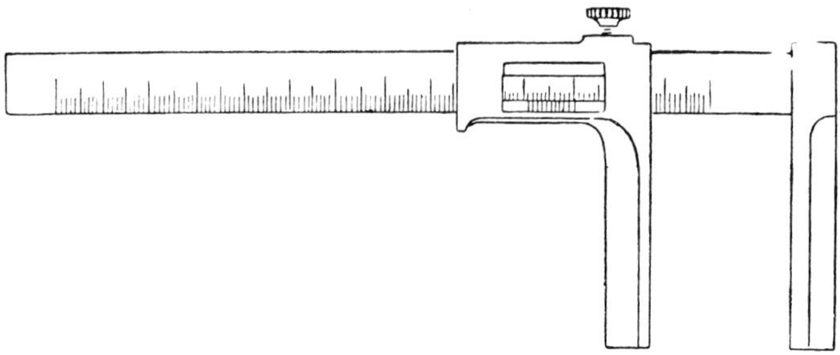

Abb. 167. Schiebelehre.

Schiebelehrenschiene überein. Der 0-Strich des Nonius gibt auch beim Messen die volle Millimeterzahl der geöffneten Lehre an, während einer der Noniusstriche, der mit einem Millimeterstrich der Schiebelehrenschiene genau übereinstimmt, den Bruchteil eines Millimeters anzeigt, wie er bezeichnet ist. Steht der erste und letzte Strich des Nonius genau einem Millimeterstrich der Schiene

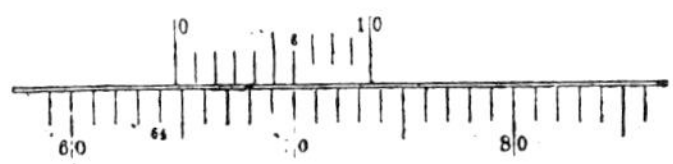

Abb. 168. Nonius zur Schiebelehre.

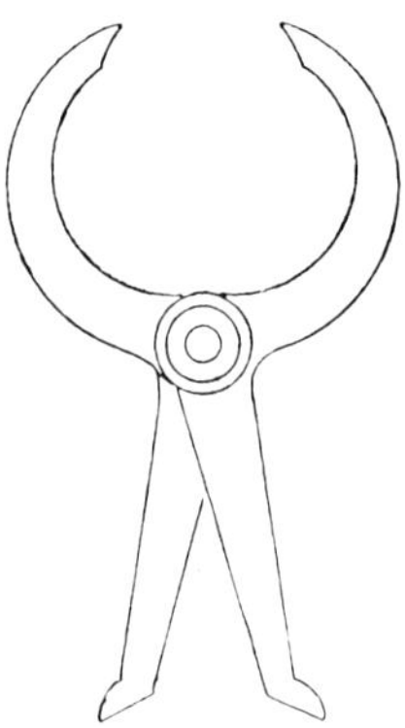

Abb. 169. Zirkel für Innen- und Außenmessung.

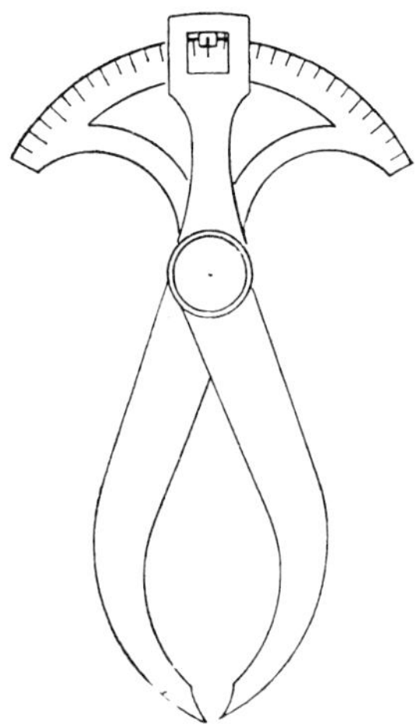

Abb. 170. Zirkel für Innen- und Außenmessung mit Skala.

gegenüber, so ist volle Millimetergröße gemessen. Z. B. Ablesung in Abb. 168. Der 0-Strich des Nonius hat 64 ganze Millimeter gemessen, der sechste Noniusstrich stimmt dabei mit einem der Maßstabstriche überein, so beträgt die Messung 64,6 mm.

Der Hohlzirkel, Inwendigmesser oder auch Tanzmeister genannt, dient zum Messen in Hohlkörpern. Seine im Scharnier beweglichen Schenkel sind gerade und am Ende mit Füßen (Fühlern) versehen. Die Verlängerung der Schenkel über den Drehpunkt, wie in Abb. 169, kann ein Tastzirkel sein. Zum Messen nach innen erweiterter Hohlkörper benutzt man einen Hohlzirkel mit Maßeinteilung, wie Abb. 170.

Die Stichlehre, oder das Reißmaß (Abb. 171), dient zur Aufteilung von Längenmaßen bei Gliederung der Dreharbeit zur Herstellung von Mengenarbeit. Sie besteht aus einer Holzleiste, in deren Kante, den Abmessungen der Profile entsprechend, Stifte eingeschlagen werden, die scharf angefeilt sind. Durch Anhalten gegen das rotierende Arbeitsstück ritzen die Stifte die Teilungen ein.

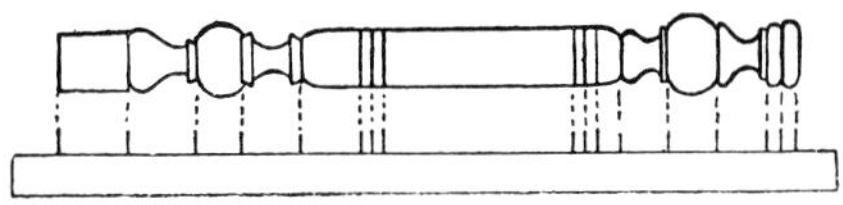

Abb. 171. Reißmaß.

Vierter Abschnitt.

Verschiedene Dreharten und Arbeitsverfahren.

Das Ovaldrehen.

Zum Drehen von Rahmen, Ringen und Rosetten elliptischen Querschnitts bedarf es eines Ovalwerks (Abb. 172), das an jeder gut gelagerten, standsicheren Drehbank ohne besondere Umänderungen montiert werden kann. Es besteht im wesentlichen aus dem Gleitring A (Abb. 173, Schnitt Fig. 1), der am Spindelkasten befestigt ist, und dem Drehwerk B, das auf der Spindel aufgeschraubt ist und das Arbeitsstück trägt.

Der Gleitring A hat eine Lauffläche aus Rotguß. Die Befestigung erfolgt durch eine Lasche an der vorderen Spindelkastenwand. Er ist in Horizontallage zur Spindel exzentrisch verstellbar. Die eiserne Planscheibe B des Drehwerks trägt einen in Prismaführung laufenden Schieber c, aus dessen Mitte das Futtergewinde zum Aufspannen des Drehstücks vorsteht. Die Schrauben dienen zum Nachstellen der Gleitbahn g [1] und g [2], die leicht aber sicher arbeiten muß. Rückseitig sind die Gleitbacken am Schieber angebracht, die durch den Schlitz der Planscheibe führend auf dem Gleitring A schleifen. Bei der Spindelumdrehung entsteht bei exzentrischer Stellung des

Abb. 172. Ovalwerk.
Werkfoto: Alex. Geiger, Ludwigshafen a. Rh.

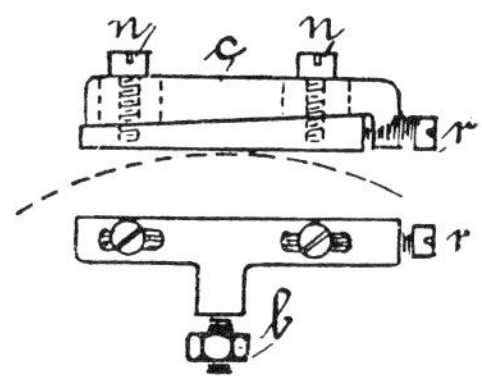

Abb. 174.
Gleitbackeneinstellung.

Gleitrings zur Spindelachse eine fortlaufend hin und hergehende Bewegung des Schiebers, dessen größte Ausladung bei seiner waagerechten Lage erreicht ist und der Exzentrizität des Gleitrings entspricht. In senkrechter Lage steht der Schieber zentrisch zur Drehachse und bestimmt hierdurch die geringste Ausdehnung des beim Drehen entstehenden Ovals (kleine Achse). Da bei jeder Drehung der Ausschlag des Schiebers nach entgegengesetzter Richtung stattfindet, ist die Ausladung das Doppelte der Exzentrizität des Gleitrings. Sie bildet den Unterschied zwischen kleiner und großer Achse des Ovalkörpers. Zur Bestimmung des Ovals ist deshalb nur die halbe Achsendifferenz einzustellen. Dazu ist an der Verschiebung t des Gleitrings eine Zentimeterskala angebracht. Soll z. B. eine Arbeit 10 cm Achsenunterschied erhalten, ist der Gleitring nur 5 cm exzentrisch zu stellen.

Die Ovalwerke sind für bestimmte Achsendifferenzen gebaut, z. B. bis zu 3, 8 oder 16 cm. Große Werke überschreiten 30 cm selten. Es läßt sich auf jedem Ovalwerk auch eine kleinere als die Höchstausladung drehen. Je kleiner aber das Ovalwerk ist, um so schneller kann man es laufen lassen und um so fördernder ist die Dreharbeit.

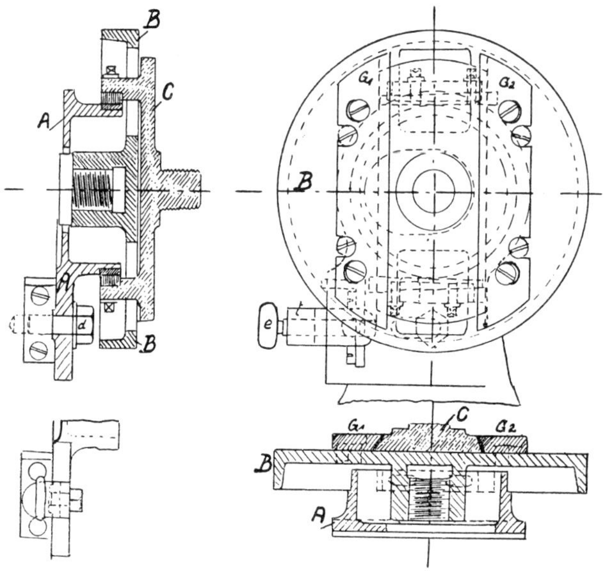

Abb. 173. Schnitt durch das Ovalwerk.

Große Werke müssen sehr langsam laufen wegen der Auswuchtung der schweren Schieber.

Das Ovaldrehen erfordert sichere Bewegung des Schiebers und der Gleitbacken auf dem Ring, deshalb ist die Art der Einstellung dieser Teile sehr wichtig. Die Abb. 174 zeigt die Art der Verstellung der Gleitbacken zum Gleitring durch die gegenständigen Keile, wodurch die Parallelstellung der sich gegenüberliegenden Backen stets gesichert ist. Zur genauen Einstellung wird der Keil durch die Schraube r vorgetrieben, bis die Backen den Ring dicht, aber leicht gleitend umfassen. Die Schrauben n dienen zum Befestigen der Stellkeile an der Gleitbacke c.

Bei der großen Reibung der gleitenden Teile des Werkes bedarf es reichlicher Schmierung, besonders der Gleitbahn des Ringes. Eine praktische, selbsttätige Schmierung und das Fernhalten des Holzstaubes beim Arbeiten besteht in einem gebogenen Stück Federstahl, dessen eines Ende ein mit Öl getränktes Filzstück trägt, das auf der Gleitbahn schleift, und das andere Ende mit der Schraube n an den Gleitbacken befestigt ist.

Das Ovaldrehen setzt sichere Führung des Drehstahls voraus, weil sich die Drehlinie beim Wechsel der beiden

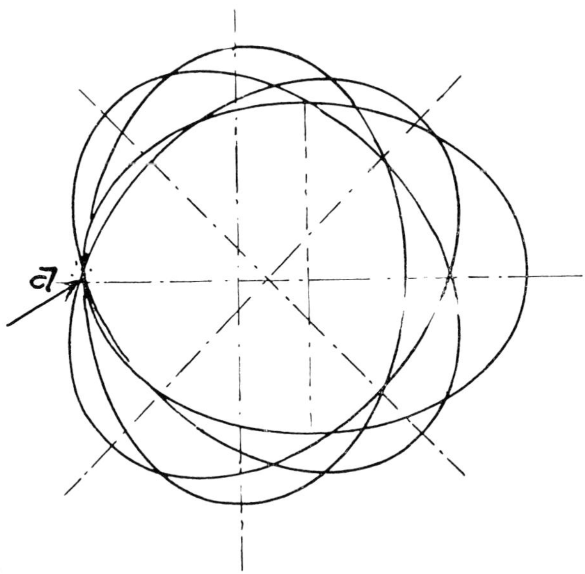

Abb. 175. Kreuzung der Drehspuren an der Arbeitsstelle.

Achsenrichtungen des Ovals in einem Punkt kreuzt (Abb. 175), in dem der Angriff des Werkzeugs stattfinden muß. Dementsprechend muß die Drehröhre, mit der hauptsächlich gearbeitet wird, spitzer geschliffen werden als beim Runddrehen.

Die Angriffspunkte müssen beim Drehen in einer Ebene zur Drehachse liegen, sonst entstehen Konturüberschneidungen, welche die Arbeit zerstören, oder die Ovallinien stehen schief zueinander. Am sichersten läßt sich der Drehpunkt in Höhe der Spindelachse einhalten. Das

Aufspannen von Ovalrahmen geschieht wie bei runden auf hölzernen Planscheiben durch Schrauben von der Rückseite oder Papierverleimung. Die Planscheibe wird auf der Spindel mit Dorn und Mutter festgezogen, damit das Arbeitsstück mit dem Werk achsengleich ausgerichtet werden kann.

Zum Zuschneiden des Holzes muß die Umrißlinie mit dem Ovalzirkel aufgerissen werden. Dieser besteht aus dem Führungskreuz und dem Stangenzirkel (Abb. 176). Das Kreuz wird aus zwei genuteten Hölzern zusammengeplattet, in welchen der Zirkel d mit seinen Führungsstiften b und c eingesetzt wird. Von dem am Ende befind-

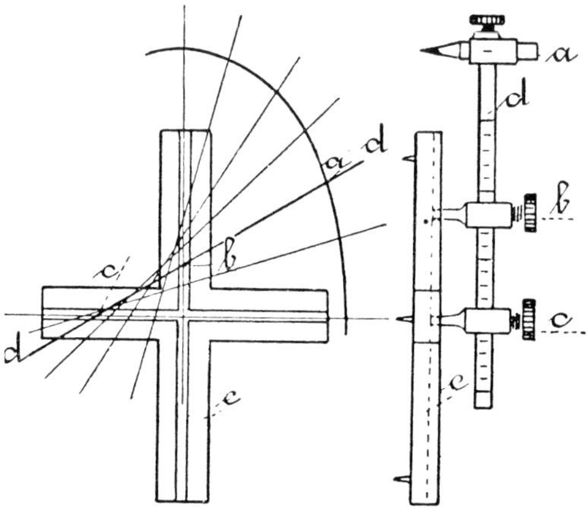

Abb. 176. Ovalzirkel.

lichen Bleistift a aus wird der Führungsstift b in Entfernung gleich der kleinen halben Achse des herzustellenden Ovals eingestellt und weiterhin der Führungsstift c gleich der halben großen Achse. Für ein Oval von 30 mal 22 cm ist b 11 cm und c 15 cm von a entfernt am Zirkel einzustellen.

Statt des Ovalzirkels kann man sich auch der Konstruktion der Fadenellipse bedienen (Abb. 177). Dazu werden auf den beiden Achsen a—b und c—d die Abmessungen des Ovals bestimmt und auf a—b die Brennpunkte x—y gesucht, indem man die halbe große Achse a—e in den Stechzirkel nimmt und in c einsetzend einen Kreisbogen über die große Achse schlägt, dessen Kreuzung in x—y die Punkte bildet, in die Nägel eingeschlagen werden. In dem Dreieck x, d und y wird ein Faden gezogen und verknüpft. Innerhalb dieses Dreiecks wird der Bleistift eingesetzt und dieser, den Faden straff nach außen ziehend, damit im Bogen herumgeführt, wie die Punkte f bis b angeben.

Man kann auch das viereckige Holz auf das Ovalwerk aufspannen und einen Riß mit dem Bleistift anlaufen lassen, nach dem man das Oval auf der Bandsäge ausschneidet, was bei einzelnen Arbeitsstücken zu empfehlen ist. Bei Herstellung mehrerer Arbeitsstücke gleicher Größe und Achsendifferenz reißt man das Oval mit dem

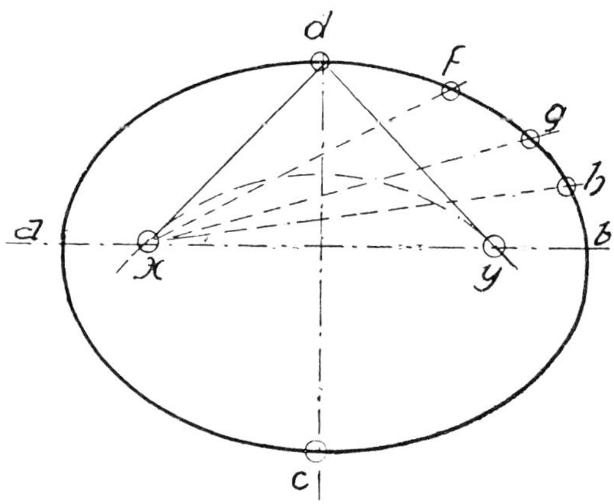

Abb. 177. Fadenellipse.

Zirkel auf und schneidet eine Schablone aus Pappe danach aus, mit der die Ovallinie zum Aussägen des Holzes aufgezeichnet wird.

Die Kantigdreherei.

Das Kantigdrehen ist eine Technik der Mengenherstellung von Stuhl- und Tischfüßen, Galeriesäulen und ähnlichen Arbeiten. Meist werden vierkantige Objekte gedreht, sie können aber auch mehrkantig hergestellt werden.

Die Dreheinrichtung besteht aus einer Walze oder hohlen Trommel (Abb. 178), auf deren Umfläche die Hölzer. quadratisch vorgerichtet, parallel der Drehachse befestigt werden. Durch die Profilierung der Umfläche beim Drehen wird auf jedem Stück eine schwach gewölbte Fläche erzeugt, die ein Stück Kreisabschnitt der Walze oder Trommel bildet. Je größer der Durchmesser der Einrichtung ist und je schwächer das Arbeitsstück ist, um so gerader wird die Fläche erscheinen. Man wählt deshalb großen Durchmesser auch um des Vorteils, eine größere Anzahl der Stücke zu gleicher Zeit bearbeiten zu können. Die Stücke werden möglichst dicht aneinander gereiht, auch weil es sich besser drehen läßt als bei größeren Zwischenräumen.

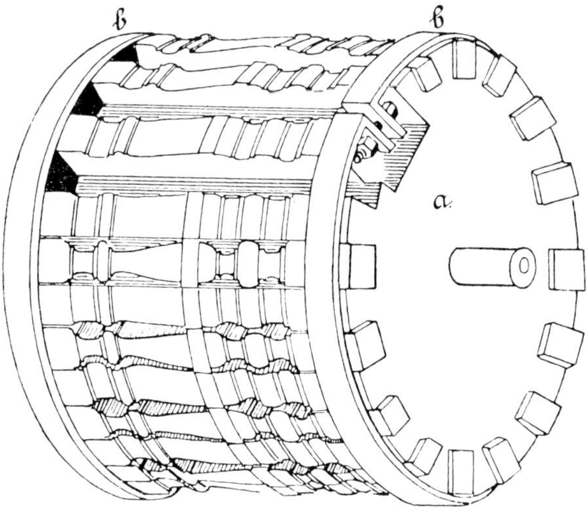

Abb. 178. Kantigtrommel.

Die Einrichtung und Befestigung der Hölzer kann verschieden sein, je nachdem, ob vier- oder mehrkantig gedreht wird.

Bei kleinen Trommeln für schwache Gegenstände werden Massivtrommeln in Gestalt einer Holzwalze verwendet, in die Nuten eingefräst werden, in welche die quadratisch gehobelten Hölzer eingelegt und zu beiden Seiten mit Eisenringen festgehalten werden. Eines dieser Stücke wird als Modell auf der Drehbank rund gedreht; es dient beim Abdrehen der Walze als Schablone. Sobald die Walze gedreht ist, werden die Stücke um eine Seite gewendet und nach dem Profil der Walze wird die zweite und nach weiterem Wenden die dritte bzw. vierte Seite gedreht. Dabei ist natürlich zu beachten, daß alle Profile sich in einer Kreislinie befinden und genau nach dem Profil der Walze gedreht wird, das dabei vom Drehstahl nicht angegriffen werden darf.

Für die heutigen einfachen, wenig eingeschnittenen Drehformen ist die Kantigdreherei sehr geeignet.

Zur Mengenerzeugung von Tisch- und Stuhlfüßen werden Spezialdreheinrichtungen aus Eisen gebaut, bei denen sich auf einer starken Welle zwei Scheiben befinden, deren eine der Länge des Arbeitsstückes entsprechend verstellbar ist. Die eine Scheibe trägt in ihrem Umkreis eine Anzahl in Zapfen drehbare Dreizacke, die andere verschraubbare Spitzen, so daß die Kanteln wie in der Drehbank eingespannt werden können. Die drehbaren Dreizacke haben an der Rückseite je ein Zahnrad, das in ein großes auf der Achsenwelle eingreift und durch einen Stecker mit der Scheibe festgestellt werden kann. In dem großen Zahnrad sind in entsprechender Entfernung Löcher in Kreislinie eingebohrt, so daß sich beim Drehen des Rades die Arbeitsstücke, nachdem die erste Seite gedreht ist, gleichzeitig um genau ein Viertel wenden und die zweite Seite und so weiter die dritte und vierte Seite bearbeitet werden kann. Für sechs- oder achtkantige Arbeit bedarf es eines zweiten oder dritten Teilkreises. Die Kantigtrommeln haben einen Durchmesser von etwa 60 cm. Die Dreharbeit ist bei dem Durchmesser der Einrichtung mehr ein Schaben, statt auf Schnitt arbeiten, und mehr für Hartholz, wie Eiche oder Rotbuche, geeignet, um saubere Flächen zu erhalten. Jede Seite wird nach dem Drehen erst geschliffen.

Genaue Innehaltung der durch das eingelegte rund gedrehte Probestück angegebenen Profilbildung ist bis zur Herstellung aller vier oder mehr Kanten unerläßlich. Jeder Angriff der Schablone und des Blindholzes zwischen den Arbeitsstücken ergibt Ungenauigkeiten, Verschiedenheit der Flächenbreite und Überschneidung der Profile an den Kanten. In Anbetracht des großen Durchmessers der Dreharbeit und notwendigen Vorsicht beim Drehen zur Innehaltung der Form werden zum Schlichten der Arbeit meist Hohlkehl-, Platt- und Schlichtstähle benutzt. Es wird mehr geschabt, als auf Schnitt gedreht.

Das Passigdrehen.

Das Passigdrehen ist eine Drehart der Kunstperiode des 17. Jahrhunderts entstammend. Einer Zeit, wo fast alle regierenden Häupter Europas sich der Drechslerkunst aus Liebhaberei befleißigten und unter deren Gunst berühmte Meister des Handwerks Arbeiten schufen, die noch heute zu den besten Stücken der Museen zählen. Wir haben auch heute noch einen Meister unter uns, der in solcher Arbeit seine Lebensaufgabe sieht und bis ins hohe Alter Kunstdreharbeiten schuf, die den besten jener Zeit mindestens ebenbürtig sind. Unser Altmeister Saueracker in Nürnberg schafft noch heute mit seinen

Abb. 179. Passigdrehwerk für Längsdreherei.

80 Jahren solche Wunderwerke der Drehkunst. Es sei hier auf das Buch „Drechslerkunst, Meistertechniken alter und neuer Zeit" von Hugo Knoppe, Verlag von F. Ernst Steiger, Leipzig, verwiesen.

Als Passigdrehen*) bezeichnet man eine Drehweise, bei welcher die Drehbankspindel nicht nur rund läuft, sondern gleichzeitig auch in axialer Richtung eine Verschiebung erfährt (Längspassigdreherei), im Gegensatz zur Querpassigdreherei, wobei die Spindel während der Drehung noch quer zur Achse eine horizontal hin- und hergehende Bewegung macht, indem die Spindel pendelt.

*) „Passig" dürfte eine Umbildung vom lateinischen „passum", d. h. hierhin und dahin gehend, oder vom französischen „passer", vorübergehen, sein.

Die Abb. 179 zeigt einen Spindelkasten für Längspassigdrehen, dessen Spindel sich durch die am Ende der Spindel schräg gelegte Anlaufscheibe längs verschiebt, wodurch die entstehenden Drehformen auch eine Schräglage zu ihrer Achse erhalten. Durch Aufsetzen andersprofilierter Scheiben wie g und g 1 ergeben sich entsprechende Drehformen. Sie erfordern dann das Einspannen des Drehstahles in den Support, da der Handstahl zur Seite geschoben würde.

Die Schrägpassigdreherei ist nur für bestimmte Arten von Nutzarbeit geeignet, wie schrägstehende Stuhlfüße, Sprossen für Treppen und ähnliche Arbeiten. Einer grö-

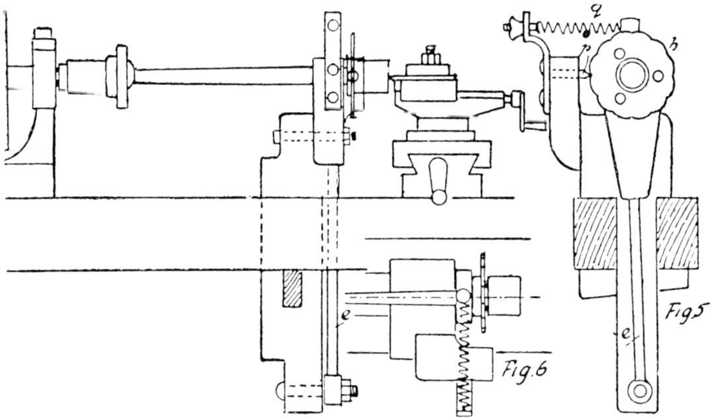

Abb. 180. Passigdrehwerk für Querbewegung.

ßeren Anwendung steht die Schwierigkeit und Zeitdauer des Drehens entgegen. Durch die irreguläre Bewegung ist der Angriff des Werkzeuges wie beim Ovalwerk auf einen Punkt beschränkt, der bei allen Profilbildungen des Stückes genau in Achsenhöhe eingehalten werden muß.

In Abb. 180 ist die Konstruktion einer Querpassigdreheinrichtung dargestellt nach der Idee Meister Sauerackers, die er sich in einfachster Art zusammengestellt hat und die gleichen Kunstwerke damit schaffen konnte, wie die Alten mit ihren komplizierten Kunstdrehbänken.

Der Hilfsapparat ist auf jeder Drehbank anbringbar und mit verhältnismäßig geringen Kosten herzustellen. Das Wesentliche ist die seitlich sich hin- und herbewegende Spindel während ihrer langsamen Umdrehung, hervorgerufen durch die auf der Spindel sitzende, an ihrer Umfläche profilierte Schablonenscheibe h aus ca. 3 mm starkem Eisenblech, die nach Befund durch andere Formen ausgewechselt werden kann. Der Erfolg der Arbeit hängt von der Leichtigkeit des Spindelpendels ab, um scharfe Stöße zu verhindern, die beim Gleiten des Führungsstiftes p an den Konturen der Schablone beim Bewegungswechsel entstehen. Das Pendelgehäuse ist am

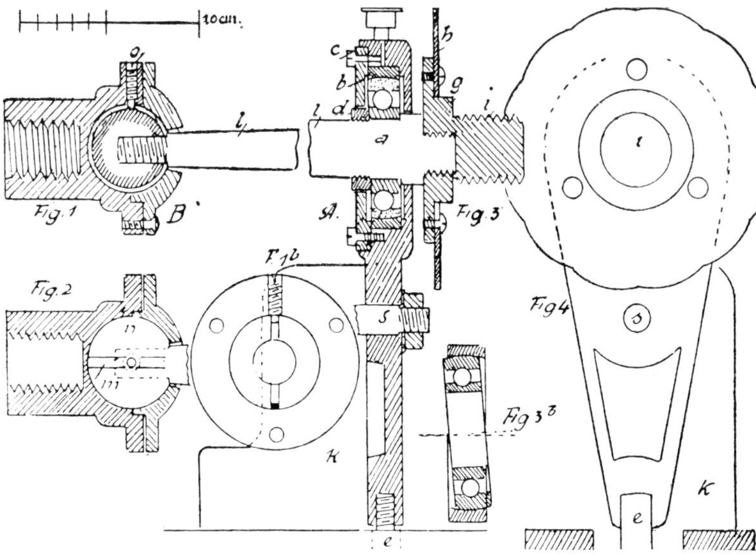

Abb. 181. Schnitt durch das Querpassigdrehwerk.

besten aus Aluminiumguß hergestellt, in das ein Kugellager der einfachen Herstellung wegen eingesetzt wird. Der Schnitt zeigt die Art des Einsetzens. Man verwendet ein Kugellager mit 25—30 mm Bohrung für die Spindel l und benutzt ein solches mit Ausrichtring (Fig. 3b, Abb. 181), wodurch sich das Lager bei seiner Pendelung selbsttätig ausrichtet und die Spindel sicheren und leichten Gang erhält. Das Pendelgehäuse erhält seinen Drehpunkt am Ende der Pendelstange e in dem Schraubenbolzen der hölzernen Docke unter den Wangen. Auf der Spindel ist vorn der Spindelkopf g mit dem Futtergewinde angeschraubt, auf dem die profilierte Schablonenscheibe h befestigt ist.

Der zweite wichtige Teil ist der Kugelgelenkkopf (Fig. 1 der Abb. 181), in dem sich die Spindel nach jeder Richtung sicher bewegen kann, wenn die Spindel oszilliert. Das Kugelgelenk oder das dem gleichen Zweck dienende Kardangelenk ist für 9,— RM. und das Kugellager — als die wichtigsten Teile der Apparatur — für 6,— bis 7,— RM. zu haben, so daß sich der Meister mit Hilfe des erwähnten Buches der Drechslerkunst in stillen Mußestunden zur Befriedigung seines geistigen und technischen Könnens mit solchen Kunstarbeiten beschäftigen kann in Liebe zu seinem Beruf und als Abwechslung seines täglichen realen Schaffens.

Das Kugeldrehen.

Um vollkommen runde Kugeln herzustellen, genügt das Drehen nach Zirkel und Augenmaß, wie bei anderen Drechslerarbeiten, nicht. Wenn das Kugelstück damit so rund wie möglich geformt ist, bedarf es des Eindrehens eines Lehrstiches durch eine Wendung der Kugel um 90 Grad zur Drehachse im Futter, das genau zentrisch laufen muß (Abb. 182). Am Durchmesser der Kugel dreht man einen Stich mit dem Meisel ein (Fig. 1 a—b), der so tief eingreift, bis alle Stellen des Kugelumfangs berührt werden. Der Stich muß genau über die frühere Drehachse gehen, also über das Hirnholz laufen. Die Kugel ist dann in ihrer früheren Drehrichtung in das Futter einzuspannen (siehe Fig. 2) und so zu richten, daß der Lehrstich a—b die Drehachse genau schneidet, was durch Anlauf mit dem Bleistift zu kontrollieren ist. Nach diesem Lehrstich wird alles darüber vorstehende Material weggedreht, so daß der Stich kaum noch zu sehen ist. Dann wird die Kugel zum Fertigdrehen der anderen Hälfte umgespannt, wieder genau ausgerichtet und in gleicher Weise verfahren.

Zum Abdrehen von Kegelkugeln bedarf es großer Futter, die am besten verleimt werden und aus trockenem Holz sein müssen. Man kann dazu Rotbuche verwenden und als Mittelstück für das Futtergewinde Weißbuche einsetzen. Bei dem verschiedenen Durchmesser der Kugeln bedarf es einiger Futter. Ist durch wiederholtes Ausdrehen die Aushöhlung zu groß geworden, wird ein Ring eingeleimt, wie Abb. 182 zeigt. Die eingedrückte Kugel sitzt am festesten, wenn sie nur 3—4 cm breit anliegt und Kreide angegeben wird.

Zum Nachdrehen ausgesprungener Kegelkugeln spannt man diese so in das Futter, daß die ausgesprungene Stelle in der Achse liegt, und dreht sie so gut wie möglich nach dem Augenmaß rund; dann wird gewendet, um die andere Seite nachzudrehen, und weiter wird, wie schon erläutert, der Lehrstich über Hirn gedreht und nach diesem durch nochmaliges Umspannen in 90 Grad Wendung die Kugel gerundet. Es ist auch üblich, ausgesprungene Kugeln auf dem Vierkantstift nachzudrehen, indem man an den gesuchten Drehpunkten Löcher einbohrt und so die Kugel zwischen Stift und Pinne des Reitstocks zum Drehen ein-

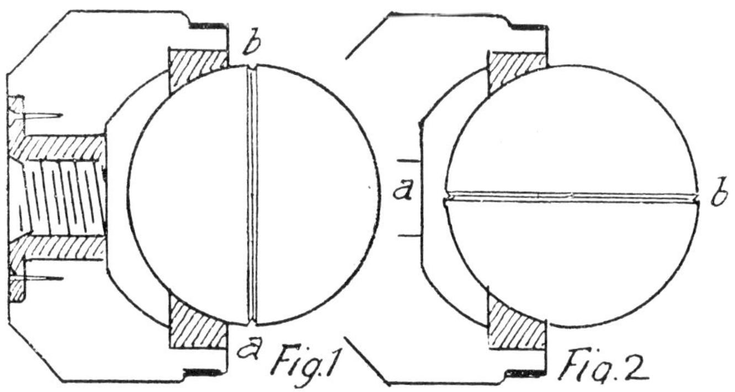

Abb. 182. Kugeldrehen.

spannt. Der Lehrstich wird an der Reitstockspitze ausgerichtet.

Neue Kugeln soll man nur im Futter drehen, damit keine Spunde eingesetzt werden müssen.

Herstellung von Schraubengängen.

Der Schraubengang bildet eines der wichtigsten Elemente der Technik. Er wirkt in zwei Teilen, der Spindel (Außengewinde) und der Mutter (Innengewinde). Der einmalige Umlauf heißt „Gang" und die Entfernung zwischen Anfang und Ende eines Ganges in Achsenrichtung gemessen ist die Ganghöhe oder Steigung des Gewindes. Die Form der eingeschnittenen Gewindegänge ist meist dreieckig (scharfes Gewinde) gegenüber den flachen, die am Grunde und am Umfang flach sind.

In der Drechslerei kommen nur scharfe Gewinde zur Anwendung. Man unterscheidet dem Verlauf nach Rechts- und Linksgewinde; erstere bilden die Regel. Beim gewöhnlichen Schraubengang gehören alle Gänge einer einzigen Schraubenlinie an. Bei sehr hohen Steigungen, z. B. zur Herstellung steilgängiger Windungen, legt man zwischen die Ganglinie noch weitere von gleicher Art.

Das Verhältnis zwischen Steigung und Tiefe des Gewindes der einfachen scharfgängigen Schraube stützt sich auf bestimmte Regeln, die entsprechend den Eigenschaften des Schraubenmaterials (Holz, Metall und anderes) sich als zweckmäßig erwiesen haben.

Im Maschinenbau ist das englische Schraubensystem nach Withwort eingeführt, in der Elektrotechnik arbeitet man nach metrischem System. Beide unterscheiden sich durch Form, Tiefe und Steigung des Gewindeganges. Bei ersteren rechnet man den Durchmesser der Spindeln und die Zahl der Gänge auf 1 engl. Zoll. Das metrische System bestimmt die Ganghöhe zum äußeren Durchmesser in Millimetern.

Während die Metallschrauben in ihren Abmessungen und Gewindegängen streng genormt sind, fehlt es bei den Schraubenschneidern (Schneidzeugen) für Holz noch an der notwendigen Einheitlichkeit.

Der Gewindegang kann vom Drechsler auf der Drehbank mit dem Schraubstahl (Strähler) erzeugt werden, soweit es sich um feingängiges Gewinde handelt, wie es hauptsächlich in der Bearbeitung harter Werkstoffe, wie hartes, feinjähriges Holz, Horn, Elfenbein und dergleichen, benötigt wird. (Siehe diese.) Der Holzdrechsler bedient sich bei groben Schraubengängen, die sich für Holz besser eignen, des Schneidzeuges.

1. **Schraubenschneider** (Schneidzeug).

Ein Holzschneidzeug zur Erzeugung von Schraubspindeln und Mutterstücken besteht aus Schneidkluppe und Bolzen oder Gewindebohrer (Abb. 183). Das Werkzeug kommt für Gewinde von 10 bis 80 mm in Anwendung, deren Gang in einem bestimmten System zusammengefaßt ist. Die Schneidkluppe besteht aus dem Mutterstück von gleichem Durchmesser. Sie kann aus

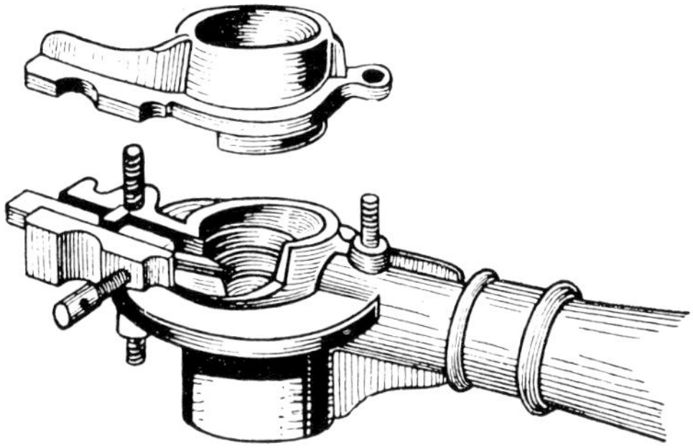

Abb. 183. Schneidkluppe für Gewindegänge.

Holz sein; zu empfehlen ist aber die eiserne Kluppe, wegen der großen Abnutzung und unsicheren Befestigung und Einstellung des Schneidzahnes („Geißfuß") an der Holzkluppe. Die Kluppe hat einen Führungsdeckel, damit die eingeführte Holzspindel gleichmäßig angeschnitten wird. Der eingesetzte Zahn muß sehr genau zum Gewindegang der Kluppe stehen, und zwar, wie das Schema in Abb. 184 zeigt, im Querschnitt tangential a—b, also hoch

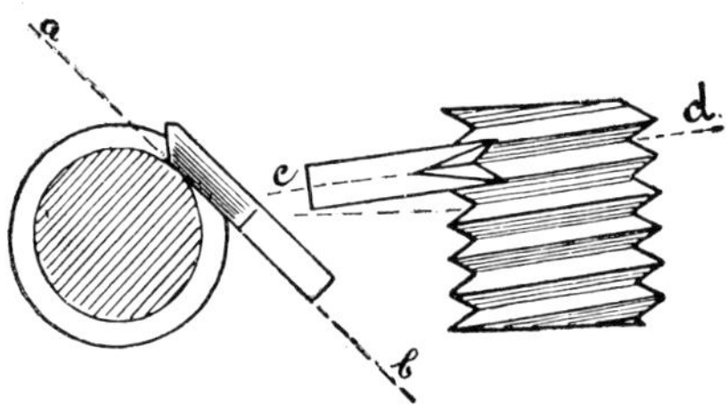

Abb. 184. Stellung des „Geißfuß" (Schema).

auf Schnitt, und im Längsschnitt gesehen, genau in der Steigungslinie c—d, damit beide Schnittkanten des Zahnes gleichmäßig arbeiten.

Zum Schärfen muß der Zahn herausgenommen und mit einem entsprechend zugeschliffenen Washita- oder Arkansasstein ausgewetzt werden. Ein ausgebrochener Zahn wird mittels einer der Form angepaßten kleinen Schleifscheibe angeschliffen oder geglüht, gefeilt und gehärtet. Beim Einsetzen ist der Zahn so zu richten, daß er nicht nur im Verlauf des Ganges steht, sondern auch das geschnittene Gewinde dicht, aber willig sich durchschrauben läßt.

Bei starken Schrauben, von 35 mm ab, sind zwei Zähne, Vor- und Nachschneider vorhanden, um den breiten und tiefen Span zu bewältigen. Die Kluppe hat dann zwei Griffe zum Drehen. Der eine Zahn tritt weniger in dem Gang vor und der andere schneidet ihn zu voller Tiefe aus.

Der Führungsdeckel ist abnehmbar, damit, wo notwendig, das Gewinde bis zu dem Spindelansatz ausgeschnitten werden kann.

Die gedrehte Holzspindel muß in die Führung genau passen, aber willig gehen, um saubere Gewinde zu erhalten.

2. **Schneidbohrer** (Gewindebolzen).

Für Holz unterscheidet man zweierlei Gewindebolzen, den alten deutschen Bolzen (Würger) und den französischen Hohlbolzen. Beide stellen eine stählerne Schraubspindel dar. Der Würger (Abb. 185) hat einen nach vorn

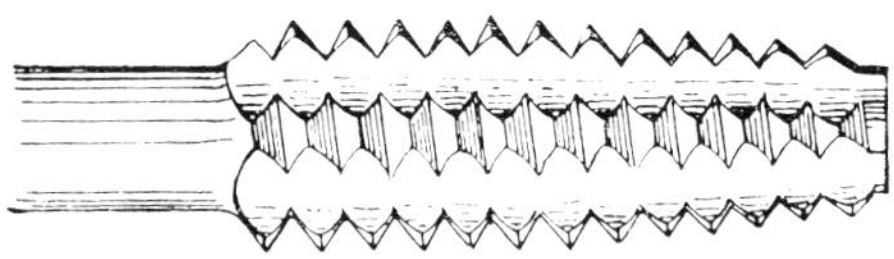

Abb. 185. Gewindebolzen (Würger).

konischen Gang, der durch vier Spänenuten unterbrochen ist, wodurch in jedem Gang vier Schneiden entstehen, von denen jede für die nachfolgende den Vorschneider bildet.

Die Schnittstellung kann bei dem faserigen Holz nicht günstig arbeiten; die Gewinde fallen deshalb wenig sauber aus.

Bei dem Hohlbolzen (Abb. 186) ist der Gewindeschaft nach hinten ein wenig verjüngt, um die Reibung im Gang zu vermindern.

Der Kernstärke des Gewindeganges entsprechend, ist vorn ein Führungszapfen angedreht, der bis zum zweiten Gewindegang hohl ist. Durch Anbohren desselben sind zwei Zähne als Vor- und Nachschneider gebildet, die den Schraubengang in dem Mutterstück des Holzes einschneiden. Der in voller Tiefe ausschneidende Zahn ist etwas gehoben, um frei schneiden zu können. Die scharfe, überhängende Schneide des Zahnes gibt dem Gewindebolzen guten Schnitt. Die Späne werden durch die Höhlung abgeführt.

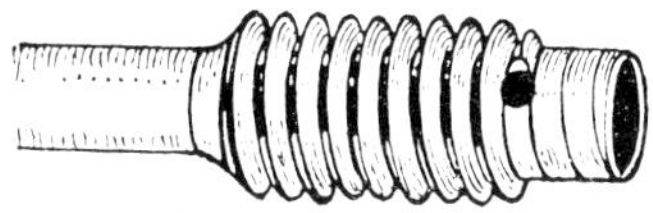

Abb. 186. Hohlbolzen.

3. Gewindebolzen für Langholzgewinde.

Gewindemuttern werden in der Regel quer zur Holzfaser geschnitten. Für Langholzgewinde, z. B. für Verschraubungen an Billardstöcken, für Schraubdosen und derlei Dinge, ist der gewöhnliche Hohlbolzen nicht brauchbar, der überhängende Zahn würde das Gewinde herausreißen, weil seine Spitze den, den Span abtrennenden Schneiden vorgreift. Für diese Zwecke muß der Bolzen wie in Abb. 187 konstruiert sein. Dem Zahn muß ein weit

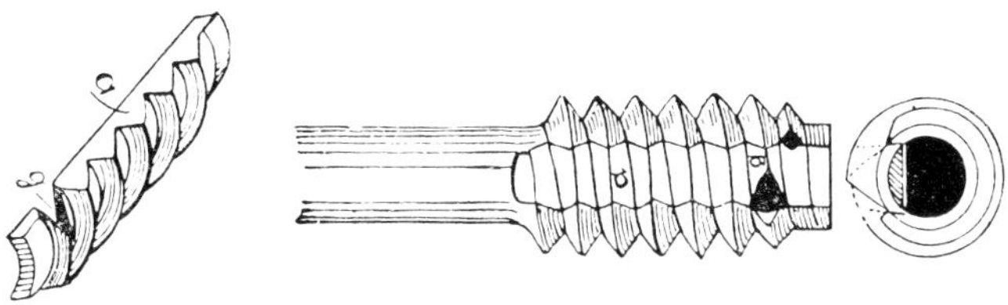

Abb. 187. Langholzbolzen mit eingesetztem Zahn.

besserer Schnitt gegeben werden, um ein sauberes Gewinde im Langholz zu erhalten. Er muß aus dem Bolzen herausnehmbar sein, um ihn gut ausschärfen zu können, indem er in Schwalbenschwanzform eingeschoben oder mit versenkter Schraube befestigt ist. Die Spitze des Zahnes g steht mehr aufrecht, nicht hakenförmig nach vorn, damit erst die beiden Seitenschneiden das Holz einritzen, ehe die Spitze den Span abhebt, genau wie bei der Schneidkluppe für das Spindelgewinde.

4. Gewindeschneidmaschine.

Die Gewindeschneidmaschine (Abb. 188) dient zum Schneiden der Schrauben und Mutterstücke für Massenerzeugung, z. B. Schraubhefte, Schraubstöpsel usw. Das einer kleinen Drehbank ähnliche Maschinchen ist mit einem Spindelkopf ausgerüstet, in den der Schneidkopf, die Kluppe, eingesetzt wird.

Das Arbeitsstück wird, wenn es nicht mit der Hand zugeführt werden kann, durch Spannzangen oder zweckmäßige Spezialvorrichtung in dem reitstockartigen Werkstückhalter befestigt.

Es werden Schnellgewindeschneidmaschinen bis zu 15, 30 und 50 mm Gewindedurchmesser und 70 mm Gewinde-

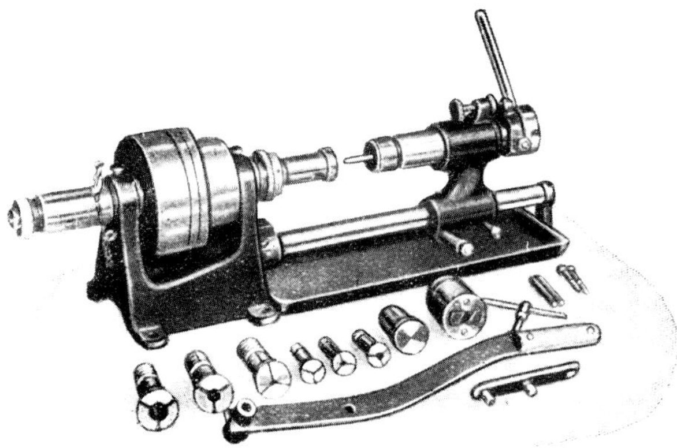

Abb. 188. Gewindeschneidmaschine.
Werkfoto: Oehler & Reinhardt, Dresden-A. 5

länge gebaut. Schwache Gewinde lassen sich in unbegrenzter Länge schneiden.

Der Vorteil der Gewindeschneidmaschine liegt in der schnellen Drehung des Schraubenschneiders, wodurch der geschnittene Gang sauberer wird als beim Handschneiden. Sobald das geschnittene Gewinde die an der Maschine eingestellte Länge erreicht hat, wird die Spindel selbsttätig zum Rückgang umgesteuert, so daß das geschnittene Werkstück in beschleunigtem Gang zurückläuft. Für Mengenarbeit ist die Gewindeschneidmaschine ein vorteilhaftes Werkzeug.

Herstellen von Windungen.

Unter den Ziertechniken, die der Drechsler bei seinen Drehformen anwendet, steht das „Winden“ obenan. Man kann die Windung feilen in geschickter Handarbeit, zum Teil auch auf einer Windebank vordrehen oder auf einem Spezialapparat fräsen.

Alle Windungen, die eine abfallende Stärke haben oder gewölbte Grundform besitzen, lassen sich nur in Handarbeit herstellen, indem das überflüssige Material mit Schnitzwerkzeugen und durch Raspeln und Feilen weggearbeitet wird.

Bei der Windung spricht man wie beim Schraubengang von Steigung, Ganghöhe und Kern, wie schon erläutert. Neben der Form gibt die Steigung der Windung den Charakter. Dem Steigungsverhältnis legt man den Durchmesser des Windungsschaftes zugrunde. Man spricht deshalb von einer Steigung 1 : 1, wenn die Steigung gleich dem Durchmesser ist, z. B. bei der üblichen Schlangenwindung. Sie kann auch überhöht werden auf $1^1/_4$ oder $1^1/_2$ des Durchmessers oder auch doppelgängig sein, wenn in der Steigung, d. h. in einer Umdrehung, zwei Windungsgänge liegen, wodurch die Windung ganz anders wirkt.

1. Das Aufzeichnen der Windungslinie.

Zur Aufzeichnung der Windungslinie wird der gedrehte Schaft an seinem Umfang in vier Teile geteilt und danach die vier Längslinien gezogen und nach dem gewünschten Steigungsverhältnis der Durchmesser nebeneinander aufgetragen, wie Abb. 189 in b, e, f, g zeigt. Hier ist die Steigung b—e gleich dem Durchmesser, also Steigung 1 : 1. Soll sie $1^1/_4$ oder $1^1/_2$ sein, so ist von b nach e $1^1/_4$ resp. $1^1/_2$ des Durchmessers aufzutragen. Jedes dieser Teile ist wieder in vier Teile zu zerlegen, da vier Längslinien vorhanden sind. Durch alle Teilpunkte läßt man bei langsamer Umdrehung mit dem Bleistift Kreislinien umlaufen und erhält so das Windungsnetz. Die Kreuzungspunkte werden durch Spirallinien verbunden, indem längs der Kante eines von Kreuzungspunkt zu Kreuzungspunkt angelegten starken Papierstreifens Linien gezogen werden.

Bei der konisch zulaufenden Windung (Abb. 190) oder bei stark gewölbter Form muß die Steigung proportional dem jeweiligen Durchmesser abnehmen. Sehr genau läßt sich das mittels Proportionalmaßstabes (Abb. 342, Fig. 14) herstellen. Bei geringem Konus begnügt man sich in der Werkstatt mit der Abnahme der Steigung von Gang zu Gang. Man trägt den Enddurchmesser einmal längs auf, von dort aus den Durchmesser und so fort. Jedes dieser sich kürzenden Teile b—c, f—g wird wieder in vier Teile geteilt, wie bei der zylindrischen Windung, und die spiralen Verbindungslinien gezogen. Steilgängige (gotische) Windungen erfordern die Steigung entsprechend der Zahl der Gänge und ihrer Form. Eine angemessene Steigung ist 1 : 5 ode 1 : 6 der Stärke. Man teilt den Umfang des Schaftes in so viel Teile, als es Gänge werden sollen, und

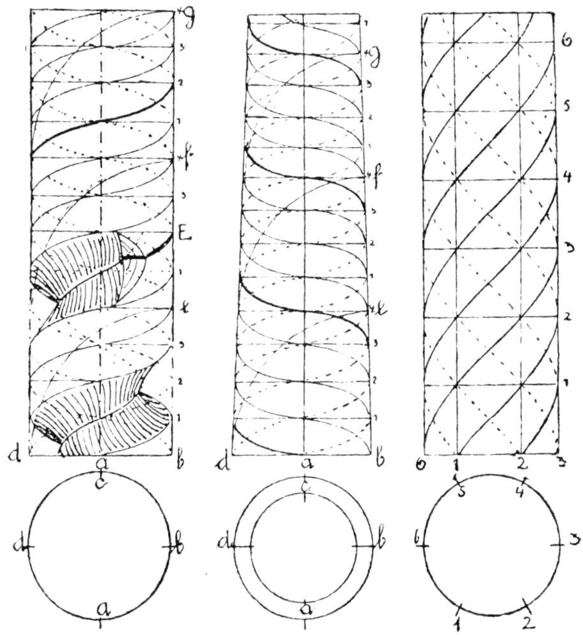

Abb. 189. Abb. 190. Abb. 191.
Aufzeichnen und Ausarbeiten von Windungen.

teilt die Steigung entsprechend längs des Schaftes auf. Bei einer Sechsteilung würde bei 1 : 6 je eine Querlinie dem halben Durchmesser entsprechen. (Abb. 191.)

2. Das Ausarbeiten der Windung.

Die erste Arbeit ist das Einsägen der Spirallinie mit der Schweifsäge, weil diese bei dem schmalen Blatt in der Tiefe des Einschnitts sich leicht verwindet, während ein breites Blatt sich klemmt. Auch die Tiefe des Einschnitts läßt sich bei dem schmalen Sägeblatt besser beurteilen. Sie muß gleichmäßig tief sein und um wenige Millimeter flacher, als der endgültige Kern der Windung. Die Abb. 189 erläutert das Einsägen und Ausstechen der Schlangenwindung. Man stemmt mit einem etwa 15 mm breiten Bildhauereisen von beiden Seiten der benachbarten Windungslinien das Holz im Einschnitt weg und schneidet möglichst gleichmäßig etwas hohl nach, wie die Abbildung erkennen läßt. Je gründlicher und gleichmäßiger geschnitten wird, um so genauer wird die Windung werden.

Leider wird gerade hier meist gefehlt, indem, ganz grob gehauen, schon zur Raspel gegriffen wird, um die Kehle auszurunden. Mit dem Schnitzeisen kann man mehr

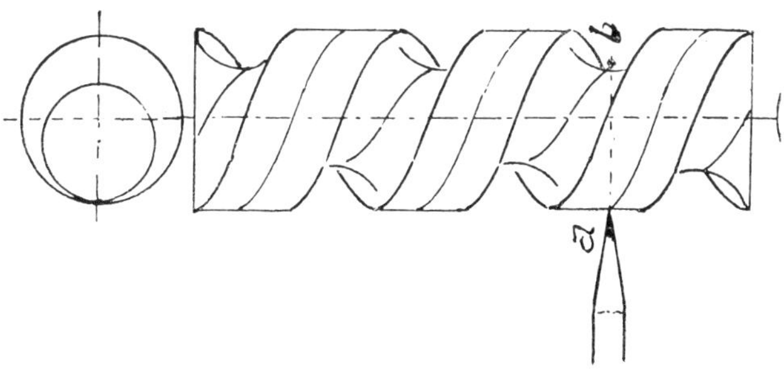

Abb. 192. Suchen ungleichmäßiger Stellen beim Winden.

Material abnehmen als mit der Raspel und kommt schneller zum Ziel, wenn mit kräftigen Schnitten nach innen ausgerundet wird. Zum Egalisieren nimmt man eine halbrunde nicht grobe Raspel. So erhält man ein Bild, wie Abb. 189 zeigt. Ehe die Kehle oder anders geformter Grund nicht rein von Unebenheiten ist, darf eine weitere Ausformung nicht stattfinden.

Um festzustellen, ob der Grund gleichmäßig tief ist, läßt man die Drehbankspindel schnell laufen, wobei alle zu hohen oder tiefen Stellen der Kernlinie zu sehen sind. Diese Fehler sind örtlich festzustellen, indem man dort einen Bleistiftstrich anlaufen läßt, wie Abb. 192 zeigt. Die der Linie a gegenüberliegende Stelle b in dem Kern ist genau der Ort, wo weggenommen werden muß oder wo zuviel weg ist. Ersteren Punkt bezeichnet man mit + und letzteren mit —. Nach diesen Zeichen wird egalisiert. Ist der Grund rein, so werden die Kanten durch kräftige Schnitte mit dem Eisen verbrochen und rund geraspelt. (Abb. 193.)

Beim nachfolgenden Glätten mit der Feile muß die Richtlinie auf der Höhe der Windung noch sichtbar sein; sie wird erst durch das Schleifen entfernt.

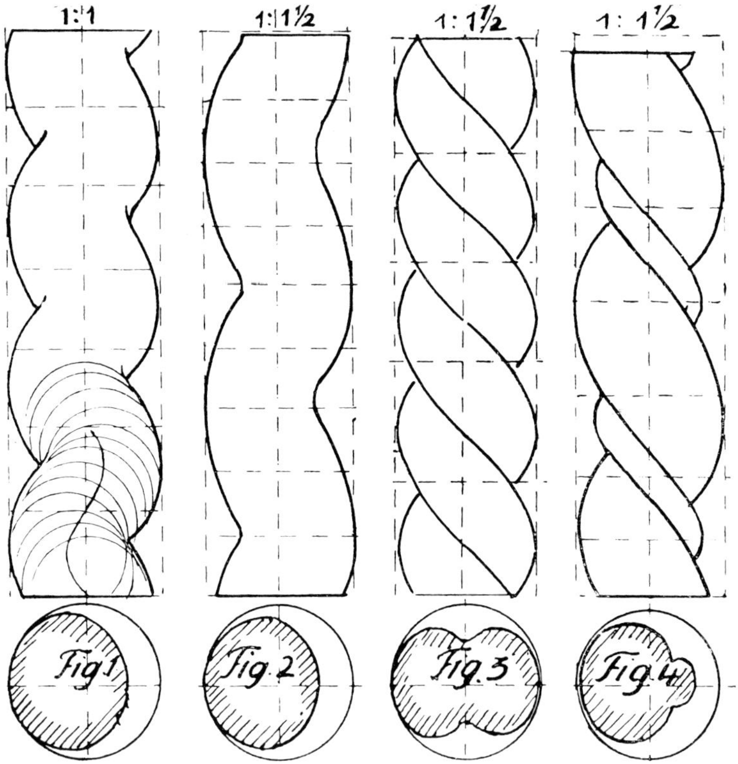

Abb. 193. Verschiedene Formen von Windungen.

Steilgängige Windungen von geringer Tiefe werden statt des Einschneidens mit der Dreikantstoßfeile ausgearbeitet. Bei Windungen arbeite man mit Raspel und Feile nie gegen die Holzfaser, da sie tief aufgerissen wird und nie saubere Arbeit ergibt.

Die Hohlwindung wird aus der massiven Holzform ausgearbeitet. Die Kugel- oder Birnenform wird in so viel Längsteile geteilt, als Stäbe entstehen sollen, meist

3, 5 oder 6. Vier Teile wirken ungünstig. Die erste Windungslinie wird freihändig gezogen. Dabei kommt es auf den Formensinn des Herstellers an. An allen Kreuzungsstellen dieser Linie mit den Längslinien läßt man einen Bleistiftring umlaufen und verbindet die entstandenen Kreuzungen durch Spirallinien, wie Abb. 194 zeigt.

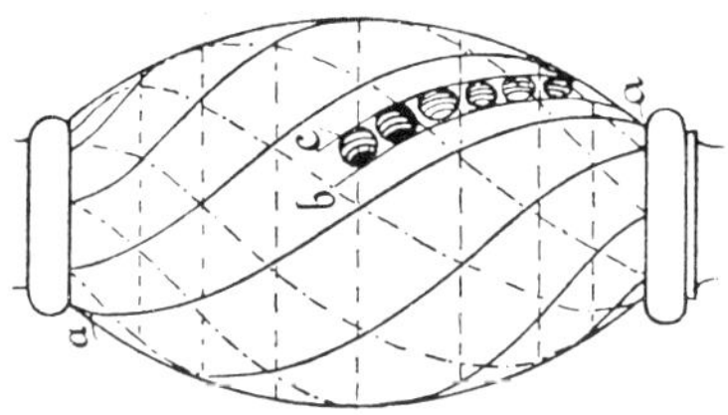

Abb. 194. Aufzeichnen und Bohren der Hohlwindung.

Beim folgenden Bohren wird der Fehler gemacht, daß meist zu groß gebohrt wird. Man muß den Raum zwischen den Ganglinien nochmals in drei Teile teilen (b—c) und das mittlere Teil ergibt die Größe der Bohrlöcher an, die unbedingt nach der Achsenmitte gerichtet und senkrecht zur Oberfläche eingebohrt werden müssen, also rechtwinklig zur Form. Die Löcher werden dicht aneinander gereiht und das Zwischenholz ausgestochen. Auch bei dieser Windung ist mit dem Stecheisen so viel wie möglich zu arbeiten und die Ausrundung der Stäbe geschieht mittels Riffelraspeln (Abb. 195) feinster Zahnung, so daß durch Ziehen mit Schleifleinen auch das Innere gut ausgeschliffen werden kann.

Nach dem Schleifen ist alle Feilarbeit mit Wasser aufzurauhen und wieder zu schleifen, besonders bei Arbeiten, die gebeizt werden.

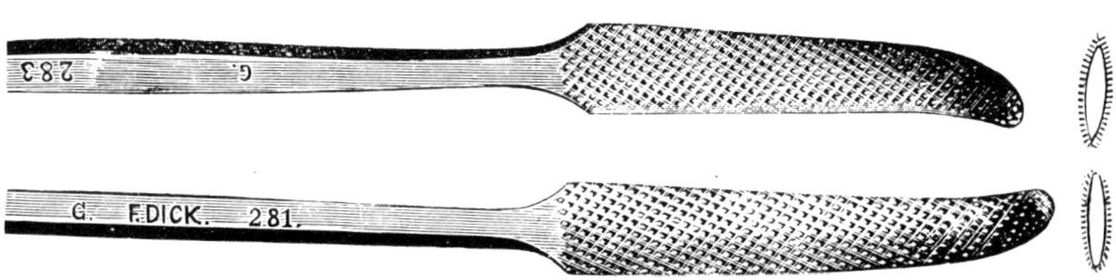

Abb. 195. Riffelraspeln zum Hohlwinden.
Werkfoto: Friedr. Dick, Eßlingen a. N.

Mechanische Ausformung der Windungen.

Das mühsame Ausarbeiten der Windungen mit Schnitzeisen und Raspel hat schon frühzeitig zu Arbeitsbehelfen geführt, welche die Arbeit wesentlich abkürzen. So entstand schon im 17. Jahrhundert die Windebank. Die Einrichtung besteht aus zwei Spindelkästen mit längs verschiebbaren Spindeln, zwischen die das Werkstück, im Futter befestigt, eingespannt ist. Die zwangsläufige Längsbewegung während der nach der Art der Wippe vor- und zurückgehenden Drehung der Spindel erfolgt durch die am Ende der einen Spindel aufgesteckte Patrone aus Hartholz. In deren Schaft ist eine Spiralnut, der Ganghöhe der Windung entsprechend, eingeschnitten. In diese greift eine flach zugeschärfte Führung ein, so daß sich das Windungsstück spiralisch an der Schrotröhre vorbei bewegt und beim Vorwärtsdrehen nach Ermessen eingedreht wird. Für den alten Wippendrechsler war das eine leichte Sache; heute bedarf es besonderer Übung, um zurechtzukommen. Ein Vorteil besteht auch darin, daß die Windungslinie nicht aufzuzeichnen ist, wie beim Ausschnitzen und Raspeln.

Fräsen der Windungen.

Zu rationeller Herstellung von Windungen aller Art sind eine Reihe von Maschinen und Apparaten konstruiert worden, von denen der Fräs- und Windeapparat von Geiger für den Drechsler besonders geeignet ist, weil er auf der Drehbank montierbar ist und auf ihm auch vorteilhaft Kannelierungen von Dreharbeiten und das Anfräsen von Flächen vorgenommen werden können. Der Apparat (Abb. 196) besteht im wesentlichen aus einem langen Support, auf dessen Gleitbahn der rotierende Fräser arbeitet. Es ist ein mit ca. 5000 Umdrehungen laufender Fräsbohrer, der durch Lederschnur oder schmalen Flachriemen vom Motor aus angetrieben wird.

1. Fräsen von Kanneluren.

Das Arbeitsstück wird, wie beim Drehen, genau zentrisch laufend eingespannt. Die Spindel wird durch die darauf befindliche Teilscheibe mit dem Teiler festgestellt, damit sie sich beim Fräsen nicht dreht.

Abb. 196. Kannelier- und Windungsfräsapparat.
Werkfoto: Alex. Geiger, Ludwigshafen a. Rh.

Die Teilscheibe hat vier Teilkreise mit 16, 18, 24 und 60 Teilpunkten, so daß alle gebräuchlichen Teilungen zu erhalten sind: im 16er Ring 2, 4 und 8 Teile; im 18er Ring 2, 3, 6 und 9 Teile; im 24er Ring 2, 3, 4, 6, 8 und 12 Teile; im 60er Ring 5, 6, 10, 12, 15, 20 und 30 Teile, durch Überspringen der Teilpunkte, die sich aus der Division des Teilringes durch die gesuchte Teilung ergeben. Z. B. erhält man die 8-Teilung im 16er Ring durch 2 = 8, im 24er Ring durch 3 = 8. Es werden also 2 resp. 3 Punkte mit dem Index (Teiler) übersprungen.

Auf dem Support wird der Fräser durch Drehen der Supportspindel am Arbeitsstück entlang geführt. Der Support ist zum Arbeitsstück einstellbar, so daß zylindrisch und konisch verlaufende Drehstücke befräst werden können. Er ist für bestimmte Zwecke auch in der Höhe verstellbar, z. B. zum Anfräsen größerer Flächen oder für Langlochbohrungen (Stemmarbeit).

Der Apparat läßt sich noch zu vielerlei anderen Fräs- und Bohrarbeiten ausnutzen.

2. Fräsen von Windungen.

Zum Windungsfräsen bedarf das Werkstück einer Drehung, die zur fortschreitenden Bewegung des Fräsers in einem bestimmten Verhältnis steht, wie es die Steigung des Windeganges erfordert. Diese Umdrehung wird durch Vermittlung der Zahnräder, die entsprechend ausgewechselt werden können, mit Hilfe der Verbindungskupplung von der Supportspindel aus bewirkt. So können Steigungen von 24 bis 600 mm gefräst werden durch Einsatz entsprechender Zahnräder nach der beigegebenen Tabelle. Durch Umsteuerung wird Rechts- oder Linkswindung erhalten.

Die Fräsbohrer können ein- oder zweischneidig sein; erstere sind vorzuziehen, da sie in ihrer Drehachse besseren Schnitt haben, aber höherer Drehzahl (5—6000 Umdrehungen) bedürfen.

Die Fräseinrichtung hat den Mechanismus der für die Metallbearbeitung so wichtigen Leitspindeldrehbank zur Grundlage.

Es können ein- und mehrgängige Windungen gefräst werden, letztere mit Hilfe der Teilscheibe.

Die auf dem Windeapparat mit Fräsbohrern hergestellten Windungen müssen noch mit der Feile überarbeitet werden. Sein Hauptzweck ist das Ausarbeiten.

Für gewundene Zierstäbe, wie sie in Mengen in großer Länge für Möbel- und Bauarbeit gebraucht werden, sind Spezialfräsmaschinen in Anwendung, die schnell und sauber arbeiten. Solche Zierstäbe bis 25 mm Durchmesser werden auch maschinell mit Messern geschnitten. Die Maschinen arbeiten im Sinne der Leitspindeldrehbank, indem an dem zwischen Spindel und Reitstock eingespannten Stab, der sich langsam dreht, durch die Leitspindel getrieben, der Formstahl die Windung einschneidet.

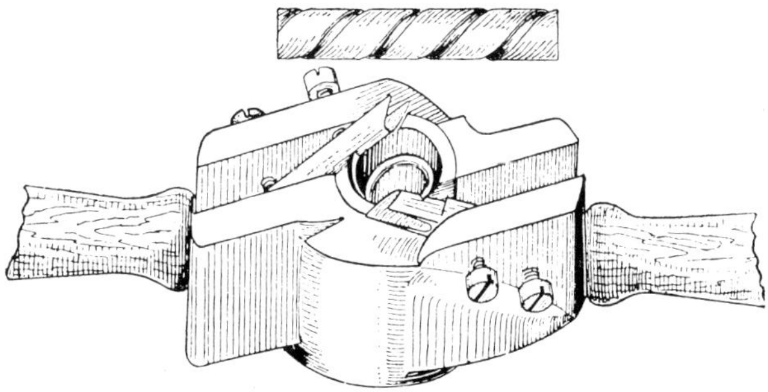

Abb. 197. Schneidzeug für gewundene Zierstäbe.

Je nach Einstellung der Wechselräder, welche das Drehverhältnis zwischen Spindel und Leitspindel herstellen, kann die Steigung des Windeganges verändert werden.

Schwache Stäbe mit schmaler Kehle, wie Abb. 197 zeigt, werden auch mit einer Kluppe, ähnlich dem Schraubenschneider, geschnitten. Das Muttergewinde in der Kluppe ist aus Zink nach einem Holzmodell eingegossen. Da die Zierwindung meist doppelgängig ist, sind zwei Schneidzähne eingesetzt. Der Steigung des Windeganges sind Grenzen geboten; sie kann höchstens das Doppelte des Stabdurchmessers sein, weil sonst die Schneiden zu stark auf Längsfaser arbeiten und der Stab beim Schneiden abbricht.

Vorrichten, Verleimen und Aufspannen von Ringen und Rahmen zum Drehen.

Größere Ringe und Rahmen können nicht aus dem nach der Breite verleimten Brett hergestellt werden. Die glatte Fuge würde bei dem oft geringen Querschnitt nicht halten. Die Werkstücke verziehen sich und trocknen auch stark nach. Um solches zu vermeiden und den Ringen und Rahmen Halt zu geben, werden sie aus vier oder mehr Langholzstücken zusammengesetzt. Dadurch entstehen mehr oder weniger Hirnfugen, die schlecht leimen, weshalb man andere Verbindungsmöglichkeiten sucht, die Halt gewähren, je nach der Art der Arbeit. Man kann Ringe und Zargen oder Rahmen auch aus dampfgebogenem Holz herstellen oder in mehreren gebogenen Holzschichten oder Furnieren übereinanderleimen.

Verbindung durch Segmentstücke.

Je mehr solcher Segmente zum Kreis zusammengeschlossen werden, um so weniger kommt Hirnholz zur Ansicht. Es entsteht der wenigste Abfall, aber um so mehr Arbeit. Für die Anzahl der Segmente ist die Größe des Ringes maßgebend. Die geringste Zahl ist 4 oder 6.

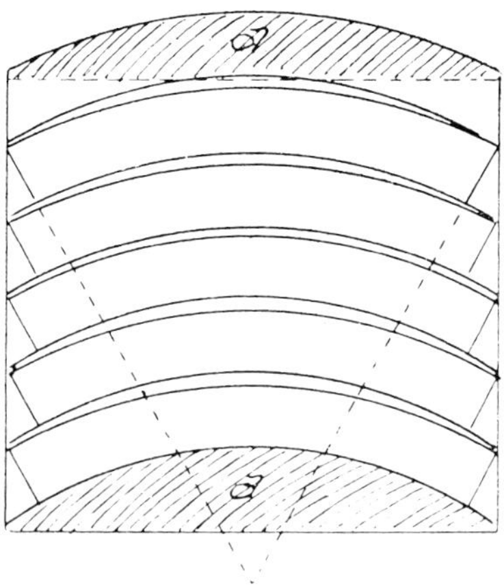

Abb. 198. Ausschneiden von Ringsegmenten.

Zum Ausschneiden derselben macht man sich eine Schablone aus Pappe oder Furnier, wobei die Stoßflächen recht genau auszutragen sind. Man zeichnet dazu den Ring auf dem Reißbrett auf, innen und außen das zur Bearbeitung notwendige Holz zugebend, und teilt den Kreis in 6 Teile. Ein Teil ist gleich dem Halbmesser des Kreises. Zum Zuschneiden der Teile verleimt man genau auf Stärke gehobelte Brettstücke in ein oder zwei Schablonenlängen in der Breite zusammen und reißt mit der Schablone die Segmente genau auf, wie Abb. 198 zeigt. Das letzte Segment wird am inneren Bogen a ausgeschnitten und am anderen Ende wieder angeleimt, damit kein Abfall entsteht. Es werden die Teile auf der Bandsäge genau ausgeschnitten. Um die Stoßflächen dicht zu bekommen, gibt es zwei Wege: 1. Man bestößt sie mit dem Hobel an der Stoßlade mit scharfer Rauhbank, die man auf die Seite legt, um die Fugen winklig zu erhalten, und paßt sie nacheinander an, indem sie nach dem aufgezeichneten Ring gelegt werden, bis dieser geschlossen ist. 2. Will man die Fugen zusammen schneiden, so legt man zwei Segmente nach einem aufgerissenen Kreisbogen aneinander und schraubt sie mit Schraubzwingen fest. Dann wird mit dem

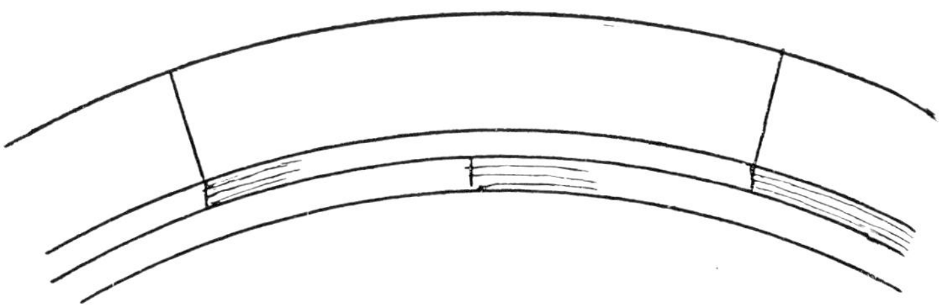

Abb. 199. Verleimen von Rahmen in Rippen.

Fuchsschwanz durch die Fuge gesägt. Sind die Stoßfugen beim Zurichten schlecht geschnitten, muß das Segment, bis es dicht anstößt, in der Fuge mehrmals durchschnitten werden. Das Bestoßen mit dem Hobel ist vorteilhafter und ergibt auch dichtere Fugen.

Die Verbindung der Teile kann verschieden erfolgen:

1. Durch das Verleimen in Rippen (Abb. 199), wenn mindestens zwei Ringe übereinandergeleimt werden, die, wie ein Ziegelverband, in ihren Stoßfugen versetzt werden. Beim ersten Ring unterlegt man die Fuge mit Papier, damit der Ring nicht am Brett festleimt, und drückt die Fuge zusammen. Beim zweiten Ring wird jedes Segment angepaßt und durch Aufsetzen der Schraubzwingen verleimt.

2. Das Zusammenfedern kommt bei einschichtigen Ringen und Zargen in Anwendung, soweit solche nicht fassoniert werden. Die eingefrästen Federn können

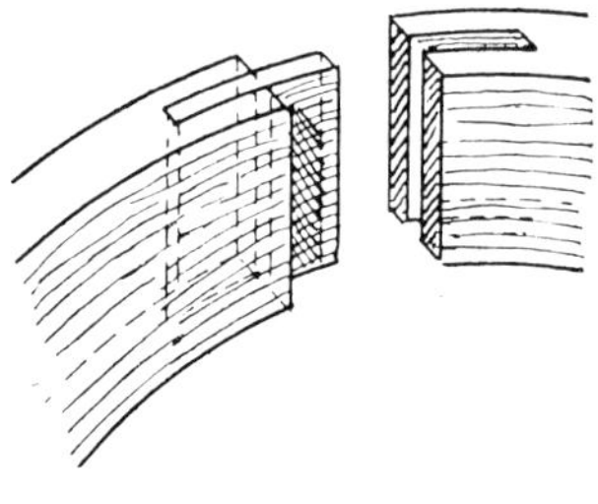

Abb. 200.
Zusammenfedern von Ringen.

durchgefräst werden, so daß sie außen sichtbar sind (Abb. 200), oder es werden bei breiten Ringen runde, scheibenförmige Federn eingefräst, die an der Umfläche nicht sichtbar sind (Abb. 201). Dazu werden die Segmente erst mit Leim zusammengedrückt und die Federn am geschlossenen Ring eingefräst. Da Hirnholz den Leim begierig aufsaugt, müssen die Fugen vorher geleimtränkt werden.

Glatte Ringe können auch gedübelt werden, z. B. große Kränze als Beleuchtungskörper (Abb. 202) und für andere Zwecke, wo es auf große Festigkeit ankommt.

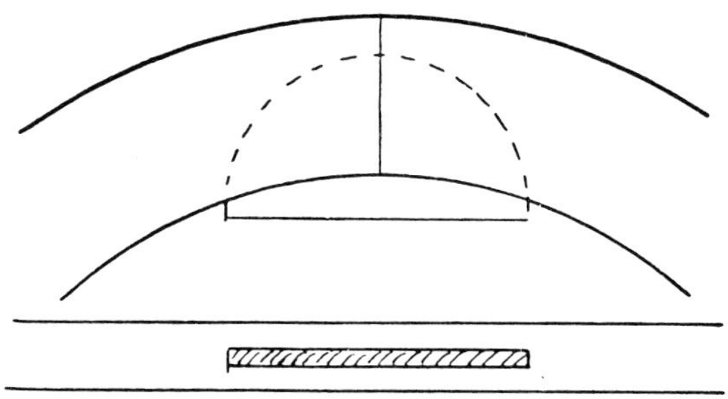

Abb. 201. Verbindung mit Rundfedern.

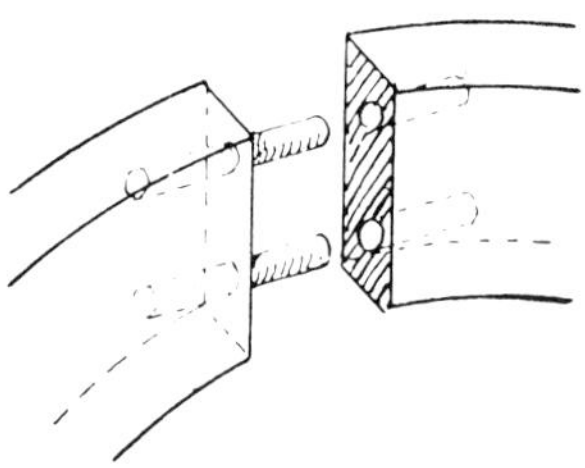

Abb. 202.
Zusammendübeln von Kränzen.

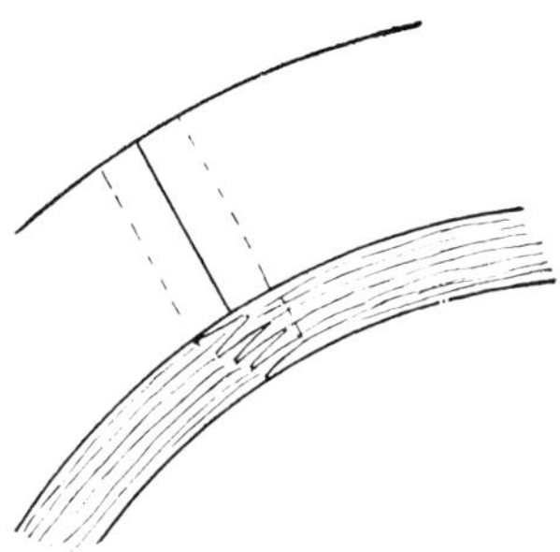

Abb. 203.
Verbindung von Rahmensegmenten mit Zackenfuge.

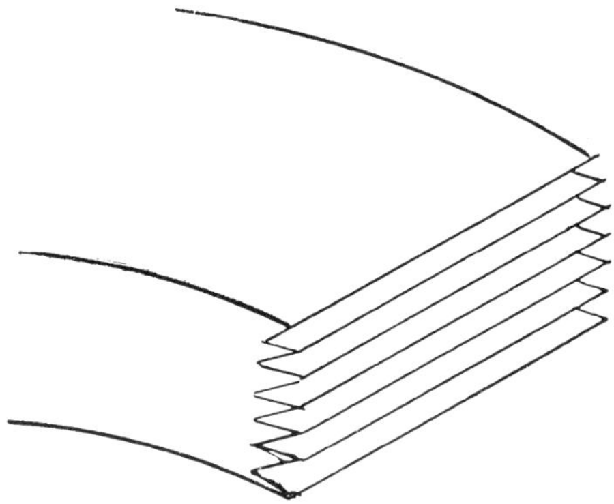

Abb. 204. Zackenfuge.

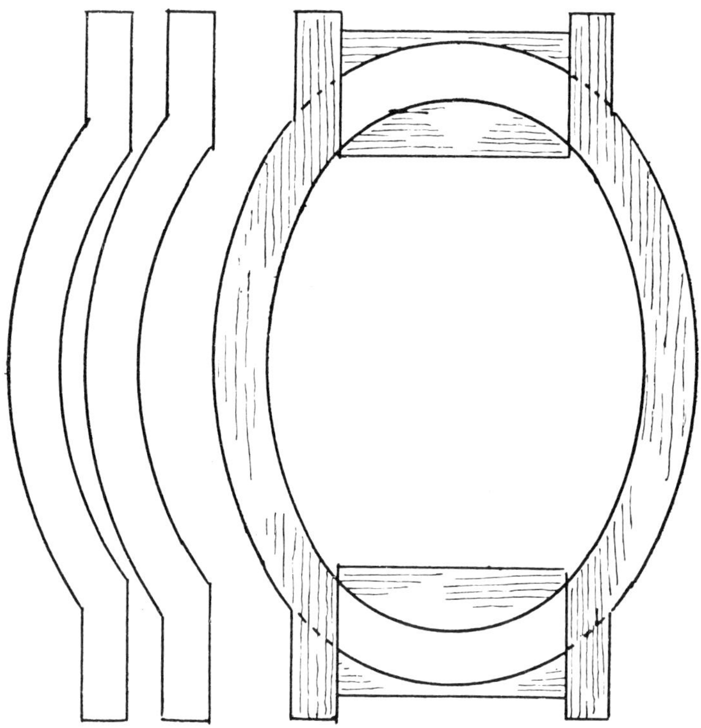

Abb. 205. Verleimen von Einzelrahmen mit Zackenfuge.

3. Verleimen mit Zackenfuge (Abb. 203 u. 204.) Dieses ist die idealste Verbindung hauptsächlich für Ringe, Bilderrahmen, rund und oval, die nicht nur sehr haltbar, sondern auch am wenigsten sichtbar ist und deshalb für polierte Arbeiten sich besonders eignet, auch wenn die Rahmen profiliert sind. Durch das Einfräsen der Zacken, denen man einen Scheitelwinkel von 30 Grad gibt, entsteht Schrägholz als Leimfuge, das wie Langholz beim Leimen gut bindet, nicht saugt, wie das Hirnholz. Durch die tief eingeschnittenen Zacken wird die Leimfläche mehr

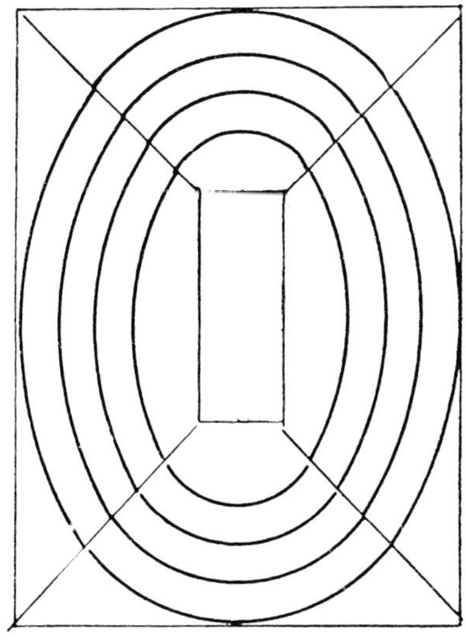

Abb. 206. Verleimen von Rahmensätzen.

als verdoppelt und dadurch sehr haltbar. Die Zackenweite kann 4—5 mm betragen. Zackenfräser liefert die Werkzeugfabrik Bülow, Leipzig W 33. Er ist als Kronenfräser für Rechts- und Linksgang ausgestaltet.

Das Vorrichten des Rahmenholzes kann für den einzelnen Rahmen (Abb. 205) oder für einen Rahmensatz (Abb. 206) geschehen, bei dem die Rahmen aus dem diagonal verzahnten Brett mit der Dekupiersäge ausgeschnitten werden. Beim Einzelrahmen läßt man an den Längsschenkeln einen Ansatz vorstehen, um beim Verleimen die Schraubenzwingen ansetzen zu können. Die Längs- und Querschenkel sind genau nach Schablone, wie schon zu Abb. 205 erläutert, auszuschneiden und ist die Fugenfläche des Längsholzes auf der Hobelmaschine abzurichten, während das Hirnholz der Querstücke auf der Kreissäge auf seine Länge parallel geschnitten wird.

Das Zusammenschneiden der vier Diagonalschnitte für die Rahmenplatte (Abb. 206) muß genau im Gehrungswinkel geschehen, den man sich dazu herstellt, damit die Fugen auch dicht werden.

Das Einfräsen der Zacken auf der Tischfräse geschieht am Lineal, das den Fräser bis auf seine Angriffsstelle dicht umschließen muß, damit bei den kurzen Fugen der ausgeschnittenen Schenkel gute Führung vorhanden ist.

Große Ovalrahmen, bei denen die Achsendifferenz des Ovalwerkes nicht ausreicht, werden gefräst. Der Rahmen ist nach Schablone oder Ovalzirkel (Abb. 176) genau auszuschneiden und außen an der Schleifscheibe buckelfrei zu glätten. Man fräst am Lineal, so daß der Fräser innen alles wegnimmt, was mehr als Rahmenbreite ist. Das Profil wird dann mit Hilfe des Anlaufringes außen und innen angefräst. Wo viel Rahmen gleicher Größe hergestellt werden, macht man sich einen Schablonenrahmen aus Hartholz (Rotbuche), in dessen Oberfläche mehrere Stifte im Umkreis eingesetzt sind, auf die der ausgeschnittene Rahmen aufgedrückt und mittels Anlaufringes innen und außen ausgefräst wird.

Zurichten und Aufspannen von Holz-Schüsseln, -Schalen, -Tellern zum Drehen.

Diese für die Drechslerei wichtigen Arbeiten zweckmäßig herzustellen, bedarf es trockenen, ausgesuchten Holzes, damit sich die Werkstücke nicht verziehen und nachtrocknen oder reißen. Das gilt besonders für größere Schüsseln, zu denen trockenes, rißfreies Holz schwer zu beschaffen ist. Die tiefen Schüsseln macht man aus Halbstamm, wobei der geringste Materialverlust vorhanden ist. Um zu schneller Trocknung zu gelangen und das sonst unabwendbare Verziehen der Ware auszuschließen, bereitet man die Arbeit durch Ausschroten vor. Dazu wird das auf der Bandsäge rund geschnittene Holz mittels Schraubenfutter auf der Drehbank von der Unterseite gut ausgeschrotet und in den Falz der Futterscheibe gesetzt, auch innen roh ausgedreht, wobei aber in der Mitte ein

Kern um das Schraubenloch stehen bleibt, wie Abb. 207, Fig. 1 und 2, zeigen.

Da sich beim Trocknen die Schüssel stark oval und auch windschief zieht, wenn das Holz noch sehr frisch ist, muß die Wandung beim Ausarbeiten entsprechend stark

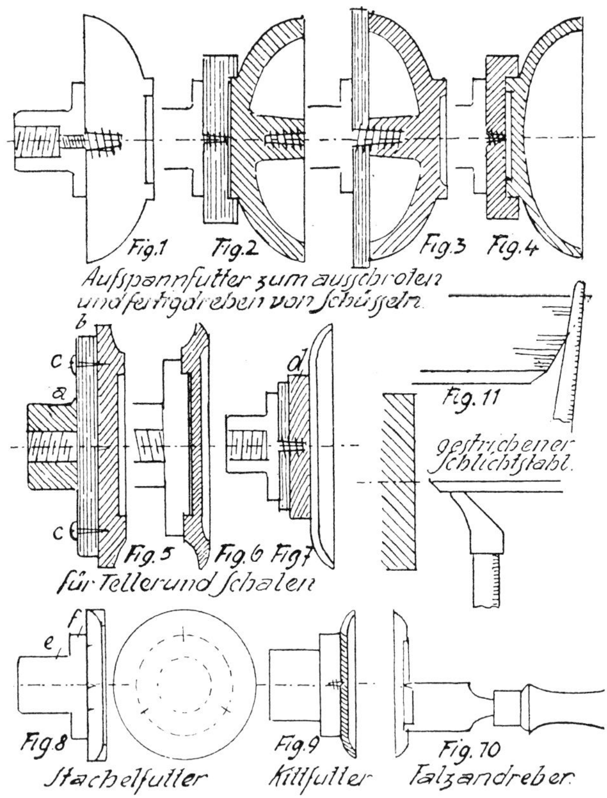

Abb. 207. Zurichten und Aufspannen von Schüsseln und Tellern.

belassen werden, damit beim Fertigdrehen noch das erforderliche Material vorhanden ist.

Zum Fertigdrehen wird die Schüssel wieder, wie anfangs, auf die Schraube gespannt, wo sie gegen eine kräftige Scheibe, am besten von Sperrholz, mit ihrem Rande anliegt, wie Fig. 3 in Abb. 207 zeigt. Zum Ausdrehen der inneren Schüssel wird sie, wie in Fig. 4 der Abb. 207 gezeigt, mit ihrem Ansatz in den Scheibenfalz unter Angabe von Kreide fest eingedrückt.

Zu Schalen oder Brottellern bedarf es von vornherein gut ausgetrockneten Holzes. Derlei Arbeit, die naturpoliert wird, soll nicht verleimt werden; das stört die Holzzeichnung und macht die Arbeit minderwertig. Es gehört auch Sinn dazu, das Stück so zu gestalten, daß die schöne Holzzeichnung möglichst vorteilhaft zur Geltung kommt, Die flachen Teller und Schalen soll man nicht auf dem Schraubenfutter drehen, schon der verbleibenden Bohrung wegen, die, selbst zugespundet, immer ein Schandfleck bleibt und keine sachliche Arbeit ist. Die Fig. 5 der Abb. 207 zeigt die Aufspannung mittels vier Schrauben auf der Planscheibe von Sperrholz, die sich nicht verzieht und auf der sich die Arbeit gut dreht und nicht federt. Das Abdrehen der Innenfläche (Fig. 6 der Abb. 207) geschieht wieder auf einem Falz, auf den der Teller mit Kreide gedrückt wird. In Fig. 7 der Abb. 207 wird gezeigt, wie man eine Schale mit schwachem Boden herstellt. Das rund geschnittene, auf der Rückseite sauber gehobelte Holz wird mit Papier auf die Querholzscheibe d geleimt, die aus abgesperrtem Holz sein soll, damit sie sich nicht verziehen kann, und auf das Schraubenfutter gebracht. So kann die Schale ohne Umspannen fertiggedreht werden. Der dünne Boden kann durch die Papierverleimung nicht federn, so daß es sich sauber und schnell drehen läßt. Gerade Innenflächen an großen Schalen sollte man mit der Ziehklinge nochmals abziehen; das geht schnell. Denn die Arbeit verliert an Wert, wenn auf der polierten Fläche Drehriefen und Unebenheiten zum Vorschein kommen. Dasselbe gilt von den Schleifspuren beim Rundschleifen. Deshalb muß zum Ende noch gründlich längs der Faser durchgeschliffen werden.

Wenn derartige Arbeit poliert, nicht mattiert wird, dann soll es nicht rund, sondern wie bei anderen Flächen geschehen. Nur so kann eine einwandfreie Arbeit entstehen. Das wird leider noch immer zu wenig beachtet.

Das Ablösen von der Holzscheibe geschieht mittels eines großen schwachen Messers (Tischmessers) durch Spalten des Papieres, das nicht zu dünn sein darf, damit der Leim nicht durchschlägt. Die Leimscheibe kann weiterverwendet werden; das Papier wird mit warmem Wasser abgeweicht oder mit der Ziehklinge entfernt.

Um kleine Schalen, Glasuntersetzer usw., zum Drehen zu befestigen, kann das Stachelfutter (Fig. 8, Abb. 207) beim Drehen der Unterseite benutzt werden. In dem Futterstück e mit entsprechend großer Anlegescheibe f sind nahe am Rand drei bis vier kurze scharfe Stacheln eingesetzt, ebenso in der Mitte eine Zentrierspitze. Auf diese wird das Holz aufgeschlagen. Die Innenseite dreht man wieder auf einem Falz, je nachdem der Schalenboden Innen- oder Außenfalz erhalten hat. Die Fig. 9, Abb. 207 zeigt das Drehen solcher Schälchen oder Untersetzer auf dem Kittspund, wie er Seite 150 beschrieben ist.

Die Fig. 10 der Abb. 207 zeigt einen Drehstahl, um bei Untersetzern und Nadelschälchen, die als Geschenkartikel sehr beliebt sind, den Bodenfalz auf genaues Maß einzudrehen, damit dieser beim Drehen aller Werkstücke auf den Falz paßt.

Um Schalenflächen, besonders von Weichholz, wie Kiefer und Lärche, sauber drehen zu können, dient der Schlichtstahl, den man sich am besten aus einem Stemmeisen, also einfasig, zurechtschleift. Man muß das Eisen etwas nachlassen (weicher machen), um einen Grat, wie an die Ziehklinge, anstreichen zu können. Das Andrücken des Grates geschieht mit dem Ziehklingenstahl, der glashart ist, durch kräftigen langsamen Zug.

Fünfter Abschnitt.

Drehmaschinen.

Im Gegensatz zur Handgeschicklichkeit des Drechslers steht die Arbeit der Drehmaschine, die nur der Herstellung von Massenerzeugnissen dient. Ihr sind in ihrer Arbeit Grenzen gezogen. Es gibt aber eine Anzahl gedrehter Artikel, wie Hefte, Stiele, Spunde, Spulen, oder Kleinarbeiten wie Holzperlen und sonstige einfache Formstücke, deren sich die Drehmaschine bemächtigt hat und die sie brauchbar in hoher Leistung herstellt und so der Handdrechslerei verlorengegangen sind. Leider wird in der Verwendung der Drehmaschine auch über das Ziel hinausgeschossen und der Maschine Arbeiten zugemutet, die sie nicht leisten kann. Dadurch entstehen Erzeugnisse, die das Berufsansehen schädigen.

In der Konstruktion von Drehmaschinen sind Rundfräsen, Schablonendrehbänke und Fassondrehbänke in halb- und vollautomatischer Arbeit zu unterscheiden.

1. Die Rundfräse.

Bei der Rundfräse bewegt sich das sich langsam drehende Holz an einer mit 4—5000 Umdrehungen laufenden Messerwelle vorbei, die mit Fassonmessern besetzt ist und so die Form in das Holz einarbeitet. Die Maschine ist nur für Drehstücke verwendbar, die zwischen Spitzen gespannt werden können. Ihr Querschnitt kann rund, aber auch oval und kantig gefräst werden. Die hoch auf Schnitt gestellten Messer arbeiten wohl sauber, aber sie hinterlassen trotz ihrer hohen Drehzahl feine Schlagspuren und nicht die Glätte wie der über das schnellrotierende Arbeitsstück der Fassondrehbank gezogene Fassonstahl.

Im Laufe des letzten Jahrzehnts hat sich ein besonderer Typ von Drehmaschinen entwickelt, dessen Leistungen auch in der Sauberkeit der Arbeit erstaunlich sind. Grundsätzlich unterscheidet man Schablonendrehbänke, die auch mit Formmessern ausgerüstet sind, und reine Fassondrehbänke. Beide können Halb- und Vollautomaten sein.

2. Die Schablonendrehbank.

Als Schablonendrehbank gilt solche Drehmaschine, bei der der Drehstahl, wie in der Handdreherei, in seitlichem Angriff längs des zwischen Spindel und Reitstock rotierenden Holzes geführt wird. Die Formung ergibt sich aus der Schablone, durch deren Führung der Drehstahl ihrer Kontur entsprechend höher oder tiefer gesenkt wird. Die Schablonendrehbank gestattet mit ihrem drehröhrenartigen Vordrehwerkzeug größte Verspänung bei geringster Reibung gegenüber dem Fassonmesser, das alles Material bis zur vollen Tiefe der Form verspänen muß und dadurch wesentlich schneller abstumpft.

Mit der Schablone allein können nur flache Drehformen ohne scharfe Einschnitte und Kehlungen hergestellt werden, z. B. Pinselstiele, Peitschenstiele, und Wurfspeere bei großen Maschinen. In der Regel sind noch örtlich verstellbare Fassonmesser vorhanden, mit denen die scharfen Profile eingedreht werden.

In der Drechslerei hat sich die Schablonendrehbank (Abb. 208) als besonders brauchbar gezeigt. Sie wird bis zu 120 cm Drehlänge gebaut. Als Halbautomat verkörpert sie die Handdreherei durch die hohe Schnittstellung der Vordrehröhre und des meiselförmigen Schlichtstahles, die beide durch Kurbel, der eingesetzten Blechschablone entsprechend, auf dem Werkstück entlang gleiten.

Die hohe Umdrehung der Drehbankspindel, 5—6000 Touren in der Minute, gestattet schnellen Vorschub der Werkzeuge und ergibt saubere Arbeit. Die Bewegung

Abb. 208. Schablonendrehbank.
Werkfoto: Walter Hempel, Nürnberg-S.

der auf einem Querschlitten geführten Fassonmesser erfolgt unmittelbar nach der des Schablonendrehstahles durch Hebelbewegung. Das in den Einleger der Maschine gesetzte Holz wird zu Beginn der Dreharbeit selbsttätig während des Spindellaufes festgespannt und ebenso nach Fertigstellung von der Spindel gelöst.

Für schwache Arbeitsstücke, wie Federhalter, Pinselstiele oder lange Drehstücke, die dem Drehstahl ausweichen würden, ist noch eine Lünetteinrichtung vorgesehen, die das Holz zylindrisch dreht und vor dem von der Schablone dirigierten Drehstahl führt. Für Rillen, scharfe Vertiefungen usw. sind auf dem hinteren Quersupport kleine Formmesser angebracht. Die Bedienung besteht nur aus zwei Handgriffen, dem Einlegen des Kantelstücks und Drehen der Kurbel.

Es können auf der Maschine Arbeiten bis zu 100 mm Durchmesser gedreht werden. Für Hefte und ähnliche Artikel kann die Maschine mit Bohrvorrichtung versehen sein, die vom Innern der Spindel aus während des Drehens das Arbeitsstück bohrt.

Die Maschine wird auch als Vollautomat (Abb. 209) bis 16 cm Drehlänge und 5 cm Drehstärke gebaut, indem alle

Abb. 209. Schablonendrehautomat.
Werkfoto: Walter Hempel, Nürnberg-S.

Arbeitsgänge, wie Vorschieben, Einspannen, Bewegen der Drehstähle und Auswerfen der fertigen Arbeit, selbsttätig vor sich gehen. Die Bedienung besteht nur im Einlegen der zugeschnittenen Kantelstücke in das Magazin. Die Maschine kann auch mit einem Schleifautomat (Abb. 210) kombiniert werden, der die Arbeit zugleich glättet.

3. Die Fassondrehbank.

Die Fassondrehbank dient hauptsächlich der Herstellung kurzer Formteile, die auch von der Stirnseite aus bearbeitet oder ausgebohrt sein müssen. Das etwa 60 cm lange Kantelholz wird in die Spindel gesteckt und am anderen Ende von einer Lünette gefaßt, die einen kurzen

Zylinder andreht und so als Stützlager dient. Die Maschine wird als Vollautomat gebaut, indem hinter der fahrenden Lünette Form- und Abstechstahl selbsttätig

Abb. 210. Schleifautomat für Drehteile.
Werkfoto: Walter Hempel, Nürnberg-S.

arbeiten und von der Stirnseite aus gleichzeitig der Bohrer eingreift (Abb. 211), oder die Kanteldrehmaschine arbeitet als Halbautomat. Mit den in der Abb. 211 sichtbaren

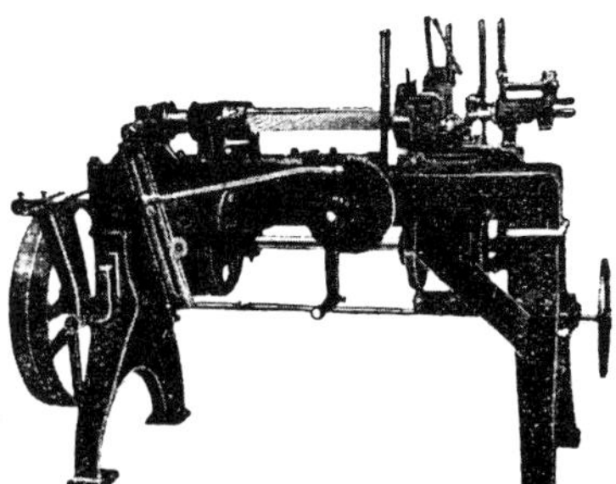

Abb. 211. Fassondrehbank.
Werkfoto: Walter Hempel, Nürnberg-S.

Hebeln wird dann der Bohrer und der auf den beiden Quersupporten befindliche Fasson- und Abstechstahl betätigt. Diese Einrichtung kann als eigene Drehmaschine oder auf der beschriebenen halbautomatischen Schablonendrehbank (Abb. 208) als Zusatzapparat (Abb. 212) montiert werden, so daß Drehteile aller Art auf der Maschine hergestellt werden können.

Abb. 212. Zusatzapparat zum Kanteldrehen (zu Abb. 208).
Werkfoto: Walter Hempel, Nürnberg-S.

4. Der Stabautomat.

Diese Fassondrehbank ist eine Drehmaschine für kurze Drehteile, die vom gezogenen Rundstab abgearbeitet werden. Es bedarf also zur Vorarbeit einer Rundstabhobelmaschine zur Herstellung der etwa 1 m langen Rundstäbe. Die Stabautomaten werden bis 65 mm Stabdurchmesser gebaut. Die Hauptteile der Maschine sind die Hohlspindel, zwei quer zu dem Maschinenbett gegen das Werkstück bewegte Supporte mit den Formstählen, ein senkrecht arbeitender Support mit Abstechstahl und ein Längssupport zum Bohren, der zur Bearbeitung von Kunststoffen, auch zum Längsdrehen und Gewindeanschneiden Verwendung finden kann. Die Betätigung der ganzen Apparatur erfolgt durch eine Steuerwelle längs der Maschine unter ihrem Bett mittels Kurvenscheiben und Kurventrommeln, wie die Abb. 213 erkennen läßt. In der

Hauptspindel der Maschine sitzt eine Vorschubpatrone, die den von der Rückseite in die Hohlspindel eingeführten Stab in entsprechender Länge vorschiebt und festhält. Auf den beiden Quersupporten bewegen sich dann die Formstähle zur Fassonierung der Arbeit im Wechsel vor und beschleunigt zurück. Gleichzeitig arbeitet auch der Längsschlitten mit dem Bohrer und zuletzt der Support mit dem Abstechstahl, so daß die Arbeit mit dem Vorschub des Materials von neuem beginnen kann.

Die Arbeitsfolge ist bei der Verschiedenheit der Artikel nicht gleich. Der Automateneinrichter hat zu überlegen, wie am einfachsten und rationellsten zu verfahren ist. So kann der hintere Quersupport auch den Abstechstahl tragen und der vordere den Formstahl oder beide Supporte tragen Fassonstähle, die sich in ihrer Arbeit ergänzen, und der Abstechsupport tritt in Tätigkeit. Letzterer kann beim Abstechen auch zugleich als Formstahl wirken, indem er dabei am nächsten Stück eine Form mit andreht.

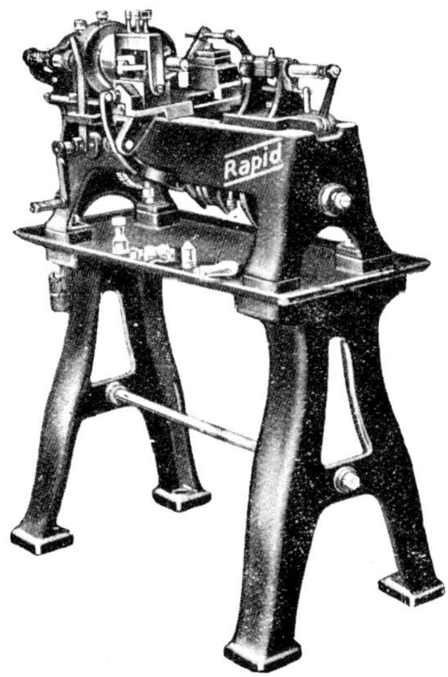

Abb. 213.
Fassondrehbank (Stabautomat).
Werkfoto: Martin & Mühlig, Leipzig N 23

Der Abstechapparat als dritter Support arbeitet zwischen den Wangen liegend senkrecht hoch. Durch diese Anordnung sind die beiden Quersupporte für Formstähle frei, so daß der eine mit Vordrehstahl, der andere mit dem Schlichtstahl besetzt werden kann, wodurch letzterer länger Schnitt hält, weil dann nur wenig Material zu verspänen ist.

Beim Arbeiten mit Fassonstählen ist grundsätzlich zu beachten, daß die Breite des Stahls bei dem dabei entstehenden Arbeitsdruck mit der Widerstandsfähigkeit des Werkstoffs im Einklang steht, um Bruch vor der Fertigstellung zu vermeiden. Je schwächer das Werkstück ist, um so schmäler muß der Fassonstahl sein. Wenn not-

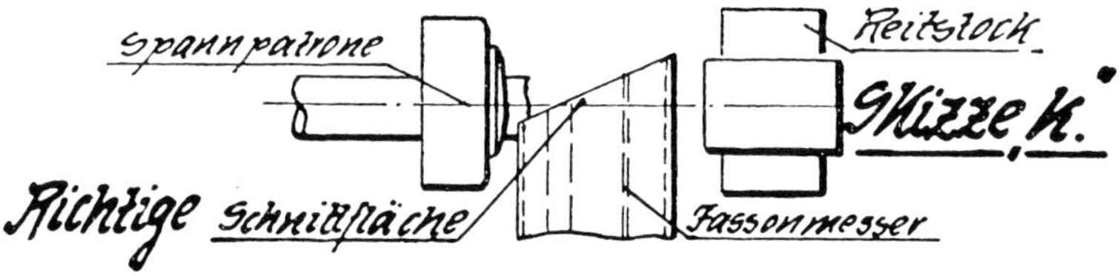

Abb. 214. Werkzeugeinstellung im Automat (Schema).

wendig, ist deshalb die Form auf zwei Stähle zu übertragen, die nacheinander wirken. Um breite Fassonstähle nicht an ihrer ganzen Schneide angreifen zu lassen, legt man aus gleichem Grunde die Schneidkante etwas schräg zur Drehachse, so daß nur Teile derselben gleichzeitig wirken. (Abb. 214.)

Die Fassonstähle tragen ihre Form entweder oben oder unten auf der Längsfläche, so daß es nur des Anschleifens einer geraden Fase bedarf, wobei sich die Form nicht ändert. Wie die Abb. 215 schematisch darstellt, muß der Fassonstahl nach hinten ein wenig höher liegen, damit er auf dem Werkstück beim Darüberziehen nicht schleift und Reibung verursacht.

Die verschiedenen Arten von Drehmaschinen lassen sich nicht für alle Dreharbeiten gleich gut verwenden, so der Stabautomat nur für Stücke bis zu ca. 10 cm Länge und bis 60 mm Stärke, die Schablonendrehbank nur für längere Gegenstände, die an der Stirnseite durch Bohrung oder Ausfräsung mit dem Fräsbohrer nicht bearbeitet werden sollen. Durch den in Abb. 212 gezeigten Zusatzapparat kann aber die Maschine allen Zwecken dienen, so daß es nicht unbedingt zweier gesonderter Maschinen bedarf.

Die Drehmaschinen kommen hauptsächlich für sehr einfache, wenig tief einschneidende Formen von Mengen-

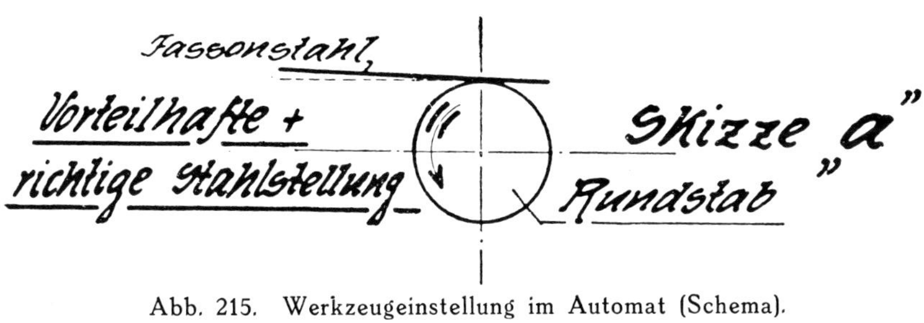

Abb. 215. Werkzeugeinstellung im Automat (Schema).

erzeugnissen in Anwendung und besonders für solche, die genau form- und maßhaltig sein müssen, wie viele technische Artikel. Die Drehmaschine wird nur dann Qualitätsarbeit leisten, wenn sie sachgemäß eingestellt ist und scharfe Werkzeuge hat. Bei ihrer hohen Drehzahl und Leistung stumpfen ihre Messer schneller ab als andere Drehwerkzeuge; sie müssen deshalb zur richtigen Zeit nachgeschärft werden.

Wenn die Drehmaschinen sauber arbeiten sollen, bedarf es eines guten Einrichtens. Leider wird zu viel mit abgestumpften Messern gearbeitet, was natürlich schlechte Arbeit ergibt. Es muß die Zeit dazu genommen werden, sie wieder instand zu setzen, dann wird die Maschine auch das leisten, was man erwartet. Zwei Stunden täglich müssen auf Einrichten und Schärfen der Werkzeuge verwendet werden bei 8stündiger Arbeit.

Kopiermaschinen.

Kopiermaschinen dienen zu rationeller, gleichförmiger Herstellung von vielerlei Gegenständen, die zu handwerksmäßiger Herstellung durch Schnitzen, Feilen usw. viel Zeitaufwand erfordern und der sich zur genauen Wiedergabe des Modells gewisse Schwierigkeiten entgegenstellen. Solche Arbeiten sind Gewehrschäfte, Schuhleisten, Fassonstiele, Radspeichen, geschweifte Tisch- und Stuhlfüße und figürliche Sachen oder gar Schnitzereien ornamentaler und figürlicher Art.

Alle Kopiermaschinen sind Fräsmaschinen mit messer- oder bohrerartig arbeitenden Werkzeugen. Jede Kopiermaschine ist mit einem auswechselbaren Modell, meist aus Eisen, ausgerüstet, nach dem das Werkzeug durch Gewichts- oder Federdruck vermöge eines Leitstiftes oder einer Leitrolle geführt wird.

Die Kopiermaschinen können vielgestaltig sein, je nach der Art der Arbeit, die darauf hergestellt wird. Bei einfach geformten Arbeiten, wie Stielen, Gewehrschäften, Speichen oder geschweiften Tisch- und Stuhlfüßen, Schuhleisten, arbeitet die Maschine mit hoch auf Schnitt wirkenden schnellkreisenden mehrschneidigen Fräsern, während andere Maschinen, wie die Bildhauermaschine, bei bewegter Modellation der Arbeit mit Fräsbohrern, ähnlich dem Löffelbohrer, verschiedenen Durchmessers arbeiten. Beispiele dieser beiden Typen sind folgende Maschinen:

1. Die Kopiermaschine für einfach modellierte Gegenstände.

Auf der in Abb. 216 gezeigten Maschine, auf der geschweifte Tischfüße gefräst werden, kann man auch viele andere unregelmäßig geformte Artikel herstellen. Modell und Werkstück werden gleichmäßig und langsam zwischen

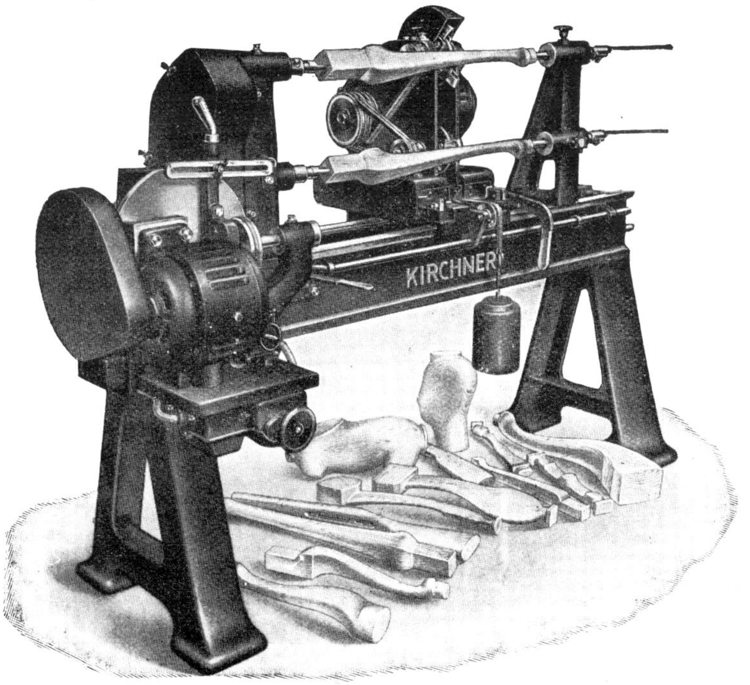

Abb. 216. Kopierfräsmaschine.
Werkfoto: Kirchner & Co., Leipzig O 5

Spindelstock und Spitze bewegt, wobei die auf dem Support schnell rotierenden hochschnittigen Fräser durch Gewichtszug dagegen gedrückt werden. Fräser und Führungsrolle sind gleich geformt und gleich groß, so daß das hergestellte Werkstück dem Modell genau gleichen muß. Durch die Leitspindel wird der Support mit den Fräsern und der Führungsrolle langsam entlang bewegt. Schuhleisten- und Gewehrschaftmaschinen arbeiten doppelseitig, so daß 4—6 Werkstücke zugleich in Arbeit stehen.

2. Die Bildschnitzmaschine.

Die Bildschnitzmaschine ist eine Oberfräse, mit der im Wege des Kopierverfahrens nach einem Modell aus Holz die Modellation mit Fräsbohrern ausgearbeitet wird. In der Regel arbeiten die Maschinen mit 4—6 Bohrern und ebensoviel Arbeitsstücken zu gleicher Zeit. Darin liegt der Vorteil der Maschine; sie dient demnach zur Mengenherstellung von Schnitzarbeit. Die Abb. 217 zeigt eine 4spindelige Maschine durch Elektromotor angetrieben. In der Mitte zwischen den Bohrern rechts und links befindet sich der Führungsstift. Mit diesem führt der Arbeiter langsam über das darunter befindliche Modell. Durch die Gewichte ist die Einrichtung so ausbalanziert, daß der

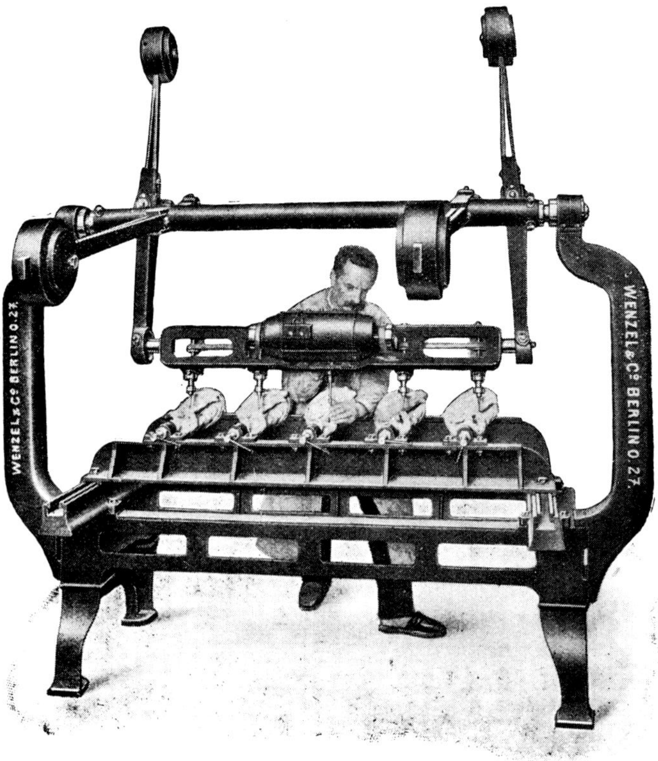

Abb. 217. Bildschnitzmaschine.
Werkfoto: Wenzel & Co., Berlin O 27

Arbeiter den Führungsstift nach jeder Richtung leicht bewegen kann. Die Maschine befräst figürliche und ornamentale Schnitzerei.

Figürliche Sachen werden wie in der Drehbank zwischen Spindel und Spitze gespannt, wo sie im Zuge des Fortschritts der Arbeit langsam gedreht werden.

Mit der Bildhauermaschine läßt sich jede Formung des Materials herstellen resp. ausarbeiten, so lassen sich auch Windungen ausfräsen, daß sie nur der Säuberung mit der Feile bedürfen. So kann die Maschine zu allerhand Kopierarbeit ausgenutzt werden, die in manchen Fällen noch mit dem Schnitzeisen leicht überschnitzt wird.

Sechster Abschnitt.

Einrichtung der Drechslerwerkstatt.

Licht und Luft sind die ersten Erfordernisse zum gedeihlichen Arbeiten in der Werkstatt. Feuchte Kellerräume sind für den Holzarbeiter am wenigsten geeignet, da das Holz begierig Feuchtigkeit anzieht und dann die Arbeit später nachtrocknet und zum Reißen und Verziehen führt. Ein heller, freundlicher Raum mit weiß gekalkten Wänden erhöht die Arbeitsfreudigkeit.

Die Aufstellung der Drehbänke und sonst erforderlichen Maschinen soll den Licht- und Platzverhältnissen des Raumes entsprechen. Bei der Aufstellung ist möglichst darauf Rücksicht zu nehmen, daß die Arbeitsgänge sich ungehindert abspielen können. Das sind Anforderungen, die sich nicht immer restlos erfüllen lassen, aber nach Möglichkeit berücksichtigt werden müssen, da sie die Wirtschaftlichkeit des Betriebes wesentlich beeinflussen.

Die Drechslerei ist heute stets ein Kraftbetrieb, dessen motorische Anlage von der Größe und Art des Betriebes abhängt, worüber man sich schlüssig werden muß, um wirtschaftlich zu arbeiten.

Die billigste Betriebsquelle ist natürlich die Wasserkraft, wenigstens für mittlere und große Betriebe, sei es mit Wasserrädern oder Turbinen. Letztere bei einem Gefälle von wenigstens 8 m oder reichlicher Wassermenge bei kleinerem Gefälle, die auch durchhält.

Die Dampfmaschine kann nur im Groß- und Dauerbetrieb wirtschaftlich sein. Sie hat den Vorzug der Ausnutzung der Holzabfälle und Späne sowie der Nutzbarmachung des Abdampfes zur Holzdämpfung, -trocknung und Heizung der Räume.

Drechslereien sind meist Mittel- oder Kleinbetriebe, für die eine Verbrennungskraftmaschine oder ein Elektro-

Abb. 218. Dieselmotor.
Werkfoto: Humboldt, Motorenfabrik, Köln-Deutz

motor in Frage kommt. Der jetzt auch als Kleinkraftmaschine hochentwickelte Dieselmotor und als jüngstes Glied der Holzgasmotor, bei dem Holzabfälle den Betriebsstoff abgeben, sind von größter Wirtschaftlichkeit. In kleinen Werkstätten mit unregelmäßiger Ausnutzung der Kraftquelle kann nur der Elektromotor in Frage kommen.

Bei der Vielgestaltigkeit der Betriebe bedarf es sorgfältiger Erwägungen, welches die für die einzelne Werkstatt günstigste Betriebsquelle ist. Man muß sich schon eingehender mit der Eigenart und Wirtschaftlichkeit der in Frage kommenden Motorarten befassen.

Der Dieselmotor hat den Leuchtgas- und Benzinmotor wegen seines weit billigeren Betriebsstoffes ausgeschaltet. Man baut auch für das Kleingewerbe jetzt schon Dieselmotoren von 5 PS und Holzgasmotoren von 6 PS ab.

Der Unterschied zwischen dem Dieselmotor (Abb. 218) und anderen Gasmaschinen besteht darin, daß nur reine Luft verdichtet und flüssiger Treibstoff (Gasöl) eingespritzt wird, im Gegensatz zum Vergasermotor (Leuchtgas und Benzin), bei dem aus dem Vergaser ein fertiges Brennstoff-Luft-Gemisch angesaugt und verdichtet wird.

Die Zündung des Treibstoffs wird nicht durch Zündmittel (Zündkerze) eingeleitet, sie erfolgt von selbst, indem das eingespritzte Treiböl an der durch voraufgegangene Kompression entwickelten heißen Luft sich entzündet.

Die Bedienung der Maschine besteht nur in der Kontrolle der Brennstoffzuführung, Schmierung und des Kühlwassers.

Bei den Klein-Dieselmotoren sind Kühlgefäß und Ölbehälter mit an der Maschine angeordnet, was in dem überaus raumsparenden Zusammenbau die Aufstellung in der Werkstatt erleichtert.

Der Holzgasmotor (Abb. 219) besteht im wesentlichen aus dem Holzvergaser rechts, daneben dem Gasreiniger, und links dem Motor, der das aus dem Holz erzeugte Gas ansaugt und wie ein Leuchtgas- oder Benzinmotor arbeitet. Die Abb. 220 zeigt den Schnitt durch den Holzvergaser. In ihm kann alles Abfallholz vergast werden. Auch Drehspäne können, mit etwa ein Drittel Menge Holzstücken vermischt, verwertet werden. Reichen die Holzabfälle nicht aus, so läßt sich auch durch Einwerfen einiger Braunkohlenbriketts nachhelfen. Das Abfallholz muß in kurze, höchstens faustgroße Stücke geschnitten sein, um gut zu vergasen.

Die Bedienung des Vergasers erfolgt aller 1—3 Stunden, je nach Belastung des Motors. Nachts bedarf es keiner Bedienung; einmal in Brand, gibt er in wenigen Minuten brauchbares Gas ab.

Zunächst wird aus dem Holz Gas erzeugt; das geschieht in dem Holzvergaser, dem Blechschacht B, der oben durch den Deckel A abgeschlossen ist. Der Schacht wird mit zerkleinerten faustgroßen Holzstücken, gemischt mit anderen Holzabfällen, gefüllt. Durch die Ringdüse C und eine Mitteldüse tritt die Vergasungsluft in den

Abb. 219. Holzgasmotor.
Werkfoto: Humboldt, Motorenfabrik, Köln-Deutz

Schacht ein. Weiter ist der Schacht F bei G ausgemauert, weil hier der eigentliche Vergasungsvorgang bei höheren Temperaturen stattfindet. Das entstehende Gas saugt sich der Motor durch die Leitung R an. Es wird dabei durch einen Reiniger O geleitet, der je nach den vorliegenden Verhältnissen entweder als Trocken- oder, wie in der Abbildung, als Naßreiniger ausgebildet sein kann. In letz-

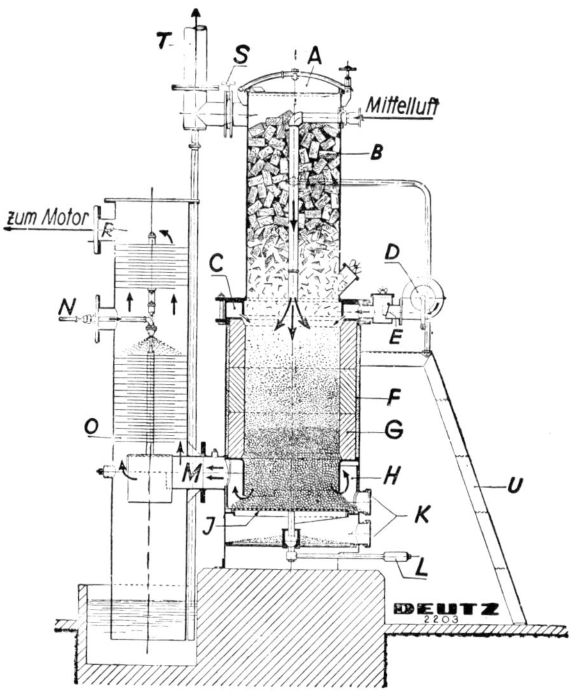

Abb. 220 Holzvergaser (Schnitt).
Werkfoto: Humboldt, Motorenfabrik, Köln-Deutz

teren wird dem Gasstrom ein feiner Wassernebel entgegengespritzt, der das Gas zugleich reinigt und kühlt. Das Gas wird dann im Motor genau so verarbeitet wie z. B. Leuchtgas oder Benzindämpfe.

Die Bedienung beschränkt sich auf die Versorgung des Vergasers mit Brennstoff. Der Schacht wird bei laufender Maschine in Abständen von 1—1$^1/_2$ Stunde mit Holz aufgefüllt. Es vergast nur soviel Holz, als der Motor braucht.

Der einmal angezündete Vergaser bleibt auch während der Nacht und Sonntags in Brand und glimmt ohne nennenswerten Abbrand weiter. Bei Betriebsbeginn ist der Vergaser in kurzer Zeit wieder voll auf Leistung. Ab und zu wird der Rüttelrost J bewegt, um die Aschenreste zu entfernen. Alle paar Wochen wird die Anlage einmal stillgesetzt und gereinigt.

Die vollkommen geschlossene Bauart des Vergasers bietet volle Sicherheit gegen Feuersgefahr durch glühende Asche. Die Gasanlage unterliegt keiner behördlichen Konzession und Aufsicht wie eine Dampfkraft.

Der Brennstoff muß lufttrocken sein. Das Abfallholz muß zerkleinert sein. Es können auch Maschinenhobel-, Dreh- und Sägespäne in gewisser Menge zugesetzt werden.

Die Voraussetzung zur Errichtung einer Holzgasanlage ist das in genügender Menge im Betrieb abfallende Holz. Für die PS-Stunde ist 1,25 kg Holz erforderlich, das in kleine Stücke gesägt sein muß. Die Bedienung des Vergasers ist sehr einfach. Die Reinigung erfolgt in Abständen von einigen Wochen.

Um sich ein Bild von der Wirtschaftlichkeit des Diesel- und Holzgasmotors zu machen, geben nachstehende Aufstellungen Auskunft. Es ist ein 10-PS-Dieselmotor angenommen bei jährlich 2400 Betriebsstunden und durchschnittlich 75 Proz. Belastung = 18 000 PS-Stunden. Je geringer die Ausnutzung ist, um so höher steigen natürlich die Betriebskosten, was man sich leicht anhand einer Aufstellung berechnen kann.

Dieselmotor 10 PS.

Anlagekosten:	
10-PS-Motor mit Zubehör, Fundament und Montage, betriebsfertig	RM. 2200,—
Verzinsung von RM. 2200,— zu 6 %	RM. 132,—
Abschreibungen von RM. 2200,— zu 7½ %	RM. 165,—
Summa	RM. 297,—

Betriebskosten:

300 Tage, je 8 Stunden = 2400 Arbeitsstunden. Bei 75 % Durchschnittsbelastung 7,5 PS = 18000 PS-Stunden jährlich.

Treibölverbrauch: 18 000 × 0,2 kg = 3600 kg; 100 kg = RM. 20,—	RM. 720,—
Schmierölverbrauch: 2400 Betriebsstunden, je 0,45 kg = 120 kg; 100 kg RM. 70,—	RM. 84,—
Bedienung und Reinigung, Reparatur und Ersatzmaterial, angenommen	RM. 99,—
Summa	RM. 1200,—

18 000 PS-Stunden erfordern RM. 1200,— Unkosten; 1 PS-Stunde erfordert 1200 : 18 000 = 6,6 Pfg. Unkosten.

Holzgasmotor 10 PS.

Anlagekosten:

Motor mit Zubehör, Fundament und Montage, einschl. Vergaseranlage	RM. 2700,—
Verzinsung von RM. 2700,— zu 6 %	RM. 162,—
Abschreibungen von RM. 2700,— zu 7½ %	RM. 202,—
Summa	RM. 364,—

Betriebskosten:

300 Tage, je 8 Stunden = 2400 Arbeitsstunden. Bei 75 % Durchschnittsbelastung 7,5 PS = 18000 PS-Stunden jährlich.	
Betriebsstoff: Holzabfälle; 1 PS-Stunde = 1,25 kg, das kg mit 1,5 Pfg. bewertet, 18 000 × 1,25 = 22 500 kg × 1,5	RM. 338,—
Schmierölverbrauch wie Dieselmotor	RM. 84,—
Bedienung, Reinigung von Motor und Vergaseranlage, Reparatur . .	RM. 164,—
Summa	RM. 950,—

18 000 PS-Stunden erfordern RM. 950,— Unkosten; 1 PS-Stunde erfordert 950 : 18 000 = ca. 5,5 Pfg. Unkosten, unbeachtet die Zerkleinerung der Holzabfälle.

Elektromotor 10 PS im Gruppenantrieb.

Anlagekosten:

Motor (Drehstrom) mit Anlasser .	RM. 280,—
Montage und Zuleitung, angenommen	RM. 55,—
Drei automatische Sicherungen .	RM. 15,—
Summa	RM. 350,—

Verzinsung von RM. 350,— zu 6 %	RM. 21,—
Abschreibungen von RM. 350,— zu $7^1/_2$ %	RM. 26,—
Summa	RM. 47,—

Betriebskosten:

Stromverbrauch bei jährlich 2400 Arbeitsstunden bei durchschnittlich 7,5 PS Belastung = 18 000 PS-Stunden je 0,9 KW = 1620 KW je RM. 0,09	RM. 1458,—
Bereitstellungsgebühr	RM. 312,—
Schmiermittel und Reparatur . .	RM. 30,—
Summa	RM. 1800,—

18 000 PS-Stunden erfordern RM. 1800,— Unkosten;
1 PS-Stunde erfordert 1800 : 18 000 = 10 Pfg. Unkosten.

Aus den Aufstellungen ergibt sich, daß der Diesel- und Holzgasmotor im Dauerbetrieb wesentlich billiger arbeitet als der Elektromotor. Da dieser aber einsatzbereiter ist, kann in mancher Beziehung an Strom gespart werden, besonders wo nur ein bestimmter Teil der Maschinen zu gleicher Zeit in Betrieb ist, indem man die Maschinengruppen, die zusammen arbeiten, mit je einem Motor und Transmission antreibt, der damit voll belastet wird. In der Drechslerwerkstatt z. B. ein Motor für die Drehbänke, ein anderer für Kreis- und Bandsäge, Fräs- und Hobelmaschine, die meist nur zeitweilig und wechselweise benutzt werden und der Motor kleinerer Abmessung bedarf.

Statt des Gruppenantriebs mit einem oder zwei Motoren können die Maschinen bei elektromotorischem Betrieb auch durch den Einzelantrieb, für jede Maschine ein Motor, betätigt werden. Dabei ist eine günstige Aufstellung der Maschinen möglich, weil sie unabhängig von einer Transmission erfolgen kann. Die Motoren können an der Wand, auf dem Fußboden oder auch an der Maschine selbst montiert werden. Die bisher möglichst vermiedenen kurzen Riemenzüge, welche durch die notwendige straffe Spannung großen Lagerdruck hervorrufen, können bei Verwendung von Keilriemen ohne Nachteile Anwendung finden. Sie ziehen gut durch und haben sich selbst in der Industrie bei schweren Maschinen bewährt.

Im modernen Maschinenbau ist man noch einen Schritt weiter gegangen und hat den Elektromotor in oder an die

Maschine gebaut, indem die Arbeitswelle derselben mit der des Motors gekuppelt wird oder gar mit ihr eine Einheit bildet, so daß Motor- und Maschinenlager eins sind. Die riemenlosen Maschinen entbehren des Druckes der Riemenspannung, der Transmission und des Vorgeleges, wodurch wesentliche Kraftersparnis eintritt.

Das Anlagekapitel solcher Maschinen ist etwas größer als bei Maschinen mit Riemenantrieb. Die Transmissionen kosten aber auch Geld. Der Drehstrommotor, der sich für den Einbau besonders eignet, ist sehr preiswert. Es ist zu bedenken, daß die größere Ausgabe einer solchen Anlage nur einmalig ist, die Betriebskosten aber laufende sind und im Einzelantrieb durch bessere Ausnutzung der motorischen Kräfte gespart werden kann. Außerdem gestattet der Einzelantrieb und noch mehr der riemenlose Antrieb in der Kleinwerkstatt die günstigste Aufstellung der Maschinen nach den Licht- und Platzverhältnissen.

Jeder Betrieb ist anders geartet und erfordert eine dementsprechende Anlage, um wirtschaftlich zu arbeiten.

Kraftübertragung.

Zur Übertragung der Bewegung vom Motor zur Arbeitsmaschine dienen Transmission und Vorgelege, um der Maschine die angemessene Drehzahl zu geben und sie ein- und ausrücken zu können. Zu leichtem Lauf wird Kugellagerung verwendet und des leichten Gewichts wegen gepreßte Stahlblechriemenscheiben oder Holzscheiben mit gebogenen oder verleimten Felgen.

Die Maschinen sind so aufzustellen, daß die Wellenleitung nicht unnötig lang wird. Der Transmission gibt man 450—500 Umdrehungen, damit die Riemenscheiben nicht zu groß werden müssen. Winkeltriebe durch halb geschränkte Riemen sind möglichst zu vermeiden; sie haben großen Riemenverschleiß. Die Riemenscheiben sollen möglichst nahe den Lagern sein, um das Durchziehen der Welle durch die Riemenspannung zu verhindern. Die Transmission kann mit Hängelagern an der Decke oder an der Wand auf Konsolen montiert sein. Senkrecht nach der Arbeitsmaschine laufende Riemen haben ungünstigen Zug; der Riemen soll etwas schräg liegen. Wegen zu geringer Zugkraft soll das Größenverhältnis zwischen dem Riemenscheibenpaar 1 : 5 nicht überschreiten, bei kurzem Riemenzug nicht über 1 : 4, weil der Riemen die kleine Scheibe zu wenig umfaßt. Zu starkes Spannen des Riemens ist zwecklos; der Riemen würde sich nur dehnen und schwächen.

Für die Durchzugskraft des Riemens ist seine Dicke von Einfluß. Es ist irrig, zu glauben, ein starker Riemen übertrage mehr als ein schwacher. Es kommt hierbei auf die Größe der Riemenscheiben an. Kleine Scheiben erfordern schwache Riemen (4 mm), die sich gut an die Scheibe anlegen. Starke Riemen dehnen sich erfahrungsgemäß mehr als schwache. Für schnellaufende Maschinen (Elektromotoren) mit kleinen Riemenscheiben verwende man schwache Riemen und nehme sie etwas breiter. Es bedarf dann zu einwandfreiem Zug keiner starken Anspannung; er saugt sich durch seine größere Beweglichkeit an. Der Riemen zieht am besten durch, wenn der ziehende Trumm unten ist, da er die Scheibe mehr umspannt, als

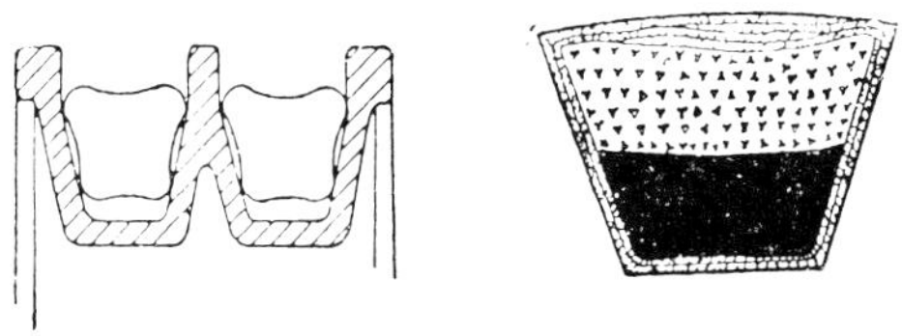

Abb. 221. Querschnitt des Gummikeilriemens.

umgekehrt. Für kurzen Riemenzug und erheblichen Unterschied des Scheibenpaares hat sich der Keilgummiriemen (Abb. 221) als vorteilhaft erwiesen; er wird in neuester Zeit im Maschinenbau allgemein verwendet, um selbst größere Kräfte damit zu übertragen, indem zwei oder mehr Riemen nebeneinander laufen. Für Drehbänke mit kurzem Achsenabstand vom Motor ist er ausgezeichnet durch sein großes Durchzugsvermögen. Die Riemen werden für diesen Zweck endlos hergestellt. Der Motor muß auf Spannschienen oder Riemenschwinge montiert sein, um ihn anfangs wegen des Streckens nachspannen zu können. Der Riemen besteht aus mit Kordfäden durchsetztem Gummi. Die Scheiben haben dem Querschnitt des Riemens entsprechende Keilnuten. Der Riemen schlüpft nicht und bedarf keiner besonderen Wartung und Pflege, wie der Lederriemen.

Die Überlegenheit des Keilriemens gegenüber anderen Übertragungselementen liegt in seiner Keilwirkung. Er läuft in einer entsprechenden Keilrille. Der Keilwinkel der Rille ist etwas anders als der des Riemens. Unter keinen Umständen darf sich der Riemen beim Lauf in den Keilrillen festklemmen, da beim ablaufenden Riemen Kraftverlust entstehen würde und die Vorteile des Keilriemens verlorengehen. Das geschieht auch, wenn der Riemen auf dem Grunde der Rille aufliegt; es muß ein kleiner Zwischenraum vorhanden sein. Ebenso soll der Keilriemen nicht über den oberen Rand der Rille vorstehen, weil sonst die Übertragungskraft desselben nicht ausgenützt wird. Das Profil der Keilriemenscheibe muß dem des Keilriemens genau angepaßt sein, wenn alle Vorteile ausgenützt sein sollen. Die Keilriemen werden in der Regel in bestimmten Abmessungen endlos hergestellt. Es gibt auch Keilriemen, die durch besondere Schlösser verbunden werden; sie kommen für die in unserem Bereich verwendeten Riemenzüge jedoch nicht in Betracht.

Riemenverbinder.

Zum Zusammenschluß des Ledertreibriemens gibt es verschiedene Verbindungen. Sie sollen möglichst stoßfrei arbeiten. Das erfüllt die Verleimung der Enden vollkommen. Sie wird beim Elektromotor stets angewandt, der zum Nachziehen des Riemens bei Dehnung auf Spannschienen montiert ist. Der Riemen wird in einer Länge von 6—8 cm schräg übereinander geplattet, indem die Enden mit dem Hobel abgeschrägt (ausgeschärft) werden, daß sie scharf auslaufen. Zum Leimen gibt es besonderen Riemenleim; man kann auch Tischlerleim verwenden, dem man zum Zähigwerden etwa ein Drittel Hausenblasenleim

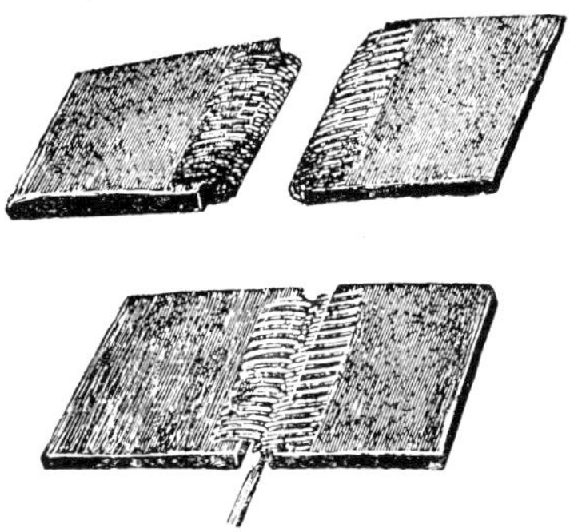

Abb. 222. Drahtriemenverbinder.

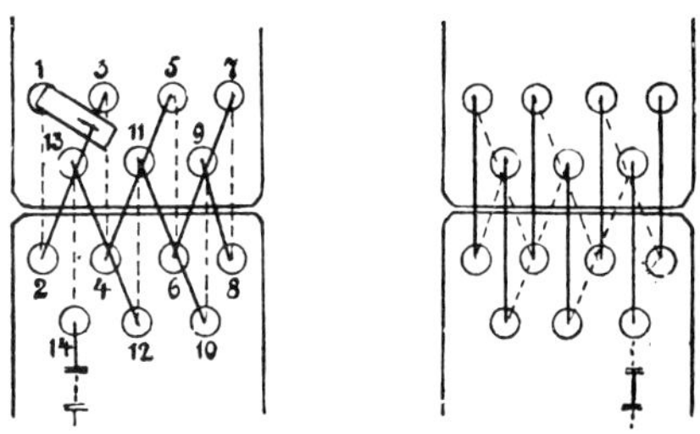

Abb. 223. Riemenverbindung.

beimischt. Die Enden müssen beim Verleimen genau in Flucht liegen. Der Leim ist ziemlich stark zu nehmen. Er wird kräftig aufgetragen und zwischen zwei gewärmten Leisten mit Schraubzwingen zusammengepreßt.

Eine andere gute lösbare Verbindung ist der Drahtverbinder (Abb. 222). Er ist sehr beweglich durch den scharnierartigen Zusammenschluß der Drähte mit einem Stift aus Schweinshaut und läuft fast geräuschlos. Zum Eindrücken des Drahtes bedarf es eines Heftapparates, der sehr billig ist. Mit einem Hammerschlag ist die Arbeit erledigt.

Binderiemen eignen sich nur für breite Riemen. An der Laufseite muß die Bindung parallel nebeneinander liegen; oben ist sie gekreuzt (Abb. 223).

Pflege des Ledertreibriemens.

Die Zugkraft des Treibriemens liegt in der Adhäsion, dem dichten Anschmiegen an der Riemenscheibe. Dieses Anhaften darf kein Ankleben des Riemens mit Hilfsmitteln, wie Einstreuen von Kolophonium, sein, die den Riemen brüchig machen und nur kurze Zeit wirken. Die Flächenanziehung wird vielmehr durch Adhäsionsfette hergestellt, die den Riemen geschmeidig machen und ihn erhalten.

Zur Pflege des Riemens gehört auch das periodische Reinigen vom Holzstaub, der sich an dem fettigen Riemen festgesetzt hat. Er muß mit Sodawasser abgewaschen werden, wodurch das Fett verseift wird. Mit reinem Wasser ist nachzuwaschen. So werden die Poren im Leder wieder offen und der erneuten Einfettung empfänglich. Zum Einfetten benutzt man das käufliche Riemenfett oder macht sich eine Mischung aus Tran und Talg. Riemen, die nicht eingefettet werden, zermürben sich und werden brüchig.

Berechnung von Riemenscheiben und Drehzahlen.

Die zur Bearbeitung der verschiedenen Rohstoffe erforderlichen Drehzahlen der Werkzeuge, wie Fräser, Sägen usw., oder der Drehbewegung des Werkstoffs beim Drechseln sind bestimmt durch die Härte des Arbeitsmaterials und die sich daraus ergebende zweckmäßige Arbeitsgeschwindigkeit nach dem Umfang des Werkstücks oder Werkzeugs, wie es bei den beschriebenen Maschinen angegeben ist.

Um der Maschine die vorgeschriebene Drehzahl zu geben, bedarf es, von der Antriebsmaschine ausgehend, bestimmter Riemenscheibengrößen, indem der Durchmesser mal Drehzahl der einen Scheibe des Riemenzuges gleich dem Durchmesser mal Drehzahl der anderen sein muß. Beide Drehzahlen und der Durchmesser der einen Scheibe müssen bekannt sein, um den Durchmesser der anderen zu berechnen.

1. Beispiel: Mit Elektromotor von 1500 Umdrehungen und 12 cm Riemenscheibe soll eine Transmission von 450 Umdrehungen getrieben werden; wie groß muß ihre Riemenscheibe sein?

Motor 1500 Umdrehungen mal 12 geteilt durch 450 Umdrehungen der Transmission = 40 cm.

2. Beispiel: Ist zum Antrieb einer Drehbank ein Vorgelege einzuschalten und die Treibscheibe auf der Transmission zu berechnen, bedarf es der Annahme einer angemessenen Drehzahl des Vorgeleges, dessen Voll- und Leerscheibe sowie Stufenwörtel wie auch der der Drehbank und ihrer Drehzahl bestimmt ist. Angenommen, die Spindel soll auf dem kleinsten Lauf 2000 Umdrehungen machen, der Lauf ist 8 cm groß, der korrespondierende Lauf am Vorgelegewörtel aber 20 cm, so würde das Vorgelege 2000 × 8 : 20 = 800 Umdrehungen machen. Voll- und Leerlauf sind 15 cm groß, die Transmission macht 450 Umdrehungen, so muß die Scheibe darauf 800 × 15 geteilt durch 450 = 26,6, also 27 cm groß sein.

Berechnung der erforderlichen Drehzahl des Werkzeuges oder Arbeitsstückes nach der Schnittgeschwindigkeit (Umfangsgeschwindigkeit).

Als Schnittgeschwindigkeit bezeichnet man den Weg in Metern, den das Werkzeug oder das zu bearbeitende Werkstück an seinem Umfang in der Sekunde zurücklegt (m/sek). Diese beträgt

bei Kreissägen	40—52 m/sek
bei Bandsägen	20—25 m/sek
beim Holzdrehen . . .	5— 6 m/sek
beim Schleifstein . . .	6— 7 m/sek

je nach Härte des Holzes.

1. Beispiel: Eine Kreissäge mit 30 cm Blattdurchmesser und 10 cm Riemenscheibe soll 40 m/sek Schnittgeschwindigkeit erhalten.

Berechnung: Umfang des Sägeblattes 0,30 × 3,14 = 0,95 m. 40 m geteilt durch 0,95 = 42 Umdrehungen in der Sekunde = 2500 in der Minute.

2. Beispiel: Eine Bandsäge mit 70 cm Sägeraddurchmesser soll 20 m/sek Schnittgeschwindigkeit erhalten. Wieviel Umdrehungen muß sie machen?

Berechnung: 70 cm × 3,14 = 2,20 m Umfang des Sägerades. 20 m geteilt durch 2,20 = 9 Umdrehungen in der Sekunde = 9 × 60 = 540 in der Minute.

3. Beispiel: Ein Holzring von 60 cm Durchmesser soll gedreht werden. Die Schnittgeschwindigkeit ist ca. 6 m; der Umfang ist 60 × 3,14 = 1,88 m.

Berechnung: 6 m geteilt durch 1,88 = 3,2 Umdrehungen in der Sekunde = 3,2 × 60 = 190 Umdrehungen in der Minute.

Werden die angemessenen Arbeitsgeschwindigkeiten wesentlich überhöht, so stumpft das Werkzeug schnell ab und es wird durch die Reibung große Wärme entwickelt, durch die das Werkzeug blau anläuft (verbrennt). Kreissägeblätter verlieren dabei ihre Spannung.

Was der Meister von seinem Elektromotor wissen muß.

Der Elektromotor ist die Kraftmaschine des Kleinbetriebes und der Meister muß mit der Eigenart und Behandlung der Maschine vertraut sein, um sich vor Betriebsstörung zu schützen. Gemäß der Stromart des Kraftwerks kommen fast nur noch Wechselstrommotoren in Anwendung. Nur ältere Kraftwerke führen noch Gleichstrom, deren Motoren durch ihre Ankerwicklung und Stromabnehmer viel komplizierter in Bau und Wartung sind, als die Motoren des dreiphasigen Wechselstroms (Drehstrom).

Für das Kleinhandwerk mit seinen geringen motorischen Kräften ist der Kurzschlußläufermotor besonders geeignet wegen der Einfachheit seines Baues und seiner Unempfindlichkeit.

Da in der Drechslerei hauptsächlich beim Schleifen Staubentwicklung unvermeidbar ist, empfiehlt es sich, gekapselte Motoren zu verwenden. Wenn sie auch etwas teurer in der Beschaffung sind, ihre Lebensdauer ist um so länger. Die Dimensionierung des Motors ist zu beachten. Er soll nicht überlastet werden, weil ihm die erzeugte starke Erwärmung schadet und der Stromverbrauch unnötig erhöht wird. Auch überdimensionierte Motoren arbeiten unwirtschaftlich durch den höheren Eigenverbrauch, obwohl der Motor sonst seiner Leistung entsprechend Strom abnimmt.

Der Kurzschlußmotor eignet sich vorzüglich als Einbaumotor und für die Drehbank. Bei kleineren Kräften kann man ihn ohne weiteres an das Netz schalten; er braucht aber beim Einschalten das 4—6fache an Strom. Bei Verwendung der Sterndreieckschaltung, der natürlich die Ständerwicklung des Motors entsprechen muß, läßt sich der hohe Anlaufstrom wesentlich herabsetzen. Für Maschinen, die im Betriebe oft ausgeschaltet werden, z. B. Drehbänke, ist das wichtig, da der Motor geschont und Strom gespart wird.

Um den Motor vor Überlastung zu schützen, bedarf es eines Motorschutzes. Den gibt aber beim Kurzschlußläufermotor die sonst übliche Schmelzsicherung nicht ab, weil sie, der Sicherheit des Motors angepaßt, schon beim ersten Einschalten durch den hohen Anlaufstrom durchschlägt. Sie müßte um das dreifache stärker genommen werden, um nicht durchzuschlagen und würde dann selbst bei stetiger doppelter Belastung schon nicht mehr ansprechen. Um diese Motoren aber weitgehend zu schützen, empfiehlt sich der Motorschutzschalter. Derselbe ist entsprechend der angegebenen Stromstärke und Spannung des Motors von der Lieferfirma einzustellen. Er schaltet den Strom ab, sobald der Motor im Betrieb überlastet wird.

Kurzschlußmotoren können bis 1,1 KW Leistung durch Schalter ohne Anlaßstufe in Gang gesetzt werden. Es empfiehlt sich aber, wegen des hohen Anlaufstromes einen Motorschutz einzubauen.

Volt, Ampère, Kilowatt.

Die Leistung des Motors wird in Kilowatt (KW) oder in Pferdestärken (PS) ausgedrückt, wobei 1 PS = 0,735 KW gleichzusetzen ist. Die Leistung des Stromes ergibt sich aus seiner Spannung (Volt) und der verbrauchten Strommenge (Ampère).

Die Spannung des Stromes (Volt) kann man mit dem Druck des Wassers in der Leitung vergleichen, die Wassermenge mit der verbrauchten Strommenge (Ampère) in einer Stunde (Ampèrestunde). Beides multipliziert, ergibt die Leistung (Watt). 1 KW = 1000 Watt.

Stromverbrauch und Leistung differieren um den Eigenverbrauch des Motors, bestehend aus Reibung und Wärmeentwicklung. Deshalb ist auch der Grad der Wärmeentwicklung für seine Leistung bestimmend. Der Unterschied zwischen aufgenommener Stromleistung und abgegebener Energie beträgt bei größeren Motoren etwa 20 Proz., bei kleinen bis zu 35 Proz. in Vollbelastung, wo sie am wirtschaftlichsten arbeiten. Im Betriebe entwickelt sich in jedem Elektromotor Wärme, die bei Überlastung sich sehr steigert. Höchstzulässige Grenzwerte sind 40 bis 50 Grad C.

Ein Motor mit 1 PS Leistung verbraucht 0,99 KW,
„ „ „ 2 „ „ „ 1,88 „
„ „ „ 3 „ „ „ 2,66 „
„ „ „ 5 „ „ „ 4,29 „

Wartung und Pflege des Elektromotors.

Gegenüber anderen Kraftmaschinen braucht der Elektromotor wenig Wartung und Pflege. Er ist mit Ringschmierung versehen, die in längeren Abständen Reinigung und neuer Ölfüllung bedarf. Die kleinen Motoren haben jetzt alle Kugellagerung, die, in Fett laufend, noch länger ohne Reinigung und Nachfüllung auskommen, da sie dicht abgeschlossen sind.

Mehr Aufmerksamkeit in der Bedienung erfordert der Gleichstrommotor durch seinen Stromabnehmer (Kollektor) mit den Schleifkohlen, um Funkenbildung und Verschmierung der Lamellen zu verhüten. Der Kollektor muß öfters mit Glaspapier abgeschliffen und die Kohlen gut aufgeschliffen werden. Vor allem müssen die Kohlebürsten auf dem Kollektor so zueinander stehen, daß keine Funkenbildung eintritt. Unebenheiten und eingelaufene Riefen im Kollektor müssen durch Abdrehen beseitigt werden. Der Isolierglimmer zwischen den Lamellen darf nicht vorstehen; er muß etwas ausgekratzt werden.

Alle Motoren sind öfters zwischen Ständer und Läufer mit der Staubspritze zu reinigen.

Sicherung und Schutzmaßnahmen gegen Unfälle im gewerblichen Betriebe.

Der Arbeiter ist bei der Hantierung mit Werkzeugen und Maschinen der Gefahr der Verletzung ausgesetzt, die mit oder ohne Verschulden der Person oder bei Mangelhaftigkeit des Betriebes eintreten kann. Die Unfälle sind um so häufiger und schwerer, je mehr Arbeitsmaschinen durch motorische Kräfte angetrieben werden.

Zum Schutze sind deshalb an den Maschinen die notwendigen Schutzvorrichtungen anzubringen, um solche Unfälle nach Möglichkeit zu verhüten. Durch Reichsgesetz sind die vom Unfall Betroffenen zu unterstützen und zu entschädigen.

Die Versicherungskosten trägt der Unternehmer durch die Organisationen der Berufsgenossenschaften, die nach Art der Gewerbetätigkeit für begrenzte Wirtschaftsgebiete gebildet sind.

Für die Holzbearbeitung und ähnliche Gebiete bestehen die deutschen Holzberufsgenossenschaften auf Umlageverfahren, denen jeder Betrieb angehören muß. Die Umlage erfolgt durch Klassifizierung der Betriebe nach Gefahrenklassen und Höhe der gezahlten Löhne.

Es liegt im Interesse der Berufsgenossenschaft und damit des Arbeitgebers, durch weitgehende Schutzmaßnahmen die Betriebsgefahren herabzumindern. Der Verband der deutschen Holzberufsgenossenschaften hat dazu Unfallverhütungsvorschriften erlassen und zweckdienliche Betriebseinrichtungen auch für die einzelnen Maschinenarten vorgeschrieben. Die Überwachung erfolgt von der Gewerbeinspektion durch angestellte Revisionsbeamte. Die Maschinenfabriken sind angehalten, die Maschinen schon mit den vorgeschriebenen Schutzvorrichtungen zu liefern und in jedem Betriebe sind die aushängenden Unfallverhütungsvorschriften zu beachten.

Bei den in diesem Buche beschriebenen Holzbearbeitungsmaschinen sind die erforderlichen Schutzmaßnahmen erörtert.

Im weiteren verbieten die Unfallverhütungsvorschriften das Auflegen der Treibriemen während des Betriebes mit der Hand, ebenso das Schmieren während des Ganges der Maschinen, soweit nicht gesicherte Einrichtungen getroffen sind. Vorstehende Keilnasen und sonstige exzentrisch laufende Teile, besonders auch Zahnradgetriebe, soweit sie im Bereich des Arbeiters liegen, sind entsprechend zu verkleiden, wie überhaupt alle in der Passage liegenden Betriebsteile, Wellen und Riemenzüge bis zur zweckmäßigen Höhe abgedeckt sein müssen. Die an Maschinen hantierenden Arbeiter müssen eng anliegende Kleider tragen. Transmissionsleitern müssen Haken zum Einhängen auf die Wellenleitung haben; sie sind unten mit Eisenschuhen (Spitzen) zu versehen, um vor Abgleiten auf dem Fußboden gesichert zu sein. Die zu bearbeitenden Hölzer und Abfälle dürfen nicht in den Wegen zwischen den Maschinen liegen.

Das Abnehmen von Schutzvorrichtungen, z. B. an Kreissägen und Hobelmaschinen, auch wenn sie die Arbeit etwas behindern, ist streng verboten und wird bestraft.

Nicht minder von Bedeutung für die Wohlfahrt des Arbeiters ist der Schutz gegen schädliche Einwirkungen von Staub oder Gasen zur Verhütung der Erkrankung der Atmungsorgane oder der äußeren Haut.

Genügend Ventilation, frische Luft und gutes Licht in der Werkstatt sind notwendig, um die Arbeitslust zu erhalten. Berufskrankheiten sind auch dem Drechslergewerbe nicht fremd. So hat der Perlmutterverarbeiter durch die schädliche Einwirkung des Konchiolins (organischer Bestandteil des Perlmutters) unter eigenartiger Knochenaffektion zu leiden.

Auch Hornstaub und solcher der Kunstharzstoffe ist den Atmungsorganen schädlich. Wenn auch der Holzstaub weniger nachteilig ist, so ist doch Gefahr der Gesundheit bei Massenentwicklung an Schleifmaschinen vorhanden. Er muß durch zweckmäßige Absaugung durch Exhaustoren und Ventilatoren beseitigt werden. Dadurch wird nicht nur die Luft in dem Arbeitsraum gereinigt, auch seine Sauberhaltung durch Späneabsonderung direkt von der Arbeitsmaschine wird gefördert.

Siebenter Abschnitt.

Verschiedene Fabrikationen.

Das Biegen des Holzes.

Haltbarkeit, Material- und Arbeitsersparnis sind die gesuchten Vorteile, die die Technik des Holzbiegens bietet. Sie wird im großen hauptsächlich im Wagenbau, in der

Stuhlfabrikation und Herstellung von Sportartikeln verschiedener Art betrieben und fühlt sich damit auch in das Gebiet des Drechslers besonders durch die Stockfabrikation ein.

Zum Biegen ist jedes zähe und geradlinig gewachsene Holz geeignet. Am günstigsten zeigen sich nach den Erfahrungen die Rotbuche, der Nußbaum, die Esche und das amerikanische Hickoryholz. Frische feuchte Hölzer haben alle große Zähigkeit, sind aber zum Biegen weniger geeignet, da sie zu langer Zeit bedürfen, bis sie ausgetrocknet sind und in dieser Zeit das Bestreben haben, in ihre frühere Gestalt zurückzutreten.

Man bedient sich deshalb des ausgetrockneten Holzes, dem man durch den Dämpfprozeß die erforderliche Zähigkeit und Erweichung geben kann, die durch die schnelle Ausdunstung des reinen Wassergehalts bald zur Erstarrung nach dem Biegen führt.

Das Dämpfen zum Zwecke des Holzbiegens ist gegenüber dem Auslaugen des Holzes kurz und das Biegeverfahren muß schnell vor sich gehen, ehe das Holz erkaltet und erstarrt. Dem müssen die Vorkehrungen und Biegeeinrichtungen entsprechen.

Beim Biegen eines Materials erfolgt an der gewölbten Seite immer eine Dehnung, während die Innenseite unverändert bleibt oder eine unbedeutende Stauchung eintritt. Dem Strecken könnte bei solchem Vorgehen das Holz nicht standhalten, die Holzfaser würde zerreißen und die Innenseite einknicken. Dem entgegen zu wirken, muß die Dehnung der Außenschichten durch Anlegen eines Stahlbandes, des sogenannten Biegebleches, Planchette genannt, verhütet werden. Die erforderliche Kürzung des Materials an der Innenkurve erfolgt durch entsprechende Stauchung, die das durch das Dämpfen erweichte Holz gestattet, indem es sich dort durch den Biegedruck in feine Falten legt. Die Abb. 224 zeigt das Schema dieses Vorgangs. Das Biegeblech muß mit dem Holz vor dem Biegen fest verbunden sein, damit es sich beim Biegen nicht längen kann. Das ist der Grundgedanke des Holzbiegens, auf dem alle Biegeeinrichtungen aufgebaut sind.

Das Biegen der Hölzer geschieht um eine Biegeform, die in die Maschine eingesetzt wird. Nach dem Biegen wird das Biegestück mitsamt der Biegeschiene abgenommen und verriegelt, bis das Holz erkaltet und erhärtet

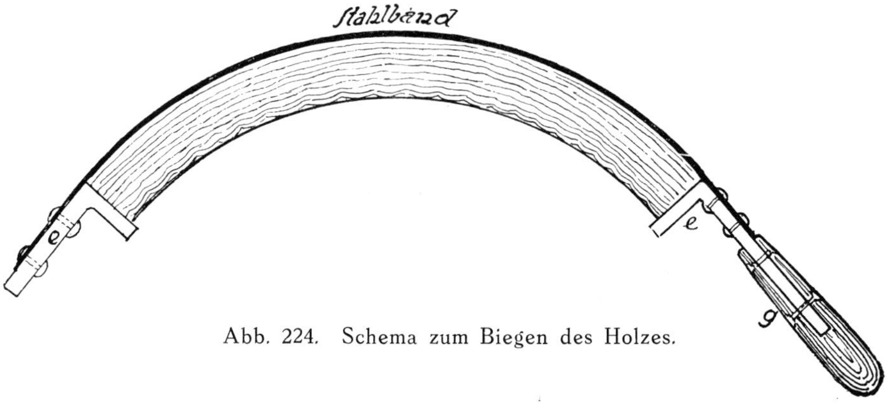

Abb. 224. Schema zum Biegen des Holzes.

ist, damit die Biegung nicht zurückstreben kann. Um das zu beschleunigen, kommt die Arbeit in den Trockenraum. Es bedarf zu ununterbrochener Arbeit einer Anzahl Formen und Biegeschienen, da die Biegung 2—3 Stunden trocknen muß.

Zum Biegen starker Hölzer werden die Biegemaschinen durch motorische Kraft betätigt.

Um das Holz biegefähig zu machen, wird es in einem Dämpfer, dem es bequem entnommen werden kann, durch den Abdampf einer Maschine erweicht oder der Dampf dazu in einem Niederdruckdampfkessel erzeugt. Die Dämpfdauer richtet sich nach der Stärke der Hölzer und beträgt 20 Minuten bis eine Stunde. Bei Herausnahme jedes Stückes wird ein neues eingelegt, um andauernd biegefähiges Material zu haben.

Die Stockfabrikation.

Die Stockfabrikation ist eine Sparte des Drechslergewerbes, die sich wie die Schirmfabrikation zum selbständigen Beruf entwickelt hat.

Hölzer und Rohre für Schirme und Stöcke.

Das Bereich des Stock- und Schirmgriffmaterials ist überaus groß. Es gliedert sich in in- und ausländische Hölzer, von denen die Stöcke aus dem Stammholz geschnitten oder als Naturstöcke aus Trieben hergestellt werden, wo der Charakter des Wuchses für die Verwendung ausschlaggebend ist. Das gilt vor allem von den Rohren und Palmstöcken.

Die Eignung für Stockarbeit ergibt sich beim Stammholz aus der schönen Zeichnung, Farbe, Maserung usw., beim Naturstock durch interessanten Wuchs und Knotenbildung oder Rinde (Weichselholz). Grundbedingung ist Festigkeit, Zähigkeit und Biegefähigkeit zur Formung des Griffhakens.

1. Hölzer.

Für aus dem Stamm geschnittene Stöcke und Griffe eignen sich Rotbuche, Weißbuche, Ahorn, Birnbaum und Pflaumenbaum (siehe Laubhölzer). Zu den inländischen und europäischen Naturstockhölzern, die im entrindeten Zustand als Spazier- und Wanderstöcke Verwendung finden, gehört die Jungeiche. Es ist der Schößling der Steineiche, hauptsächlich aus Slavonien und Kroatien bei uns eingeführt. Charakteristisch an den Schößlingen sind die tiefen Längsfurchen. Je tiefer und zahlreicher sie sind und je weniger Astknoten sich zeigen, um so geschätzter ist das Material. Die durch Dämpfen erzeugte fast braune Färbung und matt seidenglänzende Oberfläche der geschälten Stöcke ist erwünscht. Unsere hiesige Jungeiche ist weniger gefurcht. Im allgemeinen werden Eichenschüsse gleich welcher Herkunft als deutsche Eiche bezeichnet.

Die Gepflogenheit, Hölzern Fantasienamen beizulegen, zeigt sich in dem Namen „Kongostock" für die Schößlinge der Edelkastanie — nicht zu verwechseln mit unserer einheimischen Roßkastanie —, deren Holz viel weicher ist. Die Kongoschößlinge wurden früher viel als Stockmaterial in großen Kulturen Kroatiens gezogen, indem ihnen im Wachstum durch regelmäßiges Einzwicken mit geeigneten Zangen Verwundungen beigebracht wurden, die durch Vernarbung dem Stock ein eigenartiges Gepräge, ähnlich der in Frankreich viel gezogenen Mispel, gaben.

Ein wirklich edles naturgewachsenes Material ähnlicher Art ist der von England herüber gekommene Ginster, der in schönem, knorrigem Wuchs im schottischen Hochland vorkommt, dessen schöne Furchung und Perlung an den Wurzelansätzen für Herrenschirmgriffe geschätzt ist. Das rötlich-gelbe Holz wird meist gebeizt, aber der Härte wegen von der Beize nur schwer angegriffen.

Manches Stockmaterial wird mit der Rinde verarbeitet, wie die Haselschüsse mit silbergrauer oder bräunlichgrüner Rinde für Berg- und Skistöcke. Gut ausgesuchte Silberhasel gibt auch bessere Schirmgriffe ab. Das gleiche gilt auch von der Jungesche. Besonders wertvoll ist der Weichselschößling, eine Abart der Kirsche, die, in Plantagen in Baden, bei Wien und im Burgenlande mit großer Sorgfalt gezogen, außer zu Stöcken und Schirmgriffen auch zu Pfeifenrohren und Zigarrenspitzen verwendet wird. Im dritten Jahre der Kultur sind die Triebe in Längen von $1^1/_2$ m zum Schneiden reif. Sie werden an Pfählen gerade gezogen. Die Rinde hat eine dünne braune Haut mit zahlreichen hellen Korkwärzchen und strömt beim Reiben durch das in der Rinde enthaltene ätherische Öl, das „Kumarin", einen wohlriechenden Duft aus. Alle Nebentriebe werden in der Kultur sorgsam verschnitten, um glatte Stämmchen zu erhalten. Das Holz ist ziemlich dicht und für Rundhaken sehr biegefähig.

Außer den genannten naturgewachsenen Stockhölzern kommen noch eine Anzahl tropischer Schwerhölzer (Edelhölzer) als Schnittware zu Stock- und Schirmgriffmaterial zur Verarbeitung, soweit sie noch für Rundhaken biegbar sind. Die hauptsächlichsten sind Ebenholz, Piment, Bulletree, Panakoko (Pferdefleischholz) und Partridgeholz (Rebhuhnholz) [siehe Edelhölzer], nicht zu verwechseln mit der Partridgepalme, die auch ein vorzügliches Material hauptsächlich für Schirmstöcke bildet.

Maserhölzer kommen im Stock- und Schirmfach nur in der schwedischen Maserbirke und in der Wurzelknolle des Bruyèreholzes (siehe Edelhölzer) zur Anwendung.

2. Rohre.

Wegen Leichtigkeit, Festigkeit, Elastizität und hoher Stützkraft sind die starren Rohre verschiedener Bambusarten oder die lianenförmigen, auch kleinen Stämmchen von Palmenarten ausgezeichnetes Stockmaterial, das sich gegenwärtig besonderer Beliebtheit erfreut.

Von den Bambusarten Ostindiens und Chinas findet hauptsächlich das Tongkingrohr, Jambee, weißer und brauner Bambus, fälschlich als Pfefferrohr bezeichnet, als starres Rohr Verwendung und ebenso der Perlbambus, unter dem chinesischen Namen Whangee bekannt.

Das Tongkingrohr hat wenig hervortretende Blattringe, ist blaßgelb, die feinen Faserbündel treten gut hervor und geben dem Material Lebendigkeit. Wie alle Bambusarten ist es bis auf die Stellen der Blattknoten hohl mit einer Wandung von 3—4 mm. Die Oberschicht ist dicht, hart und glasig. Verwendung hauptsächlich für Schirmunterstöcke.

Das sogenannte Pfefferrohr ist ein etwa 15 m hohes Riesengras, das in den Lebensverhältnissen seiner Heimat eine große Rolle spielt. Man unterscheidet den gelben chinesischen Bambus und den braunen, mit hellen Sprenkeln gezeichneten japanischen Bambus. Die Blattknoten treten kräftig hervor. Das zur Stockfabrikation verwendete Rohr kommt mit seinem Wurzelkolben häufig als Griff zur Verwendung, weil er dem Rundhaken ein charakteristisches Gepräge gibt. Tongkingrohr ist auch ein vorzügliches Material für gesplieste Angelstöcke zur Fliegenangelei. Das Pfefferrohr gibt wegen seiner Starrheit gute Ski- und Angelstöcke.

Der Perlbambus ist massives, biegsames, höchst elastisches Rohr von großer Festigkeit. Die hervorstehenden Knoten, von Luftwurzeln herrührend, sind perlschnurartig in Abständen von 6—8 cm gewachsen und geben dem Material ein eigenartiges Aussehen. Die Glasur der Rinde ist so dicht und hart, daß sie keine Beize annimmt und vorher mit Flußsäure angeätzt werden muß.

Das Jambea (Jambis), eine Abart des Pfefferrohrs, hat wechselseitig schräg zur Stockachse gerichtete Blattknoten, die am Wurzelende enggliedrig sind.

Die fälschlich als Rohre bezeichneten Calamuspalmenarten, auch spanisches Rohr genannt, zu denen auch das Stuhlflechtrohr gehört, sind für die Stockfabrikation wichtigere Rohstoffe als die Bambusarten. Der Calamus-Rotang der langschüssigen Rotangpalme in Vorder- und Hinterindien wird bis zu 100 m lang; er muß sich lianenartig an den Bäumen anklammern und hochranken. Dieses als Malakkarohr bekannte Material liefert wertvolle Stöcke, wenn es in der Stärke von 20—22 mm am starken Ende von einem Blattansatz zum anderen Schüsse liefert, die eine Stocklänge ausmachen. Der Stock wird als „echt“ bezeichnet, weil er rindenecht ist, was die die ganze Stocklänge durchziehende abgerundete Kante kennzeichnet. Solche echtschüssigen Stöcke mit rot- oder gelbbrauner Glasur und unregelmäßigen, schön gezeichneten Flecken haben Liebhaberwert. Bei halbechten Rohren wird noch ein Teil des nächsten Blattschusses verwendet und dieser zum konischen Verlauf abgehobelt.

Ein anderes, viel kurzschüssigeres Material ist das Manilarohr. Die Blattansätze sind ziemlich regelmäßig, etwa 25—30 cm lang. Es ist viel billiger, von heller Färbung, stellenweise bräunlich getönt und punktiert, was durch Brennen mit der Stichflamme noch verbessert wird.

Als Zuckerrohr kommen Schüsse der Gomutipalme zur Verwendung. Es ist kurzschüssig, gelb lichtbraun, an den Blattnarben meist schwarzbraun geringelt und gefleckt. Die Oberhaut ist feinriefig und glashart. Das Material ist sehr biegsam und zähe.

Partridgerohr sind 12—22 mm starke junge Stämmchen einer kleinen ostasiatischen Palme, regelmäßig zylindrisch. Es ist starr, härter und schwerer als die anderen Rohrarten und kommt meist mit dem Wurzelkolben in Verwendung, der sich als Griffendung gut ausnimmt. Blattansätze sind an den fast glatten Stöcken kaum bemerkbar. Als Schirmstock ist das Partridgerohr sehr beliebt und geeignet. Es ist eines der im Wechsel der Mode konstant gebliebenen Stock- und Schirmmaterialien. In keiner Fabrikation findet man solche Unbeständigkeit in der Verwendung der Rohstoffe, wie in der Stockverarbeitung, weil dem Stock in seiner Form zweckmäßig keine Wandlungen anders gegeben werden können.

Das Biegen in der Stockfabrikation.

Wie bei allen Biegearbeiten, hat man auch für die Stockfabrikation zum Anbiegen der Stock- und Schirmhakengriffe spezielle Biegeeinrichtungen geschaffen, um gut und schnell mit möglichst geringem Bruch biegen zu können.

Das Dämpfen.

Um das Stockmaterial erst biegefähig zu machen, dient der Dämpfer (Abb. 225). Er hat im Innern einen drehbaren Einbau, dessen Zellen von der Stirnseite des Dämpfers aus durch die verschließbare Öffnung der Reihe nach mit Stockhölzern beschickt werden. Die Dämpfdauer beträgt 20—30 Minuten. Die Hölzer werden zum Biegen Stück

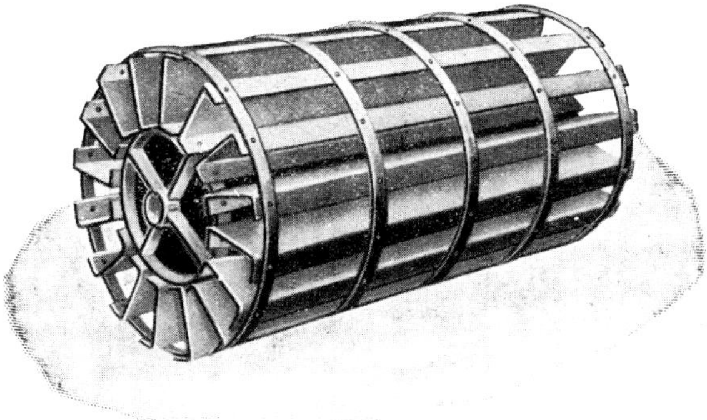

Abb. 225. Dämpfer zum Biegen von Stöcken.
Werkfoto: Maschinenfabrik „Agra" G. m. b. H., Coswig (Sa.)

für Stück entnommen und sofort durch neue ersetzt, so daß beim Biegen ununterbrochen gearbeitet werden kann. Durch die Zellenlagerung im Dämpfer kann nur Material von genügender Dämpfdauer entnommen werden. Bis alle Zellen der Reihe nach gefüllt sind, ist der Inhalt der ersten bereits biegefähig gedämpft. Beim Aufziehen des Schiebers durch Hebeltritt zur Entnahme der Hölzer tritt nur wenig Dampf heraus. Durch die Kurbel wird nach Entnahme des letzten gedämpften Stockholzes aus der Zelle gedreht, bis die nächste sich an der Öffnung zeigt. Wo kein Abdampf vorhanden ist, kann der Zellendämpfer auch zu direkter Beheizung mit eingebauter Feuerung geliefert werden.

Das Biegen von Holzstöcken.

Die Biegetechnik und ihre Einrichtungen für Stock- und Schirmgriffe muß der Eigenart der Hölzer und Rohre angepaßt werden. Dabei gibt es mancherlei Schwierigkeiten, die durch angemessene Behandlung und Geschick

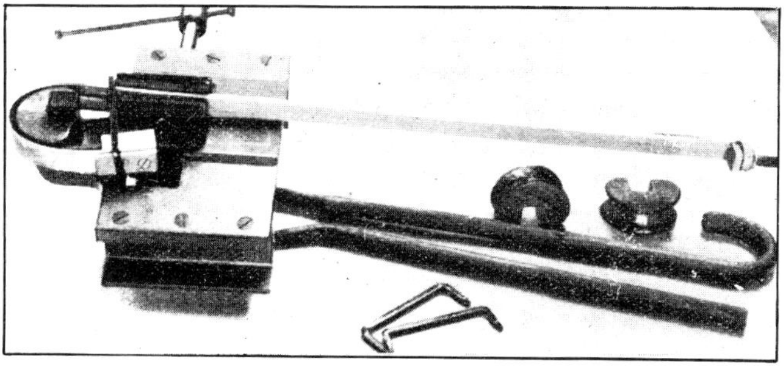

Abb. 226. Stockbiegeeinrichtung.

Werkfoto: Maschinenfabrik „Agra" G. m. b. H., Coswig (Sa.)

gemeistert werden müssen. Man muß dabei fühlen und denken, es ist keine so mechanische Arbeit, wie es den Anschein hat.

Man unterscheidet Hand- und Maschinenbiegerei. Die Biegetechnik ist fast gleich, die Leistung der Biegemaschine aber das mehrfache, was sich schon daraus erklärt, daß Handbiegerei ziemliche Kraftanstrengung erfordert, während die Maschine motorisch betätigt wird.

Zur Handbiegerei dient der Schraubstock, eine Formrolle, um die der Haken gebogen wird, und das Biegeband (Planchette) von 1,5 mm Stärke und 30—35 mm Breite aus Federstahl, an dessen Ende ein starker Eisenwinkel mit langem Heft angenietet ist, gegen den der Stock angesetzt und in den Schraubstock gespannt wird. Die Form, um die der Haken zu biegen ist, besteht aus einer gußeisernen

Rolle mit Kehle, in die sich bei gewachsenen Schüssen der Stock einlegt. Bei geschnittenen Kanteln ist sie an der Umfläche gerade. Die Biegeform steckt auf einem viereckigen Zapfen, der wie der Schraubstock auf kräftigem Werktisch befestigt ist. Die Abb. 226 zeigt die Handhabung. Alle Handgriffe müssen schnell sein, um die kurze Biegefähigkeit des Holzes auszunützen. Die Biegeeinrichtung muß deshalb in der Nähe des Dämpfers sein.

Der dem Dämpfer entnommene Stockschuß wird in das Planchette eingesetzt und im Schraubstock festgespannt. Die Biegerolle ist im Kohlenfeuer erhitzt, aber so, daß sie sich nicht tief in das Holz brennt. Sie wird mit der Zange auf den Dorn gesetzt und das Planchette unter starkem Zug herumgezogen. Durch die Anlage des Stockes an die heiße Rolle entwickeln sich in dem vom Dämpfen durchnäßten Holz Dämpfe, die es im Moment des Anlegens sehr weich machen, so daß sich die Holzfaser an der Innenkurve der Biegung leicht einstaucht. Auf den Bieger kommt es an, im richtigen Maß das Planchette herumzuziehen.

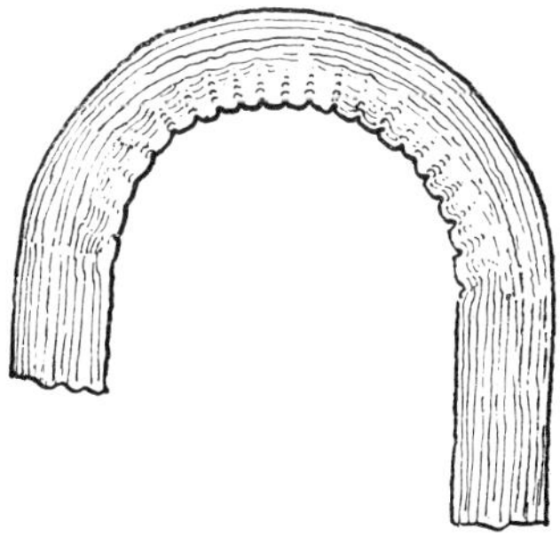

Abb. 227. Stockhaken mit eingestauchtem Innenbogen.

Bei dem engen Bogen des Stockhakens muß sich das Holz an der Innenkurve sehr stauchen (kürzen), da es sich außen nicht längen darf, um nicht zu brechen, und wegen des anliegenden Stahlbandes auch nicht kann. Der Stockhaken hat einen Bogendurchmesser von ca. 12 cm, der Innenbogen von etwa 8,5 cm. Das ergibt eine Außenlänge von 18,8 cm und eine Innenlänge von ca. 13,3 cm. Folglich muß sich das Holz am Innenbogen beim Biegen um mehr als 5 cm kürzen, was durch Einfaltung des durch den Dampf erweichten Holzes geschieht, wie Abb. 227 erkennen läßt. Daraus läßt sich ermessen, wie sorgsam das Holz gedämpft und geschickt und mit Überlegung gearbeitet werden muß, um keinen Bruch zu erhalten. Nach dem Herumziehen des Hakens muß dieser durch eine Klammer verriegelt werden, damit der Bogen nicht wieder zurückgeht.

Das Arbeiten mit der Biegemaschine.

Auch die Biegemaschine (Abb. 228) arbeitet im gleichen Sinne mit erhitzten Biegerollen. Die Arbeit besteht im Aufsetzen der heißen Formrolle und Einspannen des Stockholzes. Die Maschine wird eingerückt und zieht in

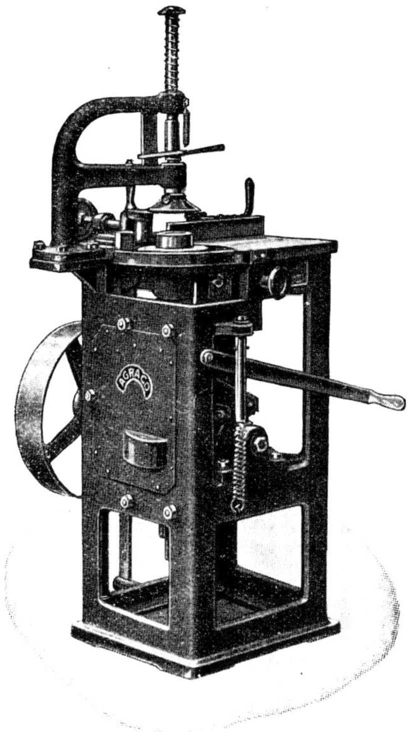

Abb. 228. Stockbiegemaschine.
Werkfoto: Maschinenfabrik „Agra" G. m. b. H., Coswig (Sa.)

gleichförmiger Bewegung durch Drehung der Rolle das Holz herum und rückt selbsttätig aus. Wie beim Handbiegen wird eine Klammer aufgesetzt, die nach dem Herausnehmen des Stockes oder Griffes die Biegung nicht aufgehen läßt, bis sie erkaltet ist. Nach etwa zwei Stunden kann das Planchette mit Rolle abgenommen werden, um die Biegegarnitur wieder zu verwenden. Es bedarf also einer Anzahl Garnituren zu laufender Biegerei. Die

Leistung einer Biegemaschine ist etwa 6 Dutzend in der Stunde, wenn zweckmäßigerweise zwei Mann daran arbeiten, um das Material möglichst schnell aus dem Dämpfer zum Biegen zu bringen und die erhitzte Form aufzusetzen.

Das Biegen von Edelhölzern.

Für schwer biegbare Hölzer, wie Ebenholz, Cokobolo, Piment u. dgl., oder Rohre und Bambus ist die Biegemaschine nicht geeignet, das muß der Handbiegerei überlassen bleiben, da hier mit viel Gefühl gearbeitet werden muß, wie überhaupt mit roher Gewalt allein beim Biegen nichts erreicht werden kann.

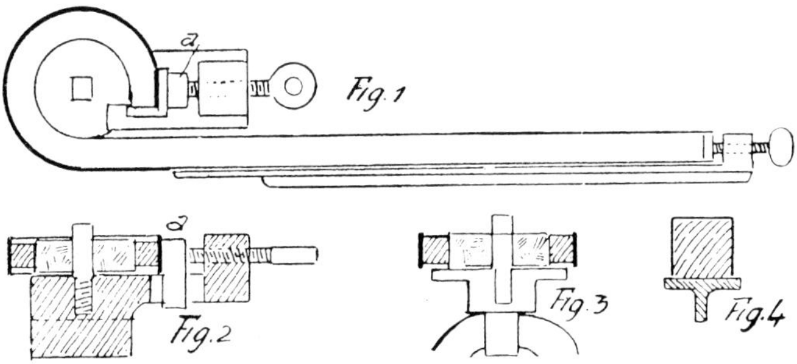

Abb. 229. Biegeeinrichtung für harte, spröde Fremdhölzer.

Zum Biegen dieser Hölzer bedarf es geeigneten Materials, das unbedingt geradlinig gewachsen sein muß, was man eigentlich von allen aus dem Stamm geschnittenen Hölzern voraussetzt. Das Holz muß auch eine gewisse Zähigkeit haben, um biegefähig zu sein, was bei Ebenhölzern besonders zu beachten ist. Man muß den Stock sehr vorsichtig um die stark erhitzte Formrolle ziehen und dabei fühlen, wie das Holz nachgibt, indem durch die Hitze der Rolle das in den Poren inkrustierte Harz erweicht. Hier wirkt sich die trockene Hitze mehr aus als die Dämpfung.

Die Abb. 229 zeigt eine Biegeeinrichtung für solche Stöcke. Sie ist aus Gußeisen und wird in den Schraubstock gespannt. Das Planchette umfaßt mit seinen starken Eisenwinkeln den Stock in seiner ganzen Länge. Er wird durch die Schraube am Ende darin eingespannt, so daß er sich beim Biegen nicht zu längen vermag. Die Fig. 2 zeigt den Schnitt durch die Biegeeinrichtung, Fig. 3 den Querschnitt, und Fig. 4 den Schnitt durch Stock und Planchette am geraden Teil des Stockes mit Verstärkungsrippe aus T-Eisen.

Das Biegen von Rohrstöcken.

Rohre sind ganz anders beschaffen als Hölzer und erfordern eine andere Biegetechnik. Sie werden nicht gedämpft, dazu ist das Material zu saugfähig und würde ungewöhnlich viel Wasser aufnehmen, während die harte,

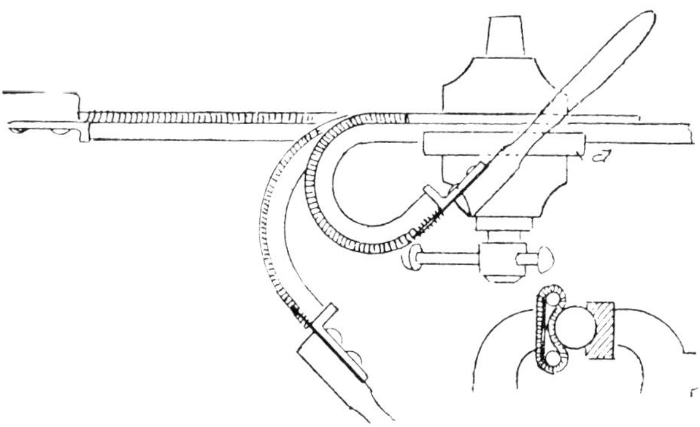

Ab. 230. Biegeeinrichtung für Rohre.

fast glasige Rinde vom Dämpfen wenig beeinflußt wird. Man braucht zum Biegefähigmachen trockene Hitze. Dazu bedient man sich feuchten heißen Sandes in einem mit Feuerung versehenen Kasten aus Eisenblech, in den das zu biegende Stockende gesteckt wird. Das Planchette wird hier mit einer Umwicklung mit Hanfschnur versehen. Es wird an den Kanten eine etwa 5 mm starke Schnur entlang gelegt und dann die schwache Schnur spiralisch eng um das Ganze recht fest gewickelt, so daß ein Hohlraum entsteht, wie Abb. 231 bei a zeigt, in den sich beim Biegen das runde Rohr einlegt und nicht breit gedrückt werden kann. Schwachwandiges Rohr, wie Tonkin, muß in der Länge des zu biegenden Hakens mit Peddigrohr ausgefüllt werden oder ist mit Sand zu füllen, damit es durch den Druck beim Biegen nicht zerplatzt.

Um dem Material im Augenblick des Biegens die erforderliche Wärme zu geben, wird im Verlauf desselben mit einem Gasbunsenbrenner oder einer Benzinlötlampe nachgewärmt. Die Kunst dieser Biegerei besteht in gleichmäßiger Erwärmung während des Biegens, um einen guten Bogen zu erhalten und dabei einen gleichmäßigen Längszug vorzunehmen. Damit die Umwicklung des Planchette nicht ansengt, muß entsprechend mit Wasser abgelöscht werden. Sobald an einer Stelle mehr gewärmt, das Rohr dadurch dort erweicht wird, gibt es eine Knickstelle. Das muß durch entsprechendes Abkühlen verhütet werden, während man an starren Stellen mehr mit der Benzin- oder Gasdruckflamme nachhilft.

Das Tonkinrohr enthält in seinen Poren ziemlich viel Feuchtigkeit, die beim Anwärmen an der Stirnseite als Dampf ausströmt, man sagt „der Stock kocht". Das ist das Zeichen der richtigen Biegefähigkeit.

Das Pfefferrohr hat starke Blattknoten und biegt sich an diesen Stellen schlecht; um so mehr muß bei dem Anwärmen aufgepaßt werden, daß die Stellen zwischen den Knoten nicht zu weich werden, um einen schönen Bogen herzustellen.

Sobald die Biegung des Rohres beendet ist, wird der Haken mit Wasser abgekühlt und das Planchette gelöst, da er nach der Erstarrung der Bogen nicht mehr zurückstrebt. Diese Biegerei, frei ohne Form, ist ganz Gefühlssache. Die Abb. 230 zeigt den Vorgang.

Man kann Rohrstöcke, aber nicht Bambus, der Knoten wegen, über einer Formrolle biegen, die innen hohl und dünn ausgedreht ist, um sie während des Biegens mit der Lötlampe nach Erfordernis nachzuwärmen.

Die Abb. 231 zeigt eine solche Einrichtung, die in den Schraubstock eingespannt wird. Auch hier wird das umwickelte Planchette verwendet, das die Art der Umschnürung in a zeigt. Während bei den vorigen Biegeeinrichtungen das Hakenende des Stockes sich zuletzt an die Form anlegte, ist es hier umgekehrt, indem das Planchette eingehakt wird und der Stock herumzuziehen ist. Dabei wird er in seiner ganzen Länge zwischen die Winkel des durch eine Schiene verlängerten Planchettes gesetzt.

Rohre mit spröder, glasiger Rinde, wie das Manilarohr, bedürfen des Überschabens mit der Ziehklinge. Bei Malakkarohr, dessen schön gefärbte Außenschicht erhalten bleiben muß, wird die glasige Schicht mit Flußsäure abgeätzt, indem man das Biegeende eintaucht und sofort mit Wasser nachspült. Beim Ätzen ist Vorsicht geboten, da die Flußsäure an den Händen schmerzhafte Wunden erzeugt. Man verwende Gummihandschuhe. Reine Flußsäure ist zu scharf und ist daher mit 5 Teilen Wasser zu verdünnen.

Würde die Glasur nicht abgebeizt, so splitterte sie an der Innenbiegung durch das Stauchen ab.

Beim Biegen der Rohrstöcke kann eine Stauchung der Innenkurve nicht stattfinden, weil die Rinde durch Nacharbeiten nicht beschädigt werden darf. Das Rohr muß sich deshalb außen am Bogen etwas längen können. Deshalb

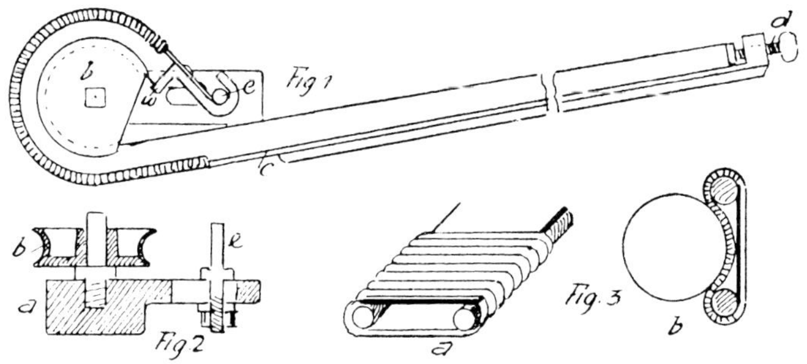

Abb. 231. Biegeeinrichtung mit Formrolle für Rohre.

darf es nicht zu starr mit dem Planchette verbunden sein, um nachgeben zu können. Das wird erreicht durch etwas Lockern der Einspannung im Schraubstock oder unter Verwendung eines Spannschuhes mit Exzenterhebel, den man gefühlsmäßig nachläßt.

Die Bearbeitung der Stöcke.

Die erste Bearbeitung naturgewachsenen Materials ist das Entrinden und Geraderichten. Die meisten Rohstöcke, z. B. die schön braun gedämpften Eichenschüsse, werden aus Kroatien und Slavonien bereits gesäubert bezogen.

Zum ersten Ausrichten dient der Biegebock (Abb. 232), zwischen dessen Haken und untergelegtem Holz der Stock nach Erwärmen im Biegeofen gerade gezogen wird.

Durchbeizte und gebogene Hakenstöcke können natürlich erst nach diesen Arbeiten gerichtet werden. Zum

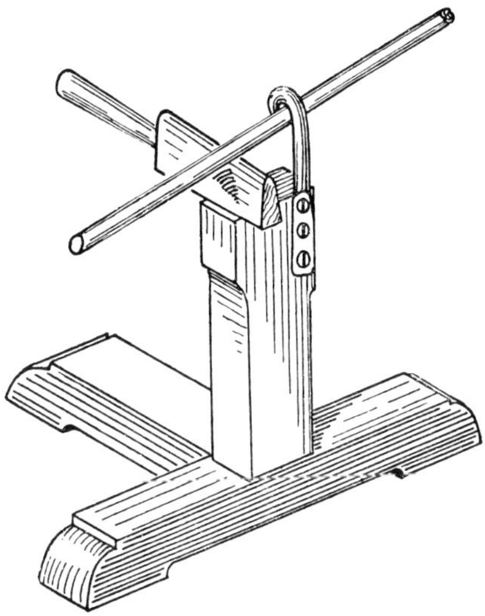

Abb. 232. Biegebock.

Durchbeizen bedarf es besonderer Durchbeizkessel, da die Beize unter sehr hohem Druck in das Holz eingetrieben werden muß. Nach dem bereits erläuterten Anbiegen der Griffhaken werden die Stöcke mit dem Handziehhobel (Abb. 233) in der Drehbank auf Stärke gebracht und mit dem Klapphobel (Abb. 234) nach unten etwas schwächer

Abb. 233. Hobeln der Stöcke und Griffe auf Stärke.
Werkfoto: Maschinenfabrik „Agra" G. m. b. H., Coswig (Sa.)

Abb. 234. Klapphobel zum Konischhobeln.
Werkfoto: Maschinenfabrik „Agra" G. m. b. H., Coswig (Sa.)

gehobelt. Er ist in der Stellung seines Messers dem Tischlerhobel ähnlich und mit einem zweiten Teil, der „Klappe", durch Scharnier verbunden (Abb. 234 a). Zwischen beiden Teilen rotiert der bereits zylindrisch gezogene Stock in der Kehlung des eisernen Einsatzes, in dem das Hobeleisen vorsteht. Das Hobeleisen ist in seiner Schnittstellung veränderlich durch Unterlegen von Blechstücken, um bei der verschiedenen Stockstärke die günstigste Schnittlage zu ergeben. Beim Hobeln ist das Werkzeug mit der Klappe nach oben zu stellen. Man faßt den

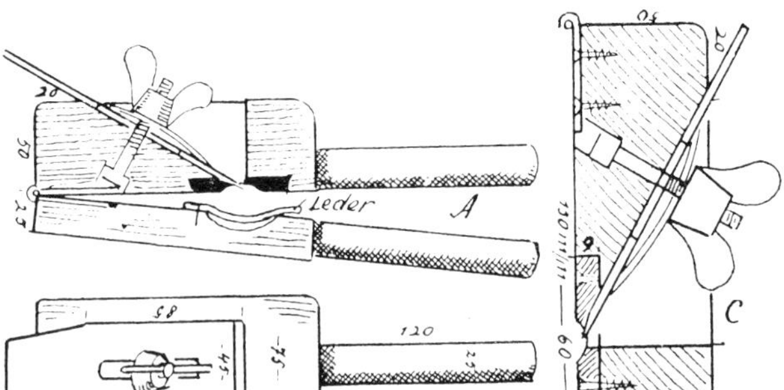

Abb. 234 a. Durchschnitt durch den Klapphobel.

Hobel mit der Rechten, während die Linke den Stock vor dem Abschleudern sichert. Mit dem fortschreitenden Hobeln werden die Griffe mehr zusammengedrückt und gegen das Ende zu mehrmals über den Stock gezogen, um den gewünschten Konus herzustellen.

Tonkin- und Partridgerohr für Schirmstöcke werden mit dem Klapphobel egalisiert. Malakkarohrstöcke haben hohen Wert, wenn der Schuß zwischen den Blattknoten Stocklänge hat und angemessene Stärke (echtes Rohr). Muß noch ein zweiter Schuß dazu verwendet werden, der mit dem Klapphobel nachzuarbeiten ist, so ist der Stock halbecht. Der behobelte Teil muß dem Naturteil durch Füllen und Abdichten der Rohrfaser mit einer Mischung von Leimwasser mit Erdfarben angeglichen werden. Für Schirmgriffe ist der echte Schuß ausreichend und bedarf keiner Nacharbeit. Auch das Manilarohr wird nach dem Schleifen mit Glaspapier in seinem Aussehen verbessert und, wo erforderlich, der Natur nachgeholfen, indem mittels Brennverfahrens durch Abschattieren eine schöne Zeichnung gegeben wird. Dazu verwendet man einen Spritzapparat mit weiter Düse, mit dem ein dicker Brei aus Leimwasser und Schlämmkreide geschickt aufgespritzt, gefleckt und gepunktet wird. Das Ganze wird dann mit der Benzinlötlampe oder dem Bunsenbrenner leicht überbrannt. Die Stellen, wo dicke Schlämmkreideflecken aufliegen, werden vom Brennen nicht angegriffen, sie bleiben hell. Es entsteht aber schöne Abschattierung, da an den Kreiderändern der Brand mehr einwirkt und ein guter Übergang ins Helle entsteht.

Das Brennen kommt bei den beliebten Ziegenhainer Stöcken, von der Kornelkirsche, durch Flecken des ganzen Stockes in Anwendung, der nach dem Abschleifen ein eigenartiges geflammtes Aussehen zwischen Rot- und Schwarzbraun erhält.

Das Fassonieren der gebogenen Hakenstöcke geschieht an der Kreisraspel oder Kreisstoßfeile; bei letzterer eine nicht ungefährliche Arbeit, die Behendigkeit und Übung erfordert. Für Stapelware kommen auch Griffhobler mit Vorteil zur Verwendung, die im Sinne einer Rundstabhobelmaschine den noch roh gebogenen Haken bis auf die Abformung des Endknaufs rund und konisch machen.

Das Schleifen der Stöcke und Schirmgriffe.

Stockschüsse und Schirmunterstöcke schleift man auf der Drehbank oder besonderen Schleifmaschinen. Der Stockschuß läuft selbsttätig zwischen zwei Schleifbändern oder Schleifscheiben sich langsam drehend durch. Die Griffhaken werden auf der Drehbank an Schleifpolstern, die mit Schleifpapier überzogen sind, geglättet. Zum Säubern des Innenbogens dient ein Schleifband, aus

Schleifleinen zusammengeleimt, das, wie Abb. 235 zeigt, auf dem Schleifbock über eine kleine, mit Rändern versehene Scheibe läuft, oben in den Stockhaken eingehängt und dieser, zwischen Daumen und Zeigefinger beider Hände gefaßt, nach allen Seiten bewegt wird.

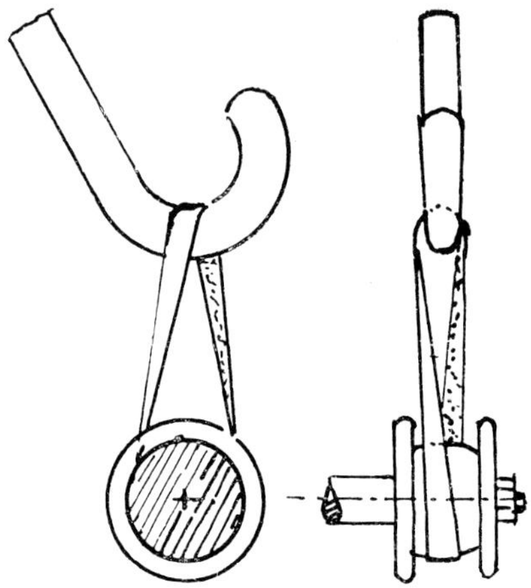

Abb. 235. Schleifband für Stockhaken.

Werkzeuge für Schirmmacher.

Der Schirmmacher bezieht im allgemeinen die Schirmgriffe und Unterstöcke vom Stockfabrikanten und setzt sie nötigenfalls beim Bedarf zusammen. Er muß aber auch solche auf Bestellung selbst herstellen können und braucht deshalb besonders zum Zusammensetzen der Teile, zu Ergänzungen und zum Bohren und Fräsen eine Schirmmacherdrehbank, die sich von der Drechslerbank durch verschiedene auf der Spindel montierte Spezialwerkzeuge unterscheidet und dem Zweck entsprechend leichter und kürzer im Bau ist. Eines Drehbankgestelles bedarf es nicht unbedingt, wenn die Spindel mit einem 0,25-PS-Motor angetrieben wird, was zu empfehlen ist. In der Abb. 236 ist ein gut durchkonstruierter Spindelkasten für Schirmmacher dargestellt, der, auf kräftigem Werktisch montiert, von der Wand oder dem Boden aus mittels Keilriemens angetrieben wird. Zwischen seinen Lagern ist die Kreissäge zum Abkürzen der Unterstöcke usw. eingebaut und mit guter Schutzvorrichtung versehen. Die Spindel läuft in Kugellagern. Die an der Rückseite verlängerte Spindel trägt das Fräsrädchen zum Einschneiden der Schirmfedern, vorn das Bohrfutter und den Zwingen- und Zapfenanfräser. So ist alles zur Stockmontage zusammen.

Abb. 236. Spindelkasten der Schirmmacherdrehbank.
Werkfoto: Josef Hütten, Krefeld-Benrad

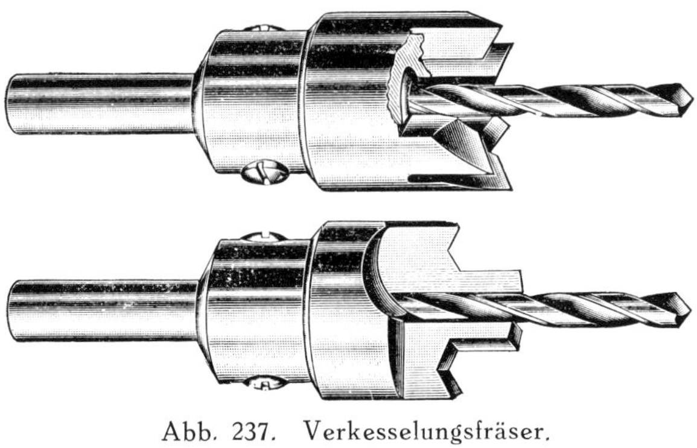

Abb. 237. Verkesselungsfräser.
Werkfoto: Josef Hütten, Krefeld-Benrad

Zur Verbindung von Griff und Unterstock des Schirmes mittels Eisenschraube oder Holzzapfens bedarf es verschiedener Bohrer, Zapfen- und Verkesselungsfräser. Letztere geben der Verbindung guten Sitz und Halt. Bei schwachen Unterstöcken findet eine einfache Verkesselung der Stirnseiten zueinander statt (Abb. 237). Starke

Stöcke und Griffe erlauben das Einbohren eines kurzen Zapfens, wodurch die schwache Eisenschraube entlastet wird und der Schirmstock mehr Stand erhält (Abb. 237a). Die Bohrhülse (Abb. 238) dient mit ihrem Trichter, der beim Bohren sich zurück drückt, zum Zentrieren der Bohrung im Unterstock. Die Werkzeuge zur Verkesselung sind paarig, so daß beide Teile genau ineinander schließen.

Bei der motorisch betriebenen Schirmmacherdrehbank kann man zum Polieren von Horn- oder Kunsthorn- und Zelluloidgriffen noch eine Schwabbelscheibe auf die Spindel setzen, die zur Wirkung hohe Geschwindigkeit erfordert.

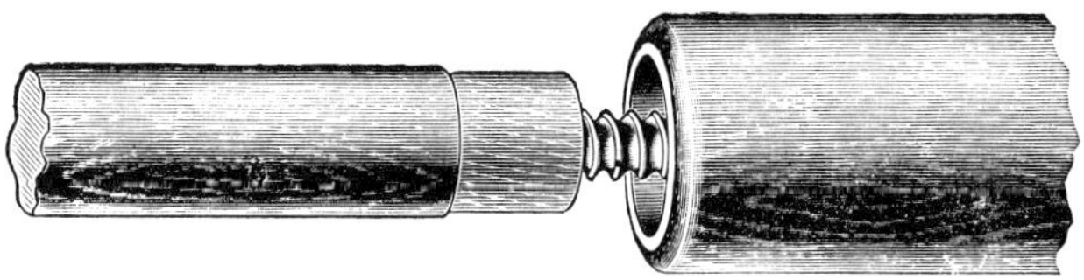

Abb. 237 a.
Werkfoto: Josef Hütten, Krefeld-Benrad

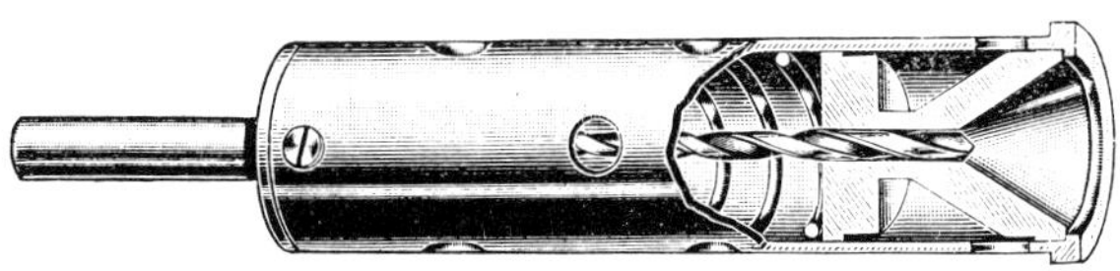

Abb. 238. Zapfenfräser.
Werkfoto: Josef Hütten, Krefeld-Benrad

Die Pfeifenfabrikation.

Die Herstellung der Tabakspfeife gliedert sich der Art und des dazu verwendeten Materials nach in Horn- und Holzpfeifenfabrikation. Im weiteren auch in die Anfertigung von Tabakspfeifen aus Meerschaum.

1. Hornpfeifenfabrikation.

Die Bearbeitung erstreckt sich auf die Erzeugung bestimmter Pfeifentypen, die sich im wesentlichen in der Art des Abgusses (Nikotinfänger) und des Kopfes unterscheiden. Die Pfeife hat einen Stummelkopf mit schräggestelltem Halm (Zapfen) oder einen Zylinderkopf mit geradem Zapfen. Als Typen erster Gattung gelten die Jütländer, Thüringer und sächsischen Formen oder die langen Pfeifen mit Göttinger Abguß. Gerade Zapfen haben die Pfeifenköpfe, mit Bügel, Stiel und Kugelabguß, zu denen die bekannten Münsterländer gehören. Die Pfeifenköpfe werden fast ausschließlich aus Holz (Bruyèreholz) hergestellt, wie auch die Abgüsse heute hauptsächlich aus Holz sind, so daß nur die Verbindungsteile zwischen Pfeifenrohr und -spitze sowie diese selbst aus Horn bestehen.

Für Hornabgüsse und zum Teil auch Pfeifenspitzen wird das dichte, feinzellige Büffelhorn verwendet, für die Knöpfe zwischen Rohr und Spitze das Brasilhorn.

Die Hornpfeifenherstellung war früher ein Produkt der Handarbeit des Pfeifendrechslers, die ganz in weitgehende mechanische Fabrikation mit Spezialmaschinen

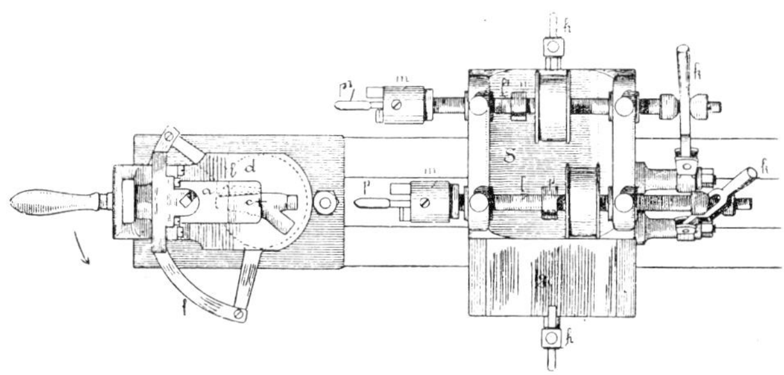

Abb. 239. Pfeifenbohrmaschine (Oberansicht).

übergegangen ist, bis auf die Pfeifenspitzen, die bisher noch der Handdreherei bedürfen und von speziellen Spitzendrechslern hergestellt werden. In bezug auf den Ausschnitt aus dem Hornmaterial unterscheidet man Kernspitzen, von denen nur eine Pfeifenspitze aus der Hornspitze hergestellt wird. Die halbierte Hornspitze ergibt zwei Halbkernspitzen und die viergeteilte die Viertelspitzen. Halbkern- und Viertelspitzen werden leicht rissig, sind aber infolge der Materialersparnis wesentlich billiger als Kernspitzen.

Das Bohren der Pfeifenköpfe und -abgüsse geschieht auf Bohrmaschinen, bei denen der Fräsbohrer auf einer Spindel rotiert und das ausgeschnittene Material auf dem Support dagegengeführt wird. Je nach der Form und den Bohrwinkeln der beiden Abgußbohrungen ist die Einstellung der Maschine verschieden, so daß auch parallel laufende Löcher gebohrt werden können, wie Abb. 239 erkennen läßt. Umgekehrt werden auch Maschinen verwendet, bei denen das Werkstück rotiert und die Bohrer, in einen Revolverkopf gespannt, nacheinander wirken und durch den Support vorgeschoben werden. Mit der Bohrung wird zugleich die Ringstelle angefräst.

Wo die beiden Bohrungen für das Rohr und den Kopf zusammentreffen, wird der Abguß mit dem Kesselbohrer ausgekesselt. Alle andere Dreharbeit, wie die der Pfeifenspitzen und -köpfe, ist Handdreherei, wobei der Drechsler im Gewindeschneiden mit dem Schraubstahl gewandt sein muß.

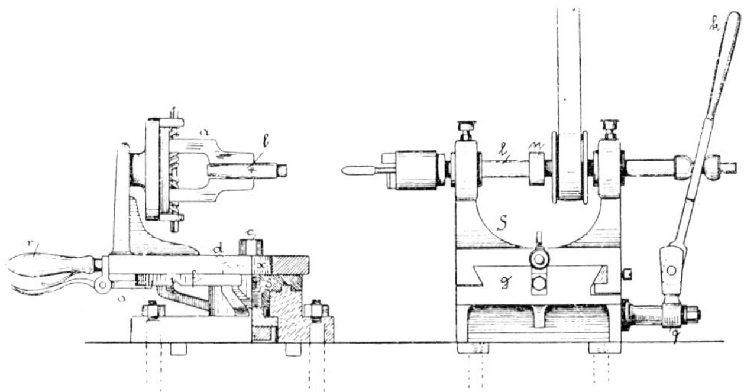

Abb. 240. Pfeifenbohrmaschine (Vorderansicht).

2. Holzpfeifenfabrikation.

In der Pfeifenindustrie ist die Herstellung der Holzpfeife von weit größerer Bedeutung, da diese sich heute allgemeiner Beliebtheit erfreut und die Hornpfeife in den Hintergrund gedrängt hat. Als Material dient fast ausschließlich das Bruyèreholz; nur ganz billige und minderwertige Erzeugnisse werden aus Rotbuchen- oder Birkenholz hergestellt.

Das Bruyèreholz ist die Wurzelmaserknolle eines Baumheidestrauches, das im Bergland Korsikas, Sardiniens und in den Pyrenäen wächst. Die ausgegrabenen Wurzelknollen werden im Sägewerk auf Kreissägen zerschnitten und das brauchbare Material in verschieden große prismatische Stücke mit einer Schrägseite zerlegt. Diese Form ist für alle Pfeifengattungen sehr zweckmäßig. Beim Zuschneiden der Stücke gibt es viel Abfall durch erdige Einschlüsse und sogenannte Gallen und Faulstücke, so daß etwa 400 bis 700 kg Wurzelstöcke erforderlich sind, um 100 kg gutes Material herauszuschneiden. Die Pfeifenklötze werden gekocht, wodurch die schöne rotbraune Färbung entsteht. Die ausgekochten Säfte sind sehr gerbsäurehaltig. Durch das Auskochen wird das Holz vor dem Reißen beim Trocknen geschützt. Die Klötze werden in Säcke von etwa 100 kg Gewicht gepackt und enthalten ungefähr 30 bis 120 Dutzend Materialstücke, je nach der Größe. Der Export erfolgt vom Hafen Livorno nach den Industriezentren der Pfeifenfabrikation von Ruhla und Umgegend. Auch Nürnberg und Höhr im Rheinland sind Sitze der Bruyèrepfeifenindustrie.

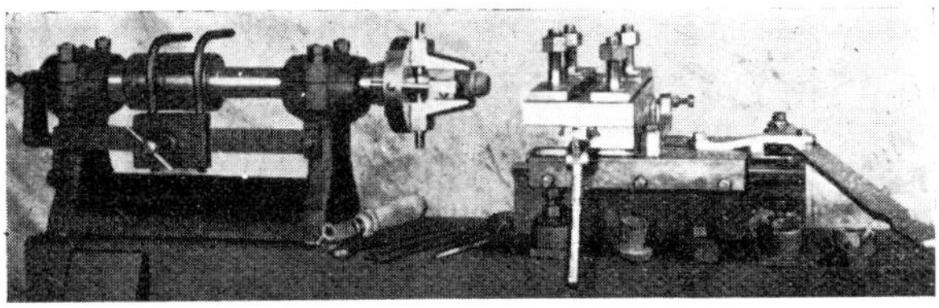

Abb. 241. Kopflochbohr- und Hinterdrehmaschine.
Werkfoto: Ernst Hülsemann, Waltershausen (Thür.)

Auch bei der Bearbeitung gibt es noch recht viel Ausschuß durch Risse und Gallen, die bei der Formung zum Vorschein kommen. Es ist unmöglich, alles mit Fehlern behaftete Material auszusortieren. Wirklich fehlerloses Material ist nur ein geringer Teil. Die Gallenstellen werden ausgekittet mit sogenanntem flüssigem Holzkitt, der dem Bruyèreholz entsprechend angefärbt im Handel ist. Der Kitt läßt sich auch beizen. Für erste Qualität von Pfeifen wird schön gezeichnete Maser herausgesucht. Stark verkittete Pfeifen werden dunkel gebeizt.

Der Werdegang der kurzen Bruyèrepfeife mit geradem oder gebogenem Mundstück zeigt sich in fünf verschiedenen Arbeitsgängen, wozu noch die Herstellung des Horn- oder Kunstharzmundstückes kommt, und die Montiermaschine zum Einbohren des Verbindungsloches zwischen Kopf- und Stielbohrung sowie das Anfräsen der Zwinge. Die Handarbeit besteht nur in dem Ausformen zwischen Kopf und Stiel auf Kreisstoßfeilen.

Der erste Arbeitsgang besteht im Ausbohren des Tabakloches und Formen des Kopfes bis zum Stielansatz auf der Kopflochbohr- und Hinterdrehmaschine (Abb. 241). Dabei ist der Pfeifenklotz in ein Zweibackenfutter eingespannt und rotiert auf der Spindel. Der Bohrer und

Abb. 242. Schnelldrehbank für Pfeifen.
Werkfoto: Ernst Hülsemann, Waltershausen (Thür.)

Drehstahl, der die Form außen andreht, wird im Support geführt. Die Hinterdreheinrichtung kommt nur bei Pfeifen in Anwendung, deren Wölbung nach hinten abfällt, wie solchen mit geradem Stiel. Steigt die Form nur nach hinten an, z. B. an der Pfeife mit gebogenem Mundstück, kommt die umgekehrt arbeitende Schnelldrehbank in

Abb. 243. Stielfräsmaschine.
Werkfoto: Ernst Hülsemann, Waltershausen (Thür.)

Abb. 242 in Anwendung. Hier rotiert der Kopflochbohrer und der seitlich eingespannte Drehstahl. Der Pfeifenklotz ist in das auf dem Support gespannte Zangenfutter gespannt und wird durch den Schlitten dagegengeführt, wobei das Futter im Vorgehen den Kopf selbsttätig festspannt und beim Zurückgehen auslöst.

Im zweiten Arbeitsgang tritt die Stielfräsmaschine (Abb. 243) in Tätigkeit. Der Stiel wird durch die in die rotierende Scheibe eingesetzten Messer rund, oval oder auch kantig gefräst, je nachdem die Bewegungen der Maschine eingestellt sind. Die in Segmentrichtung gestellten Messer schneiden leicht, nicht stoßweise vorbei, wodurch glatter Schnitt erzielt wird.

Im dritten Arbeitsgang (Abb. 244) wird das Unterteil des Kopfes gerundet. Der mit Messern besetzte Kopffräser fräst die im Futter durch Zangenspannung festgehaltene Pfeife rund. Das erfolgt bei langsamer Drehung der Spindel mittels der Kurbel bis zum Stielansatz durch Begrenzung der Drehung durch Anschlag. Der Frässupport ist ausschwenkbar, so daß er in jeder Schräglage der Kopfform entsprechend eingestellt werden kann.

Abb. 244. Abrundfräsmaschine.
Werkfoto: Ernst Hülsemann, Waltershausen (Thür.)

Das Formen der Pfeife bedarf in jedem Falle der drei angeführten Arbeitsgänge im Wechsel der einen oder anderen Maschine gemäß der Form und Eigenheit der Pfeife.

Zur Vollendung bedarf es noch der Handarbeit des Drechslers, das stehen gebliebene Holz zwischen Kopf und Stiel wegzunehmen. Es gehört Geschick und Übung dazu, an der schnellrotierenden Kreisstoßfeile den Kopf der Pfeife auszuformen.

Die Leistungen der Pfeifenfräsmaschinen sind enorm, sonst wären die Pfeifen nicht so billig herzustellen, was auch von der Behendigkeit der Pfeifendrechsler abhängt.

Die Leistung einer Schnelldrehbank beträgt bis zu 500 Stück und der Hinterdrehmaschine ca. 300 Stück in der Stunde; die der Stielfräsmaschine 400 Stück und der Kopfabrundfräsmaschine ebenfalls 400 Stück. Zum Abfräsen des stehen gebliebenen Holzes an der Feilscheibe braucht der geschickte Arbeiter für 250—300 Stück eine Stunde.

Das Schleifen der Bruyèrepfeifen erfolgt auf Schleifscheiben, deren Schleiffläche etwas gewölbt ist. Das Schleifpapier wird in mehreren Lagen über die Scheibe gezogen und am Rande umgefaltet. (Siehe Abb. 260, S. 282.) Unter dem Papier liegt eine schwache Filzlage, so daß ein Schleifpolster entsteht, das nachgiebig ist beim Schleifen der gewölbten Formen. Es kommen auch kurze schmale Schleifbänder zum Ausschleifen auf der Drehbank zur Anwendung. (Siehe Abb. 338, S. 420.)

Das Braunbeizen kann bei heller Färbung mit einer schwachen Lösung doppelchromsauren Kalis oder mit Kalkwasser geschehen, da Bruyèreholz sehr gerbsäure-

Abb. 245. Mundstückfräsmaschine.
Werkfoto: Ernst Hülsemann, Waltershausen (Thür.)

haltig ist. Sehr dunkles Braun erhält man mit übermangansaurem Kali oder mit den im Abschnitt „Beizen und Färben" angegebenen Räucherbeizen, die sich besonders für ausgekittete Pfeifen eignen, weil sie die Kittstellen mit färben, was bei Entwicklungsbeizen wie die Kalibeize nicht stattfindet.

Meist werden die Bruyèrepfeifen mattiert, indem sie nach dem Schleifen mit Schellackpolitur oder mit Zelluloselack getränkt und dann auf der Schwabbelscheibe mit weicher Polierpaste geschwabbelt werden.

Ein hitzebeständiger Lacküberzug erfordert das Trocknen im Lackierofen bei besonderen Lacken.

Neben der Herstellung der Pfeifenköpfe läuft die Spitzenmacherei. Die Mundstücke werden aus Horn oder

Kunstharz hergestellt oder bei billigen Pfeifen aus gepreßtem Hartgummi.

Auch dazu sind Spezialfräsmaschinen, wie Abb. 245, im Gebrauch. Die Arbeit des Fräsens des gebohrten Materials besteht nur im Einspannen zwischen Spindel und Pinole der Maschine und langsamer Umdrehung durch Vorschieben des parallel der Spindel bewegten Schlittens, der sich, der elliptischen Form der Schablone entsprechend, an den Messern der Fräserscheibe vor und zurück bewegt, um den Spitzensattel zu formen.

Letzten Endes bedarf es noch der Montierung des Mundstücks an der Pfeife.

Auch dazu werden Maschinen angewendet, auf denen nicht nur die Bohrung für den Mundstückzapfen in den Stiel hergestellt wird, sondern auch der Luftkanal zwischen Kopf und Stiel.

Aufmaß, Konstruktion und Bearbeitung von Treppenkrümmlingen und Kropfstücken.

Der Drechsler hat nicht immer nur die gedrehten Treppensprossen herzustellen; es tritt an ihn auch die Aufgabe heran, die Aufstellung des ganzen Geländers zu übernehmen. Hier macht dem Neuling auf dem Gebiete die Austragung und Herstellung der Krümmlinge des Handgriffs (Kropfstücke) Kopfschmerzen.

Der Treppenkrümmling ist eine Verwindung des Handläufers, deren Steigung parallel der Oberkante der Treppenwange verläuft. Je enger der Bogen ist, um so steiler zeigt sich die Verwindung. Es gibt viertelwendige, halbwendige und Wendeltreppen.

Die erste Aufgabe bei der Konstruktion des Kropfstückes ist das Feststellen der Steigungslinie vom Beginn der Wendung bis wieder zum Beginn der geraden Strecke des Handläufers.

Die Abb. 246 zeigt die schematische Darstellung des Grundrisses einer halbgewundenen Treppe und im Aufriß die Steigung des Wangenkrümmlings vom Beginn der Wendung a bis wieder zum Ansatz des geraden Wangenteils. Die Steigung des Krümmlings ergibt sich aus der senkrechten Aufmessung von a bis g. Teilt man den Halbkreis im Grundriß in 6 Teile ein und ebenso die Höhe im Aufriß in 6 Teile, so erhält man durch Ziehen von senkrechten und waagerechten Linien von den Punkten a bis g im Grund- und Aufriß Kreuzungen, durch deren Verbindung die Steigungslinie des Krümmlings entsteht.

In Abb. 247 ist die Konstruktion des Krümmlings als Körper dargestellt, wobei, wie der Grundriß zeigt, sie um 90 Grad gedreht ist, um mehr Ansicht für die weiteren Austragungen zu haben.

Zum guten Verständnis der Darstellung ist natürlich räumliches Denken Voraussetzung, ohne das man den Erklärungen der Konstruktion nicht zu folgen vermag.

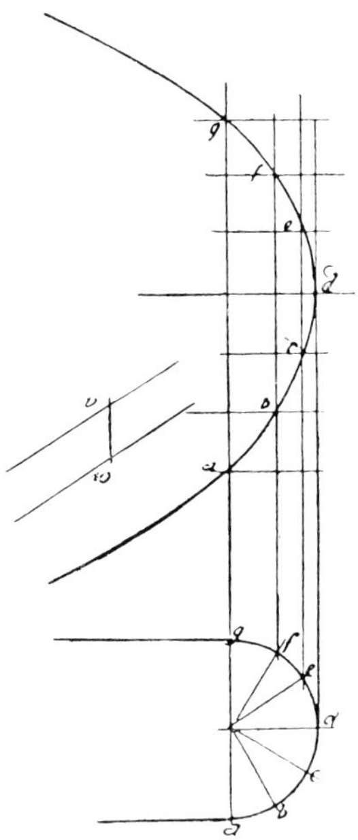

Abb. 246. Aufmaß des Treppenkrümmlings.

Der Drechsler sollte im allgemeinen sich mehr mit geometrischem Zeichnen befassen; das würde ihm bei der Herstellung seiner Werkzeichnungen sehr nützlich sein.

Nehmen wir an, die oben gegebenen Abmessungen der Steigung des Krümmlings a—g seien hier 1—6 im Aufriß und der Kreisbogen im Grundriß a—g sei der gleiche wie in Abb. 246, so erhält man durch das Ziehen der Linien von diesen Punkten aus ein Netz, durch dessen Kreuzungspunkte die äußere Windungslinie gezogen wird.

Die gleiche Einteilung des inneren Kreises im Grundriß h—o und die Heraufnahme der Punkte in den Aufriß ergibt die Kreuzungen für die innere Windungslinie und damit die Breite des Kropfstückes bei Verbindung der Kreuzungspunkte.

Die Höhe des Querschnitts am Kropfstück ergibt der senkrechte Schnitt v—w durch den Handläufer, wie in Abb. 246 dargestellt. Diese Höhe wird auf allen Kreuzungen aufgemessen; so entstehen die schraffierten Schnitte a—g im Aufriß, durch deren Ecken alle Windungslinien laufen.

Von hier aus ist nun die S c h a b l o n e zum Ausschneiden des Kropfstückes zu konstruieren und zugleich die dazu erforderliche Länge und Breite desselben zu ermitteln. Die Länge erhält man durch das Ziehen von Linien beiderseits der Windung, wie die beiden Punkt-Strich-Linien zeigen. Die Länge wird bestimmt durch die Senkrechten von a und g im Grundriß, wo diese sich mit den Punkt-Strich-Linien schneiden und durch die punktierte Querlinie oben und unten verbunden sind.

Um die Schablonenkurven zu erhalten, zieht man eine Parallellinie s—t, um aus dem Liniennetz herauszukommen und die Konstruktion klarer zu gestalten.

Die von hier aus zu ermittelnde Schablone ist der umgelegte Seitenriß des Krümmlings in wirklicher Größe, also die Breite des benötigten Holzes.

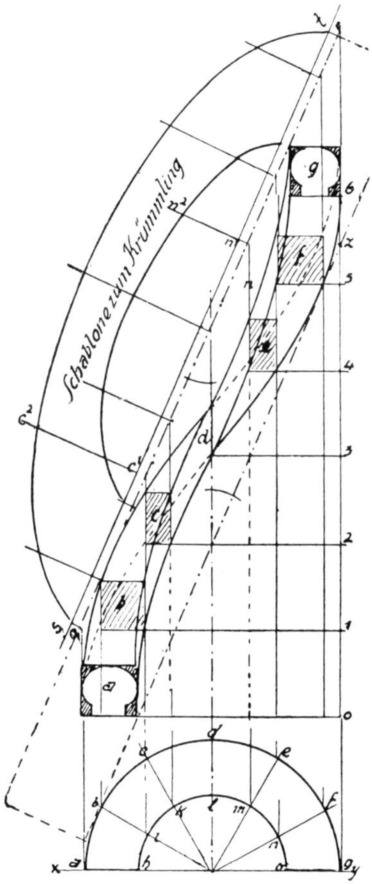

Abb. 247.
Konstruktion des Treppenkrümmlings für halbwendige Treppe.

Um die Schablonenkurve zu erlangen, werden dort, wo die vom Grundriß ausgehenden senkrechten Netzlinien die schräge Punkt-Strich-Linie treffen, im Winkel seitlich Hilfslinien gezogen, wie z. B. c^1 von der Linie s—t ausgehend. Die Entfernung von c^1 bis c^2 ist gleich der Strecke von x bis y im Grundriß nach c. Es sind also alle Linien vom äußeren Kreisbogen des Grundrisses hochzunehmen, bis auf die Punkt-Strich-Linie seitlich abzuwinkeln und die Strecken der Grundlinie x—y bis b, c, d, e und f zu messen und oben auf den abgewinkelten Linien von s bis t aus, wie in c beschrieben, aufzutragen. Die Verbindung der erhaltenen Punkte ergibt die Kurve über s—t der Schablone.

Das gleiche wird vom inneren Kreisbogen des Grundrisses ausgehend ausgeführt, wie es z. B. bei m durchgeführt ist, wo die Strecke m^1 bis m^2 gleich der Höhe von x bis y nach m im Grundriß ist. Also alle Strecken von x bis y nach i, k, l, m und n sind nach oben auf die Schräge a—g geleitet, rechtwinklig abgewinkelt von s bis t ausgehend aufzutragen. Die erhaltenen Punkte verbunden, ergeben die Innenkurve der Schablone.

Auftragen der Schablone auf das Holz.

Die Schablone wird auf Pappe genau übertragen und àusgeschnitten. Dann wird sie vom Ende des Holzes aus aufgezeichnet, und ebenso an der Unterseite desselben, aber vom anderen Ende ausgehend. Ist die Schablone oben und unten auf dem Holz aufgerissen, so wird der

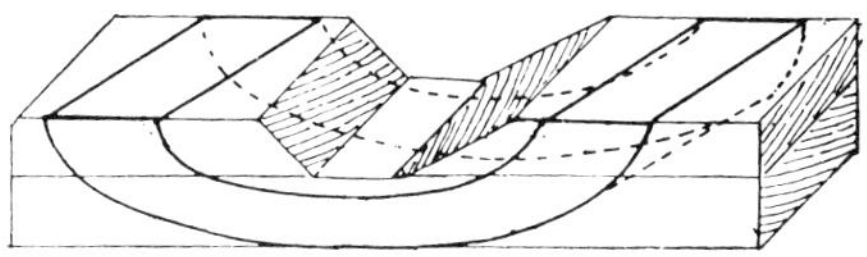

Abb. 248. Ausschnitt des Krümmlings.

Krümmling mit der Säge ausgeschnitten. Das muß mit der Handsäge (Schweifsäge) geschehen, indem das Holz in den Schraubstock eingespannt wird.

Zum Schneiden gehören zwei Mann, von denen jeder nach seinem Riß die Säge lenkt. Viertelwendige Kropfstücke kann man zur Not auf der Bandsäge bei schräger Lage auf dem Tisch schneiden; bei halbwendigen läßt dies die doppelt hohe Steigung nicht zu. Die Abb. 248 zeigt die Zurichtung des Holzes in isometrischer Darstellung zur Erläuterung. Das Holz ist so verleimt, daß möglichst wenig Material gebraucht wird. Um die Verschiebung der unteren Schablone gegenüber der oberen genau dem Steigungsverhältnis entsprechend zu bestimmen, wird sie mit der Stellschmiege aus Abb. 247 entnommen. Der Winkel ergibt sich aus der Senkrechten zur Schräglinie a—g. Der eingestellte Winkel wird am Holz angelegt, aufgerissen und dementsprechend die Unterschablone aufgesetzt.

In Abb. 249 ist der Vollständigkeit wegen noch die Ermittlung des viertelwendigen Krümmlings gezeigt, bei dem schon 4 statt 6 Hilfsschnitte genügen, um die Verwindung herzustellen. Im übrigen wird genau so verfahren wie in Abb. 246. Die Abbildung zeigt die ausgetragenen Außen- und Innenbogen und die erforderliche Länge des Holzes noch klarer, weil weniger Hilfslinien erforderlich sind.

Ist das Kropfstück nach der hergestellten Schablone ausgeschnitten, wie schon bei dem halbwendigen erläutert

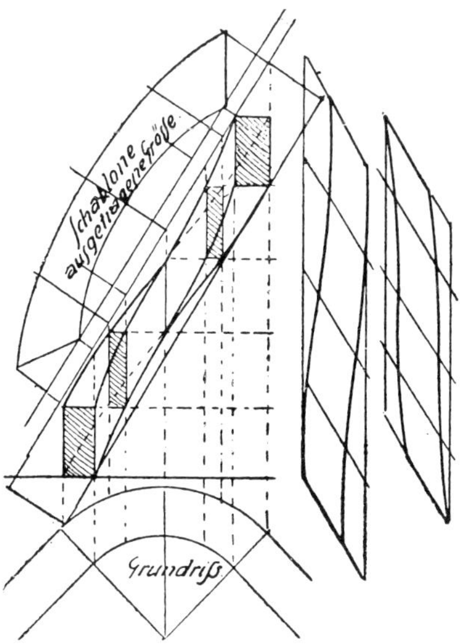

Abb. 249. Konstruktion der viertelwendigen Treppe.

wurde, so bedarf es noch des seitlichen Ausschnittes der gewundenen Linie oben und unten. Das kann auch genau ausgetragen werden, wie die Konstruktion in Abb. 249 rechts zeigt. Es ist aber praktisch einfacher, man nimmt einen starken, parallel geschnittenen Papierstreifen, dessen Breite gleich der Höhe des Handläufers ist, mit der üblichen Zugabe zur Bearbeitung und legt ihn um den Bogen des ausgeschnittenen Krümmlings so, daß, wie die Abb. 249 rechts zeigt, er an dem einen Ende oben, am anderen genau unten anliegt und reißt ihn mit dem Bleistift am Holz an. Dasselbe wird an dem inneren Bogen in umgekehrter Weise vorgenommen und nun von beiden Seiten nach den Rißlinien ausgesägt.

Wer sich mit den erläuterten Konstruktionen nicht zurechtfinden kann, dem sei folgender einfacher, wenn auch nicht so genauer Weg gegeben, um die Schablone für das Kropfstück zu finden.

Auf die Treppenwange wird über den Stufen eine breite Pappe gelegt und innen und außen an den Kanten des Wangenkropfstückes von unten mit dem Bleistift angerissen. Die so entstandenen Schablonenkurven müssen dann um so viel verbreitert werden, als der herzustellende Krümmling breiter sein muß als die Wangenstärke beträgt.

Die beiden Seitenschablonen der Verwindung können wieder mit dem Papierstreifen angerissen werden.

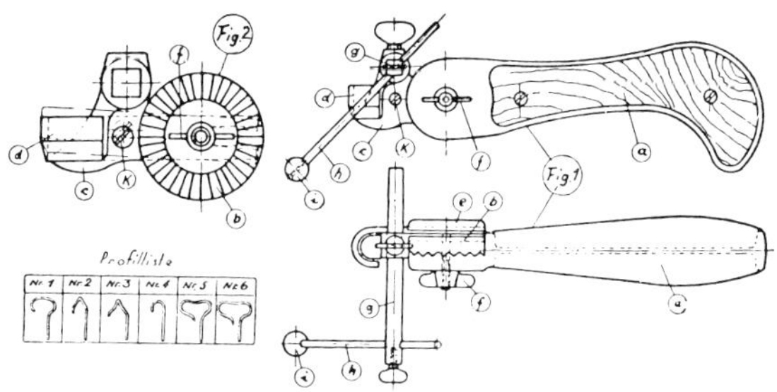

Abb. 250. Werkzeug zum Ausarbeiten des Krümmlings.

Nun bleibt noch die schwierigste Arbeit, das Fassonieren des ausgeschnittenen Kropfstückes nach dem Querschnitt des Handläufers, übrig. Auf beiden Stirnseiten wird die Form nach einer hergestellten Schablone angerissen und so gut es geht mit dem Schnitzeisen ausgearbeitet. Dabei kann eine Kreisraspel auch gute Dienste tun, um rationell zu arbeiten. Zum Säubern dienen gebogene Riffelraspeln und Feilen. Hier muß ein jeder sehen, wie er am vorteilhaftesten zum Ende kommt, denn die Form der Handläufer ist sehr verschieden.

In der Abb. 250 ist ein neues Werkzeug geschaffen, das sich zur Bearbeitung schwer zugängiger Werkstücke, besonders um Treppenkrümmlingen im inneren Bogen zu fassonieren, eignet. Der Handgriff a kann durch die gezahnte Scheibe b in jeder Schnittlage zum Messer c eingestellt werden, um damit kräftig durchziehen zu können.

Die Feststellung des Griffes und zugleich des Messers, das zwischen der Deckscheibe e eingeklemmt ist, erfolgt durch die Flügelschraube f. Die Profilmesser können ausgewechselt werden; dazu sind 6 verschiedene gebräuchliche Formen beigegeben. Die Messer sind hakenförmig gebogen und haben dadurch hohe Schnittstellung, so daß sie kräftig wirken können. Der verstellbare Anschlag gibt die seitliche Führung und d die Tiefenwirkung des Messers für die Spanabnahme. Das Werkzeug wird am Griff mit beiden Händen geführt.

Die Kropfstücke werden am besten schon nach dem Ausschneiden an die Handläufer angepaßt und eingedübelt oder mit Schrauben und Muttern angezogen, indem letztere von unten etwa 30 mm vom Ende eingestemmt und angezogen werden.

Kegelbahnbau, Kegel und Kugeln.

Seitdem das Kegelspiel sich zu einem vollgültigen Sport entwickelt hat, ist der Kegelbahnbedarf zu einem nicht zu unterschätzenden Faktor der Arbeitsbeschaffung für den Drechsler geworden. Dabei beschränkt sich der Drechsler nicht nur auf die Herstellung der Kegel und Kugeln, häufig wird ihm auch die Aufgabe gestellt, ganze Bahnen auszustatten.

Als Sportbehörde stellt der Deutsche Keglerbund hohe Anforderungen an Bahn, Kegel und Kugeln. Sie müssen nach den Vorschriften genau maßhaltig sein.

Im Kegelsport unterscheidet man vier Bahnarten, die sich wesentlich untereinander unterscheiden:

1. Die Asphaltbahn, hauptsächlich in Mittel- und Süddeutschland heimisch;
2. die Bohlenbahn, in Norddeutschland zu Hause;
3. die Scherenbahn, in Westdeutschland, als eine Abart der Bohlenbahn;
4. die Internationale oder Zehner-Kegelbahn.

Bei allen Bahnarten ist besondere Sorgfalt auf den Untergrund zu verwenden, der gut betoniert sein muß, besonders bei der Asphaltbahn. Hier bedarf es einer Grundschicht von 12 cm in Schlackenbeton und, wenn notwendig, zur Sicherung gegen Erdfeuchtigkeit, noch einer Isolierschicht aus Bitumen. Auf den Beton kommt eine 3 cm starke Zementschicht und nachher erst die 28 mm hohe Asphaltdecke.

1. Die Asphaltbahn hat keine Steigung; sie soll waagerecht nach Länge und Breite liegen. Das zu ermitteln, bedient man sich der Schlauchwaage. Mit Richtscheit und Wasserwaage läßt sich bei der Länge der Bahn die Genauigkeit nicht erzielen.

Die Abb. 251 zeigt den Querschnitt der Asphaltbahn mit den vorgeschriebenen Maßen. Zu beiden Seiten sind Lehrleisten angebracht für den gleichmäßigen Belag. Die Seitenbretter müssen kräftig sein.

Die Aufsatzbohle ist nicht aus einem Stück, sondern aus einzelnen Riemen zusammengespundet und durch Eisenstäbe und Mutterschrauben zusammengezogen. Sie muß dicht auf dem Beton liegen und durch Dachpappe gegen Feuchtigkeit isoliert sein.

Das Standkreuz (Abb. 252) kann ein hölzernes oder ein Eisenrahmen sein. Der hölzerne Vierpaß ist ein dop-

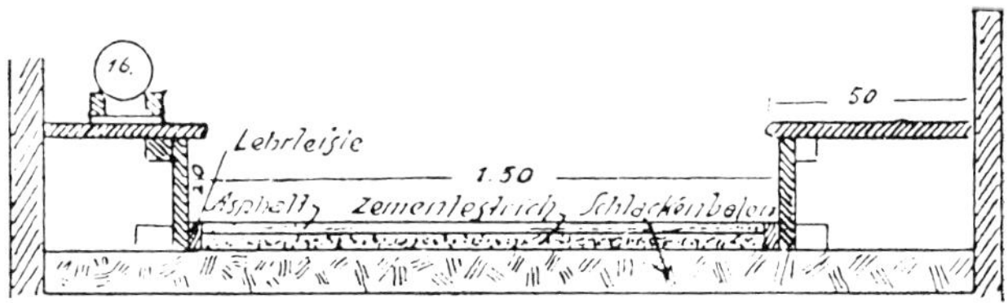

Abb. 251. Querschnitt durch die Asphaltkegelbahn.

pelt zusammengesetzter Parkettboden, der, wie die Aufsatzbohle, mit 4 mm starkem Linoleum belegt ist. Bohle und Standkreuz sind aus Rotbuche.

Bei allen Bahnarten wird sogenannte Fleckstellung verlangt. Das sind eingelassene Stahlplatten mit hohlkugelartiger Vertiefung, in welche die aus dem Kegel vorstehende Stahlkugel der Standbüchse hineinpaßt, so daß die Kegel beim Aufsetzen in genauer Entfernung voneinander stehen.

Die Entfernung der Seitenkegel voneinander ist 1 m. Das Standbrett mißt 1,25 m. Die Kegelgrube hinter den Kegeln ist 1,25 m lang und liegt etwas tiefer als die Bahn. Der Kugelfang ist mit starkem Linoleum belegt. Das Prellpolster an der Wand ist mit starkem Segeltuch bespannt oder es werden Kokosmatten aufgehangen.

Die Maße und Anordnungen des Kegelstandes sind bei den drei deutschen Bahnen gleich, nur die Zehner-Kegelbahn hat andere Kegelstellung.

2. Die Bohlenbahn hat gegenüber der Asphaltbahn 10 cm Steigung. Den Untergrund bildet eine 10 cm starke Betonschicht. An die Aufsatzbohle, die mit Linoleum belegt ist, schließt sich die Laufbohle an; sie reicht bis an das Standkreuz und hat die Breite der Aufsatzbohle. Sie ist ganz flach gekehlt, und zwar durchgehend 4,5 mm tief. Am Anfang und Ende geht sie in der Länge von 75 cm ins Gerade über, indem sie sich dabei von 25 zu 25 cm um 1,5 mm verflacht. Zu beiden Seiten der Laufbohle liegt einige mm tiefer der seitlich abfallende Brettboden, so daß die Kugel, sobald sie die Bohle seit-

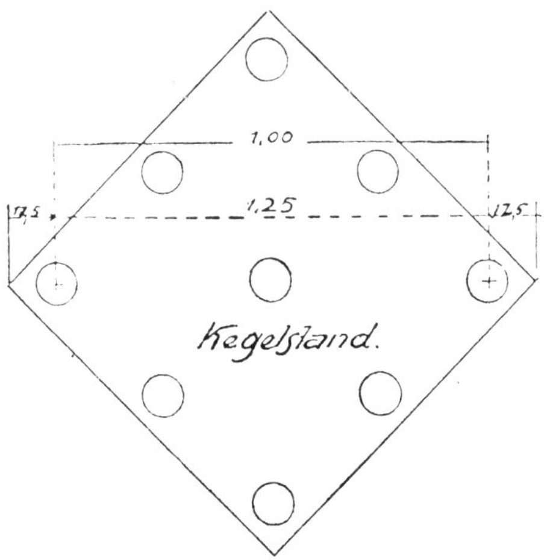

Abb. 252. Kegelstand für deutsche Bundeskegelbahnen.

lich verläßt, abrollt. Die Laufbohle steht mit dem seitlichen Belag nicht in Verbindung; sie ist ausrichtbar montiert, indem in bestimmten Abständen Flacheisen quer untergeschraubt sind, mittels deren durch Stellschrauben die Bohle von oben in Anbohrung des Seitenbodens gehoben und gesenkt werden kann, um sie mit der Wasserwaage nach Bedarf ausrichten zu können.

Die Bohle ist wie die Aufsatzbohle aus langen Riemenhölzern zusammengesetzt, die in den Holzlängen ineinandergeschoben und durch Eisenstäbe quer verschraubt sind.

Zu den Aufsatzbohlen und den Laufbohlen der Bohlen- und Scherenbahn darf kein gedämpftes Buchenholz verwendet werden; es ist zu weich. Die Buchenriemen müssen mindestens zweijährig lufttrocken gelagertes Holz sein, das noch in Trockenkammern sachgemäß nachgetrocknet werden muß, damit es sich nicht verzieht.

3. Die Scherenbahn unterscheidet sich von der Bohlenbahn durch die Gestaltung der Laufbohle, welche sich in den letzten 9 m allmählich verbreitert bis zur vollen Breite der Bahn auf 1,25 m an den Kegeln. Die Kehlung ist die gleiche wie bei der Bohlenbahn. Sie ist auch ausrichtbar angeordnet und hat 10 cm Steigung nach den Kegeln.

4. Die Zehnerbahn (Internationale Parkettbahn) ist ganz anders gestaltet. Sie kommt zur Austragung von Keglerturnieren immer mehr zur Geltung. Sie ist wesentlich kürzer als unsere deutschen Bahnen. Auf den Anlauf kommen 4,50 m, auf die Parkettfläche 18,30 m Länge und 1,06 m Breite. Zu beiden Seiten befinden sich 25 cm breite Rinnen, in denen die vom Parkett abgekommene Kugel ins „Aus" läuft, wie bei der Bohlen- und Scherenbahn. Es wird mit Lochkugeln gekegelt.

Grundmaße der Kegelbahnen.

Bahnart	Ganze Länge m	Breite der Bahn m	Aufsatzbohle Länge m	Aufsatzbohle Breite m	Länge von Aufsatzbohle bis Kegelkreuz	Anlauf bis zur Aufsatzbohle
Asphaltbahn	28,50	1,50	5,50	0,35	19,50	1,00
Bohlenbahn	31,25	1,50-1,75	5,50	0,35	23,50	—
Scherenbahn	25,87	1,50-1,75	5,50	0,35	18,50	—
Zehnerkegelbahn	24,12	1,52	3,65	1,06	19,20	1,22

Bei der Internationalen Kegelbahn stehen die 10 Kegel im gleichschenkligen Dreieck. Sie sind alle gleich hoch, ohne die Bezeichnung eines Königs.

Der Kugelrücklauf.

Bei der modernen Kegelbahn ist der Rücklauf der Kugel anders gebaut als die frühere schräge Rinne, bei der die Kugel mit mehr oder weniger Gefälle in den Kugelkasten fiel und dem unvorsichtigen Kegler Quetschungen der Finger eintrug. Die Anlage besteht aus zwei schmalen Latten, die im Abstand von 7,5 cm lichter Weite nebeneinander liegen und auf deren Innenkanten die

Kugeln vom Kugelfang bis zum Keglerstand laufen. Der gerade Teil des Rücklaufes liegt auf den Seitenpodesten der Bahn auf. Bei Doppelkegelbahnen liegt der Rücklauf zwischen den Bahnen und dient beiden zugleich. Fall und Steigung des Rücklaufes sind so zu berechnen, daß die Kugel sanft am Keglerstand einläuft. Von dem ca. 1,20 m hohen Einwurfkasten fällt der Rücklauf in Länge von etwa 1,50 m steil ab und läuft dann waagerecht ca. 17 m auf dem Seitenpodest der Bahn, um in 1,80 m Länge sich auf 45 cm zu heben und in den Kugelkasten sanft einzulaufen.

Bei modernen Bahnen schließt der Kugelrücklauf (Abb. 253) nach einem amerikanischen System ab, indem die Kugel steil aus dem Einwurf ablaufend bis zum Keglerstand eben rollt und zum Schluß in kurzem Kreisbogen infolge der Fliehkraft hoch geschwungen wird und in der Sammelstelle in handlicher Höhe sanft landet, so daß Verletzungen der Hände bei der Entnahme ganz ausgeschlossen sind.

Kegel und Kugeln.

Kegel und Kugeln sind ureigene Arbeit des Drechslers. Die Anforderungen an die Kegel sind bei Bundesbahnen aber andere als früher, wo sie der Drechsler so nach seinem Sinn herstellte.

Die K e g e l sind genormt und müssen, wie die Bahnen, genau nach Maßen und Vorschriften des Deutschen Keglerbundes hergestellt sein, um als Sportbahnen anerkannt zu werden. Die Abb. 254 zeigt die Form und Hauptmaße des Bundeskegels und eines solchen für die Internationale Bahn.

Für das Kegeln zum Sportabzeichen sollen die drei vorderen Kegel gleiches Gewicht haben, um immer gleichen Kegelschlag zu haben, der auf den Fall der anderen von Einfluß ist. Diese drei Kegel werden durch einen farbigen Ring um den Hals gezeichnet. Das Kegelgewicht beträgt 1750—1770 g, also mit Toleranz von 20 g.

Zur Herstellung der Kegel wird ein gesundes, astfreies und schlicht gewachsenes, nicht drehwüchsiges Weißbuchenholz verlangt. Auf Asphaltbahnen wird häufig sehr forsch gekegelt; da spaltet bei drehwüchsigem Holz der Kegel am Hals bald durch. In solchen Fällen muß der Drechsler Ersatz leisten.

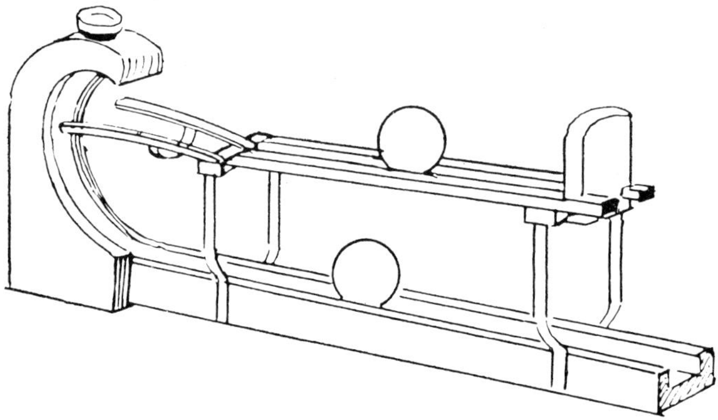

Abb. 253. Kugelrücklauf.

Die Kegel können vom Stamm als Viertelholz gespalten oder aus Bohlen geschnitten werden. Das Holz muß zum mindesten zwei Jahre luftgetrocknet sein, ehe es zu Kegel geschnitten wird. Die Kegel werden dann ausgeschruppt und wieder gelagert, wobei die Hirnholzstellen an Kopf und Hals durch Bestreichen mit Firnisersatz, der mit Terpentinersatz verdünnt ist, vor Rißbildung geschützt werden.

Die Länge des Normalkegels ist 40 cm, des Königs

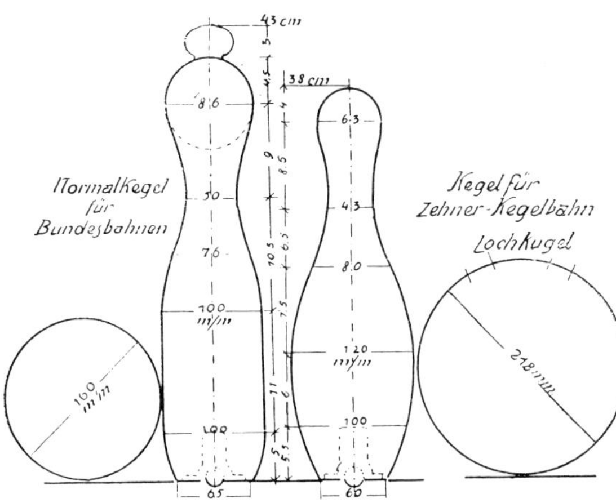

Abb. 254. Kegel und Kugel.

43 cm. Die Hauptstärke beträgt 10 cm. Der Kegel der Zehnerbahn (Internationale Parkettbahn) ist nur 38 cm hoch und 12 cm stark.

Auf der Standfläche der Kegel ist zur genauen Fleckstellung eine Standbüchse eingelassen, die hinsichtlich der Befestigung im Kegel in verschiedenen Ausführungen im Handel ist. Am besten eignen sich solche, die in den Kegel eingeschlagen werden, wobei drei Stahlnasen seitlich in die Bohrwandung dringen. Das Festschrauben der Büchsenplatte gibt nicht den erforderlichen Halt der Holzschrauben in dem Hirnholz.

Die Standbüchsen müssen unbedingt scharf in die Bohrung einpassen; deshalb ist zu raten, vom Hersteller derselben sich einen dazu passenden Fräsbohrer mitliefern zu lassen.

Die zehn Kegel der Internationalen Bahn stehen im gleichseitigen Dreieck. Die Seite der Grundplatte beträgt 1,06 m. An der Spitze des Dreiecks steht ein Kegel, in der zweiten Reihe stehen zwei, in der dritten drei und in der vierten vier Kegel. Die Kegel unterscheiden sich in Größe und Form wesentlich von denen der deutschen Bundesbahnen. Sie sind nur 38 cm hoch, aber 12 cm stark, und ausgebaucht, flaschenförmig. Ein „König" ist nicht vorhanden. Die 21 cm große Kugel hat zwei Löcher zum Eingreifen des Daumens und Mittelfingers. Die Kugel wird beim Kegeln vorgeschleudert.

Die K e g e l k u g e l n sind in ihrem Durchmesser auch genormt. Er beträgt

für die Asphaltbahn . . . . 16 cm
für die Bohlenbahn . . . . 16,5 cm
für die Scherenbahn . . . . 16 cm
für die Zehner-Kegelbahn . . 21,8 cm

Als Kugelmaterial dient das Pockholz und das Quebrachoholz von altersher. Letzteres von braunroter Farbe ist leichter im Gewicht und der Abnutzung mehr unterlegen.

Es werden auch viel Kugeln aus Kunstharzpreßstoff hergestellt, einem Schichtstoff, der aus mit Kunstharz getränktem Segeltuch besteht, welcher unter hohem hydraulischen Druck bei Wärmeentwicklung zu einer festen Masse in genaue Kugelform gepreßt wird. Die Abnutzung dieses Baustoffes ist sehr gering und gleichmäßig gegenüber der an den Stirnseiten sich weniger als an der Längsseite abnutzenden Pockholzkugel, die mit der Zeit unrund wird.

Es werden auch gegossene Kunstharzkugeln verwendet, die wie die Pockholzkugeln vom Drechsler abgedreht werden, was bei den geschichteten Preßstoffkugeln nicht geschehen kann.

In jüngster Zeit wird wieder ein neuer Kunstharzbaustoff, das Lignofol, zu Kegelkugeln empfohlen, das ein Ersatz für das Pockholz als Auslandsprodukt sein kann. Lignofol ist ein Schichtstoff aus deutschem Holz (Rotbuche, dessen schwache furnierartige Platten mit Kunstharz durchtränkt unter hohem Druck zu Blöcken zusammengepreßt sind, um zu Kugeln gedreht zu werden.

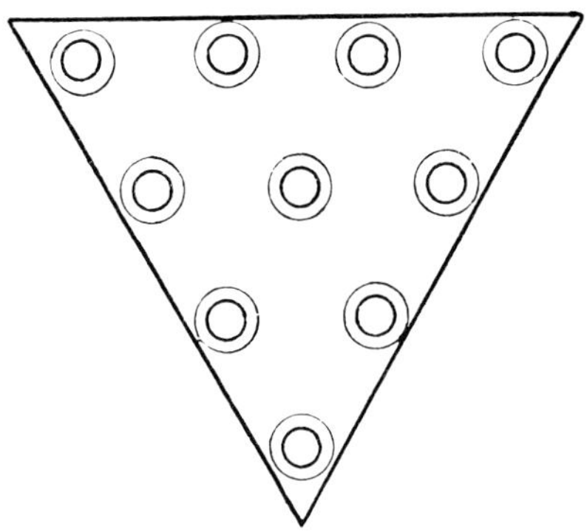

Abb. 255. Kegelstand der Zehnerkegelbahn.

IV. Teil.

Oberflächenbehandlung der Holzarbeit.

Die erste Arbeit des durch Hobeln, Drehen oder Feilen geformten Werkstücks besteht im Schleifen desselben, dem je nach Art der Ausführung eine Verfeinerung durch Beizen, Färben, Polieren oder Anstrich erfolgt.

Das Verkitten.

An der Oberfläche des fertigen Werkstückes zeigen sich oft schadhafte Stellen, kleine Astlöcher oder Unreinheiten der Fläche, die vor dem Beizen ausgeglichen werden müssen. Man macht das nach dem Wässern der Arbeit durch Auskitten. Zur Ausfüllung kann verschiedener Kitt verwendet werden. Vor allem muß er für die Beize aufnahmefähig sein, damit die Kittstelle dem Holz in der Farbe angeglichen werden kann und nicht heraussticht. Das beliebte Ausbrennen mit Schellack ist nur dann zweckmäßig, wenn die Kittung in der Färbung des Holzes nicht auffällt. Zum Kitten stellt man sich eine Stange aus Schellack her, indem man ihn, in ein Stück Leinwand gehüllt, in kochendes Wasser hält und, sobald er erweicht ist, zu einer Stange knetet. Der Schellack bleibt dann hellbraun und wird nicht dunkel, wie beim Zusammenschmelzen über einer Flamme. Zum Einkitten dient die nicht rußende Spiritusflamme.

Mit Leimkitt läßt sich die Kittstelle im Holz am unauffälligsten angleichen, indem Feilspäne oder Schleifstaub der Holzart mit schwachem Leim zu einer Paste vermischt eingestrichen wird. Der Leim muß hell sein, nicht solcher, der durch öfteres Wärmen dunkel geworden ist.

Man kann auch einen Leimkitt mit Schlämmkreide anketen und der Holzfarbe entsprechend durch Einmischen von Erdfarben, z. B. Kasselerbraun für Nußbaum, gebrannte Terra Sienna für Mahagoni, Ocker oder Rehbraun für Eiche, angleichen. Der Leimkitt ist dick einzukneten und mit angewärmtem Spachtel gut einzudrücken. Er muß über der Fläche etwas auftragen, da er beim Trocknen einsinkt.

Im Handel gibt es einen Holzzementkitt (flüssiges Holz) in hell, mahagoni und nußbaumfarben, der sehr zu empfehlen ist. Er ist auch beizfähig und läßt sich bei Bedarf mit Erdfarben mischen. Der Kitt trocknet schnell, da sein Lösungsmittel sehr flüchtig ist. Die Kittbüchse muß gut verschlossen werden. Mit dem beigegebenen Lösungsmittel ist eingetrockneter Kitt wieder gebrauchsfähig zu machen.

Das Schleifen.

Als Schleifmittel dient das Schleifpapier, das im Handschliff oder als Bezug von Schleifscheiben, Schleifwalzen oder Schleifbändern bei Rotation auf Maschinen verwendet wird.

Die Schleifmittel sind körniger Natur. Sie werden in Mahlanlagen gebrochen, gemahlen und über Sichtanlagen in die verschiedenen Feinheitsgrade zerlegt. Das so gewonnene Mahlgut wird maschinell auf die Papiere oder Schleiftuche geleimt, wobei es auf Gleichmäßigkeit der Streuung des Belags ankommt, um höchste Schleifkraft zu erreichen.

Als Schleifmittel kommen verschiedene Stoffe in Anwendung, je nach Härte und sonstigen Eigenschaften des Holzes.

Das Glas ist sehr spröde und splitterig und eignet sich nur für Handschliff von Weichholz oder gestrichenen Flächen.

Der Flintstein (Feuerstein) kommt beim Schleifpapier am meisten in Anwendung. Er ist zähe, scharfkantig und eignet sich auch für Maschinenschliff, wo er auf Rotschleifpapier gefärbt oder auf Leinen aufgetragen (Schleifleinen) verwendet wird.

Zum Schleifen von Weichhölzern besonders harzhaltigen, wie Kiefer und Lärche, sieht man von teuren, hochwertigen Papieren ab, da sich diese genau so schnell zusetzen und wirkungslos werden wie billige.

Zum Maschinenschliff für Hart- und Edelhölzer ist Granat- und Elektrokorundbelag am Platze. Diese Schleifmittel sind sehr scharfkantig, haben einen muscheligen Bruch, sind sehr schneidfähig und hinterlassen keine tiefgehenden Kratzer, die schwer zu beseitigen sind. Zu ihnen verwendet man gute haltbare Papiere, um die lange Schneidkraft des Korns auszunützen. Granat ist ein Naturprodukt aus Nordamerika; der Elektrokorund wird im Elektroofen künstlich hergestellt.

Die Körnungen für Schleifpapiere und Schleiftuche sind in Nummern von 20—240 festgelegt, von denen 20—24 sehr grob, bis 40 grob, 50—80 mittel, 90—120 fein und 150—240 sehr fein bis außerordentlich fein abgestuft sind. Als Schleiftuche kommen Leinen und Köper in Verwendung.

Das Schleifmittel ist auf den Papieren und Geweben maschinell mit bestem Leim aufgetragen. Je nach Verwendungszweck ist die Bestreuungsdichte verschieden. Für normalen Schliff dient eine dichte Bestreuung, für absolut kratzerfreien Schliff eine leichtere offene Streuung, ebenso bei stark harzhaltigem Holz.

Die Kornwahl richtet sich beim Maschinenschleifen nicht allein nach dem zu erzielenden Feinheitsgrad, sondern auch nach der Schleifgeschwindigkeit. Je höher sie ist, um so gröber kann das Korn genommen werden, um den gleichen Feinheitsgrad des Schliffs zu erzielen. Auch der Schleifdruck kann bei hoher Geschwindigkeit geringer sein, wodurch die Arbeit glätter wird und die Schleifkraft länger aushält.

Flächen schleift man stets längs der Faser, besonders Hartholz, da beim Querschleifen tiefe Kratzer entstehen, die schwer zu beseitigen sind. Weichhölzer, die nicht gebeizt und poliert, sondern gestrichen werden, können quer und längs geschliffen werden.

Bei stumpfem Papier und hohem Schleifdruck werden die Holzfasern niedergedrückt und schlecht abgeschliffen; sie quellen beim Beizen um so mehr auf. Beim Handschleifen wird die Fläche mit dem Schleifklotz bearbeitet, um alle Unebenheiten zu entfernen und zu verhüten, daß bei hartjährigen Hölzern wie Kiefer und Lärche die weichen Teile nicht herausgeschliffen werden. Am besten wirkt ein Korkklotz oder solcher des weichen Balsaholzes wegen seiner elastischen Grundlage.

Nach dem Vorschliff ist das Holz zu wässern, damit die niedergedrückten Holzfasern aufstehen; am besten ist ein lauwarmes, ganz schwaches Leimwasser, das die aufgerichteten Fasern starr macht, um so gründlicher abgeschliffen zu werden.

Beim Schleifen ist auf richtige Kornfolge der Papiere zu sehen, um die Schleifspuren des vorverwendeten Papieres schneller ausschleifen zu können.

Gedrehte Arbeit wird besonders sauber, wenn sie im Vor- und Rücklauf geschliffen wird. Durch Feilen geformte Werkstücke schleift man vorteilhaft mit Schleifleinen, das, in langen Streifen gerissen, mit beiden Händen auf der Arbeit hin- und hergezogen wird. Gefeilte Arbeit aus Weichholz, die dunkel gebeizt wird, brennt man mit Vorteil über einer Gas- oder Spiritusflamme leicht ab, wodurch die Fasern an der Oberfläche verkohlen und sich nicht niederdrücken können.

Schleifeinrichtungen.

Ausgenommen die Schleifscheibe, die schon lange in Anwendung ist, sind Schleifeinrichtungen für Flächenschliff erst in neuerer Zeit in Gestalt von Zylinder- und Bandschleifmaschinen richtig zur Anwendung gekommen. Man hat kleine Handschleifmaschinen mit eingebautem Elektromotor oder Antrieb mit biegsamer Welle konstruiert, die sich gut bewährt haben und beachtliche Leistungen hervorbringen. Sie arbeiten entweder mit Schleifscheiben, die über die Schleiffläche geführt werden, oder mit zwei Walzen, die vom Motor aus durch biegsame Welle angetrieben werden, über die das Schleifband gespannt ist.

Außer den großen Ein- bis Dreizylinder-Schleifmaschinen für große Flächen gibt es noch Walzenschleifmaschinen, die ähnlich der Abrichthobelmaschine gebaut sind, wobei das Werkstück über den Tisch geschoben wird, aus dessen Spalt die Schleifwalze zum Angriff kommt.

Für den Drechsler hat die moderne Bandschleifmaschine größere Bedeutung. Wie die Abb. 256 zeigt, besteht sie in ihrem wirksamen Teil aus einem Schleifband, das, über zwei Rollen laufend, über den dazwischen liegenden Tisch gleitet. Die kleineren Maschinen werden bis zu 20 cm breiter Schleiffläche hergestellt. Man kann sie auf einem Tisch montieren und durch Motor oder Drehbankspindel antreiben. Ihr Schliff gibt eine saubere, gerade Fläche. Sie ist viel ausnutzbarer als die Schleifscheibe, die bekanntlich nur gegen den Rand zu gut arbeitet und nur zum Schleifen kleiner Artikel auf der Drehbank dient. Für kleine gerundete, mit der Feile fassonierte Arbeiten bedient man sich auch Schleifbänder, die frei

Abb. 256. Tischbandschleifmaschine.
Werkfoto: Paul Landsberger, Mannheim

zwischen den Rollen wie ein Riemen laufen und sich so der gebogenen Fläche gut anschmiegen.

Der Zusammenschluß des Schleifbandes aus Schleifleinen darf nicht auftragen, er soll auch nicht winklig zum Band geschehen, um beim Schleifen Stöße zu vermeiden. Man legt ihn etwas schräg, stößt das Band stumpf zusammen und leimt ein schwaches, festes Gewebe unter die Verbindung.

Außer den Bandschleifmaschinen gibt es kleinere Handschleifmaschinen verschiedener Ausführung, die, wie die Abb. 257 erkennen läßt, durch Elektromotor getrieben werden. In ihrer Funktion gleicht sie ganz der Maschine in Abb. 256. Das Schleifband ist nur 100 mm breit. Man kann sie mit ihren Handgriffen über die Holzfläche führen

Abb. 257. Handschleifmaschine mit Elektromotor.
Werkfoto: Paul Wachtel, Berlin N 65

Abb. 258. Umgestellte Handschleifmaschine als Tischbandschleifmaschine benutzt.
Werkfoto: Paul Wachtel, Berlin N 65

oder umgekehrt aufstellen und so als Tischschleifmaschine benutzend kleine Werkstücke darüber führen. (Abb. 258.)

Die Schleifscheibe ist ihrer Einfachheit wegen die wichtigste Schleifeinrichtung, die sich auf der Drehbankspindel aufspannen läßt. Sie dient nicht nur dem Glätten der Arbeit, sie ist vielmehr ein Formwerkzeug, wie die Kreisraspel und Feile, um Fassetten anzuschleifen oder sonst zu fassonieren. In der Abb. 259 sind drei verschiedene Schleifscheiben im Schnitt dargestellt, die sich in der Aufspannung des Schleifpapiers unterscheiden. Fig. 1 zeigt eine dünn ausgedrehte eiserne Scheibe, bei der das Papier mittels Ringes aufgeschraubt ist. Sie ergibt die beste Spannfläche. Auf dieser ist eine Pappscheibe mit Kolophonium, dem ein wenig Firnis zugesetzt wird, aufgekittet. Durch die Pappschicht ist die Fläche etwas elastisch und wirkt beim Schleifen günstig. Das Schleifpapier wird auf die Fläche gelegt und der Ring in Abständen von etwa 10 cm aufgeschraubt. Er drückt den Rand des Papieres in den Falz und zieht es glatt und straff. Die Fig. 2 ist eine Scheibe aus Sperrholz. Die Be-

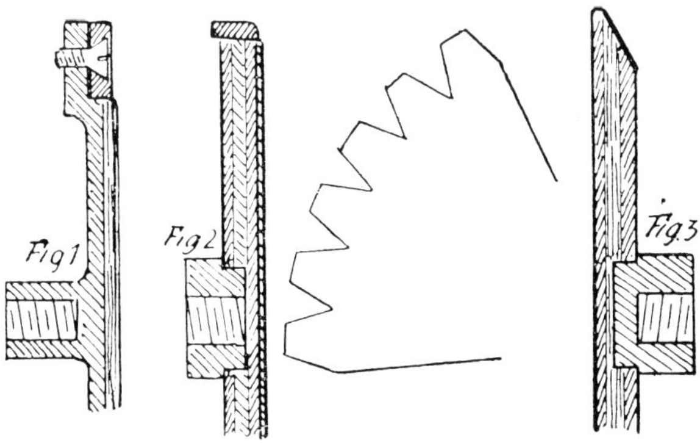

Abb. 259. Schleifpapierscheibe für die Drehbank.

festigung des Papieres geschieht durch Auftreiben eines aus Furnier gewickelten Ringes über den etwas konischen Rand, um den das Papier mit seinen Einschnitten geklemmt wird. Die Fig. 3 zeigt wieder eine Sperrholzscheibe, die nach hinten schräg gedreht ist. Das ausgezackte Papier wird über den Rand gezogen und dort festgeleimt oder auch mit Siegellack aufgekittet, um es nach dem Abstumpfen auszuwechseln.

Die Abb. 260 Fig. 1 und 2 zeigt ein Schleifpolster. Es besteht aus dem Futterstück und der vorn gewölbten Scheibe, die durch das Gewinde in das Futter eingezogen wird. Das Papier muß sorgfältig um die Scheibe gefaltet werden, so daß es sich beim Anziehen der Scheibe an dem schrägen Rand festklemmt. Man legt einige Schleifpapiere übereinander, so daß ein weiches, nachgebendes Polster entsteht, das sich der gerundeten Schleifarbeit anschmiegt. Die Fig. 3 zeigt eine Schleifscheibe für ähnliche Zwecke. Über die hohl ausgedrehte Scheibe wird Schleifleinen trommelfellartig gezogen und in der Nut mit Bindedraht befestigt.

Die Schleifpolster sind wichtige Werkzeuge der Stock- und Holzpfeifenfabrikation zum Glätten gewölbter Feilarbeit, wie Stock- und Schirmgriffe, Pfeifenköpfe usw.

Mit Schleifscheiben muß man zu schleifen verstehen, wenn das Schleifpapier ausgenutzt werden soll. Angemessene Umdrehung ist einzuhalten. Es kommt dabei darauf an, ob es sich nur um Glätten handelt oder ob die Schleifscheibe Formarbeit leisten soll. Bei ersterer kann

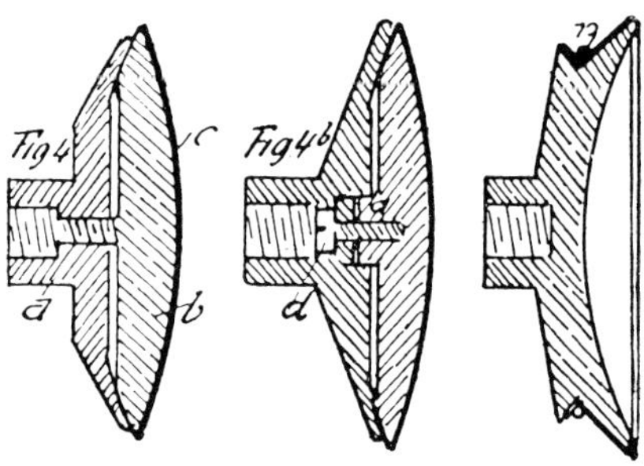

Abb. 260. Schleifpolster.

die Scheibe schneller laufen, wobei nur leicht angedrückt werden darf, damit bei etwas abgestumpftem Papier keine Brandflecke an der Arbeit entstehen. Beim Formschleifen bedarf es geringer Umdrehung und starken Druckes, um die Arbeit zu fördern.

Nicht minder wichtig als die Schleifscheibe ist die Schleifwalze für den Drechsler, wenn es gilt, Ausrundungen auszuschleifen. Man dreht sich dazu eine Holzwalze, um die Schleifpapier geleimt wird. Bei der Umleimung darf das Schleifpapier am Zusammenschluß nicht übereinanderliegen, es muß stumpf zusammenstoßen, und zwar schräg, nicht in der Achsenrichtung; dann gibt es keine Stöße. Der Leim muß schwach sein, damit der Überzug glatt aufliegt. Das Papier läßt sich auch leichter wieder ablösen, wenn es verbraucht ist.

Besser ist es, einen 6—8 cm breiten Streifen Schleifpapier spiralisch um die Walze zu leimen, wie in Abb. 261 ersichtlich; es gibt hierbei keine Unebenheiten in dem Bezug und die Schleifwalze arbeitet besser.

Das Entharzen von Nadelhölzern.

Um Werkstücke aus Kiefer und Lärche oder gar Pitchpine gleichmäßig beizen zu können, sind sie erst zu entharzen, da die Harzjahre wegen des Fettgehalts die Beize schwer annehmen. Dazu benutzt man eine heiße Sodalösung, wodurch das Harz an der Oberfläche verseift wird (50 g kalzinierte Soda in 1 Liter Wasser gelöst). Die Lösung wird recht naß eingestrichen und nach einer Weile mit warmem Wasser nachgewaschen, um alle Sodareste zu entfernen, die nachteilig auf die Beize einwirken. Bei besonders fettigem Holz läßt man die Sodalösung erst

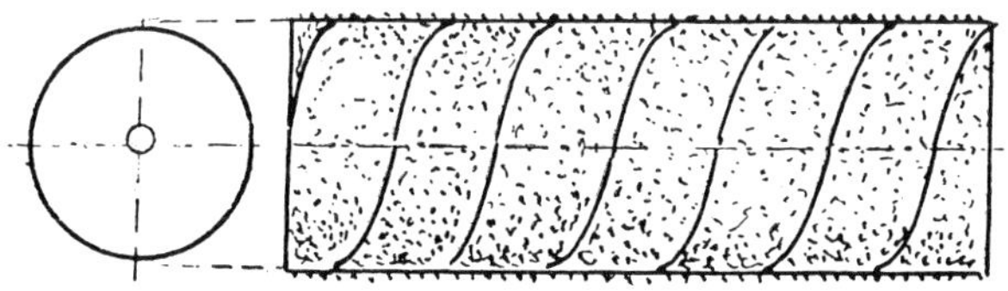

Abb. 261. Schleifwalze mit spiralisch aufgelegtem Bezug.

lauwarm werden und setzt $^1/_4$ Liter Azeton hinzu. (Azeton ist flüchtig und feuergefährlich, daher Vorsicht bei offenem Licht!)

Tief eingedrehte Werkstücke zeigen viel Hirnholz, das beim Beizen sehr dunkel ausfällt. Man kann sie vor dem Beizen mit Öl schleifen, so daß das Holz die Beize nicht stark einsaugt und die Färbung mehr gleichmäßig wird.

Das Bleichen des Holzes.

Das Bleichen wird hauptsächlich bei Ahornholz angewandt. Man kann aber auch andere Hölzer, wie Esche, Rotbuche und Nußbaum, aufhellen, wenn es nötig ist. Das beste, aber auch kostspieligste Mittel ist das Wasserstoffsuperoxyd. Andere Mittel sind Chlorkalk, Schwefeldioxyd und Natriumsuperoxyd.

Das Holzbleichen wäre ein einfache Sache, wenn man die Arbeit in die Flüssigkeiten einlegen könnte, um recht wirksam zu sein, was der Ausmaße wegen in den wenigsten Fällen möglich ist. Man muß sich deshalb mit dem öfteren recht nassen Auftragen bescheiden, um das Bleichmittel wirken zu lassen.

Chlorkalkbleiche. 30 g Soda oder Pottasche löst man in 1 Liter kalten Wassers auf und gibt allmählich 60—100 g frischen Chlorkalk hinzu. Alle Klümpchen müssen durch Rühren mit einem Stock verschwinden. Die Bleiche läßt man durch langes Stehen klären. Das klare Bleichwasser wird vorsichtig abgegossen, am besten noch durch Filterpapier gereinigt. Entweder legt man kleine Werkstücke ein oder bestreicht große recht naß mittels Baumwollappens, der an einen Stock gebunden wird. (Chlorwasser ätzt die Haut.) Der Vorgang muß öfters erneuert werden, um Wirkung zu haben. Dem folgt sorgsames Spülen mit Wasser und das Vernichten aller Chlorreste mit Antichlor (unterschwefligsaures Natron) oder Natriumbisulfat, da Chlor die Politur zerstört. Für Bleichwässer dürfen nur Glas- oder Tongefäße benutzt werden.

Zum Bleichen mit Wasserstoffsuperoxyd bedarf es des Zusatzes von 20 g Ammoniak auf 1 Liter, um es wegen der größeren Wirksamkeit alkalisch zu machen. Das Auftragen muß auch hier öfters geschehen, um wirksam zu sein. Wirksamer ist eine Vorbleiche mit Natriumsuperoxyd. Zu dieser Bleiche löst man 50 g Borsäure, 40 g Aluminiumsulfat in 1 Liter warmen Wassers und gibt 50 g Natriumsuperoxyd hinzu, das sich unter Brausen löst. Die Mischung ist sofort aufzutragen. Dem folgt die Wasserstoffsuperoxydbleiche. Wasserstoffsuperoxyd muß in dunkler Flasche aufbewahrt werden, ebenso das Natriumpulver, welches nicht feucht werden darf.

Das Schwefeln. Ahornholz kann man durch Schwefeln bleichen, wie es der Korbmacher mit seinen Weidenarbeiten macht. Das geschieht im Freien in geräumiger Kiste, in die mit den Arbeiten ein Blechgefäß mit Schwefelfaden gestellt wird, die angezündet werden. Es entwickelt sich Schwefeldioxyd, ein scharf stechendes Gas, das durch Entziehen des Sauerstoffs die Bleichwirkung herbeiführt.

Das Beizen des Holzes.

Das Verlangen, die Holzarbeit in ihrer natürlichen Färbung zu verschönern, ist ein altes Bedürfnis. Beschränkte man sich ehedem darauf, edle Hölzer durch

Beizmittel nachzuahmen, z. B. Mahagoni- und Nußbaumholz, so stellt man heute höhere Ansprüche, um die Wirkung des Gegenstandes durch Färbungen zu erhöhen, und ist bemüht, der Farbenfreudigkeit unserer Zeit Rechnung zu tragen.

Im Gegensatz zum farbigen Anstrich, unter dessen Decke die Art des Werkstoffs ganz verschwindet, läßt die Beizung die Struktur und Grundeigenschaften des Holzes noch deutlich erkennen. Die Färbung des Holzes muß rein sein, um seine Zeichnung klar hervortreten zu lassen. Die Poren dürfen durch die Beize nicht verschmiert sein. Eine gute Beize soll möglichst tief in die Holzfaser eindringen und sich mit ihr chemisch verbinden, um lichtechte Färbung hervorzurufen; sie darf die Struktur nicht verschleiern.

Um beim Beizen des Holzes zum Erfolg zu kommen, ist die Kenntnis der Charaktereigenschaften der Beizstoffe, ihres Verhaltens zueinander und ihrer Einwirkung auf die Holzfaser Voraussetzung.

Die Grundstoffe zum Holzbeizen.

Die zum Färben des Holzes verwendeten Beizmittel sind Säuren, Basen, vornehmlich Salze (Metallsalze), und natürliche (pflanzliche) oder künstliche Farbstoffe (Teerfarbstoffe).

1. Säuren.

Die im Holz zur Wirkung kommenden schwachen Säuren sind Pflanzensäuren, Gerbstoffe, die verschiedene Holzgattungen in größerer Menge enthalten. Z. B. Eiche, Nußbaum und Mahagoni sind gerbstoffhaltig.

In Gegenwart von Ammoniak oxydiert die Gerbsäure zu dunkel- bis schwarzbrauner Färbung. Daraus ergibt sich, daß die gerbstoffenthaltenden Hölzer schon durch Ammoniakgase bräunen oder stark nachdunkeln.

In wässeriger Lösung ergeben die Gerbstoffe mit Metallsalzen gefärbte Niederschläge und machen die Holzfaser für die Beize aufnahmefähig.

Solche Gerbstoffe sind das Tannin (Gallusgerbsäure) der Galläpfel und Eichenrinde.

Die Pyrogallussäure besteht aus weißen, glänzenden Kristallnadeln und ist giftig. An der Luft bräunt sie schnell; sie muß daher in dunklen, luftdichten Glasflaschen aufbewahrt werden.

Tannin ist nur in warmem Wasser löslich. Die Pyrogallussäure löst sich leicht.

Das Katechu (japanische Erde) ist die Auskochung gerbstoffreicher Pflanzen Ostindiens. Der wirkende Teil ist der Katechinextrakt, der selbst nicht färbt, aber in Verbindung mit doppelchromsaurem Kali braune, mit Eisenoxydulsalzen braune bis schwarzblaue, mit Kupferoxydsalzen dunkelbraune, und mit Eisenoxydsalzen tiefgrüne Niederschläge im Holz ergibt.

Das Brenzkatechin bildet farblose, an der Luft leicht bräunende Kristalle, die ein weißes Pulver ergeben. Es ist leicht löslich und in der Umsetzung farbkräftiger als Katechin. Mit Eisenchlorid beizt es dunkelgrün und mit alkalischer Lösung schwarzblau.

2. Basen und Laugen.

Ätzkali und Ätznatron sind Verbindungen des Kaliums resp. Natriums mit Sauer- und Wasserstoff. In wässeriger Lösung entsteht die Kalilauge, ebenso als Lösung des Ätznatrons die Natronlauge (Seifensiederlauge). Beide wirken auf tierische Bestandteile stark ätzend und erzeugen schmerzhafte, schwer heilende Wunden. Das Ätznatron ist billiger als das Ätzkali und wird deshalb mehr verwendet, aber weniger als Beizmittel, denn Ätzmittel zum Abbeizen von Ölfarbe, Polituren und Lackanstrichen.

Ätzkalk dient zum Vertiefen, Altmachen des Kirschbaum- und Mahagoniholzes durch Löschen in Wasser (Löschkalk).

Ammoniak, ein scharf riechendes stechendes Gas, ist Nebenprodukt der Leuchtgasherstellung. Es kommt in wässeriger 30prozentiger Lösung als Salmiak in den Handel und gibt an der Luft dauernd Ammoniakgas ab. Auf gerbsäurehaltigen Hölzern bewirkt Ammoniak bräunende Färbungen. Man läßt nicht die Flüssigkeit, sondern das daraus aufsteigende Gas in geschlossenem Raum auf das Holz einwirken, was man als „Räuchern" bezeichnet. Je gerbstoffhaltiger das Holz ist, um so dunkler fällt die Bräunung aus. Da der Gerbstoffgehalt im Holz nicht überall gleich ist, wird die Färbung nicht gleichmäßig und bedarf meist noch einer Nachfärbung. Man verwendet auch sogenannte Räucherbeizen, indem mit Metallsalzen vorgebeizt und durch Nachräuchern mit Ammoniak ein schöner farbiger Niederschlag erzielt wird. Auch das Ammoniakwasser wird manchen Beizen zur Vertiefung der Färbung zugesetzt. Spirituslösliche Teerfarben und Beizlösungen von Eisenvitriol, holzessigsaures Eisen oder der Gerbsäure verwandte Stoffe, wie das Tannin usw., vertragen die Vermischung mit Ammoniak nicht. Polituren werden von Ammoniak zerstört. Man verwendet ihn konzentriert zum Abbeizen der Polituren. Scharfer Ammoniak greift die Haut stark an, daher Vorsicht bei der Verwendung.

3. Metallsalze.

Die Metallsalze spielen in der Holzbeizerei eine große Rolle. Sie sind Verbindungen eines Metalloxyds oder -oxyduls mit einer Säure. Je nachdem diese Verbindung mit Salzsäure, Schwefelsäure oder Salpetersäure erfolgt, entsteht ein Chlorid, Sulfat oder Vitriol. Z. B. Eisenchlorid und Kupferchlorid sind Salzsäureverbindungen. Kupfervitriol ist eine Verbindung von Schwefelsäure und Kupfer, Bleinitrat aber Salpetersäure mit Blei. Verbindungen von Metalloxyden mit Essigsäure nennt man Azetate, z. B. Kupferazetat, Bleiazetat usw.

Durch das Beizen mit Metallsalzen erfolgt in der Holzfaser eine Umbildung des Salzes, indem es sich unter dem Einfluß des Lichts und des Sauerstoffs der Luft zersetzt. Es entsteht mit der Gerbsäure des Holzes ein farbiger Niederschlag, der sich in den Holzfasern ablagert. Überschüssiges, ungebundenes Salz scheidet sich an der Oberfläche ab, deshalb bedarf es zum Beizen nur schwacher Lösungen der Metallsalze.

Die zur Holzbeizerei hauptsächlichsten Salze sind:

Soda (kohlensaures Natrium). Man unterscheidet die kristallisierte Soda, die wasserhaltig ist, und kalzinierte Soda, ein im Handel erhältliches weißes Pulver, das stärker einwirkt als die gewöhnliche Soda. Es dient, wie die Pottasche, zum Entharzen der Nadelhölzer zur besseren Aufnahme der Beize und zur Fixierung erdiger Färbemittel, wie Kasselerbraun und Pflanzenfarbstoffen.

Pottasche (kohlensaures Kalium) ist ein weißes Pulver in ähnlicher Einwirkung wie die Soda. Sie dient auch als Nachbeize für mit Gerbsäure vorbehandelte

Nadelhölzer. Starke Lösungen kristallisieren aus und wirken besonders nachteilig auf die Politurdecke.

Eisenchlorid (salzsaures Eisenoxyd). Gelbbraune Kristalle, die schnell an der Luft zerfließen, deshalb auch in geschlossenen Gefäßen nicht lange aufbewahrt werden können. Verwendung zum Grau- bis Schwarzbeizen. Mit gelbem Blutlaugensalz entsteht das sogenannte Berlinerblau.

Eisenvitriol (schwefligsaures Eisenoxydul). Hellgrünes Kristall, das sich an der Luft zersetzt (rostig wird) und seine Wirkung verliert. Man bewahrt es in Glasbüchsen mit Glasstöpsel auf. In Verbindung mit Blauholzextraktlösung oder Gerbstoffen, z. B. in Eichenholz, ergibt es ein blaues Schwarz.

Holzessigsaures Eisen ist fertig gelöst zu haben, kann aber durch Einlegen von Nägeln, Eisenspänen u. a. in Holzessig in geschlossenem Gefäß leicht selbst hergestellt werden. Es dient hauptsächlich zum Schwarzbeizen, als Nachbeize für Blauholzabkochung. Ammoniak darf mit holzessigsaurem Eisen nicht in Anwendung kommen.

Chromsaures Kali ist ein zitronengelbes Salz und bildet Kristalle. Mit Blauholzextrakt ergibt es eine schwarze Färbung. Es wirkt vorwiegend als Oxydationsmittel. Beim Räuchern des Eichenholzes mit Ammoniak ergibt es eine brauchbare Braunfärbung.

Doppelchromsaures Kali besteht aus großen gelbroten Kristallen, die im warmen, nicht kochenden Wasser zu lösen sind. Unter Einfluß von Gerbsäure, z. B. bei Eichen-, Mahagoni und Nußbaumholz, entwickelt es eine schöne braune Färbung, die leider mit der Zeit etwas verblaßt. Gerbstoffarme Hölzer beizt das Kali nur gelb, das an der Luft in ein schmutziges gelbbraun übergeht. Starke Kalilösungen kristallisieren stark aus. Man verwende deshalb nur bis 4prozentige Lösungen, weil das überschüssige Chromkali die Politur angreift, sie spröde und brüchig macht. Am besten räuchert man die gebeizten Arbeiten nach dem Trocknen mit Ammoniakdämpfen nach, wodurch alles überschüssige Chromkali neutralisiert wird.

Übermangansaures Kali. Ein aus violetten Kristallnadeln bestehendes Salz darf nur in warmem, nicht heißem Wasser gelöst werden, da es sich unter Freiwerden von Sauerstoff zersetzt. Die erst violettrote Färbung geht an der Luft in eine rot- bis schwarzbraune Färbung über. Die Beizung muß unbedingt durch einen Politur- oder Wachsüberzug geschützt werden, da die Färbung schon durch schwache Säuren zerstört wird. Schwämme und Pinsel werden vom übermangansauren Kali stark angegriffen und zerfressen, wie alle tierischen Stoffe. Man beizt deshalb mit baumwollenen Lappen.

Kupferchlorid (salzsaures Kupferoxyd). Es bildet grüne Kristalle, die sich nur in luftdichten Glasflaschen mit eingeschliffenem Glasstöpsel halten. In Verbindung mit Blauholzabkochung und salzsaurem Anilin ergibt es auf Holz eine schwarze Beize. Auf Eichenholz entwickelt sich mit Kupferchlorid ein feiner graubrauner Ton mit grünlichem Stich, der erst durch Räuchern mit Ammoniakgas zur Geltung kommt.

Kupfervitriol (schwefelsaures Kupferoxyd). Es bildet große blaue Kristalle, die sich gut aufbewahren lassen. Unter Zusatz von Salmiakgeist färben die Kupfersalze tiefblau. Mit chromsaurer Kalilösung vermischt, bildet sich ein graublauer Niederschlag. Die Mischung ist die Grundlage der viel verwendeten Räucherbeizen. Bei mehr chromsaurem Kali geht der Farbton ins Rotbraun, umgekehrt ins Graubraun über, so daß sich die Beize gut abstimmen läßt.

4. Natürliche Farbstoffe.

Natürliche Farbstoffe sind Pflanzenfarbstoffe, wie Blauholz-, Rotholz-, Gelbholz-, Alkanna- und Kurkumawurzel. Der Farbstoff wird durch Kochen aus dem verspänten, geraspelten Holz herausgezogen und zu Extrakt eingedampft. Von den Farbhölzern hat für die Holzbeizerei nur das Blauholz noch Bedeutung. Die Rot- und Gelbhölzer liefern keine beständigen Färbungen; sie blassen stark aus und sind durch die reineren, billigeren und einfacher zu behandelnden Teerfarben ganz verdrängt worden.

Blauholzextrakt des Cambechebaumes ergibt in seiner Lösung in Wasser eine unschöne schmutzigviolette Färbung, die erst durch einen Oxydationsprozeß, eine Nachbeize von doppelchromsaurem Kali oder Eisenvitriollösung, auch mit holzessigsaurem Eisen eine schöne tiefschwarze Färbung erhält, indem sich im Holz ein Farblack entwickelt. Will man eine Schwarzfärbung in einem Anstrich erzielen, so müssen Vor- und Nachbeize unter Verwendung von Säuren gemischt werden, wie z. B. Essigsäure für die käufliche sogenannte Ebenholzbeize.

Alkanna ist die Wurzel eines in den Mittelmeerländern wachsenden Krautes, welches den roten Farbstoff Alkannin enthält, der in Alkohol oder in fetten Ölen ausgezogen wird. Statt des Auslaugens der Späne verwendet man besser den fertigen käuflichen Alkanninextrakt.

Kurkuma (Gelbwurzel) ist die Wurzel eines in Indien heimischen Krautes, enthält den gelben Farbstoff Kurkumin, der in Alkohol leicht löslich ist. Durch Zinnsalze wird er orangefarben. Beide Wurzelextrakte werden zum Anfärben von Polituren verwendet.

5. Teerfarbstoffe.

Ihrer chemischen Natur nach sind Teerfarben entweder Säuren, Basen oder Salze. Zur ersten Gattung gehören zumeist spirituslösliche Teerfarben; die letzteren sind in der Regel wasserlöslich. Bedarf es zur Herstellung eines bestimmten Farbtons zweier Farben, so müssen diese natürlich gleichen Charakters sein, denn eine basische und eine saure Farbe verbinden sich zu einem Salz, scheiden sich in dem Lösungsmittel ab und ergeben keine reine Färbung. Man muß also wissen, ob eine Farbe basisch oder sauer ist. Dazu löst man 10 g Tannin in 100 ccm Wasser und ebenso 10 g essigsaures Natron in 100 g Wasser. Beides wird vermischt. Setzt man davon einige Kubikzentimeter zu einer verdünnten Auflösung des Teerfarbstoffes, so bleibt der saure Farbstoff unverändert, während im basischen sich ein Niederschlag zeigt.

Viele Teerfarben sind in Wasser und Spiritus löslich ohne weiteres verwendbar. Besonders die sauren Farben, auf die der im Holz enthaltene Gerbstoff als Fixiermittel wirkt. Auch manche basische Farbstoffe, wie Bismarckbraun, Methylviolett, Anilingelb, lassen sich ohne Zusätze beizen. Andere dagegen bedürfen, um echt zu sein, eines Beizmittels, z. B. für saure Farben eine 3—5prozentige Schwefelsäure- oder Tanninlösung, für basische Farben eine 3prozentige Seifen- oder Sodalösung.

Für das Holzbeizen sind nur die sauerziehenden Teerfarben wegen größerer Lichtechtheit zu empfehlen. Basische Farben eignen sich nur für bestimmte Zwecke, z. B. Spielwaren, wo es auf die Lichtbeständigkeit weniger ankommt.

Die sauren Farbstoffe vertragen auch einen Zusatz von Ammoniak. Dadurch wird das Eindringen in die Holzfaser erleichtert. Den Räucherbeizen kann man deshalb auch Teerfarbstoffe zur Abtönung zusetzen.

Im Handel sind alle Grundfarben, Rot, Gelb, Blau, aber auch Mischfarben, wie Grün und Orange, sowie Holzfarben, wie Nußbraun, Mahagonibraun und Zederbraun, erhältlich.

Beizen mit Erdfarben.

Zum Holzbeizen kommt eigentlich nur das Kasselerbraun von den Erdfarben zur Anwendung, das sich nach längerem Kochen in Soda oder Pottasche auflöst. Nach dem Verdampfen des Wassers wird der Rückstand nach dem Trocknen zerkleinert, wodurch man die Körnerbeize erhält, die auch käuflich zu haben ist. Diese wird in heißem Wasser gelöst und durch Leinwand filtriert, um die Rückstände auszuscheiden, welche die Beizung verschmieren. Durch Zusatz von 10 ccm doppelchromsaurem Kalium und 100 ccm Ammoniak auf ca. 600 g Körnerbeize wird die Beize in der Holzfaser fixiert und eine klare Färbung erhalten.

Als Nuß- oder Körnerbeize sind auch die getrockneten grünen Schalen der Walnüsse verwendbar, die zerrieben, ausgekocht und weiter wie die Kasselerbraunbeize behandelt werden.

Auflösen der Beizstoffe.

Als Lösungsmittel der Chemikalien und Farben dient hauptsächlich das Wasser. Da dieses meist kalk- oder eisenhaltig ist, kann die Beize in ihrem Ausfall beeinträchtigt werden. Das gilt besonders von eisenhaltigem Wasser. Am besten ist das Regenwasser geeignet, das keine solchen Stoffe enthält. Ebenso sind Eisentöpfe nicht zum Auflösen der Beizen geeignet und Emailletöpfe müssen unversehrt sein. Das wird in der Werkstatt noch zu wenig beachtet. Sauberkeit der Gefäße und Pinsel ist unbedingtes Erfordernis zu zufriedenstellender Beizarbeit.

Von vielen Beizstoffen kann man sich Lösungen vorrätig halten, andere wieder müssen stets frisch zubereitet werden. Statt Regenwasser nimmt man auch abgekochtes Wasser. Manche Teerfarben sind spiritus- und terpentinlöslich.

Um nach bestimmten Rezepten arbeiten zu können, macht man sich Stammlösungen, d. h. möglichst starke Auflösungen der Metallsalze oder Teerfarben in Wasser. Es ist üblich, von den stark färbenden Teerfarbstoffen 5prozentige Lösungen herzustellen, also einheitlich auf 100 g Wasser 5 g Farbstoff, und bei anderen haltbaren Metallsalzen 10prozentige, also 10 g auf 100 g Wasser. 100 g Wasser = 100 ccm, die man nicht wiegt, sondern mit dem Meßzylinder (Mensur) abmißt. Die Beizlösungen sind durch Leinwand oder Filterpapier zu filtrieren, um ungelöste Rückstände auszuscheiden. Das gilt besonders von den Teerfarben.

Es ist nicht gesagt, daß man sich alle Beizen selbst zubereitet; sie mögen wohl billiger sein, aber doch nicht immer lohnend, besonders beim Verbrauch kleiner Mengen des Kleinhandwerkers, wo die Herstellung in keinem Verhältnis zur aufgewendeten Zeit steht. Da ist es richtiger, bestimmte Beizen, besonders die schwierig herzustellenden, vom Fabrikanten zu beziehen.

Notwendig ist aber, daß der Handwerker mit den chemischen Grundregeln vertraut ist, daß er nicht alles durcheinander schüttet, was sich nicht verträgt. Er muß die Eigenschaften der wichtigsten Chemikalien kennen, um auch gekaufte Beizen dem Verlangen entsprechend abtönen zu können.

Die Beschaffung einwandfreier Beizmittel ist oft in kleinen Orten schwierig, besonders bei Teerfarben. Deshalb wende man sich an eine Firma, die sich speziell mit der Lieferung von Holzbeizen und Chemikalien befaßt und diese auch in kleiner Menge abgibt.

Zum Holzbeizen verwendet man hauptsächlich Wasserbeizen, die beständigere Färbung und Klarheit der Holzstruktur ergeben als die Sprit- und Wachsbeizen.

Man unterscheidet einfache wässerige Lösungen durch Färben mit Teer- oder Erdfarben und sogenannte Entwicklungsbeizen, die durch chemische Reaktion der Gerbstoffe, der Metallsalze und des Ammoniaks entstehen (Räucherbeizen). Sie sind die wichtigsten. Diesen können auch Farbstoffe (Teerfarbstoffe) zugesetzt werden, um

Färbungen abzustimmen, die durch die chemische Umsetzung nicht erreichbar sind.

Die Entwicklungsbeizen bestehen aus Vor- und Nachbeize, die Färbung erfolgt in der Holzfaser selbst, wodurch die Holzzeichnung klarer und deutlicher hervortritt, während einfache Färbungen nur oberflächliche sind.

Vorbeizen.

Die hauptsächlichsten Vorbeizen sind Lösungen von Gerbsäuren, Tannin, Pyrogallussäure, Brenzkatechin und Paramin. Die Vorbeizen sind untereinander mischbar. Brenzkatechin gibt der Färbung grünstichige Tönung, reines Tannin gelblichen Ton und Pyrogallussäure bräunlichen Ton. Paraminzusatz macht besoders warme Färbungen und läßt die Holzzeichnung klar hervortreten.

Alle Vorbeizen müssen frisch gelöst werden, da sie nur kurze Zeit haltbar sind.

Das Nachbeizen hat unmittelbar nach der Trocknung zu erfolgen.

Nachbeizen.

Als Nachbeize kommt in der Holzbeizerei hauptsächlich Kupferchlorid, doppelchromsaures Kali und Eisenchlorid in Verwendung. Während man den Kupfer- und Chromsalzen zur Beschleunigung der Reaktion Ammoniak zusetzt, vertragen Eisensalze keinen Ammoniakzusatz, da die Lösung rostig wird. Die Entwicklung der Färbung geht dadurch langsamer vor sich. Man kann aber nach dem Trocknen noch mit Ammoniakgas nachräuchern, um eine dunkelbraune Tönung zu erreichen.

Eisensalzlösungen sind stets frisch anzusetzen, da sie sich nicht halten. Kupfer- und Chromsalz sind für Vorratslösungen geeignet. Den Ammoniak setzt man aber erst beim Gebrauch zu, da er sich verflüchtigt. Die Aufbewahrung soll in Ton- oder Glasgefäßen geschehen, da Spuren von Eisen z. B. in beschädigten Emailletöpfen Ausscheidungen ergeben.

Farbentwicklung der Beizen auf dem Holz.

Die chemischen Beizen, die vorgenannten Entwicklungsbeizen der Kupfer- und Chromsalze, ergeben bräunliche, die Eisensalze graue bis schwarze Färbungen. Da Eichen-, Mahagoni- und Nußbaumholz bereits gerbsäurehaltig sind, bedarf es keiner oder nur schwacher Vorbeizen, je nach dem Gerbsäuregehalt der Hölzer. Durch Beigabe von sauren Teerfarbstoffen kann der Ton variiert und vertieft werden. Gerbstoffarme Hölzer erfordern die Vorbehandlung mit Vorbeize.

Beispiele für braune Beiztöne.

Tönung	Vorbeize auf 1 Liter	Nachbeize
Hellbraun Stich ins Gelbliche	Tannin 20 g	100 ccm Kupferchlorid 10proz. 100 ccm Ammoniak 800 ccm Wasser
Mittelbraun Stich ins Graue	Pyrogallussäure 5 g Paramin 1 g	100 ccm Eisenchlorid 10proz. 900 ccm Wasser
Stich ins Rötliche	Pyrogallussäure 5 g	100 ccm doppelchromsaures Kali 10proz. 100 ccm Ammoniak 800 ccm Wasser
Dunkles Braun Stich ins Gelbliche Stich ins Rötliche Stich ins Graue	Tannin 20 g Paramin 5 g Brenzkatechin 5 g	100 ccm Eisenchlorid 10proz. 900 ccm Wasser Dasselbe nachgeräuchert 100 ccm doppelchromsaures Kali 10proz. 100 ccm Ammoniak 800 ccm Wasser

Räucherbeizen.

Auf Seite 286 ist bereits über die Einwirkung des Ammoniakgases auf gerbstoffreiche Hölzer, wie die Eiche, hingewiesen worden und gesagt, daß bei dem ungleichen Gehalt an Gerbsäure die Färbung auch ungleich ausfallen muß, was ein Nachfärben oder eine Korrektur durch Tanninlösung nach dem Räuchern erforderlich macht.

Durch die Räucherbeizen läßt sich die gleichmäßige Tönung vollkommener erzielen, weshalb das umständliche Räuchern durch die Räucherbeizen fast verdrängt ist.

Die Räucherbeizen setzen sich aus Metallsalzen, Teerfarbstoffen, die nur sauere sein können, und Ammoniak zusammen. Ausgenommen sind Eisensalze, die durch den Ammoniak zersetzt werden. Die im Handel erhältlichen Räucherbeizen werden zur Lösung erst mit Ammoniak angerührt und dann mit heißem Wasser übergossen. Bei nachträglichem Erhitzen entflieht der Ammoniak. Die

Beizen werden kalt angewendet. Bei der Selbstzubereitung von Räucherbeizen sind erst die Teerfarbstoffe zu lösen und dann nur 10prozentige Metallsalzlösungen zuzusetzen, da stärkere Lösungen hauptsächlich das Chromkali auskristallisieren. Auch von den Teerfarben sind Stammlösungen, aber nur 5prozentig wegen ihrer großen Farbwirkung, anzusetzen, die wie die Metallsalze je nach der gewünschten Tönung mittels der Mensur abgemessen sind. Die Räucherbeizen sind hauptsächlich für Eichenholz bestimmt. Sie können auch bei gerbstoffarmen Hölzern Anwendung finden, wenn diesen durch die auf Seite 293 erwähnten Vorbeizen der fehlende Gerbstoff zugeführt wird.

Zum Ansetzen der Beizen ist stets Ammoniak im spezifischen Gewicht von 0,910 zu verlangen.

Die gebräuchlichsten Räucherbeizen enthalten an Stammlösungen:

1.	100 ccm	Metanilgelb 0,5proz.
	100 ccm	Ammoniak
	800 ccm	Wasser;
2.	100 ccm	Metanilgelb 0,5proz.
	10 ccm	Orange 5proz.
	20 ccm	chromsaures Kali
	100 ccm	Ammoniak
	770 ccm	Wasser;
3.	50 ccm	Zedernbraun 5proz.
	40 ccm	Tartrazin 5proz.
	50 ccm	chromsaures Kali
	100 ccm	Ammoniak
	610 ccm	Wasser;
4.	40 ccm	Chinolingelb 5proz.
	50 ccm	Kupfersulfat 10proz.
	100 ccm	doppelchromsaures Kali 10proz.
	100 ccm	Ammoniak
	710 ccm	Wasser;
5.	200 ccm	Alphanolbraun 5proz.
	40 ccm	Nigrosin 5proz.
	150 ccm	doppelchromsaures Kali 10proz.
	100 ccm	Kupfersulfat 10proz.
	150 ccm	Ammoniak;
6.	250 ccm	Kupferchlorid 10proz.
	200 ccm	Ammoniak
	550 ccm	Wasser.

Danach lassen sich die verschiedenen Beiztönungen zusammenstellen, wozu man sich Beizproben macht.

Durch Nachräuchern mit Ammoniakgasen nach dem Trocknen gewinnt die Beizung noch an Klarheit der Holzzeichnung, der Farbton wird dadurch aber etwas verändert.

Schwarzbeizen.

1. Blauholzbeize. Sie ergibt eine tiefschwarze Färbung, indem sich in der Holzfaser durch Nachbeizen mit holzessigsaurem Eisen ein Farblack bildet. Der Blauholzextrakt wird in kochendem Wasser gelöst, indem man ihn in einem Leinensäckchen in den Topf einhängt, um zu verhüten, daß der Extrakt sich am Topfboden ansetzt und anbrennt. Auf 1 Liter Wasser 100 g Extrakt. Die Beize soll frisch zubereitet werden, da sie sich nicht hält. Nach dem Trocknen wird mit holzessigsaurem Eisen oder 5prozentigem doppelchromsaurem Kali nachgebeizt; erst dann entwickelt sich die tiefschwarze Färbung, die tief eindringt.

2. Wasserfestes Schwarz liefert eine Vorbeize von 5prozentiger Paraminlösung und Nachbeize aus einer Mischung von 200 ccm 10proz. doppelchromsaurem Kali, 200 ccm 10proz. Kupfersulfat, 20 ccm 30proz. Essigsäure und 600 ccm Wasser. Die Farbentwicklung entsteht durch Oxydation. Das Nachbeizen soll schon erfolgen, wenn die Vorbeize noch etwas feucht ist, um Paraminausschlag zu vermeiden.

3. Graubeizen. Dazu eignet sich am besten Ahornholz. Die wässerige Lösung von 0,1—0,2prozentigem Eisenvitriol ergibt schon eine schöne silbergraue Färbung, sie wird aber mit der Zeit etwas rostig. Durch Vorbeize mit sehr schwacher Paraminlösung wird dies vermieden. Die endgültige Graufärbung zeigt sich erst nach 24 Stunden. Tanninlösungen rufen geblichgrauen Ton hervor. Schönes Blaugrau ergibt reine Nigrosinlösung von 0,5 Proz. Alle Graufärbungen verändern sich mit der Zeit und werden zu unschönem Grüngrau.

Beizen von Birke und Kirschbaum.

Um Birke und Kirschbaum einen Altton zu geben, kann mit Vorteil eine Lösung von 10—20 g doppelchromsaurem Kali oder eine Kalkmilchbeize Anwendung finden.

Das Kalkwasser erhält man durch Übergießen gelöschten Kalkes mit Wasser und Filtrieren. Mit Teerfarben, wie 3 g Orange, 1 g Echtgelb, 3 g Alteichenbraun in 1 Liter Wasser erzielt man ein Altgelb. Durch Beizen mit verdünnter Salpetersäure und sofortiges Trocknen über der Spiritusflamme (Abbrennen) erhält man bei Birke einen schönen Goldton.

Dunkelbeizen des Mahagoni.

Zum Altbeizen des Mahagoni verwendet man doppelchromsaures Kali in einer der gesuchten Färbungen entsprechenden Verdünnung der Lösung. Dieser wird ein Zusatz von Salmiakgeist gegeben, um die Säure zu neutralisieren, da sie sonst die Politur angreift. Auch Kalkwasser ruft ein schwaches Alt hervor, greift aber die Politur später an, wenn nicht gründlich nachgewaschen wird.

Dunklerbeizen von Nußbaum.

Die Arbeit ist vorher am besten mit Öl zu schleifen und wie Mahagoni mit doppelchromsaurem Kali warm zu beizen, das in dem gewünschten Ton entprechender Lösung hergestellt wird. Nußbaumsplint ist mit einer Mischung von Nußbaumbeize (Körnerbeize) und Kali nachzubeizen, da das Kali den gerbstoffarmen Splint nicht bräunt.

Mahagoni- und Nußbaumimitation.

Für beide Holzgattungen sind Beizen in Pulverform fertig zu haben, die bei der Einfachheit der Behandlung zu empfehlen sind. Es handelt sich hier um Teerfarbstoffe, wie Mahagonibraun und Nußbraun, das in kochend heißem Wasser aufgelöst und filtriert wird. Je nach Verdünnung der Beizen wird heller oder dunkler Ton erhalten und nach Erfordernis mit einem Rot nuanciert. Bei Nußbaum wird der Beize für Graubraun etwas Nigrosin oder Alteichenbraun zugesetzt.

Nußbaumimitation mit Körnerbeize.

Die Beize, aus einer Abkochung von Kasselerbraun und Soda bestehend, bezieht man am besten als Körnerbeize fertig, löst davon 100—150 g in 1 Liter kochenden Wassers auf und filtriert durch ein grobes Gewebe.

Durch Übersetzen der gebeizten Oberfläche mit einer Lösung von ca. 25 g Chromkali wird der Ton etwas rötlicher. Der Beize setzt man etwas Ammoniak zu, damit sie besser greift.

Durch Nachbeizen mit holzessigsaurem Eisen 1 : 5 in Wasser, aber ohne Ammoniak, wird die Färbung grauer und matter. Die Holzzeichnung tritt bei der Körnerbeize nicht so klar hervor als bei den braunen Teerfarben, da trotz Filtrierens noch eine Menge schwimmender erdiger Bestandteile vorhanden sind, die die Fläche etwas verschmieren.

Braunbeizen mit übermangansaurem Kali.

Das in schwarzvioletten Kristallnadeln erhältliche Chemikal löst sich im heißen Wasser mit violetter Färbung auf und ergibt auf dem Holz unter Einwirkung der Luft einen braunen Niederschlag, der sich innerhalb einiger Stunden erst voll entwickelt. 25—40 g des Salzes werden in 1 Liter heißen, nicht kochenden Wassers gelöst und filtriert.

Die Beize darf nicht mit dem Pinsel aufgetragen werden, da sie tierische Stoffe zerstört. Die Beize ist lichtecht, wird aber durch Säuren entfärbt, so daß die Arbeit stets durch Wachs- oder Politurüberzug gedeckt werden muß.

Rotbraune Beize mit Katechin.

Katechin ist als braunes Pulver im Handel. Es erzeugt mit Chromkali in der Holzfaser einen braunen Farbstoff. 50—75 g Katechin werden in 1 Liter Wasser ca. 10 Minuten gekocht und wird dabei fleißig gerührt. Nach dem Filtrieren wird damit vorgebeizt. Es entsteht eine helle, lehmgelbe Färbung. Erst nach dem Trocknen wird eine Nachbeize von 50 g Chromkali in 1 Liter Wasser gelöst aufgetragen; sie ergibt sofort die rotbraune Färbung. Die Beize ist wasserecht und deshalb als Skierbeize geeignet.

Das Beizen mit Farben.

Um Holz in verschiedenen Farben zu beizen, stehen die drei Grundfarben Rot, Gelb und Blau sowie die Mischfarbe Schwarz zur Verfügung. Man verwendet zu Wasserbeizen nur saure Teerfarbstoffe. Diese Farben können untereinander beliebig gemischt werden, die in 5proz.

Stammlösungen vorrätig gehalten werden. Dabei ist zu beachten, daß Gelb durch andere Farbzusätze am leichtesten umschlägt. Zumischung von Rot ergibt Abstufungen zwischen Rot und Rotorange. Blau ist am schwersten zu verdrängen, so daß das Rot das Blau zunächst nur verdunkelt. Erst ein Überschuß von Rot ergibt ein Violett. Gelb zu Blau gemischt ergibt nur blaugrüne Färbung. Gelbgrün entsteht, wenn zum Gelb sehr wenig Blau gemischt wird. Wird zu dem Orange noch Blau gegeben, entsteht Rotbraun. Vollkommenes Schwarz gibt es bei Teerfarben nicht. Das Nigrosin ist eigentlich ein dunkles Blau. Mit Orange entsteht wie mit Blau ein Rotbraun und aus Gelb und Nigrosin Olivgrün. Orange und Nigrosin ergibt Olivbraun. Je nach verlangter Intensität sind die Stammlösungen mit Wasser zu verdünnen. Man erhält bereits mittelkräftige Töne, wenn die Stammlösung mit der gleichen Menge Wassers verdünnt wird.

Um die Farblösungen im Holz satter und gleichmäßiger zu erhalten und damit sie im Holz besser fassen, setzt man auf 1 Liter fertiger Beize 50—100 ccm Ammoniak zu, aber erst bei Verwendung.

Basische Teerfarben sind im allgemeinen weniger lichtecht, ergeben aber intensive Färbungen. Man setzt ihnen 1—3 ccm Essigsäure zu. Kleine Artikel, besonders Spielwaren, läßt man in der auf etwa 60 Grad C erhitzten Farbflotte eine halbe Stunde ziehen.

Wachsbeizen.

Die Wachsbeizen werden fast ausschließlich für Eichenholz verwendet. Je nach Zusammenstellung unterscheidet man Wasserwachs- und Ölwachsbeizen. Die Wachsbeizen des Handels enthalten eine Mischung von Bienen-, Carnauba- und Erdwachs, aber auch synthetische Wachse.

Bei Wasserwachsbeizen wird zur Verseifung des Wachses hauptsächlich der 910er Ammoniak verwendet, zum Teil auch Pottasche oder Schmierseife. Es werden auch Zusätze von Harzen, wie Schellack oder Kolophonium, gemacht. Die Wasserwachsbeizen werden allgemein als Salmiakbeizen bezeichnet. Die Beizen bezieht man am besten fertig. Durch Farbstoffzusätze können Farbabstufungen erreicht werden.

Terpentinbeizen.

Zur Herstellung von Terpentinbeizen dienen die fettlöslichen Anilinfarben (Olesolfarben), ebenso zu den Terpentinwachsbeizen, denen größere Mengen Bienenwachs zugesetzt werden. Sie haben den Vorzug, daß sie nicht wie Wasserbeizen aufrauhen, sie sind aber nicht lichtecht.

Die Olesolfarben löst man je 100 g in 1 Liter Terpentinöl unter Erwärmung im Wasserbad (Vorsicht, nicht am offenen Feuer!) und filtriert durch ein grobes Gewebe. Die Olesolfarben sind untereinander mischbar, so daß man mit drei Stammlösungen jede Beizfärbung erzielen kann. Durch Zusatz von Wachs, etwa 100—125 g auf 1 Liter Terpentinölbeize, erhält man bei Erwärmung auf ca. 50 Grad C die Terpentinwachsbeize, die nach kräftigem Bürsten Mattglanz ergibt, das bei kleinen Artikeln auch durch Trommeln hervorgerufen wird.

Das Mattieren und Polieren der Holzarbeit.

Der Holzarbeit gibt man zum Schutz vor Verstaubung und Eindringen der Luftfeuchtigkeit einen Überzug, der auch das Verquellen und Verziehen der Teile verhindert. Das wird erreicht durch deckenden Anstrich, unter dem die Art und Zeichnung des Holzes vollkommen verschwindet, oder es erhält einen durchscheinenden Überzug mit angefärbten Firnissen und Lacken (Lasur). Bessere Arbeiten, die der Witterung nicht ausgesetzt sind, wie Möbel usw., werden mattiert oder poliert. Diese Überzüge schützen die Färbungen des Holzes vor Zerstörung durch Sonnenstrahlen, da diese bei gleichzeitigem Luftzutritt besonders nachteilig auf die Färbung durch Verbleichen einwirken.

Mattieren.

Beim Mattieren wird der Arbeit ein nur schwach glänzender Überzug gegeben, der durch Einreiben mit Wachssalben oder Auftragen eines Schellack-, Zelluloid- oder Kunstharzpräparates erzielt wird. Die Wachssalben ergeben einen weichen, wenig widerstandsfähigen Überzug;

deshalb schützt man sie noch durch einen schwachen Überzug von Politur.

Die Wachssalbe bereitet man aus gelbem, für helle und bunte Färbungen aus gebleichtem Bienenwachs, indem man dasselbe fein schnitzelt, dann mit Terpentinöl oder gutem Ersatz übergießt und auf einer Wärmeplatte, nicht über offenem Feuer, zergehen läßt. Zum Gebrauch muß die Wachssalbe vollständig erstarrt sein.

Das Wachs kann auch in Benzin (Leichtbenzin oder Leichtbenzol) aufgelöst werden, aber nicht bei Erwärmung. Der Behälter muß dabei geschlossen sein.

Durch Zusatz von Carnaubawachs zum Bienenwachs zu gleichen Teilen bei Terpentinlösung wird eine härtere, aber auch sprödere Wachssalbe erzielt.

Nach dem Einreiben, das nicht zu dick geschehen darf, läßt man die Arbeit erst einen Tag stehen, ehe das Wachs erhärtet.

Bei der Benzinwachssalbe kann man bald abglätten, weil das Benzin schnell verdunstet. Das Abglätten geschieht mit einer Roßhaarbürste oder einem Roßhaarbausch unter kräftigem Reiben.

Werden der Wachslösung Öllacke zugegeben, erzielt man härtere Überzüge. Solche Wachspräparate sind unter dem Namen „Brunoline" im Handel. Reine Wachslösungen sind sehr wasserempfindlich, deshalb übergeht man die gewachste Arbeit noch mit schwacher Schellackpolitur.

W a s s e r f e s t e M a t t i e r u n g. Zur Herstellung von Obstschalen und ähnlichen Drechslerarbeiten, die mehr oder weniger mit Feuchtigkeit in Berührung kommen, besonders für Tabletts, ist eine möglichst wasserfeste Mattierung erwünscht. Als solches Präparat ist der Kauritleim anzusehen, eine aus Harnstoff und Formaldehyd hergestellte wässerige Lösung eines Kunstharzes der I. G. Farbenindustrie A.-G., Frankfurt a. M. Man tränkt die mit Schleifpapier sauber geschliffene Arbeit mit einem Gemisch aus 1 Teil Kauritleim, $^{1}/_{10}$ Teil Kalthärter, der mit geliefert wird, und 3—4 Teilen Wasser. Der Leim bildet in der Holzfaser eine auch für Säuren und Laugen unangreifbare Schicht. Für großporige Hölzer ist sie zugleich ein geeignetes Bindemittel für Porenfüller, dem geeignete Füllstoffe zuzusetzen sind. Um der Einlaßfläche einen feinen stumpfen Mattglanz zu geben, schleift man mit feinstem wasserfesten Schleifpapier 5- oder 6-Null und Wasser sauber nach. Auch Nitrozelluloselacküberzüge ergeben eine ziemlich wasserfeste Mattierung.

Polieren.

Um die Oberfläche des Holzes polierfähig zu machen, bedarf es guter Vorarbeit durch gründliches Schleifen und Abdichten der Oberfläche, um das Absinken der Politurdecke in den Poren zu verhindern. Das kann durch das Grundieren mit Schellackpolitur oder Einlassen mit Nitrozelluloselacken bei feinporigem Holz geschehen. Auch die bei der wasserfesten Mattierung erwähnte Kauritleimtränkung ergibt einen guten polierfähigen Untergrund.

Porenfüllen. Grobporige Holzflächen können mit flüssigen Mitteln allein nicht abgedichtet werden. Man muß sie mit pulverigen, härtenden Stoffen, wie Bimsmehl, feingemahlenem Schwerspat, Ziegelmehl, zu einem Brei anrühren und unter starkem Druck quer zur Holzfaser einreiben. Am Schluß ist die Oberfläche sorgsam von Auflagerungen der Füllmasse zu befreien. Die Füllmasse muß etwas dunkler sein als das Holz. Dies geschieht durch Einfärbung mit Erdfarben, nicht Teerfarben. Im Handel sind entsprechende Porenfüllpulver, farblos als auch für Goldbirke, Eiche, Mahagoni hell und dunkel, sowie für Nußbaum erhältlich, die mit Schellackpolitur oder verdünnten Nitrozelluloselacken angerührt werden. Bei feinporigen Weichhölzern verwendet der Drechsler häufig die Leimtränke zum Schließen der Poren. Dabei ist zu beachten, daß das Leimwasser sehr schwach sein muß und möglichst heiß anzuwenden ist, um sich restlos in die Poren einzusaugen und nicht vorher zu gelatinieren.

Ölschleifen. In der Regel wird die zu polierende Arbeit mit Öl geschliffen, um die Färbung etwas anzufeuern, sie lebhafter in Ton und Zeichnung zu machen. Helle, naturpolierte Hölzer, wie Ahorn, ölt man nicht, ebensowenig empfindliche Farben, wie graue, rote, grüne und blaue Beizungen, bei denen die Färbung sich verändern würde. Gebeizte Hölzer sind vor dem Schleifen durch Eintränken mit Politur zu fixieren, damit durch das Schleifen die Beizdecke nicht beschädigt und scheckig wird. Zum Ölschleifen verwendet man feines Schleifpapier Nr. 0 oder 00, für gebeizte Arbeit möglichst abgeschliffenes. Flächen schleift man stets längs der Faser, sonst gibt es feine Kratzer, die nach dem Polieren stark zum Vorschein kommen.

Was für Öl soll man zum Schleifen verwenden? Früher schliff man nur mit Leinöl, heute meist mit einem als Schleiföl bezeichneten Mineralöl. Alle stark fetthaltigen Öle brauchen zur Verharzung (Leinöl) oder Verdunstung (Mineralöl) geraume Zeit. Wird nach dem Ölschleifen sofort poliert, so kann beides nicht genügend geschehen, das Öl bricht später durch die hart und spröde gewordene Politurdecke, schlägt aus oder bildet unter derselben graue Schleier, von denen man so recht nicht weiß, wo sie herkommen. Dieser Übelstand — weiße Flecke oder Schimmel unter der Politur — zeigt sich besonders an nußbaum gebeizter Arbeit. Man hat lange Zeit geglaubt, daß Feuchtigkeit des Holzes oder nicht genügend getrocknete Beize die Schuld daran trage, obwohl beides meist gar nicht in Frage kam. Schuld ist fast immer das Schleiföl aus dem oben besagten Grunde. Das Öl ist zu fett. Man mische es mit Terpentinöl zu gleichen Teilen (Halböl) und warte wenigstens einige Stunden, ehe man poliert, damit der Überschuß verflüchtigt. Auch die mineralischen Schleiföle soll man mit Terpentinöl mischen und nach dem Schleifen die Arbeit mit scharf getrockneten Sägespänen, die sehr saugfähig sind, gründlich abreiben. Dann wird der Drechsler nicht mehr über das Schimmeln der Politur zu klagen haben.

Poliermittel.

Das beste Rohmaterial zur Herstellung der Politur ist der Schellack, ein Erzeugnis aus Wechselwirkung von Tier und Pflanze, der Gummischildlaus in Verbindung mit dem Saft verschiedener indischer Pflanzen. Als wichtiger Exportartikel kommt der gewonnene Schellack in Form von Körnerschellack, besonders in dünnen Blättchen als Blattschellack, oder in 3—5 mm dicken Platten als Knopfschellack in den Handel. Je nach der Raffinierung durch Waschen und Entziehung des roten Farbstoffes, dem „Lac-Dye", sind die Schellacksorten dunkelrot bis blond unter den Bezeichnungen Granat-, Rubin-, Orange- und Lemonschellack als die hellste Sorte. Schellack enthält von Natur aus bis zu 5 Proz. Schellackwachs. Nur die Knopfschellacke sind wachsfrei. Der Schellack ist im Ursprungsland schon Fälschungen ausgesetzt; hauptsächlich wird ihm Kolophonium zugesetzt.

Der weiße Schellack wird durch Bleichverfahren gewonnen; er kommt meist in Zopfform mit seidenglänzender Oberhaut in den Handel. Er ist unter Wasser aufzubewahren, sonst verliert er die Fähigkeit, sich in Spiritus zu lösen. Man kauft deshalb nicht mehr, als man aufzulösen gedenkt. Je wachsfreier Schellack ist, um so klarer wird seine Auflösung.

Als Schellackersatzmittel dienten während des Weltkrieges die sogenannten Esterharze und lösliches Kunstharz, als Wackerschellack, Albertolschellack im Handel, die als Ausgangsstoff Phenol und Formaldehyd haben.

Andere zur Politur- und Lackfabrikation verwendete Harze sind das Benzoeharz zum Auspolieren und der Sandarak für Spirituslacke.

Zur Auflösung des Schellacks zur Politur bedarf es hochprozentigen Spiritus, im Handel zu 96—98 Proz. erhältlich. Da auf reinen Alkohol als Genußmittel hohe Steuer lastet, auf für technische Zwecke bestimmten aber nicht, ist er durch Holzgeist (Methylalkohol) oder Pyridinbasen ungenießbar gemacht (vergällt, denaturiert). Der denaturierte Spiritus entwickelt beim Polieren unangenehm riechende Dünste und verursacht bei empfindlicher Haut zum Teil bösartigen Hautausschlag (Polierkrätze). Weißer Schellack löst sich schwer; man quellt ihn deshalb erst mit Äther auf. Zum Ansetzen der Politur übergießt man den Schellack in der Flasche mit Spiritus, daß dieser ungefähr noch ein Drittel darübersteht. Bei gelinder Wärme, wobei der Pfropfen wegen der sich entwickelnden Spiritusgase nur leicht aufgesteckt werden darf, geht die Lösung schneller vor sich. Öfteres Umschütteln vor Gebrauch ist nötig. Die Politur muß durch ein Tuch filtriert werden, um unreine und unlösliche Stoffe abzuscheiden.

Der Bimsstein dient nicht nur zum Schleifen, sondern auch zum Grundpolieren, um die offenen Poren des Holzes abzudichten. Für dunkle Hölzer, wie Mahagoni, Nußbaum und dergleichen, wird der Bimsstein durch Erdfarben angefärbt oder Ziegelmehl verwendet, da sonst die Poren grau werden. Bimsstein ist ein Produkt vulkanischen Ursprungs (Lava). Er wird in Stücken zum Abschleifen von Flächen oder als gemahlenes und geschlämmtes Pulver in verschiedenen Feinheitsgraden zum Schleifen und Grundieren verwendet. Zu letzterem stäubt man ihn wie das Ziegelmehl durch einen Leinenbeutel.

Schleif- und Polieröle.

Leinöl ist ein fettes, trocknendes Öl, aus dem Samen der Flachspflanze (Leinsamen) gewonnen. Durch Aufnahme von Sauerstoff oxydiert es und eignet sich dadurch als Schleif- und Polieröl, das zu schneller Verdunstung mit Terpentinöl im Verhältnis 1 : 1 oder 1 : 2 versetzt wird. (Siehe Ölschleifen, S. 302.)

Terpentinöl wird durch Destillation aus Terpentin (Harzausfluß der Fichten) gewonnen.

Terpentinersatz sind Destillate aus Petroleum und Mineralölen.

Mineralöle sind ölartige Flüssigkeiten trockener Destillation aus Braunkohlenteer, die als Schleif- und Polieröle Verwendung finden.

Rotes Schleif- und Polieröl wird durch Auflösen des Alkannins (Extrakt der Alkannawurzel) hergestellt. Die Färbung bleicht aber am Licht stark aus.

Die Technik des Polierens.

Polieren ist eine Gefühls- und Denkarbeit, die nicht nach einem bestimmten Rezept, wie im Kochbuch „Man nimmt" von dem und jenem in den Polierballen oder Wattebausch, behandelt werden kann. Eine gute Polierarbeit erfordert drei Arbeitsgänge, das Grundieren zur vollkommenen Schließung der Holzporen, das Nachpolieren zur Erhaltung einer schwachen gleichmäßigen Politurdecke und das Auspolieren zu einem glasklaren Hochglanz. Zwischen diesen Arbeitsgängen ist der Politur Zeit zum Härten zu geben, damit die Schichten nicht beim Weiterarbeiten aufgelöst werden. Dabei ist die Polierfläche vorher mit feinstem Bims zu überschleifen und alle Ölschleifreste sind sorgsam zu beseitigen.

a) Grundieren. Das Grundieren besteht in vollkommenem Schließen der Poren des Holzes und erfordert sehr schwache Politur, die mit dem aufgestäubten Bimspulver durch den Druck des Polierballens in die Poren gepreßt und zur festen Masse wird. Durch die Schleifwirkung des Bims setzt sich keine Politur auf der Oberfläche fest, sie bleibt klar und wird sehr glatt. Zum Grundieren nehme man möglichst kein Öl; erst wenn alle Poren geschlossen sind, und auch sonst zum Polieren nur, wenn es nicht mehr anders geht.

Feinporige Hölzer sind erst mit Politur oder Nitrozelluloselack einzulassen und dann mit Öl zu schleifen. Zum Polieren benutzt man als Ballen ein Stück ausgewaschenen Wollstrumpfes, der in einen Lappen groben Gewebes eingehüllt wird, daß man ihn bequem in der Hand halten kann. Das gilt vom Flächenpolieren.

Zum Polieren von Kehlleisten oder Arbeiten des Drechslers auf der rotierenden Drehbankspindel benutzt man einen Wattebausch, der sich gut an die Einschnürungen, Kanten und Ecken anschmiegt. Die Polierwatte muß durch Eintränken mit Politur und wieder Antrocknen vorbereitet werden, sonst gibt sie die Politur beim Polieren zu schnell ab und fasert. Überhaupt erfordert das Polieren auf der Drehbank eine andere Arbeitsweise als auf der Fläche, indem die Politurwatte bei der schnellen Umdrehung des Arbeitsstückes behend hin und her bewegt werden muß, um die Politur gut zu vertreiben, damit sich kein sogenannter Zwirn aufspult. Im übrigen sind die Beobachtungen betreffs Politurstärke beim Zupolieren der Poren die gleichen wie beim Flächenpolieren. Zum Rundpolieren darf die Polierwatte nicht zu naß genommen werden. Es ist dabei die Größe der Arbeit in Betracht zu ziehen, daß man die Politur auch genügend darauf vertreiben kann. Das viele Nachreiben mit der linken Hand ist zwecklos; es kostet nur unnötige Politur, die man dann statt auf der Arbeit an den Fingern hat. Das Aufbrennen der Politur mit der Hand ist keine ordentliche Polierarbeit, sie gibt auch keine saubere Oberfläche und zeugt von wenig Fähigkeit des Polierers.

Auch der Drechsler muß bei großporigem Material schwache Politur und Bims- oder Ziegelmehl zum Grundieren benutzen, bis alle Poren geschlossen sind, erst dann darf Deckung auf der Oberfläche erfolgen, denn diese soll dünn sein, sonst gibt es Verschleierung der Holzstruktur.

b) Zum N a c h p o l i e r e n nach der Erhärtung des Grundes ist auch schwache Politur zu verwenden unter geringster Benutzung von Polieröl, da ein zuviel die Polierarbeit nur verzögert und später ausschwitzt. Die Watte darf keine Politurkruste ansetzen. Das ist ein Zeichen, daß der Ballen oder die Polierwatte überhaupt nichts abgibt. Da ist es Zeit, den Polierbausch mit Spiritus zu tränken, um die verhärtete Politur aufzulösen. Eigentlich soll es beim Polieren überhaupt nicht zu solcher Inkrustation kommen.

Die Kunst des Polierens liegt eben darin, zu fühlen, wo es fehlt, und darnach in der Benutzung der Polierstoffe zu handeln. Polieren ist keine so mechanische Arbeit, wie sie erscheint; sie erfordert Gefühl und Überlegung. Die verschiedene Dichte der Hölzer erfordert auch entsprechende Behandlung. Der Drechsler wird bei weichem, saugfähigem Holz zum Grundieren etwas stärkere Politur benutzen, als bei hartem. Stark mit Harz inkrustierte Hölzer, wie Palisander, Ebenholz, Veilchenholz, Pockholz und dergleichen, erfordern besonders schwache Politur, da die im Holz sich lösende Harzmasse die Politur verdickt.

c) Zum Auspolieren bleibt trotz aller angebotenen Patentpolituren möglichst hochgrädiger Spiritus oder eine schwache Benzoeauflösung das sicherste Mittel. Es bedarf natürlich eines reinen Polierbausches, der kein Öl enthält. Der Polierbausch darf nicht zu naß sein, da die Gefahr besteht, daß die Polierdecke aufgelöst wird. Bei Beginn darf man nicht stark aufdrücken, bis der Ballen angezogen hat. Es handelt sich beim Auspolieren nicht um eine weitere Deckung der Fläche, sondern um die Auslösung des Öles. Letzten Endes wird nach dem Trockenpolieren der vorhandene Ölhauch durch sogenanntes „Wienern" entfernt. Dazu bedarf es des Polierwassers, das man sich aus 100 g weichen Wassers und 8 g Schwefelsäure bereitet, indem diese tropfenweise in das Wasser gegossen wird, nicht umgekehrt, was durch Aufspritzen und Sieden der Säure zu Verbrennungen führen würde. Mit dem damit getränkten Lappen wird vorsichtig, nicht naß, über die Polierfläche gefahren und verteilt. Dann wird durch Leinenbeutel etwas Wiener Kalk auf den Handballen gepudert und damit leicht über die Fläche gerieben. Nur glatte Dreharbeit läßt sich „wienern", da sich der Kalk in tiefen Einkerbungen festsetzt und schwer auswischen läßt. Der Drechsler feuchtet statt mit Polierwasser den Handballen etwas an und stäubt den Kalk darauf, um die Arbeit damit abzukalken.

Mattpolieren. Es besteht oft die Meinung, daß es zum Mattpolieren keiner so sorgsamen Polierung bedarf, weil die Arbeit matt gebürstet wird. Nur eine gute Politurdecke ergibt feine Mattierung, die auch vollständig erhärtet sein muß. Man überwischt die Arbeit schwach mit Terpentinöl und stäubt sie mit feinkörnigem Bims ein, worauf mit weicher Bürste in Richtung der Holzfaser gebürstet wird, bis alles Öl entfernt ist.

Polieren buntfarbiger Arbeiten. Zum Polieren hell- oder buntfarbiger Arbeiten, wie helles Gelb, Hellrot, Grün und Blau, kann nur weiße Schellackpolitur genommen werden, da braune die empfindliche Farbe verändert. Will man die Färbung eines polierten Stückes korrigieren, z. B. mahagoni oder nußbaum gebeizte Arbeit etwas dunkler oder feuriger machen, so wird mit spritlöslichen Teerfarbstoffen nachgefärbt, indem man die polierte Fläche recht gleichmäßig damit überzieht. Der Lösung wird ein wenig Politur zugegeben; sie muß sehr dünn sein. Lieber ein paar Mal die Arbeit damit übergehen, als zu starke Anfärbung, um ungleiche Färbung und Streifen zu verhüten. Beim Überpolieren muß vorsichtig gearbeitet werden, und anfangs nicht zu naß, damit die Farbschicht nicht aufgelöst wird. Mit farbiger Politur zu polieren ergibt selten Gleichförmigkeit in der Färbung und ist möglichst zu vermeiden. Anders ist es beim Polieren mit Deckfarben, wobei die Zeichnung des Holzes vollkommen verdeckt ist und Ungleichmäßigkeit nicht aufkommen kann, weil die Schicht nicht durchscheinend ist.

Zum **Polieren mit Deckfarben,** wie es bei Kleinmöbeln und verschiedenen Drechslerarbeiten üblich ist, müssen statt der nicht deckenden Teerfarben Erd- oder Metallfarben mit der Politur vermischt werden. Statt Politur läßt sich zur Schaffung des farbigen Grundes auch eine farbige Leimtränke verwenden, auf der dann mit der farbigen Politur poliert wird. Die Mischung von Politur und Farbe darf nicht über das Verhältnis von 10 : 4 genommen werden, da zu viel Farbstoff die Politur spröde macht. Da die Farben sich in der Politur leicht absetzen, muß des öfteren umgerührt werden. Für elfenbeinfarbig verwendet man Kremserweiß, dem man nach der Mischung etwas hellen Ocker zusetzt. Für Rot: Chromrot, Zinnober; Braun: Manganbraun, Terra Sienna; Grün: Chromgrün; Blau: Pariser Blau. Die Farben können zur Abtönung entsprechend gemischt werden. Ein Grundanstrich mit angefärbter Leimtränke ist zu empfehlen.

Schwarzpolieren. Schwarz ist wohl die meist gebrauchte farbige Politurdecke, aber auch die empfindlichste. Ihr muß stets eine Schwarzbeize (Ebenholzbeize) vorausgehen, um einen schwarzen Grund zu bekommen. Dem folgt die Grundierung mit schwarzer Politur, der Lackschwarz, das erst in Spiritus gelöst ist, zugesetzt wird. Zu viel Farbstoffzusatz macht die Politurdecke spröde und nach einiger Zeit auch rissig. Nigrosin gibt kein so schönes Schwarz wie das Lackschwarz. Am wenigsten tauglich ist das Polieren mit Kienruß, wie es häufig beim Drechsler verwendet wird, indem er den Polierballen in den Ruß stippt und knetet. Solche Färbung greift sich schnell ab, ergibt auch ein mehr grünlich-, statt blaustichiges Schwarz. Fahnenstangen und Spazierstöcke müssen regenfest sein, deshalb darf die Oberschicht der Politurdecke keine großen Mengen Farbstoff enthalten, da sie sich sonst ablösen und das kostbare Fahnentuch verderben würden. Zur letzten Deckung nimmt man nur ganz gering angefärbte Politur oder Nitrozelluloselacke.

Die Lackierverfahren.

Bei dieser Technik unterscheidet man:

1. Überzuglackierung.

Zum Überziehen der gut polierten Arbeit mit einem Spirituslack, der hell für naturpolierte Arbeiten oder gefärbt sein kann, wird dieser mit Watte oder feinem Dachshaarpinsel aufgetragen. Dabei ist zu beachten, daß nicht zu mager noch zu fett aufgetragen wird. Bei letzterem läuft der überschüssige Lack, er gibt Nasen, die nur durch vollständiges Entfernen der ganzen Lackierung sich beseitigen lassen. Der Raum, in dem lackiert wird, muß staubfrei, trocken und warm sein. Vor dem Lackieren muß die Politurdecke vollständig erhärtet sein, sonst gibt es eine grießige Oberfläche. Dem Lacküberzug kann durch Abpolieren mit Schwefeläther ein der Auspolitur ähnlicher weicher Glanz gegeben werden, wobei zu Beginn des Abziehens mit dem angefeuchteten, in Leinen gehüllten Wattebausch vorsichtig hantiert werden muß, bis der Lack angezogen hat.

2. Tauchlackierung.

Die großen Fortschritte in der Herstellung von Lacken, besonders in der Entwicklung der Nitrozelluloselacke, haben zu ganz neuen Lackier- und Lackpolierverfahren geführt, wodurch für bestimmte Arbeiten das Handpolieren ausgeschaltet wurde. Ein solches ist die Tauchlackierung, bei welcher die Glanzdecke durch mehrere Lacküberzüge erzeugt wird, indem sich ein gleichmäßiger Film auf der Oberfläche bildet. Die Tauchlackierung ist für kleine Massenartikel, wie sie der Drechsler herstellt, sehr geeignet. Der Verbrauch an Lackmaterial ist wohl größer als beim Handpolieren, aber die Arbeitszeit um so geringer.

Zum Tauchen können Spiritus-, Öl-, Zellon- und Nitrozelluloselacke dienen, soweit sie die erforderliche Konsistenz besitzen. Sie sind dementsprechend als Tauchlacke zu beziehen. Bei Bedarf schickt man am besten ein Arbeitsmuster zur Probelackierung ein, um bei der großen Auswahl von Lacken das richtige Material zu erhalten. Tauchlacke werden farblos und auch in allen Färbungen hergestellt.

Die Zelluloselacke finden die meiste Verwendung; sie sind am unempfindlichsten gegen Feuchtigkeit und schwache Säuren und erhalten durch Überschwabbeln große Härte und Kratzfestigkeit. In Vereinigung mit Öllacken, die sonst lange Trockenzeit erfordern, bietet der Nitroöllack wesentlich größere Deckkraft und Haltbarkeit bei schneller Trockenzeit. Zelluloidlacke sind flüchtig und deshalb nicht zum Auftragen mit dem Pinsel geeignet.

Wie bei allen Polier- und Lackierverfahren ist für saubere Arbeit ein gut geschliffener dichter Untergrund erforderlich. Grobporiges Holz bedarf der Porenfüllung, feinjähriges ist mit einem Grundiermittel einzulassen und wieder abzuschleifen, damit der Lack nicht einschlägt. Als Grundiermittel zählt auch die Leimtränke. Um eine zufriedenstellende Lackdecke zu erhalten, muß wenigstens zweimal getaucht und bei besseren Lackierungen dazwischen mit Bimsstein und einer Mischung von Schleiföl und Terpentinöl geschliffen werden. Spritlackgrundierung wird mit Schleiföl geschliffen.

Das Tauchlackieren kann nun nicht so vorgenommen werden, daß man die Arbeit in den Lackbehälter stippt und herauszieht. Letzteres muß langsam und gleichmäßig ohne Erschütterung geschehen, um Lackränder und -nasen zu vermeiden, die entstehen, wenn der Lackspiegel des Behälters mit dem am Arbeitsstück überschüssigen Lack außer Verbindung kommt und herunterläuft. Bei langsamem gleichmäßigen Hochheben zieht der Lackspiegel allen Überschuß ab, bis am Ende ein Tröpfchen bleibt, das man mit einem Stäbchen abnimmt. Auch das Eintauchen darf nicht so schnell geschehen, daß Luft mit in den Lack gerissen wird und Blasen entstehen, die Lackierfehler

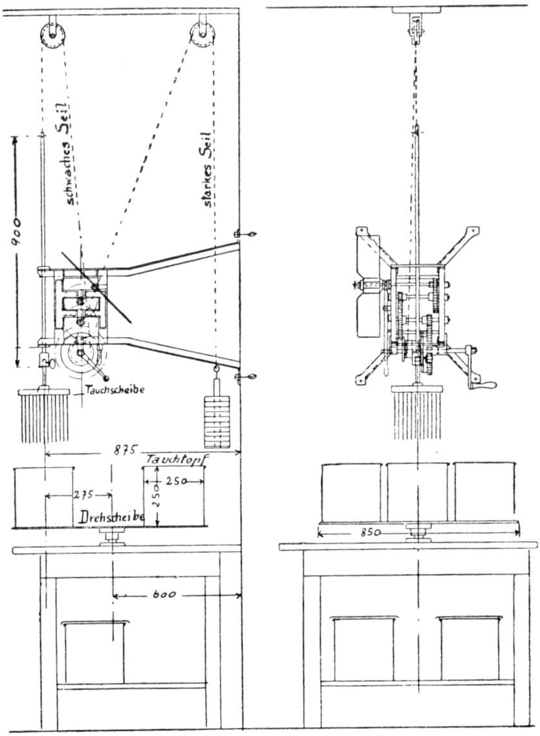

Abb. 262. Tauchlackiereinrichtung.

zeitigen. Das Tempo des Tauchens hängt von der Stärke des Lackes ab.

Je nach Art des Artikels und Preis der Arbeit ist das Lackmaterial zu wählen. Spirituslacke sind die billigsten, Zellon- und Nitrozelluloselacke die besten und haltbarsten.

Da das Tauchen mit der Hand in der angegebenen Weise kaum möglich ist und zu zeitraubend sein würde, bedarf es zu rationeller Arbeit eines Tauchapparates (Abb. 262), durch dessen Uhrwerk der Tauchteller mit den an Stiften, Zapfen oder Klammern befestigten Arbeitsstücken hochgehoben wird. Während ein Teller mit seinem Behang taucht, besetzt der Arbeiter einen neuen, so daß laufend getaucht werden kann.

Das Tauchgefäß soll möglichst hochrandig sein, damit die Dünste des flüchtigen Zelluloselackes die Lackierung, bis sie vollständig aus dem Lack gehoben ist, umspülen können. Dadurch bleibt der Lack auf der Arbeit flüssiger und der Überschuß wird restlos vom Lackspiegel aufgenommen.

Bei Nitrozelluloselackierung kann man die Arbeit nach mindestens sechsstündiger Trocknung mit einem Barchentschwabbel und weicher Polierpaste leicht übergehen, um ihr einen der Auspolitur gleichen weichen Glanz zu geben.

3. Spritzlackierung.

Während man kleine Drechslerarbeiten zur Lackierung taucht, müssen größere gespritzt werden. Allgemein wird dazu Nitrozelluloselack verwendet, obwohl auch andere Lacke dazu brauchbar sind. Dazu bedarf es einer Preßluftanlage und Spritzpistole. Erstere kann wohl durch eine Flasche mit Preßluft ersetzt werden; der Betrieb ist allerdings teurer als die Preßluftanlage, die auch in kleinster Ausführung hergestellt wird. Zur Lackspritzarbeit bedarf es bis zu 2 Atm. Druck. Die Spritzpistole wird für die verwendeten Polierspritzlacke mit 1,5 mm Düse versehen.

In der Spritzlackierung unterscheidet man Hoch- und Niederdruckanlagen. Bei ersteren wird die zum Spritzen erforderliche Luftverdichtung durch langsam arbeitende Kolbenkompressoren von 3 bis 4 Atm. erzeugt; bei letzteren durch schnell rotierende Lamellengebläse mit ca. $^1/_2$ Atm. Luftdruck, aber um so größeren Luftstrom.

Für das Arbeiten mit Nitrozelluloselacken, die der Drechsler fast ausschließlich zu seinen Arbeiten verwendet, ist es erforderlich, öl- und wasserfreie Preßluft zu erhalten, die nicht durch die unumgänglichen Schmiermittel verunreinigt ist.

Man schaltet deshalb einen Öl- und Wasserabscheider ein. Das durch die Expansion der Druckluft kondensierte Wasser und das Öl geben bei ungenügender Abscheidung Anlaß zur Schleierbildung der Lackschicht und sind auch

Ursache von Blasenbildung und Abblätterung derselben. Der Ölabscheider ist deshalb ein wesentliches Glied der Spritzanlage.

Die Abb. 263 zeigt die schematische Darstellung einer stationären Kompressorspritzanlage. Vom Motor (17) wird durch das Vorgelege (18) der Kompressor (14) mit ca. 400 Umdrehungen angetrieben, von wo aus die erzeugte Preßluft durch eine abfallende Leitung in den Luftkessel (5) eintritt, wo sich die Unreinigkeiten in dem eingebauten

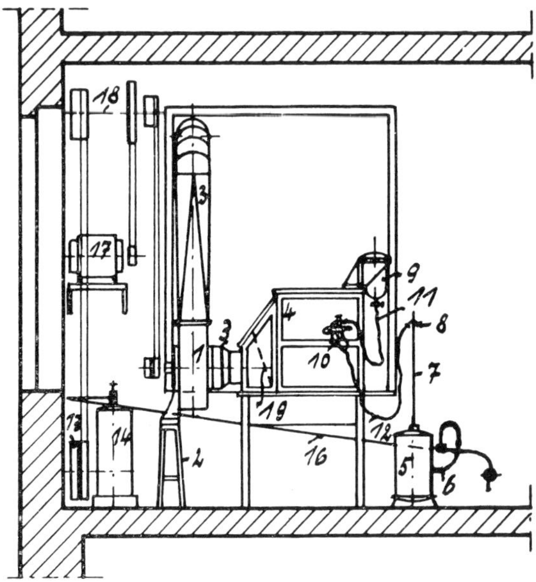

Abb. 263. Spritzlackieranlage (Schema).

Filter absondern. Von hier aus gelangt die gereinigte Preßluft in den Oberkessel und erhält ihren Ausgang durch das mit Manometer ausgerüstete Reduzierventil (8), an dem der jeweilig zur Spritzarbeit zweckmäßige Druck eingestellt wird, wie es die Art des Lackes und die Erfahrungen gebieten. Der so geregelte Druck gelangt in die Spritzpistole. — In (10) ist ein Arbeitstisch, der von drei Seiten mit Wänden umkleidet ist, dargestellt, an dessen Rückwand durch Blechfilter (19) die bei der Lackzerstäubung entstehenden Nebel von dem dahinterliegenden Ventilator (1) durch das Abzugsrohr ins Freie gelangen.

In Abb. 264 ist eine transportable Kleinspritzanlage, wie sie der Drechsler gut gebrauchen kann, dargestellt, die, mit $^1/_2$-PS-Motor versehen, an die Lichtleitung durch Stecker angeschlossen werden kann. Sie enthält alle wichtigen Teile der stationären Anlage in kleineren Abmessungen, wie Kompressor und Luftkessel mit Abscheider, außer der Absaugeeinrichtung, die durch gute Ventilation des Raumes ersetzt werden muß.

Die Abb. 265 zeigt eine transportable Niederdruckspritzanlage in Gestalt eines Kapselgebläses, bei dem

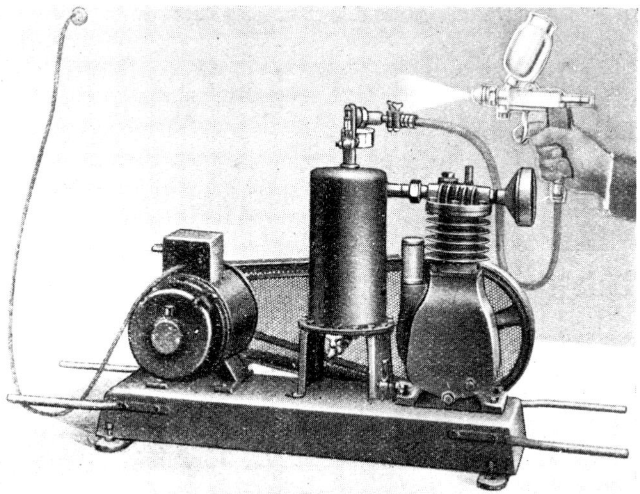

Abb. 264. Spritzlackieranlage.
Werkfoto: A. Krautzberger & Co., Holzhausen b. Leipzig

durch die schnelle Drehung des Rotationskompressors durch einen 400-Watt-Elektromotor vermittels Lamellenrotors ein sehr hoher Luftstrom, aber nur 0,5 Atm. Druck, erzeugt wird.

Die große Menge an Luftstrom wird nicht in einem Windkessel aufgespeichert, sie durchströmt unvermittelt die Spritzpistole und läßt sich nicht regulieren, was bei dem geringen Druck nicht erforderlich ist. Die Spritzpistole ist demgemäß konstruiert, so daß die Zerstäubung des Spritzlackes durch die größere Menge des Luftstromes vor sich geht. Ein Ölabscheider ist hier nicht vorhanden. Bei dem geringen Druck wird das Öl weniger mitgerissen; es bedarf nur weniger Tropfen zur Schmierung des rotierenden Kompressors, das durch einen Ölhahn von Zeit zu Zeit abgelassen wird.

Für viele Spritzarbeiten reicht diese Anlage aus; aber für größere Lackflächen, wie Möbelteile oder größere gedrehte Drechslerarbeiten, Säulen Schalen usw., und zum Spitzen mit Nitrozelluloselacken, die empfindlich sind und genaue Einregulierung der Preßluft erfordern, ist

Abb. 265.
Niederdruck-Spritzlackieranlage.
Werkfoto:
Leipziger Tangier-Werk A.-G., Leipzig

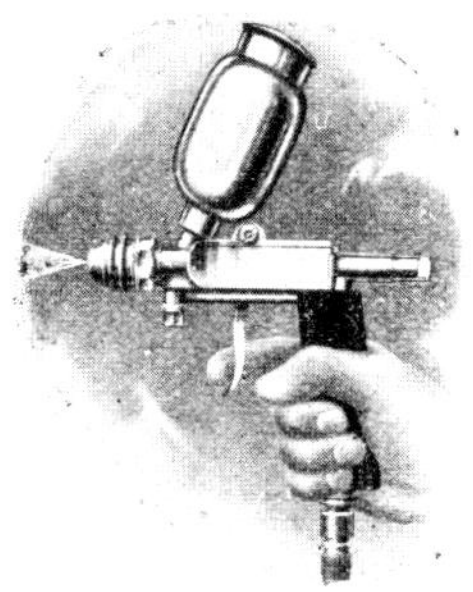

Abb. 266.
Spritzpistole.
Werkfoto: A. Krautzberger & Co., Holzhausen b. Leipzig

eine Hochdruckspritzanlage zu einwandfreier Lackierung vorzuziehen.

Je nach der Art der Spritzarbeit und des Lackes sind die Spritzpistolen (Abb. 266) ausgebildet. Ihre Düsen sind nach Bedarf auswechselbar. Es ist aber ein Unterschied zwischen Hochdruck- und Niederdruckspritzpistolen zu machen. Die Spritzpistole kann ein Rund-, Flach- oder Drehstrahler sein. Für Drechslerarbeit ist ein Rundstrahler am Platze. Der Vorzug einer Pistolenkonstruktion ist die Einfachheit und leichte Zerlegbarkeit, um sie gut und schnell nach der Arbeit reinigen zu können. Dazu gießt man nach Ausschütten der Farb- oder Lackreste in den Lackbehälter eine Zelluloselackverdünnung und spritzt diese durch, so daß die Düse von allen Lackresten gesäubert wird.

Das Spritzen runder Gegenstände geschieht vorteilhaft mit einer einfachen Drehvorrichtung, auf der die Arbeit während des Spritzens langsam bewegt wird, um gleichmäßigen Überzug herzustellen. Für längere gedrehte Arbeiten ist zum Spritzen eine Drehbank erforderlich, deren Spindel sich mit der Lackierarbeit sehr langsam und gleichmäßig drehen muß. Bei profilierten Dreharbeiten ist zu beachten, daß die Spritzpistole so gehalten wird, daß der Strahl stets rechtwinklig auf die Form auftrifft, und zwar dabei immer zur Drehachse gerichtet. Es gibt dabei auch den geringsten Lackverlust. Hinter dem Werkstück muß eine Blechwand aufgestellt werden, welche den neben dem Arbeitsstück vorbeistoßenden Lack auffängt, der nach Schluß der Arbeit abgestoßen, wieder durch Lackverdünnung aufgelöst und nach Filtrieren als Grundiermaterial verwendet werden kann. Das Spritzen erfordert Übung. Die Spritzpistole soll etwa 25 cm von der Arbeit entfernt gehalten werden, damit der Strahl nicht zu scharf auftrifft und die Lackschicht auseinander treibt, was eine rauhe Decke ergibt. Das gleiche Resultat ergibt zu hoher Druck, der nach Konsistenz des Lackes einzustellen ist.

Die Vorarbeit zum Spritzen ist die gleiche wie beim Tauchen. Grobporige Hölzer erfordern Porenfüllung, feinporige Grundierung mit Schellackpolitur und trockenes Überschleifen mit feinem Schleifpapier, nicht mit Öl.

Nach dem ersten Spritzen mit Grundierlack ist mit Halböl (2 Teile Leinöl, 3—4 Teile Terpentinöl) zu schleifen. Dem folgt ein Nitrozelluloseüberzugslack, der reiner und härter wird als der Harze enthaltende Grundierlack.

Eine zarte glatte Oberfläche, die der Schellackauspolitur überlegen ist, da sie nicht einschlägt, wird durch das Überpolieren mit Zelluloselackverdünnung erreicht. Der Lacküberzug muß aber vollkommen trocken sein. Die Lackschicht wird durch das Überpolieren oberflächlich gelöst und verteilt, wodurch der weiche feine Glanz und die Glätte erzielt wird. Das muß vorsichtig, nicht zu naß, geschehen. Andererseits kann man, wie schon beim Tauchlackieren erwähnt, die Lackierung abschwabbeln, wodurch der Überzug gehärtet und vollkommen kratzfest wird.

Spritzen mit farbigen Lacken.

Für farbige Lackierungen wird meist Erlenholz zur Arbeit verwendet. Zur Schließung der Poren eignet sich Leimtränkung oder Polituranstrich mit trockenem Abschliff. Die farbigen Lacke trocknen matt auf. Nach der ersten Lackierung mit Grundlack ist wieder zu schleifen, um beim zweiten Spritzen einen glatten Überzug zu erhalten. Zum Hochglanz muß abgeschwabbelt werden. Um zu hellen Farben eine gute Deckung des Holzes herzustellen, ist als Grundlack weißer Spachtellack zu verwenden. Dieser ist mit wasserfestem Schleifpapier Nr. 6-Null mit Wasser zu schleifen.

Das Arbeiten mit Spritzautomaten.

Zum Spritzlackieren von Mengenartikeln können automatisch arbeitende Spritzeinrichtungen benutzt werden, bei denen die kleinen gedrehten Artikel auf Spindeln gesteckt werden, die am Rande einer Drehscheibe montiert sind und, sobald sie vor die Spritzpistole kommen, sich drehen. Die Pistole bewegt sich dabei auf und ab, so daß der Gegenstand gleichmäßig bespritzt wird. Die Bedienung besteht nur im Aufstecken und Abnehmen der Arbeit.

4. Schleiflackverfahren.

Schleiflackarbeiten sind feine zarte Lackierungen mattblanken Gepräges, die bei Großmöbeln, aber auch bei kleinen kunstgewerblichen Arbeiten Anwendung finden. Die Schleiflackierung wirkt besonders in der Fläche, aber auch an gedrechselten Gegenständen, wie Lampenfüßen, Schalen und dergleichen, deren Form möglichst einfach und schlicht sein muß, auch der Lackiertechnik wegen. Es ist ein Öllackanstrich feinster Ausführung, mit viel Mühe verbunden, kann aber auch in Spritztechnik, wie das beschriebene Spritzen mit farbigen Lacken, hergestellt werden, was bei runden Gegenständen zu empfehlen ist, wo Spritzeinrichtungen vorhanden sind.

Die erste Arbeit ist ein dünner Anstrich mit magerer Ölfarbe, der sich dann gut schleift. Aststellen im Holz streicht man vorher mit Schellack, weil die Ölfarbe dort schwer deckt. Dem folgt das Spachteln mit sogenanntem Möbelspachtel, der ein Öl- oder Leimspachtel sein kann. Den Spachtel bezieht man am besten fertig. Er wird bei Flächen mit der Spachtelklinge (schmiegsames, dünnes, poliertes Stahlblech) aufgetragen, indem der Spachtelkitt damit recht gleichmäßig aufgezogen, durch öfteres Ziehen geglättet und die Fläche egalisiert wird. Das erfordert Übung. Gedrehte Arbeiten müssen mit durch Terpentin und ein wenig Firnis verdünnter Spachtelmasse behandelt werden, die nur mit dem Pinsel aufgetragen wird. Das ist oft zu wiederholen und danach mit feinem Schleifpapier zu glätten. Man verwendet besser Leimspachtel, der schneller trocknet, um weiter arbeiten zu können. Zuletzt wird mit ganz feinem Schleifpapier 5-Null gearbeitet, so daß eine ganz glatte Fläche vorhanden ist. Dem folgt ein Anstrich mit Ölgrundlack, der matt auftrocknet und der Endfarbe entsprechend mit Tubenölfarbe getönt wird. Das Schleifen muß jetzt mit wasserfestem Schleifpapier 6-Null und Wasser geschehen, indem die Arbeit mit dem Schwamm benetzt wird. Das gibt eine feine Glätte, auf die nach gründlicher Säuberung und Trocknung nach einem Tag die Endlackierung mit dem käuflichen Ölschleiflack folgt, der mit weichem Pinsel recht gleichmäßig aufgetragen und vertrieben werden muß. Die Lackschicht bedarf gründlicher Erhärtung, ehe man mattschleifen kann. Dazu benutzt man Bimssteinpulver feinster Mahlung, besser noch wasserfestes Schleifpapier 8-Null mit Wasser, das keine Schleifkratzer hinterläßt.

Für kleine billige Massenware, wie Spielzeug, beschränkt man sich auf einen Farbanstrich und einen Lacküberzug mit der Spritzpistole bei vorheriger Leimtränkung. Der Lack besteht aus billigen Harzen und Lithopone, dem noch ein Überzuglack aus Zelluloid mit Lithopone versetzt folgt. Durch leichtes Abschwabbeln wird der matt auftrocknende Lack blank poliert. Die kleinen Artikel lassen sich statt des Spritzens bei einigem Geschick auch mit dem Pinsel lackieren.

5. Schleifen, Wachsen und Polieren in der Trommel.

Das Schleifen und Polieren im Scheuerfaß oder in der Trommel kommt ausschließlich für kleine Massenartikel in der Holzbearbeitung in Anwendung. Nicht allein Dreharbeiten, wie Knöpfe, Holzperlen und ähnliche Sachen, auch Werkzeughefte, Kleiderbügel sowie viele kleine kantige Artikel werden getrommelt und mit geringstem Kostenaufwand geschliffen und gesäubert.

Je nach Art des Artikels müssen die Trommeln verschieden gebaut sein, um die gesuchte Wirkung zu haben. Je schwerer die Arbeiten sind, um so weniger kantig muß die Trommel sein, weil sie sich bei zu großer Überstürzung gegenseitig Beulen einschlagen. In der Regel werden 6—12kantige Trommeln benutzt. Länge und Durchmesser richten sich nach der Größe der Artikel. Trommeln von 60—80 cm Durchmesser sind üblich. Die Drehzahl derselben darf nicht zu hoch sein, da die reibende Wirkung sonst gering ist.

Als Schleifmittel, das mit der Ware in die Trommel gebracht wird, dient Glas- und Flintsteinpulver verschiedener Körnung. Sehr vorteilhaft sind Schleifpapierabfälle und gebrauchtes Schleifpapier, auch feiner weißer Sand. Dazu bedarf es noch eines Füllmaterials, wie Dreh-, Fräs- oder Sägespäne, die als Schleifstoffüberträger dienen und selbst an der Glättung beteiligt sind. Das gilt besonders für sogenannte weiße Ware, die nicht poliert wird und in einem zweiten Gang nur mit den eigenen Spänen getrommelt eine feine mattglänzende Oberfläche erhält, besonders wenn Talkumstücke mit eingebracht werden. Mehr als ein Drittel darf die Trommel nicht gefüllt werden, weil sich sonst die Arbeitsstücke nicht genügend bewegen. Die Drehzahl der Trommel ist ca. 40—60 Umdrehungen in der Minute, je nach Größe der Trommel. Die Schleifdauer kann je nach Härte des Materials und Art des Schleifstoffes 24—36 Stunden betragen. Je scharfkantiger die Arbeit ist, um so feinkörniger müssen die Schleifmittel sein, damit die Kanten nicht zu stark verschliffen werden.

Das Trommelschleifen erfordert Erfahrung durch Versuche, um zufriedenstellende Arbeit zu erlangen, da der Erfolg von der Verwendung geeigneten Schleif- und Füllmaterials für die Holzart und Form des Artikels abhängt.

Die Trommel macht man aus Hartholz (Rotbuche), da die Wandung vom Schleifmittel angegriffen wird.

Die Abb. 267 zeigt den Zusammenbau der Scheuertrommel in Ansicht und Schnitt. Die Stirnseiten werden am besten aus Sperrholz hergestellt, weil beim nur in der Breite verleimten Brett durch das Zusammentrocknen die Umfläche undicht werden würde. Man benutzt am besten 25 mm starke Tischlerplatten, deren Innenbelag aus Rotbuche, wie die Umkleidung der Umfläche, sein muß, da durch das Schleifmittel das Holz im Laufe der Zeit angegriffen wird. Der Rand der Scheiben ist durch 10 mm starke und etwa 4 cm breite Leisten außen zu verstärken, um die Bretter der Umfläche gut aufleimen und verschrauben zu können. Der Querschnitt der Trommel zeigt die Art der Verbindung der Teile der Umfläche miteinander, damit die Trommel dicht wird. Das macht sich leichter, als wenn sie in Gehrung zusammengesetzt wird. Im Innern sind die Ecken mit abgerundeten Leisten versehen, wodurch die Bewegung des Schleifgutes gefördert

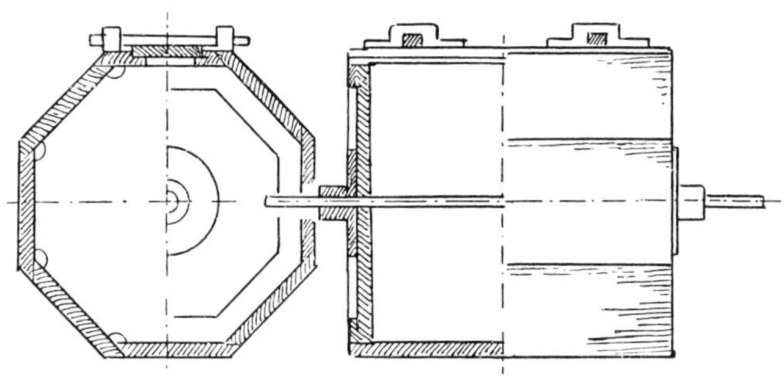

Abb. 267. Scheuertrommel für kleine Holzwaren.

wird. Zum Einbringen und Herausnehmen der Ware befindet sich an einer der Seiten eine Öffnung, die, mit Deckel versehen, durch Riegel verschlossen wird. Der Deckel liegt in einem Falz, damit der Verschluß dicht ist. Die Scheuertrommel wird mit der durchgehenden Welle durch die an den Stirnseiten angeschraubten eisernen Flanschen verbunden. Poliertrommeln erhalten im Innern einen Ausschlag mit Filz, damit die Politur- oder Wachsschicht der Arbeit nicht beschädigt wird.

6. Wachsen und Mattieren der Holzarbeit in der Trommel.

Kleiderknöpfen, Schachspielfiguren, Spielwaren und sonstigen kleinen gedrehten Artikeln gibt man vorteilhaft durch Trommeln einen feinen mattglänzenden Überzug. Man verwendet Bienenwachs, das entsprechend der Färbung gebeizter Sachen mit Erdfarben oder terpentinlöslichen sogenannten Olesolfarben angefärbt ist. Das Wachs wird in großen Stücken verwendet, da kleine Plättchen oder Krümel sich an der Ware festsetzen und sie verschmieren. Um dies zu vermeiden, setzt man dem Wachs zur Härtung Carnaubawachs (Ausscheidung einer Palmenart) zu. Auch die I. G.-Wachse der I. G. Farbenindustrie A.-G., Frankfurt a. M., sind sehr hart und glanzgebend. Arbeiten, die durch das Beizen etwas aufgerauht sind, müssen erst glatt getrommelt werden, ehe man sie wachst, um saubere Waren herzustellen. Das geschieht am besten in Sägespänen als Füllmaterial, damit die Beize an den Kanten nicht durchgeschliffen wird.

7. Färben und Wachsen in der Trommel in einem Arbeitsgang.

Dazu eignen sich einfache glatt geformte Artikel, wie Kleiderknöpfe, kleine Plättchen usw., wie sie in der Drechslerei und Holzwarenfabrikation häufig vorkommen. Für diese Zwecke werden häufig Wachsbeizen angewandt, die leider wenig lichtecht sind und der Härte der Schicht wegen mit Stearin oder Zeresin versetzt sind, das später zum Teil auskristallisiert und weißen Belag ergibt. Auch Wachsbeizen, die mit Seife versetzt sind, haben den Nachteil, daß sie auf dem Holz nicht fest genug halten und sich bei größerer Beanspruchung ablösen.

Eine billige und ziemlich wasserfeste Emulsion, bei der die kleinen Holzarbeiten zugleich geglättet, gefärbt und mit feinem Glanz versehen werden, besteht aus 40 Proz. Wachs, 30 Proz. Paraffin, 15 Proz. Seife, 15 Proz. Kolophonium, die zusammengeschmolzen und nach Erhärtung zu feinem Pulver gestoßen werden. Der Schmelze werden vorher noch die zur Färbung erforderlichen fettlöslichen Farbstoffe, 1—10 Proz., und sauren Farbstoffe 1—20 Proz., je nach Intensität der Färbung, zugesetzt. Das Pulver wird in einer Lösung von 50 ccm Ammoniak in 1 Liter kochenden Wassers aufgelöst und gut verrührt, bis eine gleichmäßige Emulsion erreicht ist.

Die Holzteile werden zweimal gestrichen und nach der Trocknung auf der Schwabbelscheibe ohne jedes Poliermittel leicht übergangen, so daß ein schöner Glanz entsteht, der ziemlich wasserfest ist.

Kleine Artikel, wie Knöpfe und dergleichen, kann man auch etwa 10 Minuten in einem Bottich in die Emulsion bringen, dann in eine Trommel, die zur Hälfte der Ware weiche Lederabfälle (von der Handschuhfabrikation) enthält, die leicht angefeuchtet sind, und trommeln, bis der Glanz erscheint.

Das Vergolden und Versilbern.

Die Arbeit besteht im Auflegen einer überaus dünnen Metallschicht, dem Blattgold oder -silber, auf einem dazu sorgfältig vorbereiteten Grund. Es können zweierlei Verfahren in Anwendung kommen, die sogenannte Branntweinvergoldung und die Ölvergoldung.

1. Die Branntweinvergoldung.

Die Holzoberfläche wird durch einen Kreidegrund verdichtet und geglättet, indem sie mit nicht zu starker heißer Leimtränke bestrichen wird. Das kann auch zweimal geschehen, bei vorherigem Trocknen. Der Kreidegrund besteht aus Leimwasser und Schlämmkreide, die darin recht fein abgerieben wird, daß kein Körnchen verbleibt. Das wird einige Male wiederholt und dann mit feinstem Schleifpapier geschliffen. Den beiden letzten Anstrichen wird etwas Leinöl beigegeben. Die Oberfläche wird mit einem Tuch oder Filz unter geringer Anfeuchtung der Fläche oder mit dem Pinsel ganz glatt gerieben, so daß ein matter Glanz entsteht. Dann folgt das Auftragen des Poliments, das für die Güte der Vergoldung wichtig ist. Das Poliment besteht aus einer fetten Tonerde (weißer Bolus) und Graphit. Man bezieht es am besten fertig. Das Poliment wird mit weichem Pinsel 2—3mal recht gleichmäßig aufgetragen. Jeder Anstrich muß erst getrocknet sein, dann wird mit einem weichen Lappen überrieben oder mit ganz weicher Bürste behandelt, bis sich leichter Glanz zeigt.

Die so zubereitete Oberfläche ist zum Auflegen des Blattgoldes oder -silbers fertig. Die Goldblättchen werden auf dem Vergolderkissen mit dem Vergoldermesser in kleine viereckige Stücke geschnitten. Beides ist käuflich zu haben. Das Arbeitsstück wird jetzt mit der Netze (Branntwein mit Wasser verdünnt) mit einem Haarpinsel recht fett bestrichen, so daß das Poliment das aufzulegende Blattgold anzieht. Mit dem Anschießer (aus Kamelhaar, das ganz flach zwischen zwei Kartenblättchen geleimt ist) wird das geschnittene Blattgold vom Kissen gehoben, indem man den Anschießer flach auflegt und hochhebt. Derselbe muß etwas fettig sein; dazu genügt es schon, ein paar Mal über das Kopfhaar zu streichen. Beim Auflegen auf die Arbeit dürfen die Haare des Anschießers nicht über das Goldblättchen hinausragen, damit sie nicht mit der Netze in Berührung kommen, da beim nächsten Blatt sonst Streifen entstehen („Peitschenhiebe").

Die aufgelegten Blättchen dürfen sich an den Rändern der Goldersparnis wegen nur wenig überdecken, denn alles was überdeckt, wird Abfall. Man drückt das Gold mit dem Wattebausch vorsichtig an und läßt die Arbeit zum Trocknen stehen. Mit weichem Pinsel wird die Arbeit von überschüssigen Goldrändern befreit. Das Material wird sorgsam gesammelt.

Bei Hochglanzvergoldung muß die Oberfläche mit dem Achat- oder Blutstein vorsichtig geglättet werden. Bei Mattvergoldung sind die Stellen mit einem Auszug von Safran in Weingeist zu überstreichen.

2. Die Ölvergoldung.

Sie verlangt dieselbe Verdichtung und Glätte des Untergrundes durch Auftragen einer Mischung von Kreide und feingeschlämmtem Ocker in gut gekochtem Leinöl. Dieser Ölfarbenanstrich ist wiederholt zu machen; er darf nicht zu fett sein und ist, wenn erforderlich, mit Terpentin zu versetzen. Nach jedem Überzug ist mit feinem Glaspapier zu schleifen, zuletzt mit Wasser und feinstem wasserfesten Schleifpapier 6—8-Null.

Dem so vorbereiteten Grund folgt das Einstreichen mit Vergolderfirnis (Anlegeöl), der käuflich zu haben ist. Von dessen Beschaffenheit hängt beim Vergolden alles ab. Dem Anlegeöl setzt man zum Vergolden etwas Chromgelb zu. Es darf nicht zu dick eingestrichen werden. Das Öl oxydiert an der Luft und trocknet in ca. 6—8 Stunden soweit, daß man mit dem Vergolden beginnen kann. Der Vergolder ermittelt die richtige Zeit durch leichtes Überstreichen mit dem Fingerknöchel, wobei sich ein leichtes Knacken hören läßt. Ist die Trocknung zu frisch, dringt das Öl durch das Blattgold, und ist die Trocknung zu weit vorgeschritten, hält das Gold nicht. Das Anlegen des Blattgoldes geschieht wie bei der Branntweinvergoldung, ebenso das Polieren.

Vergolden auf poliertem Grund.

Drechslerarbeit wird häufig mit gelb gefärbter Politur poliert und auf diesem glatten Grund vergoldet. Die Politurschicht muß hart sein. Das Anlegeöl wird wie erläutert aufgetragen und ebenso der Goldbelag. So haltbar wie beim Poliment- und Ölfarbengrund wird die Arbeit nicht, da das Anlegeöl sich mit dem Schellack nicht so innig verbindet.

Beim Versilbern und Verkupfern bedarf es statt des Chromgelbgrundes eines grauen bzw. eines braunroten Grundes, um kleine Fehlstellen in der Decke weniger kenntlich zu machen.

Das Bronzieren.

Das Vergolden und Versilbern kann auch mit Bronzestaub der betreffenden Metalle erfolgen, indem dieser mit einem Haftmittel vermischt mit dem Pinsel aufgetragen oder die Bronze auf das vorher aufgetragene Mittel mit Watte aufgestäubt wird. Die einfachste Art des Bronzierens besteht im Aufstreichen einer Mischung des Bronzepulvers mit Zaponlack, Bronzetinktur oder Spirituslack. Es ist aber die minderwertigste Arbeit, da die Bronze bald schwarz wird.

Gute Bronzierung erhält man auf poliertem Untergrund, der, wie bei der Blattvergoldung, in der Farbe dem Bronzepulver angepaßt ist. Die Arbeit wird dann mit Anlegeöl nicht zu dick eingestrichen und, nachdem dieses wie beim Blattvergolden genügend angezogen hat, das Bronzepulver mit dem Wattebausch aufgetupft. Das überschüssige Pulver wird nach vollständiger Trocknung mit feinem Haarpinsel abgestäubt. Statt des Anlegeöls kann auch ein schwacher Spirituslackanstrich zur Haftung der Bronze benutzt werden. Bei einiger Vorsicht läßt sich der Bronzeüberzug auch polieren; es bedarf aber eines vorherigen schwachen Politurüberzuges.

Das Metallglanzbeizen und -polieren.

Für bestimmte kleine Drechslerarbeiten, z. B. Lampenfüße, kleine Schalen und dergleichen, ergibt eine Metallglanzpolitur gute Effekte. Man verwendet dazu verschiedene Metallbronzen, wie Aluminium für Silbergrau oder Gold-, Kupfer- und grüne Oxydbronzen. Der gewählten

Bronzefarbe ist durch Beizen ein entsprechender Grundton zu geben, dem das Polieren mit angefärbter Politur folgt, wozu die spirituslöslichen basischen Teerfarben verwendet werden. Auf diesen glatten Untergrund trägt man dann das Metallisierungsgemisch aus dem Metallpulver und entsprechendem Farbstoff und etwas Graphitzusatz auf, indem man ein wenig in den Polierballen nimmt. Man benutzt dazu weiße Politur und möglichst kein Öl, da der Graphit genug Fettigkeit und Glätte aufweist. So poliert man Silbergrau mit Aluminiumbronze und etwas Graphit; man verwendet den hellen Silbergraphit. Altsilber bedarf zum Polieren nur des Graphits als Zusatz. Durch Zusatz des orangeroten Chrysadins zur Kupferbronze und Graphit wird der kupferbraune Grund erzielt. Altbronze entsteht aus Kupferbronze und Graphit. Stahlblau ergibt Methylenblau und Graphit. So lassen sich durch die Mischungen von spirituslöslichen Teerfarben mit dem Graphit und den Bronzen verschiedene Farbvariationen herstellen. Es darf zum Polieren nicht zu viel Graphitzusatz genommen werden, weil die Politur nicht gut haftet, da das fettige Graphit eine isolierende Schicht bildet. Man arbeitet derart, daß man den Ballen oder Wattebausch, der entsprechend Politur führt, in das Farbstoff- und Bronzepulvergemisch einstippt, aber nicht zu viel auf einmal nimmt, um eine gleichmäßige Deckung zu erhalten. Nach Erhärtung der Politur wird mit reiner weißer Politur überpoliert. Es bedarf schon einiger Aufmerksamkeit und Übung, um eine schön getönte gleichmäßige Metallisierung zu erhalten.

Die mit basischen Teerfarben gefärbten Polituren können in geschlossenen Glasflaschen längere Zeit aufbewahrt werden.

Das Abziehen von Bildern auf polierten Arbeiten.

Das Abziehen von Bildern wird hauptsächlich auf Reise- und Andenkenartikeln verwendet. Die Abziehbilder sind mit der Schere möglichst genau auszuschneiden. Die Bildseite wird mit farblosem Spirituslack, der nicht zu stark sein darf, bestrichen. Sobald der Lack etwas angezogen und durch Verdunstung des Spiritus genügend Klebkraft erlangt hat, wird das Bild aufgelegt und mit einer Gummiwalze oder einem Tuch festgedrückt. Dann ist die Oberseite des Papieres mit dem Schwamm zu benetzen, damit es durchweicht und die darunter liegende Schleimschicht, die das Bild mit dem Papier verbindet, sich löst. Man zieht jetzt vorsichtig an einer Ecke beginnend das Papier ab. Der noch auf dem Bild lagernde Schleim wird mit Wasser und weichem Schwamm entfernt. Die Arbeit ist noch einmal mit schwacher weißer Politur vorsichtig überzupolieren oder zu lackieren.

Das Bearbeiten der Holzoberfläche mit Sandstrahl.

Dieses dekorative Verfahren eignet sich nur für Nadelhölzer mit harten Harzjahren, wie Lärche, Kiefer und Zirbelkiefer, bei denen durch Preßluft ganz feiner scharfer Sand aufgeblasen wird, der das weiche Holz zwischen den Harzjahren mehr angreift, so daß letztere hervortreten. Durch vorheriges Aufstreichen mit Salzsäure läßt sich das weiche Holz mürber machen und dadurch tiefer ausstrahlen, weil die Harzjahre von der Säure weniger angegriffen werden. Durch späteres Abwaschen mit Ammoniak wird die Säure im Holz neutralisiert.

Da sich die Beschaffung einer Sandstrahleinrichtung nicht lohnen würde, geht man damit zu einer Glasschleiferei, die meist eine Sandstrahleinrichtung besitzt, und läßt dort blasen.

Die Arbeiten werden meist leicht gebeizt, weil dann die Holzzeichnung mehr hervortritt. Statt mit Sand zu strahlen, kann man auch das mit Salpetersäure angeätzte weiche Holz mit der Drahtbürste behandeln, die schöne gleichmäßige Oberfläche wie beim Sandstrahl gibt es aber nicht.

Gegerbte Nadelhölzer.

Mit den üblichen Farbbeizen erscheint das Weichholz der Nadelhölzer durch seine Saugfähigkeit dunkler als die Harzjahre, also umgekehrt wie die natürliche Zeichnung des Holzes. Durch Anwendung von Entwicklungsbeizen (S. 294) mit Gerbstoffen als Vorbeize und Metalloxydlösungen als Nachbeize behält das Holz seinen natürlichen Charakter, indem die Harzjahre dunkler hervortreten und eine reine klare Zeichnung erscheint.

V. Teil.

Material und Verarbeitung harter Werkstoffe.

Der Drechsler verarbeitet in seinem vielseitigen Handwerk außer dem Holz eine Anzahl harter Werkstoffe wie Samen und Früchte von Palmenarten, Horn und Zahngebilde als auch eine Reihe künstlicher Produkte von hohem technischen Wert.

Erster Abschnitt.

Früchte und Samen.

Eine Gruppe von Palmen besitzt Steinfrüchte, die in ihren Dimensionen und ihrer Härte ein willkommenes Drechslermaterial abgeben.

Die Kokosnuß.

Allbekannt ist die Kokosnuß, deren schwache Schale beim Drechsler nur bedingt Verwendung finden kann. Dagegen ist die mehr als eigroße Kokillanuß der Piassavapalme, fälschlich als Kokosnuß bezeichnet, ein Material, das in seiner bis zu 20 mm reichenden Wandstärke verschiedentlich zu Kleiderknöpfen und Zigarrenspitzen Verwendung findet. Die Nuß stammt aus dem tropischen Amerika, ist von ledergelber Farbe, fast steinhart, mit 2—3 mandelförmigen Kernen. (Abb. 268.)

Die Kokillanuß.

Die Früchte kommen ihrer dünnen Faserschicht entledigt in den Handel. In die Nuß führen drei Nährlöcher, die, mit starren Fasern gefüllt, an der Oberfläche kaum erkenntlich sind. Die Nuß ist in ihrem Bau dreiteilig und muß zur Verarbeitung in diesen Bauteilen getrennt werden.

Die Nuß ist mit hellen, in Längsrichtung verlaufenden Gefäßbündeln durchsetzt, die im Querschnitt als weiße Pünktchen erscheinen und dem Material Lebendigkeit verleihen. Man kauft die Nüsse nach Gewicht; auf 1 kg gehen 8—12 Stück. Die Kokillanuß muß kühl bei gleichmäßiger Temperatur gelagert werden, sonst erhält sie quer verlaufende Risse, die sie ganz entwerten.

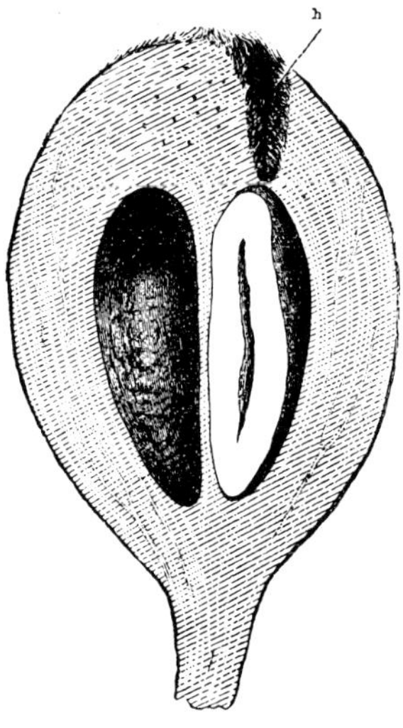

Abb. 268. Kokillanuß.

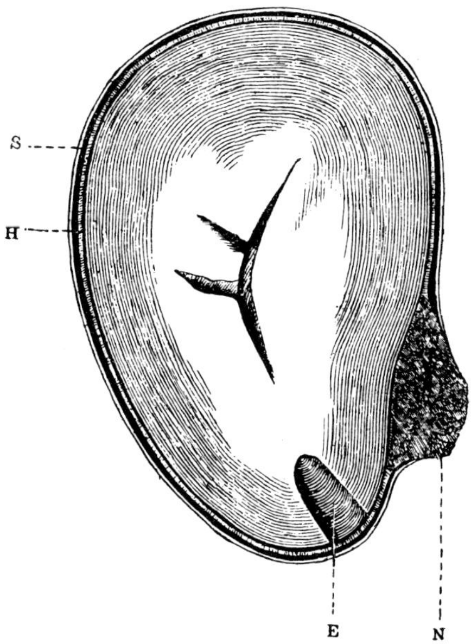

Abb. 269. Steinnuß.

Die Steinnuß.

Von mehr Bedeutung ist die Steinnuß, der Samenkern einiger Palmenarten Mittelamerikas, die in großen Mengen nach ihren Ausfuhrhäfen benannt eingeführt werden. Die Steinnuß dient lediglich der Kleiderknopffabrikation mit dem Sitz in Schmölln i. Thür. und der Spielwürfelherstellung.

In den großen fleischigen Früchten sind mehrere Kerne rosettenartig angeordnet, die in Form und Größe der Kastanie ähneln und durch ihre Gruppierung in der Frucht an ihren gegenseitigen Berührungsflächen eine Abflachung zeigen. Der Samenkern ist von einer spröden, dünnen, grauschwarzen Steinschale umgeben und hat an der Kielseite eine warzenähnliche Erhebung a und einen Keim b (Abb. 269). Der Kern selbst ist mit einer braun geschuppten Samenhaut umkleidet.

Die Größe der von der Steinschale befreiten Nuß schwankt zwischen einer Kastanie und einem Hühnerei. Die größten und schwersten Nüsse kommen von Kolon, Savanilla, Tumaka und Guajaquil als Ballast zu uns. Im frischen, reifen Zustande ist die Steinnuß noch weich und stark wasserhaltig. Sie ist erst verwendbar, wenn sie so zusammengeschrumpft ist, daß sie in der Steinschale klappert. Die Steinnuß ist rein weiß, konzentrisch geschichtet, so daß sie nach jeder Richtung gut bearbeitbar ist. Ein Vorzug ist die gute Beizfähigkeit in allen Färbungen, wovon in der Knopffabrikation ausgiebig Gebrauch gemacht wird. Ein großer Fehler ist die Rissigkeit im Kern, dem jede Nuß unterliegt, weil der sehr wässrige Kern mehr schrumpft als die äußeren Schichten, was die Ausnutzung sehr beeinträchtigt.

Bis zur Verarbeitungsfähigkeit hat die Nuß 15 Proz. ihres Gewichts durch die Trocknung verloren und ebensoviel ist auf die Steinschale zu rechnen. Fäulnis und Wurmfraß bringen weitere Verluste.

Die Verarbeitung zu Kleiderknöpfen und Spielwürfeln erfolgt ausnahmslos auf Spezialmaschinen, die halb- oder vollautomatisch arbeiten. Nur das Zuschneiden auf feinzähnigen Kreissägen ist Handarbeit. Der Zuschneider schneidet vier Knopfplatten aus der Nuß, wobei als Rest ein pyramidenförmiges rissiges Kernstück als Abfall verbleibt. Beim Zuschneiden von Spielwürfeln dürfen die inneren Risse nicht zum Vorschein kommen.

Zweiter Abschnitt.

Bernstein- und Meerschaumbearbeitung.

Bernstein und Meerschaum sind ihrer Herkunft nach zwei ganz verschiedene Naturprodukte; sie gehören aber zusammen, weil sie zu Tabakspfeifen und Zigarrenspitzen miteinander verarbeitet werden.

Der Bernstein.

Bernstein ist ein fossiles Harz von Bäumen einer längst vergangenen Erdperiode (Tertiärzeit). Die eingeschlossenen konservierten Blattreste und kleinen Insekten lassen erkennen, daß er ein Harz von Nadelbäumen, eine flüssige, weiche Masse war, die durch Verdunstung des ätherischen Öles zähflüssig und starr geworden, sich zu einem fossilen Körper entwickelt hat, wie wir ihn an den Gestaden der Ostsee am Meeresboden und in der Küstenerde finden. Die sogenannte Bernsteinküste ist das Samland an der kurischen Nehrung, wo der Bernstein gefischt und auch gegraben wird. Seiner goldgelben Färbung und seines hohen Wertes nach wird er als deutsches Gold bezeichnet.

Die Gewinnung des Bernsteines ist preußisches Regal. Bei Sturmflut wird er aus dem aufgewühlten Sande ans Land geschwemmt und gesammelt, oder die vom bewegten Meer mit Seetang vom Grund aufgewirbelten Stücke vom Bernsteinfischer mit langgestielten Netzen aufgefischt. Den größten Ertrag liefert das im Tagesbau betriebene Graben an der Küste in der sogenannten blauen Erde, einer Schicht, die der Tiefe des Meeresbodens entspricht. Die Bloßlegung der Bernsteinstücke von der Erde erfolgt durch Abschwemmung mittels Strahles kräftiger Pumpen auf Rosten verschiedener Weite, so daß zugleich eine oberflächliche Größensortierung stattfindet.

Die Gestalt der Bernsteinstücke ist unregelmäßig und von verschiedener Größe, mit einer verwitterten Kruste überzogen, die beim Seebernstein nahezu vom Sand abgerieben, beim Grabbernstein in ziemlicher Stärke vorhanden ist. Der Bernstein ist honiggelb bis dunkelbraun oder milchigweiß (Knochen), durchsichtig klar oder trüb (wolkig). Der Bruch ist muschlig und fettglänzend. Der Grad der Durchsichtigkeit hängt von den zahlreichen eingeschlossenen kuglichen Luftbläschen ab. Diese machen ihn für Öl durchdringlich, dabei verliert das Material an Sprödigkeit und bei gleichzeitiger Erwärmung ist der Bernstein biegefähig. Die Härte schwankt zwischen 2 und 2,5. Das spezifische Gewicht ist 1. Durch Reiben wird Bernstein elektrisch. Seiner chemischen Zusammensetzung nach besteht Bernstein aus 79 Proz. Kohlenstoff, 10,5 Proz. Wasserstoff, 10,5 Proz. Sauerstoff. In dem Harzgemenge sind 5—8 Proz. Bernsteinsäure enthalten. Bei ca. 280° C ist er schmelzbar und bei 160—180° C biegefähig. Er brennt mit stark rußender Flamme, einen eigentümlichen aromatischen Geruch entwickelnd (Räucherwerk). Er löst sich nur schwer und unvollständig in Äther und Alkohol. Im Laufe der Zeit dunkeln Bernsteinarbeiten an der Luft nach, sie werden rotbraun. Klarer Bernstein wird wunderbar goldrot. Diese gesuchte Färbung wird häufig durch Brennen in heißem Sand hervorgerufen. Bei Erwärmung wird Bernstein häufig klarer, offenbar, weil die Luftbläschen sich dabei erweitern oder zusammenfließen. Klarer Bernstein zeigt keine Luftbläschen.

In den Handel kommt der Bernstein nach Farbe, Form und Größe in Partien sortiert. Wer große Stücke erwerben will muß auch kleine mitnehmen. Sehr große, reine

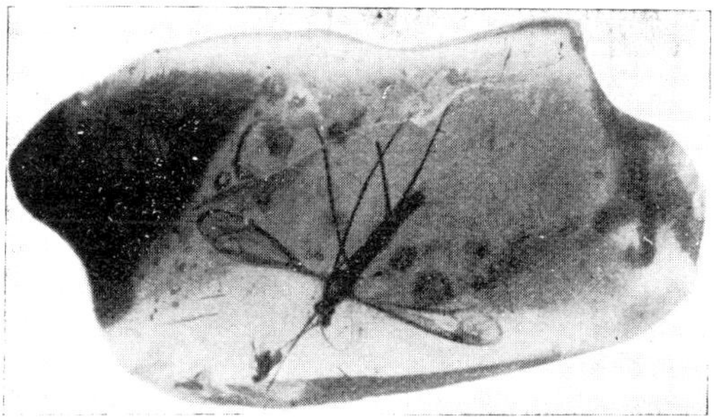

Abb. 270. Bernsteinstück mit Einschlüssen.

Stücke sind selten und sehr hoch bewertet. Vor der Sortierung wird der Bernstein geputzt, durch Behacken mit dem Meißel oder Schaben wird er seiner Kruste entledigt, um Farbe und Reinheit zu erkennen. Große Stücke mit schönen Insekteneinschlüssen sind selten und werden hoch bewertet. (Abb. 270.) Die Sortierung des Bernsteins geht im Preis nach der Zahl der Stücke auf 1 kg. Dicke Stücke nennt man Tonnensteine, flache heißen Fliesen, nach Größe sortiert Fliesen 1, 2 usw. Korallen- oder Perlware sind kleine rundliche Stücke für die Perlenfabrikation. Firnisstein eignet sich nicht zur technischen Verarbeitung, er wird zu Bernsteinlack verarbeitet oder dient zur Gewinnung von Bernsteinsäure, Bernsteinkampfer oder Räucherwerk.

Bernsteinähnliche Harze, einer späteren Erdperiode

angehörend (fossile Kopale) finden sich in Afrika. Sie dienen, wie die heutiger Vegetation entstammenden Harze „Kauri"- und „Manilaharz", der Lackfabrikation.

Aus Bernsteinabfällen und zur Verarbeitung nicht geeigneten Stücken wird der „Preßbernstein" in den staatlichen Bernsteinwerken hergestellt. Es ist reine Bernsteinmasse, die geschmolzen und unter hohem hydraulischem Druck vereinigt, hauptsächlich zu Zigarrenspitzen verarbeitet wird.

Aus echtem Bernstein werden hauptsächlich Schmuckwaren, wie Anhänger und Halsketten hergestellt oder kunstgewerbliche Arbeiten durch Zusammensetzen von kleinen Platten zu Kästchen, Schalen und ähnlichen Sachen, häufig mit Silberfassung. Verarbeitungsgebiete sind Königsberg i. Pr., Stolp, Berlin, und hauptsächlich für Rauchrequisiten Wien und Ruhla i. Thür.

Eigenschaften. Bernstein ist ein mehr oder weniger sprödes Material und bedarf bei der Bearbeitung vorsichtiger Behandlung. Das Material ist sehr polierfähig. Im Bernstein findet man Einschlüsse von Insekten, die uns Aufschluß über Lebewesen einer längst vergangenen Erdperiode geben. Große, klare Stücke mit solchen Einschlüssen haben großen Sammlungswert.

Nachahmungen. Der wertvollste Ersatz für Naturbernstein ist der Preßbernstein, der aus reinem Naturbernstein ohne fremde Zutaten nach einem besonderen Verfahren hergestellt wird, wobei auch die wolkige, eigenartige Zeichnung zum Ausdruck kommt. Als Bernsteinersatz wird das Kunstharz jetzt im Aussehen vollendet hergestellt, das der Laie vom echten Bernstein nicht zu unterscheiden vermag, zumal auch die physikalisch-technischen Eigenschaften des Kunstharzes dem des Bernsteins sehr ähnlich sind. Ein untrügliches Merkmal zur Unterscheidung des echten Bernsteins vom Kunstharz ist das spezifische Gewicht. Bernstein hat spezifisches Gewicht 1, Kunstharz 1,3. Während Bernstein, der von gleichem Gewicht wie Wasser ist, sich gerade schwimmend hält, sinkt Kunstharz zu Boden.

Bearbeitung des Bernsteins.

Die Bernsteinstücke werden durch Zuhacken mit dem Bernsteinmeisel von ihrer Kruste befreit oder auch auf Papierschleifscheiben oder keramisch gebundenen Siliziumkarbidscheiben beschliffen. Sollen Stücke getrennt werden, benutzt man kleine schwache Kreissägen mit 2—3 mm Zahnung, die leicht geschränkt sind, auf der Drehbank. Zum Formen können auch Feilscheiben Anwendung finden. Beim Zufeilen oder Schleifen an der Scheibe darf keine starke Erwärmung eintreten, die zu Rißbildung führt, indem im Material Spannungen auftreten.

a) Bohren und Drehen. Zum Bohren wird das zugerichtete Material in ein Klemmfutter (Abb. 306, S. 393) gespannt und durch den Klemmring festgezogen. Als Bohrer kommt der Plattbohrer (Abb. 271) in Verwendung,

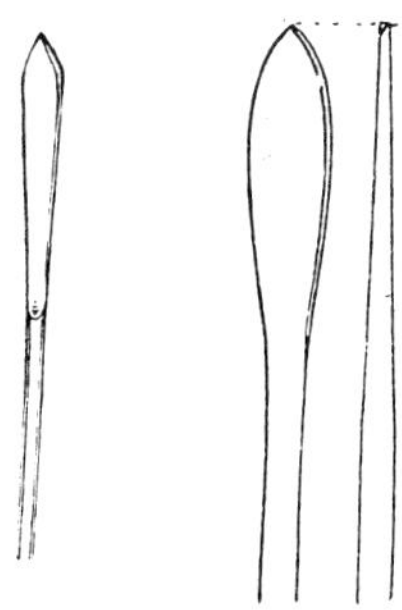

Abb. 271. Abb. 272.
Bernsteinbohrer
(Plattbohrer). (Zwirl).

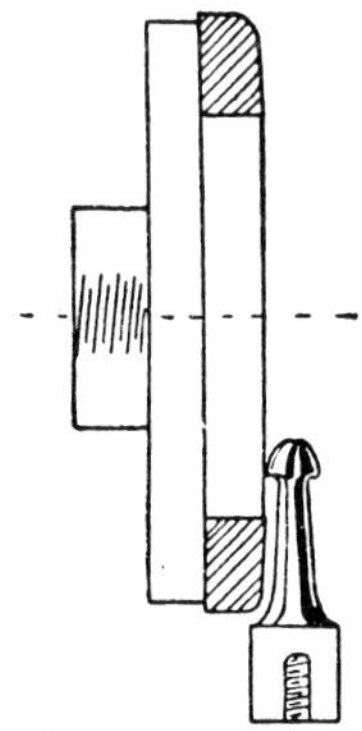

Abb. 274.
Schleifscheibe
für Bernsteinspitzen.

dessen Schneidkanten seitlich ein wenig gerundet sind, damit in der Bohrwandung keine Riefen entstehen, die bei klarem Bernstein von außen stark vergrößert sich unschön bemerkbar machen. Die Bohrungen werden bei solchem Material mittels Bindfadens und Bimssteins mit Öl ausgeschliffen und poliert. Zum Ausbohren größerer Löcher, wie bei Zigarrenspitzen, dient der Zwirl (Abb. 272). Beim Bohren ist zu beachten, daß beim Austritt des Bohrers vorsichtig gehandelt wird, damit der Bohrer nicht plötzlich durchstößt und das Stück sprengt. Zum Drehen benutzt man Spitz- und Kehlstähle, die nicht zu schlanke Schneiden haben, besonders bei sprödem Material, das leicht abspritzt. Wie bei Kunstharz haben sich hier bei sprödem

Material Hartstähle bewährt, die man sehr stumpfwinklig anschleift. Die Drehbankspindel muß sehr sicher laufen.

Zur Herstellung von Bernstein-Zigarrenspitzen und Mundstücken für Meerschaum-Pfeifen und -Zigarrenspitzen wird das zugerichtete Material zum Bohren und Drehen im hölzernen Klemmfutter durch Aufschieben des Hornringes eingespannt. Das Anfeilen des ovalen Bisses geschieht nach dem Vorarbeiten an der Schleifscheibe mit der Sattelfeile (Abb. 273). Dann werden die Feilstriche verschabt und der Biß auf dem Filzring (Abb. 274) mit Bimsstein und Rüböl geschliffen und auf einem gleichen Ring feineren Filzes mit Wiener Kalk und Spiritus poliert.

b) Facettieren. Eine besondere Art der Bernsteinbearbeitung ist das Facettieren von Bernsteinperlen

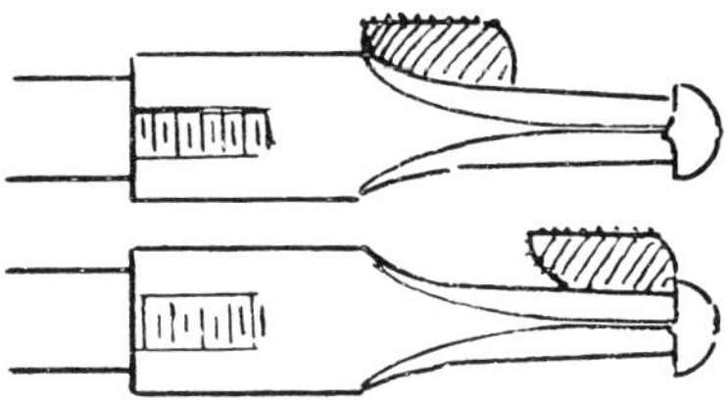

Abb. 273. Sattelfeile für Bernsteinbisse.

und -oliven für Halsschmuck. Die Anwendung dieser Technik ist ähnlich dem des Edelsteinschliffes, wozu nur glasklares Bernsteinmaterial verwendet wird. Durch die Facettierung wird die Brillanz des Steines wesentlich erhöht. Das Schleifen und Polieren erfolgt auf waagerecht laufendem, feinkörnigem Sandstein (Abb. 275). Die Perle oder Olive wird auf die Stahlspitze eines Griffels a gedrückt, dessen anderes Ende in die Kerben der im Schleiftisch senkrecht stehenden Stütze b eingesetzt wird. Der Griff ist 6-, 7- oder 8kantig, je nachdem die Facettenreihe geschliffen werden soll, weil seine Flächen dem Schleifer als Anhalt beim Arbeiten dienen. Durch die verschieden hohen Einkerbungen an der Stütze neigt die Perle in einem bestimmten Winkel zum Stein und damit der Schliff. So wird durch verschiedenes Einsetzen des Griffels in die Kerbungen die eine Hälfte der Perle facettiert und diese dann zum Bearbeiten der anderen Hälfte umgesteckt.

Jede Facette wird sofort nach dem Anschleifen poliert,

indem der Griffel von der rauhen Schleiffläche des Steines nach der Mitte zu auf den glatten Lauf desselben geführt wird. Die Facette erhält durch die Glätte ihre Politur. Dazu wird dort der Sandstein durch die Auflage eines in ein Holzstück eingekitteten Achats geglättet. Das Holzstück wird durch die Schraube s niedergedrückt. Bei

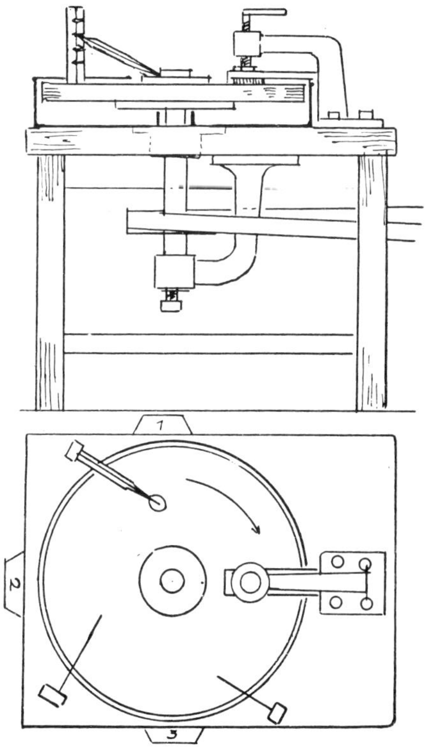

Abb. 275. Schleifstein zum Facettenschleifen.

laufendem Auftropfen von Wasser ergibt sich die Politur des Perlanschliffes. Das Schema in Abb. 275 erläutert die Anlage.

Statt des Sandsteines werden auch entsprechende Karborundumscheiben verwendet, die auf einer Eisenscheibe aufliegen.

Das Facettieren wird meist von Mädchen vorgenommen. Die Arbeit verlangt Feinfühligkeit und Übung, um guten Schliff zu erhalten. Gewöhnlich arbeiten drei Schleiferinnen am Umkreis der Schleifscheibe verteilt.

Bernstein läßt sich auch schnitzen, mit Schlauchbohrern, wie sie der Zahnarzt gebraucht, vorfräsen und mit dem Schaber wie bei Elfenbein glätten.

c) Schleifen und Polieren. Zum Schleifen und Polieren dienen Filz- und Schwabbelscheiben. Man schleift mit nicht harzendem Öl und Bimsstein und poliert auf weichen Filzscheiben mit Schlämmkreide und Spiritus. Hochglanz ergibt Wiener Kalk und Spiritus oder eine der üblichen Tripelpolierpasten auf Schwabbelscheiben.

d) Biegen. Das Biegen des Bernsteins kommt nur an Zigarren- und Pfeifenspitzen zur Anwendung. Biegefähig wird das Material im Ölbad bei einer Temperatur von 160 bis 180 Grad C. Der Moment der Biegefähigkeit muß abgepaßt werden. Zu stark erwärmt wird der Bernstein zähbrüchig und bei zu wenig Erwärmung sprödbrüchig. Es bedarf beim Biegen feinen Gefühls. Nach dem Biegen bedarf es langsamer Abkühlung um im Material Spannungen zu vermeiden. Die Gefahr des Zerspringens tritt um so leichter ein, je massiver das Werkstück ist. Will man den Bernstein über offener Flamme zum Biegen erwärmen, so muß es eine rußende (Ölflamme) sein.

Der Meerschaum.

Als Meerschaum wird ein feinerdiges Mineral bezeichnet, das zu Pfeifenköpfen und Zigarrenspitzen verarbeitet und, entsprechend präpariert, die Eigenschaft besitzt, sich durch das beim Rauchen eingesaugte Nikotin schön rotbraun zu färben.

In früherer beschaulicher Zeit gab es viele Liebhaber, die sich der Mühe des Anrauchens widmen konnten, und eine beachtliche Industrie, die ihren Sitz hauptsächlich in Wien, Ruhla und Lemgo als Zentren hatte. Durch unsere hastende Zeit und das fortschreitende Versiegen der kleinasiatischen Meerschaumgruben ist die Meerschaumbearbeitung stark zurückgegangen.

Meerschaum besteht im wesentlichen aus Magnesia (Bittererde) und Kieselerde, dem Talk- und Fettgestein zugehörig. Als poröser Körper zieht er im trockenen Zustand begierig Feuchtigkeit an und saugt sich wie gebrannter Ton an der Zunge fest. Das Material hat eine gewisse Elastizität und Zähigkeit zum Unterschied von der Kreide. Man spricht in der Verarbeitung von sandigem Meerschaum, wenn sich darin freie Kieselerde vorfindet, die das Material durchsetzt, oder von kreidigem, wenn es sehr kalkhaltig ist. Ersteres Material ist immer schwer und hart, die weiße Farbe nicht immer ebenmäßig, oft mit dunklen Adern durchzogen, die härter sind als das übrige Material. Manchmal ist der Meerschaum mit Spuren von Eisenoxyd durchsetzt, wodurch er etwas gelblich oder rötlich gefärbt ist. Er findet sich nur nestweise in nierenförmigen Knollen in Talkschiefer eingebettet, hauptsächlich bei der Stadt Eski-Scher in Kleinasien. In den Gruben wird bestes und schlechtes Material gefunden, das gut aussortiert und raffiniert, d. h. von erdigen Bestandteilen gesäubert, fein beschnitten, getrocknet und geputzt wird, dem durch Bereiben mit Wachs und Fett bei Qualitätsstücken ein matter Glanz gegeben wird.

Zur Herstellung von Rauchrequisiten ist nur Meerschaum gleichmäßiger Porosität und geringer Härte und Dichte brauchbar. Tonige Beimengungen und adrige Stellen oder Risse sind schwere Fehler. Harter, dichter Meerschaum raucht sich schwer und unvollständig an.

Der künstliche Meerschaum ist eine Ruhlaer Erfindung und wird im wesentlichen aus Abfällen und zur Verarbeitung untauglichen Stücken durch Mahlen, Schwemmen und unter Zusatz von Bindemitteln (Wasserglas) hergestellt. Die Imitation ist oft nicht leicht von echtem Meerschaum zu unterscheiden; sie raucht sich auch gut an.

Bearbeitung des Meerschaums.

Sie beginnt mit dem Zurichten der für die Arbeit ausgesuchten Stücke. Diese werden in Wasser gelegt, bis sie sich mit dem Messer, das zum Ausformen benutzt wird, schneiden lassen. Zu lange gewässert, wird das Material schwammig.

a) Bohren und Drehen. Für kleine Bohrungen wird der Plattbohrer (Abb. 276) benutzt, der auf der Drehbank rotiert. Die große Bohrung für Tabakspfeifen oder Zigarrenspitzen wird mit dem Zwirl (Abb. 277) hergestellt. Man spannt die Arbeit zum Bohren und Drehen auch in ein hölzernes Klemmfutter. Bei im Winkel geführten Löchern an Pfeifen- und Zigarrenspitzen wird am Zusammenstoß der Bohrungen mit dem gekrümmten Luftbohrer (Abb. 278) nachgearbeitet. Das Drehen erfordert scharf schneidende Meisel-, Schrot- und Ausdrehstähle; auch Fassondrehstähle kommen in Verwendung.

In der Meerschaumbearbeitung wird mehr geschnitzt als gedreht. Als Werkzeuge dienen Meisel, Hohleisen, Schaber, Grund- und Perleisen. Die Werkzeuge sind dünn ausgearbeitet; man führt sie wie die Schreibfeder zwischen Daumen und Zeigefinger. Die Schnitzarbeit wird, solange das Material feucht ist, gut vorgeformt. Feinheiten und

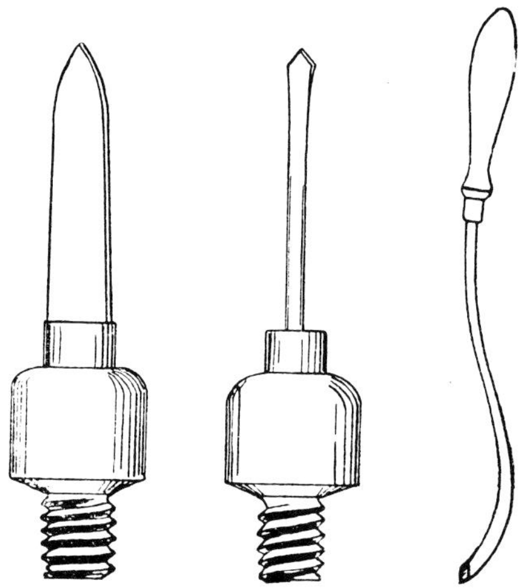

Abb. 276. Plattbohrer — Abb. 277. Zwirlbohrer — Abb. 278. Luftbohrer
für Meerschaumzigarrenspitzen.

Zierschnitte werden erst nach dem Sieden in Spermazeti (Walrat) oder Talg vorgenommen, wobei das Material geschmeidig wird, so daß feine Schnitzerei sauber ausgeschnitten werden kann.

Bei zusammengesetzten Meerschaumteilen, wie Zigarrenspitze und -schoner zur Aufnahme der Zigarre, muß Material von gleicher Farbe und Beschaffenheit verwendet werden. Das Kitten erfolgt mit Gummiarabikum und Kreide. Fehler im Material können nur unvollkommen mit fein zerriebenem Meerschaum und Eiweiß oder Tragant verkittet werden. Bei glatter Arbeit ist das Kitten nicht angängig.

b) Schleifen. Meerschaum schleift man mit Schachtelhalm, der etwas feucht gemacht wird, damit er nicht zerbricht. Die Halme werden dabei etwas schräg zur Schleifrichtung gehalten, damit keine Riefen entstehen.

c) Sieden. Die Arbeit muß dazu trocken sein, sonst gibt es beim Sieden Wasserflecke. Gewöhnliche Ware wird mit einer Mischung von gebleichtem Bienenwachs und Talg gesotten. Das Wachs ist im Wasserbad zu schmelzen, da es über direktem Feuer bräunt. Das Sieden dauert, je nach Dichte des Materials, 10—15 Minuten.

Geschnitzte Ware siedet man in Talg oder besser Spermazeti. Dann ist sie mit Schlämmkreide und Wasser oder feinstem Bimspulver zu schleifen, um nach dem Trocknen einem zweiten Sud in reinem weißen Bienenwachs unterzogen zu werden, wobei die Ware nicht mit den Fingern berührt werden darf. Nach dem Herausnehmen nach etwa 15 Minuten wird sie mit reinem Flanell trocken gewischt. Vor schneller Abkühlung ist die Ware durch Einwickeln zu schützen, sonst gibt es Sprünge in der Wachsschicht.

Endgültig fertiggestellt wird die Arbeit durch Schleifen mit gebranntem Schafbein, das mit Wasser oder Fett auf Barchentlappen erfolgt. Schnitzerei bürstet man mit einer weichen Bürste (Silberbürste). Den Hochglanz erhält der Meerschaum durch Polieren mit feingestoßenem Wiener Kalk und Schmalz auf Leinenlappen und Abreiben mit Specksteinpulver auf Seidenlappen.

Ölsieden. Pfeifenköpfe werden nach dem Einlassen in Talg statt in Wachs auch in Leinöl gesotten. Zu Ölköpfen verwendet man adriges Material, wodurch ein wolkiges, gesprenkeltes Aussehen entsteht. Das Leinöl färbt man mit Gummigutt oder auch Drachenblut an, was dem Meerschaum eigenartige Färbung und Aussehen gibt.

Aufsieden und Säubern verschmutzter Meerschaumarbeiten.

Neue Pfeifenköpfe und Zigarrenspitzen, die durch langes Liegen ihr Fett verloren haben und sich schwer anrauchen würden, kann man aufsieden, indem sie, wie schon beschrieben, am besten erst in Talg und dann in Wachs nachgesotten werden. Kratzer sind vorher durch Schleifen mit Bimsstein und Fett zu entfernen.

Schlecht gepflegte, verkratzte und fleckig gewordene geräuchte Pfeifenköpfe sind innen gut auszukratzen und ist der Nikotin in der Bohrung mit Spiritus auszuwaschen. Die beschädigte Wachshaut, die durch langes Liegen hart und mager geworden ist, wird erst abgeschabt, um den Meerschaum für den neuen Sud empfänglich zu machen. Vor dem Sieden in Talg ist natürlich erst mit Bimsstein und Schweinefett glatt zu schleifen. Nach dem Talgsieden wird wieder geschliffen und in Wachs eingesetzt, dem zur Gelbfärbung etwas Gummigutt beigegeben wird. Im übrigen wird wie bei neuer Ware gehandelt.

Anrauchen von Ölköpfen.

Zu den in Öl gesottenen Meerschaumköpfen wird oft sehr harter, minderwertiger Meerschaum verwendet, der sich beim Rauchen nicht bräunen will, was Reklamationen des Käufers zur Folge hat. Dem läßt sich leicht abhelfen, indem der Kopf innen durch Ausschaben von der harten Kruste befreit und außen mit Bimsstein und Öl sauber abgeschliffen wird. Man setzt ihn mit seinem Zapfen in einen Holzspund und bestreicht ihn innen und außen mit Rüböl. Dann setzt man ihn in einer Bratröhre einer gleichmäßigen Hitze aus. Dabei ist zu beachten, daß diese nicht zu groß ist, weil sonst auf der Oberfläche Blasen entstehen, die den Kopf verderben. Dieser bräunt sich nach und nach ganz gleichmäßig. Sobald die gewünschte rotbraune Färbung erreicht ist, wird er aus dem Ofen genommen und in ein Tuch eingewickelt, um langsam zu erkalten. Das Polieren geschieht mit etwas Schmierseife und Wiener Kalk, wobei die Färbung durch den Hochglanz zur Geltung kommt und der Käufer befriedigt wird.

Dritter Abschnitt.

Tierische Arbeitsstoffe.

In der Drechslerei kommen sehr wertvolle Materialien, wie die Hörner, Zähne, Geweihe und Perlmuscheln, zur Verarbeitung, die tierischen Ursprungs sind, und ihre Entwicklung der äußeren Haut (Hörner) oder der Knochenhaut (Geweihe) und Zahnbeine sowie die Perlmutterschalen der Schleimhaut verdanken. Sie dienen den Tieren meist als Schutz- und Verteidigungsmittel, und sind für den Lebensorganismus von so untergeordneter Bedeutung, daß bei Beschädigung oder Verlust im Kampfe das Leben des Tieres nicht gefährdet ist.

Horngebilde.

Als Horngebilde verarbeitet der Drechsler die Hörner und Hufe oder Klauen der Rinder, Schafe und Ziegen, das Horn des Nashorns, weniger Gems- und Antilopenhörner, die mehr als Dekorationsmittel, wie die Hirschgeweihe, mit oder ohne echtem Schädel auf Schildern als Jagdtrophäen aufgesetzt werden. Auch das Schildpatt vom Panzer der Schildkröten ist ein reiner Hornüberzug.

Die Horngebilde entstehen durch wuchernde Zellenentwicklung aus den Hautschichten an den Stirnzapfen der Rinder oder auf dem Panzer der Schildkröte. Die Zellen verschmelzen sich zu einer dichten, zähen Masse, der Hornsubstanz, indem sie mit den nährenden Säften außer Verbindung kommen, vertrocknen und uns als innig verwachsene Fasern erscheinen.

Die verschiedenen Horngebilde stimmen in ihrer chemischen Zusammensetzung nahezu überein. Am meisten schwankt der Schwefelgehalt, während der Kohlenstoff als hauptsächlichster Teil, Stickstoff, Sauerstoff und Wasserstoff wenig unterschiedlich bei den Horngebilden ist. Horn enthält im frischen Zustande ziemlich viel Wasser. Das Material trocknet an der Luft nahezu vollständig aus und schwindet dabei beträchtlich, häufig unter Bildung von Luftrissen. Die Hörner bedürfen deshalb bei der Lagerung sorgsamster Pflege, zumal die Risse dem tütenförmigen Verlauf der Wuchsringe nachgehen und durch diese Schälrissigkeit das Horn ganz entwerten können.

Hörner.

Sie unterscheiden sich durch die Art, Form, Größe, Dichte der Zellen und Färbung. Die Hörner sind hohl, sie sitzen auf dem knochigen Stirnzapfen auf, dessen Form sie annehmen. Der Wert erhöht sich, je dichter und massiger das Horn in seiner Spitze ist. Auch der glatte und schlanke Wuchs und die Färbung bestimmen den Wert. Helles und buntes Horn steht höher im Preis als schwarzes.

Nach Form, Größe und Dichte des Gefüges unterscheidet man die drehrunden Hörner des Rindes von den großen, schweren, am Grunde flach gedrückten Büffelhörnern.

1. **Rinderhörner.** Sie haben eine glatte Oberfläche, sind im massiven Teil dunkel, meist grauschwarz; die Hohlung ist hell-, oft rotbraun geflammt. Die europäischen Hornsorten stehen den südamerikanischen, als Brasilhorn bezeichneten, und dem schlanken Kaphorn an Größe, Dichte und Massigkeit sehr nach. Von den europäischen Hörnern sind die ungarischen die wertvollsten wegen ihrer Größe. Unsere Hörner sind klein und wenig schön gefärbt. Kuhhörner stehen den Ochsenhörnern an Größe und Wuchs sehr nach, sind auch häufig sehr rissig.

2. Das **Brasilhorn** ist das gesuchteste Material, besonders buntes, schön rotbraun geflammtes und das blonde. Der Kern ist dem Querschnitt des Hornes entsprechend rund und hell, allmählich in die dunkleren Schichtungen übergehend. Die Wuchsringe sind wie bei unseren Hörnern deutlich erkennbar und am polierten Längsschnitt ist der Faserwuchs hervortretend.

3. Das **Büffelhorn** kommt hauptsächlich aus Indien als Siam-, Bombay- und Calcuttahorn in den Handel. Es sind zum Teil große, schwere Hörner, säbelartig gebogen, am Grunde flach gedrückt, oval oder abgerundet dreikantig, mit tiefen Querrunzeln versehen. An der Spitze sind sie glatt und rund. Sie sind meist tiefschwarz, selten fahlblond. Die Struktur ist sehr fein, kaum erkennbar. Das Büffelhorn ist viel härter und dichter als das Brasilhorn. Der Kern ist weiß und sehr klein; wo das Horn breit wird, bildet der Kern einen dünnen weißen Strich. Die Hörner von Bombay und Madras haben eine schlanke Spitze und sind an der Hohlung weniger tief eingekerbt. Die Calcuttahörner sind viel kleiner, sehr flach gedrückt und an der Spitze kurzseitlich gebogen.

4. Das **Schafhorn** kommt in beschränktem Maße zur Verarbeitung wegen seiner geringen Massivität. Das Horn ist stark spiralisch gebogen, flach gedrückt und am Grunde eingekerbt. Es ist hellfarbig, fahlblond, sehr weich und durchscheinend und läßt sich gut pressen. Es wird hauptsächlich für gepreßte Knöpfe oder als Kern für plattierte Schildpattarbeiten, wie Schirmgriffe, Besteckhefte usw., verwendet, da es mit Schildpatt bei geeigneter Erhitzung

unter Druck innige Verbindung eingeht, was mit „Löten“ bezeichnet wird.

5. **Ziegenhörner** haben wenig technischen Wert und kommen für die Verarbeitung nur wenig in Betracht.

6. **Gems- und Antilopenhörner** sind als Jagdtrophäen mehr Dekorationsmittel. Sie werden häufig vom Drechsler auf Schildern aufgesetzt. (Siehe Geweihbearbeitung.)

7. **Nashorn.** Der hornige Aufsatz beim Nashorn ist ein sehr wertvolles Material. Es ist ein reines Hautgebilde, entstanden durch eine Verschmelzung haarähnlicher Fasern. Es sitzt nicht auf einem Knochenzapfen auf, wie die Hörner, sondern wächst unmittelbar aus der Nasenhaut hervor; es ist deshalb massiv. Das Horn ist am Grunde sehr stark, mehr oder weniger zur Spitze abfallend, bei Längen bis zu 50 cm. Besonders gesucht sind starke kulpige Hörner von blonder Färbung. Die Zeichnung ist schön rötlich bis braun, mit blond geflammt oder ganz blond mit feinen rötlichen Adern durchzogen. Das Material steht hoch im Preis. Es wird zu Luxusarbeiten, Stock- und Schirmgriffen, Haarpfeilen, Briefmessern usw., meist unter Montierung mit Gold verarbeitet.

8. **Hufe und Klauen** stehen in ihrer technischen Verwendbarkeit den Hörnern weit nach. Die Färbung ist unschön. Das Material ist oft von Jauche angefressen und bedarf starker Abkrustung. Es ist weicher als Horn und gröber in der Faser. Es eignet sich zu kleinen Preßarbeiten, besonders zu Ornamentknöpfen, da es sich durch seine Weichheit tief ausprägen läßt.

Eigenschaften des Hornes. Das Horn ist elastisch, hartes, sehr festes, fast unzerbrechliches Material, gegen Schlag widerstandsfähig und läßt sich durch Wärme gut biegen, das Schafhorn sogar schweißen (löten).

Fehler des Hornes sind häufige Rissigkeit, die durch zu trockene Lagerung entsteht, indem sich die Wuchsringe lösen. Solches Horn wird fast wertlos, da die ringschäligen Risse wie das Horn kegelförmig zur Spitze verlaufen, so daß daraus kaum etwas gemacht werden kann und zu Hornspänen als hochwertiges Düngemittel zerschlissen wird.

Handelsform. Die Hörner kommen entschlaucht, d. h. von den knöchernen Stirnzapfen befreit, in den Handel. Die Hornhandlungen liefern auch Hornausschnitt, d. h. die Hohlungen von der massiven Spitze getrennt, nach Länge, Farbe und Form gut sortiert für die verschiedenen Bearbeitungszwecke. Die Hohlungen werden auch zu Platten vorgerichtet, indem sie gekocht, längs aufgeschnitten und unter hohem hydraulischen Druck, mit Öl bestrichen, zwischen mit Gas beheizten Platten zu Tafeln gleichmäßiger Stärke gepreßt werden. Solches getriebenes Horn wird sehr verdichtet und ist durchscheinend geworden. Es war früher Hauptmaterial der Kammfabrikation, hat aber dem Gummikamm weichen müssen.

Lagerung. Horn muß sehr langsam austrocknen, um Risse zu verhüten. Am besten eignet sich ein trokkener, kühler, luftiger, aber nicht zugiger Keller. In Feuchtigkeit schimmelt und fault es. Starke Spitzen bestreicht man an der Schnittfläche mit Firnis, besonders wenn sie aus dem Keller in die Werkstatt zur Bearbeitung kommen.

Verwendungsgebiete. Hornhohlungen dienen zur Herstellung von Stickringen. Aus den gepreßten Platten macht man Hornlöffel, Tabakdosen, Salatbestecke, Apothekerwaagschalen und Kleiderknöpfe. Kleine, schwachwandige Kuhhörner geben Schuhanzieher und Sensenwetzfässer. Die schön gefärbten bunten Brasilhornspitzen geben Griffe für Eßbestecke, Stöcke und Schirme. Die Büffelhornspitzen und -hohlungen werden hauptsächlich zu Tür- und Fenstergriffen, Schlüsselschildern, Signalpfeifen oder Bestandteilen für Rauchrequisiten (Pfeifen- und Zigarrenspitzen) wie das Rinderhorn verarbeitet.

Durch Kunsthorn und Kunstharz ist der Verbrauch an Naturhorn für viele Artikel zurückgegangen, zumal es Einfuhrmaterial ist und bei der kegelförmigen Gestalt sehr viel Abfall entsteht.

Bearbeitung des Hornes.

1. **Zuschneiden.** Hörner trennt man auf Band- oder Kreissägen. Die Zahnteilung der Sägen muß 5—6 mm sein und die Zähne dürfen nicht auf Stoß stehen, da dadurch das Material in die Säge gezogen würde (für den Arbeiter sehr gefährlich!). Scharfe, wenig geschränkte, möglichst harte Sägeblätter sind erforderlich. Bandsägeblätter 15 bis 20 mm breit, Kreissägeblätter 20 cm Durchmesser, 1 bis 1,2 mm Stärke.

2. **Biegen und Pressen.** Die Hornspitzen sind meist etwas gekrümmt, sie müssen zur Dreharbeit erst gestreckt

werden. Dem muß das Erweichen vorausgehen. Durch Kochen in Wasser wird es nicht so biegefähig, wie wir es brauchen. Es biegt sich wohl, aber die Biegung geht, frei geworden, wieder zurück. Es muß „gebrannt", d. h. mit trockener Hitze behandelt werden. Die Vorbereitung zum Biegen besteht in ca. acht Tage langem Wässern. Dann wird es $^1/_2$—1 Stunde, je nach Materialstärke, gekocht und anschließend über ein Kohlenfeuer gebracht (gebrannt), wodurch es erst gut biegefähig wird und die Biegung auch nach dem Erkalten bestehen bleibt. Das Wasser verdampft bei dem „Brennen" und hält das Horn geschmeidig, während es ohne Wässern und Kochen beim Brennen spröde und brüchig wird. Das Brennen muß recht gleichmäßig geschehen, indem die Hornteile oft gedreht und gewendet werden. Die Oberfläche sengt beim Brennen an; es macht sich starker Horngeruch bemerkbar, wie beim Sengen des Haares unter der Brennschere. Tiefe Brennstellen ergeben häßlich graue Färbung und sind nicht polierfähig, da die Hornfaser zerstört ist; sie müssen daher unbedingt weggearbeitet werden. Zum Geradestrecken der Hornspitzen bedarf es zweier Preßbacken, deren eine etwas ausgespart ist, damit die Hohlseite des Hornes ein wenig durchgedrückt werden kann, da es nach dem Ausspannen wieder etwas zurückgeht. Das Strecken kann im Schraubstock oder unter der Spindelpresse erfolgen. Zur Bearbeitung auf der Drehbank ist die gestreckte Hornspitze durch Raspeln gut vorzurichten, um sie zentrischlaufend einspannen zu können. Dazu benutzt man am besten die Kreisraspel oder Kreisstoßfeile. (Siehe Feilen.) Von ordentlicher Zurichtung hängt die Drehleistung ab.

3. **Drehen.** Horn ist ein fester, widerstandsfähiger Faserkörper, der sehr scharfes Werkzeug in möglichst hoher Schnittstellung erfordert. Die Drehwerkzeuge, Schrot-, Spitz- und Schlichtstahl, müssen geschickt geführt werden, um dem Horn eine glatte Oberfläche abzugewinnen. Bei schabender Haltung wird das Horn rauh, grau aussehend, was auch durch Schleifen schwer wegzubringen ist. Es ist üblich, gedrehte Flächen mit dem gestrichenen Schlichtstahl zu bearbeiten, der eine schwarz glänzende Oberfläche erzeugt. Auch das Überdrehen mit gebrochenem Glas ergibt diese Wirkung. Dazu nimmt man ein Stück Glasscheibe, setzt die Feile zwischen Brust und Drehbankwange und fährt mit dem Glasstück, dasselbe

zwischen den Fingern beider Hände haltend, kurz über die Feilenkante. Unter Druck bricht es schön gerade durch. Dieses Glas setzt man mit beiden Händen senkrecht auf dem rotierenden Werkstück auf und dreht so ab. Das Horn wird dabei so glatt, daß es nur geringen Schleifens bedarf. Mit der Feile geformte Arbeit muß geschabt werden. Das kann mit dem aus einer abgenutzten Sägefeile zugeschliffenen Schaber oder mit gebrochenem Glas geschehen.

4. **Bohren.** Zum Bohren größerer Löcher dient der Löffelbohrer, wie bei Holz; er muß aber härter sein, um nicht schnell abzustumpfen. Für kleine Bohrungen wird der Hornbohrer (Abb. 279) benutzt. Auch der Zwirl kommt für mancherlei Arbeit in Anwendung. Man bohrt mit Ölbenetzung.

5. **Biegen von Stock- und Schirmhaken.** Die dazu verwendeten schlanken langen Hornspitzen werden am star-

Abb. 279. Hornbohrer.

ken Teil abgeraspelt. Bei der Zurichtung ist zu beachten, daß durch das Einbrennen beim Biegen an Stärke etwas verlorengeht. Das Horn ist schon vor dem Zurichten gut zu wässern; es ist dann weicher und raspelt sich leichter. Dann wird es gekocht und sofort zum Biegen gebracht. Man kann frei oder über einer Form biegen. Ein geschickter Arbeiter erzielt im freien Biegen bessere Resultate. Die Abb. 280 zeigt das Biegen mit dem Stahlband im Schraubstock. Dasselbe ist ca. 25 mm breit und für Horn 1,5 mm stark zu nehmen. Der Winkel, gegen den das Horn stößt, muß kräftig und mit dem Stahlband am Heft fest verbunden sein. Das eingespannte Horn wird gut mit Maschinenöl bestrichen und nun recht gleichmäßig mit einer Benzinlötlampe vorsichtig überall erhitzt, wobei versucht wird, das Horn mit dem Biegeband (Planchette) herumzuziehen. Wo größerer Widerstand sich zeigt, wird nachgewärmt. Zu lange darf nicht daran herumgebogen und gewärmt werden, weil dabei das Horn zu stark aus-

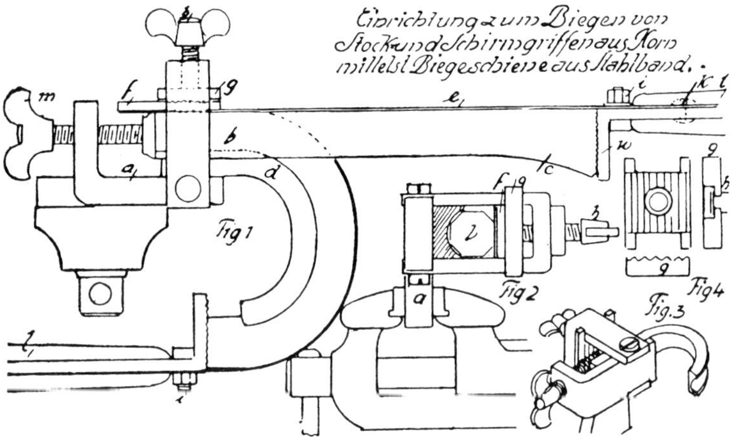

Abb. 280. Biegeeinrichtung für Horn zu Schirmhaken.

dörrt und brüchig wird. Gutes Vorwässern und Durchkochen ist deshalb wichtig. Stellen, die nicht nachgeben wollen, sind besonders nachzuwärmen, und die zuviel nachgeben, mit nassem Lappen zu kühlen, wie das Ganze nach Beendigung der Biegung.

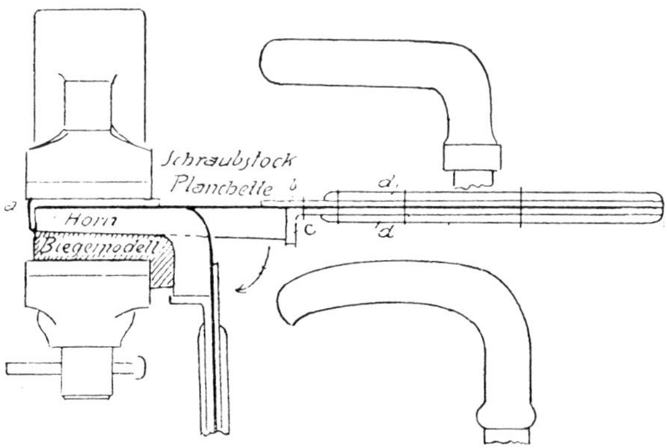

Abb. 281. Biegeeinrichtung für Horntürgriffe.

6. **Biegen von Türgriffen.** Die Vorbereitungen zum Biegen sind die gleichen wie bei den Griffhaken, die Anforderungen bei dem kurzen Bogen an den Bieger aber größer. Hier bedient man sich eines besonders kräftigen Biegebandes von 1,5 mm. Wie Abb. 281 zeigt, wird das

Stahlband zwischen zwei Flacheisen in Grifflänge genietet, deren eines in dem kräftigen Winkel c endet, das andere b noch ein Stück darüber hinausragt. Die beiden Streifen d sind Hartholzstreifen, die abgerundet handlichen Griff bilden. Das eiserne Modell zum Biegen wird am besten an die Schraubstockbacken angeschraubt, um vorteilhafter arbeiten zu können. Das Hornstück wird schon vor dem Einspannen an der zu biegenden Länge „gebrannt" und weiter, wo nötig, mit Öl bestrichen und mit der Lötlampe vorsichtig nachgewärmt. Nach dem Biegen setzt man eine Schraubzwinge an dem gebogenen Winkel über die Schraubstockvorderbacke, bis das Horn etwas erstarrt ist, und kühlt es nach dem Ausspannen im Wasser ab. Nach dem Fassonieren und Drehen, das im Zweibackenfutter erfolgt, wird der Griff geschabt und geschliffen.

7. **Schleifen und Polieren.** Horn wird mit Bimsstein und Wasser geschliffen und mit handelsüblichen Polierpasten poliert, beides auf Schwabbelscheiben.

8. **Beizen des Hornes.** Horn hat eigentlich eine so schöne Faserzeichnung und Färbung, daß es keiner Beize bedarf. Man beizt vielfach schwarz, weil die Politur dadurch mehr hervortritt. Es läßt sich auch sehr schön grau und bunt beizen.

a) Schwarze Beize. 100 g bester Blauholzextrakt wird fein zerstoßen und im Leinenbeutel in 1 Liter kochenden Wassers eingehängt, bis alles gelöst ist. Am besten eignen sich dazu Kupfergefäße. Dem werden 30 g Kupfer- und 20 g Eisenvitriol zugesetzt, sowie einige zerstoßene Galläpfel. Die Hornteile läßt man in der heißen Beize eine halbe Stunde ziehen. Gebogene oder gepreßte Teile kann man nicht heiß beizen, sie würden sich zum Teil wieder aufbiegen. Kalte Schwarzbeizen ergeben nicht die schöne tiefe Schwärze wie Blauholzextrakt, bei dem sich ein Farblack in den Hornfasern bildet, der die Oberfläche verdichtet und dadurch der hohe Glanz entsteht. Für die Kaltbeize muß das Horn mit Sodalösung entfettet werden (3—5 g auf 1 Liter Wasser). Die Ware verbleibt etwa eine halbe Stunde in der Sodalösung. Dem folgt nach Abspülen eine Vorbeize: 5 g Kupfervitriol auf 1 Liter Wasser. Sie dient als Sauerstoffüberträger im Färbeprozeß. Das Farbbad besteht aus 5 g Pelzschwarz PD auf 1 Liter Wasser. Es wird kochend heiß gelöst und nach Erkalten die gleiche Menge Wassers zugesetzt. Dann ist nach und nach 100 ccm Wasserstoffsuperoxyd innerhalb 6—8 Stunden zuzusetzen, weil dadurch infolge allmählicher Oxydation ein tieferes Schwarz erlangt wird. Das Wasserstoffsuperoxyd muß unbedingt 30prozentig sein. Die Färbedauer beträgt 24 Stunden.

b) Farbige Beizen. Die silbergraue Beize ist die Grundfärbung für alle bunten Beizen, da das Horn selten gleichmäßig hell ist, um darauf bunt beizen zu können. Auch schwarzes Horn, besonders Rinderhorn, läßt sich grau und bunt beizen. Die silbergraue Farbe wird durch die Entwicklung unlöslichen Bleichlorids in den Hornfasern erreicht. Das Horn muß mit Soda oder Benzin durch Einlegen sauber entfettet werden. Dann kommt es etwa 24 Stunden in eine 15 20prozentige Auflösung von salpetersaurem Blei (Bleinitrat) in destilliertem Wasser. Ton- oder Glasgefäße, nicht Emaille- oder Eisentöpfe, sind zu verwenden, da schon Spuren von Eisen die Arbeit verderben. Nach dem Trocknen in Sägespänen legt man das Horn in eine 3prozentige eisenfreie Salzsäure. Jetzt erst entsteht der weiße bis silbergraue Ton. Sobald er sich voll entwickelt hat, wird die Ware abgespült. Schwarzes Horn erhält eine blaugraue Färbung mit schön hervortretender Faserung, die erhöht wird, wenn in das Horn schon vor der Bearbeitung nach dem Brennen mit genarbten Preßbacken, die von Hartholz sein können, Eindrücke gemacht werden. Durch die wellenförmige Verlagerung der Fasern beim Pressen werden diese bei der Fassonierung des Werkstücks verschieden durchschnitten, so daß der Lichteinfall verschiedene Reflexe hervorruft und ein dem Perlmutter ähnlicher Glanz entsteht, der bei hellem Horn, das mit Wasserstoffsuperoxyd noch gebleicht und mit Bleinitrat gebeizt wurde, eine perlmutterartige, irisierende Färbung erzeugt.

Auf dem weiß gebeizten Grunde lassen sich bunte Färbungen mit Teerfarben aufbringen. Spirituslösliche Farbstoffe: Bismarckbraun ergibt einen rotgoldartigen Eindruck. Auch Smaragdgrün oder Martingelb geben schön grün- resp. gelbschillernde Färbungen ab. Wasserlösliche Farbstoffe: Pikrinsäure ergibt Gelb; mit Indigokarmin gemischt helles bis dunkles Grün; Indigo allein Blau; übermangansaures Kali Braun; doppelchromsaures Kali rötliche Farbe. Die Teerfarben werden 5prozentig, die Kalisalze 10prozentig angesetzt.

Schildpatt (Schildkrot).

Von den mit einem Hornüberzug versehenen Panzern der Schildkröten (Abb. 282) kommen nur solche Schilder als Schildkrot zur Verarbeitung, die sich durch Größe und Stärke der Schilder auszeichnen. Es ist das Material der Seeschildkröten, wie der gemeinen Karetteschildkröte des Mittelmeeres, der ägyptischen des Roten Meeres, der westindischen und hauptsächlich der echten Karetteschildkröte, das sogenannte Manilaschildpatt Ostindiens und der chinesischen Meere, das durch Größe und Stärke der Platten und durch die schöne gelb, braun und schwarz

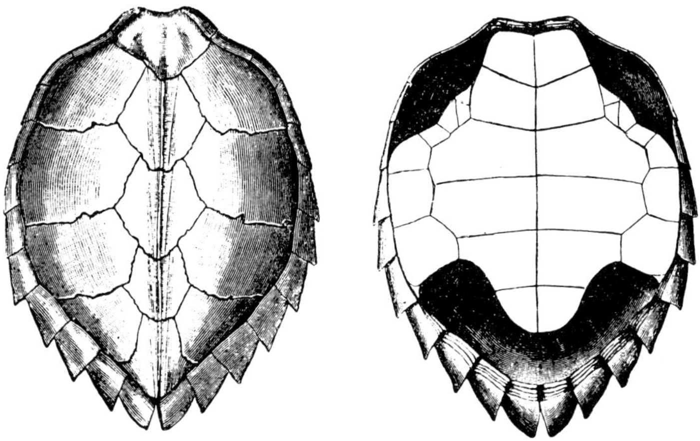

Abb. 282. Schildkrötenpanzer (Oberseite und Bauchseite).

gefleckte Zeichnung sehr wertvoll ist. Das ägyptische Schildpatt ist rotbraun geflammt. Beim Manilaschildpatt kommen die 13 Rückenplatten auf eine Schnur gereiht gebündelt in den Handel, da jedes Tier in der Zeichnung anders ist. Die Bauchplatten sind schwach blond, ebenso die Einfaßplatten (Füße), die ein eigenes Sortiment bilden. Die zwei paar mittleren Seitenplatten sind die größten und stärksten; beim Manilaschildpatt bis 5 mm stark. Kopf- und Schwanzplatte, die geringwertigsten, sind meist stark beschädigt.

E i g e n s c h a f t e n. Das Schildpatt ist sehr feinzellig; erst über hundert Wuchsschichten ergeben 1 mm Stärke. Es ist hoch polierfähig und läßt sich durch Wärme erweichen und biegen, sogar zusammenschweißen, was man als „Löten" bezeichnet. Den Wert des Materials bestimmt Größe, Stärke und Reinheit der Platten.

Handelsform. Das Schildpatt kommt geputzt in den Handel, d. h. die Platten sind an der Oberseite überfeilt, damit man, gegen das Licht gehalten, ihre Färbung und Unversehrtheit beurteilen kann. Die billigen Schildpattarten werden unsortiert gehandelt.

Fehler. An der geputzten Fläche zeigen sich häufig kleine helle Flecke; dort ist die Platte unganz (gespalten), so daß blasenartige Stellen entstehen, sogenannte Wanzen, die vor der Bearbeitung mit einem spitzen Werkzeug aufgesplittert werden.

Verwendungsgebiete. Zu allerlei Luxusartikeln, wie Dosen, Haarschmuck, Toiletteartikel, Schirmgriffe, Brillen und Lorgnons. Hauptverarbeitung in Wien und in Italien, wo die gemeine Karetteschildkröte auch in der Adria vorkommt. In Neapel wird Schildpatt zu vielerlei Fremdenartikeln in der Hausindustrie hergestellt.

Nächst dem Bernstein ist Schildpatt das wertvollste Drechslermaterial.

Ersatzprodukte sind hauptsächlich Zelluloid und Kunsthorn, das in Farbe und Zeichnung täuschend ähnlich hergestellt wird.

Bearbeitung des Schildpatts.

Die Schildpattverarbeitung besteht außer dem Formen mit Laubsäge, Feile, Schleifpapierscheibe und Schaber hauptsächlich im Zusammenschweißen der Plattenteile, um stärkeres Material oder solches in größerer Länge und Breite zu erhalten; ferner im Auspressen zu Schalen, Etuis usw. Die 25 kleinen Randplatten sind oben gefleckt. Der Unterteil ist hell; er wird abgetrennt.

Gedrechselt wird bei Schildpatt wenig; Laubsäge, Schaber und Schnitzmesser in der Kammfabrikation sind die Hauptwerkzeuge.

Das „Löten" des Schildpatt. Zum Zusammenlöten, besser gesagt „Schweißen", müssen die Verbindungsstellen sauber gefeilt oder an der Schleifscheibe geschliffen werden. Nach diesem dürfen die Lötstellen nicht mehr mit den Fingern berührt werden, da jegliche Fettigkeit, wie sie auch die Haut zeigt, die Verschweißung vereitelt. Aufeinander gelegt kommt das Schildpatt mit einer Papierumlage zwischen zwei Rotguß- oder Kupferplatten und auf diesen im Feuer erhitzte eiserne Klötze in die Presse. Wichtig ist, eine angemessene Hitze der Platten herzustellen. Sind sie zu heiß, so wird das Schildpatt spröde, blasig und brüchig. Bei zu geringer Temperatur schweißt es nicht. Es geht hier wie beim Haarbrennen mit der Brennschere. Es werden oft Schichten bis zu 15 oder 20 mm zusammengeschweißt, um Schirmgriffe daraus herzustellen.

Andererseits werden solche starken Stücke auch nur mit Schildpatt plattiert, d. h. ein Kern aus hellem Schafhorn, das auch schweißfähig ist, wird mit Schildpattfurnier umkleidet, indem das Horn, mit der Feile geformt, in Preßformen kommt und beiderseitig das nach Schablone aus-

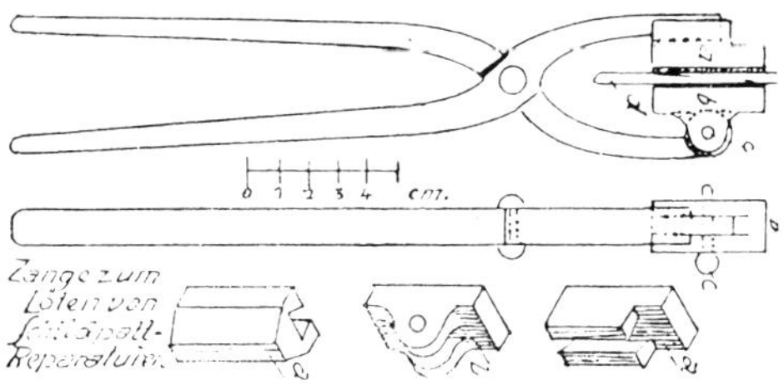

Abb. 283. Lötzange für Schildpatt.

geschnittene 1—2 mm schwache Schildpatt mit eingelegt wird. Die Plattierformen haben scharfe Ränder. Werden sie, wie schon erläutert, unter der Presse unter den erhitzten Preßplatten zusammengedrückt, so quetscht sich das vorstehende Material seitlich ab. Schildpatt und Hornkern verbinden sich durch die Hitze. Nachdem die Preßnaht überfeilt ist, erscheint, wenn poliert, der Gegenstand als massives Schildpatt auch in der Durchsicht.

Kleine schwache Stücke, besonders Kammreparaturen, wie Einsetzen der Zähne in Haarpfeilen oder Aufsteckkämmen, lötet man mit der Zange (Abb. 283). An dieser ist die eine Backe beweglich, damit sie sich beim Pressen zur Stärke der Arbeit ausrichten kann. Die Backen sind von Kupfer oder Rotguß. Beim Zusammensetzen von Schildpatteilen werden die Stücke schräg überplattet. Damit sich die Teile beim Löten nicht verschieben, legt man einen Papierstreifen oder Leinwand darum, feuchtet diese auch etwas an, damit das Material nicht so spröde und trocken wird durch die Hitze der Zangenbacken. Um die richtige Hitze zu treffen, versucht man erst mit Papier, das nur leicht ansengen, nicht verkohlen darf. Übung macht hier den Meister.

Schleifen und Polieren wie Horn.

Zahngebilde.

Die Zähne verschieden großer Tiere entwickeln sich durch unbeschränktes Wachstum zu bedeutender Größe, so daß sie ihrer hohen technischen Eigenschaften wegen ein wertvolles Arbeitsmaterial bilden.

Diese meist als Waffe der Tiere ausgebildeten Zähne des Elefanten, Flußpferdes, Walrosses und des Narwals haben keine Wurzel wie andere Zähne, sie sind vielmehr auf einem kegelförmigen Zahnkeim aufgestülpt und deshalb am Grunde mit einer Hohlung versehen.

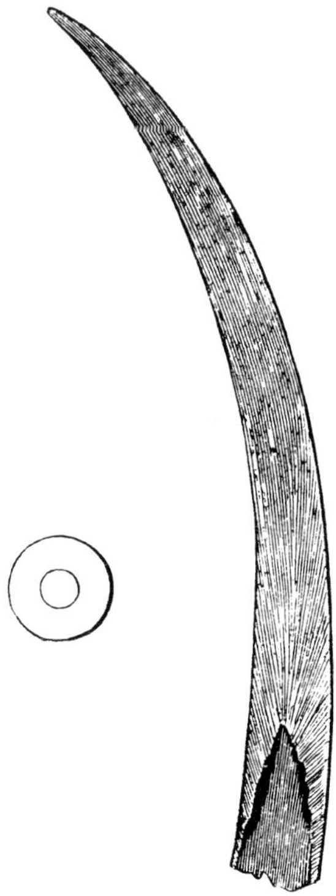

Abb. 284. Elefantenzahn.

1. **Elefantenzahn (echtes Elfenbein)** (Abb. 284). Die beiden mächtigen Stoßzähne des Elefanten sind schwach nach oben gekrümmt und können eine Länge bis über 2 m erreichen bei einem Gewicht von mehr als 50 kg. Der Querschnitt ist rund bis oval. Die kleinen Zähne heißen Eskrevellen; sie sind ziemlich weit hohl gegenüber den schweren Zähnen, bei denen die Hohlung im Verhältnis zur Länge kurz ist. Die Oberfläche (Rinde) der Zähne ist bräunlich und längs fein gerieft, vorn glatt. Ein dem Elefantenzahn fast gleiches Material sind die Zähne des längst ausgestorbenen Mammut, die, zum Teil noch in verarbeitbarem Zustand befindlich, im Eis der Lenamündung gefunden werden. Die Zähne sind bis über 3 m lang und stark gebogen.

Bau. Das Zahnbein hat, am Querschnitt gesehen, eine eigentümlich netzartige Zeichnung, die am Längsschnitt feinlinige Streifen bildet und sichere Kennzeichen des Elfenbeins sind. Gegen den Rand sind diese Schichtungen gröber. Sehr große Zähne zeigen braungelbliche Farbringe, während sonst die Farbe gelblichweiß ist. Das eigentliche Zahnbein ist von einer knochenähnlichen, strukturlosen, weißen Rinde, die außen gelblich bis braun ist, in Stärke bis zu 5 mm umgeben, die als „Zement" bezeichnet wird. Frisches Elfenbein von jungen Zähnen zeigt eine grünlichweiße Färbung.

Besondere technische Eigenschaften.

Seiner Struktur nach unterscheidet man vom afrikanischen Elfenbein das weiche, undurchsichtige, auch Milchbein genannt, aus Sansibar, Mozambique und Ägypten, von dem harten, transparenten, lebenden oder Glasbein der Westküste Afrikas (Ambriza, Gaboon und Angola). Totes Elfenbein nennt man Zähne von gestorbenen Tieren, die, lange in der Sonne gelegen, ausgetrocknet, spröde und rissig geworden sind. Indisches Elfenbein kommt wenig auf den Markt. Die Zähne sind kürzer, aber gedrungener, kulpiger als die afrikanischen. Das Zahnbein ist feiner im Gefüge und sehr geschätzt.

Fehler. Elefantenzähne sind häufig mit natürlichen Fehlern behaftet, wie Eiterungen und stark rotstreifiger Färbung oder marmoriert aussehenden Stellen und kugeligen gelben Einbettungen (Erbsen), die das Material ganz entwerten können. Je feiner und gleichmäßiger die Struktur ist, um so wertvoller ist das Material.

Einkauf. Da man nach dem Äußeren nicht immer auf den inneren Wert schließen kann, ist es meist vorteilhafter für den Drechsler, dasselbe im Ausschnitt von den Elfenbeinhandlungen zu beziehen. Diese unterhalten ein großes Lager in Elfenbeinausschnitt, sowohl in Hauptteilen wie Hohlungen, Mittelstücken und Spitzen in allen Ausmaßen als auch Halbfabrikaten bestimmter Artikel, wie Ballklötzen für Billardbälle, besonders Klaviaturbelag, Messerheften, Flötenhülsen usw. Dabei entstehen allerhand Abfälle, wie Schalstücke, sogenannte Ecken (dreieckige, 6—10 cm lange Stücke) und Querscheiben, die keilig verlaufen und beim Zerteilen der gebogenen Zähne entstehen. Diese Abfälle (Abb. 285) ergeben ein sehr brauchbares billiges Drechslermaterial.

L a g e r u n g. Elfenbein ist ziemlich wasserhaltig und schwindet, wodurch bei starken Stücken leicht Risse entstehen, die das Material stark entwerten. Es bedarf deshalb sorgfältiger Lagerung in einem gleichmäßig temperierten Raum von etwa 15 Grad C, der keiner Zugluft ausgesetzt ist. Starke Stücke und frische Hirnschnitte müssen sofort mit einem Lacküberzug versehen werden, um Risse zu vermeiden. Im raschen Temperaturwechsel ist Elfenbein sehr empfindlich, z. B. Billardbälle, indem durch Zusammenziehen der Außenschichten Spannungen entstehen und Risse zeitigen.

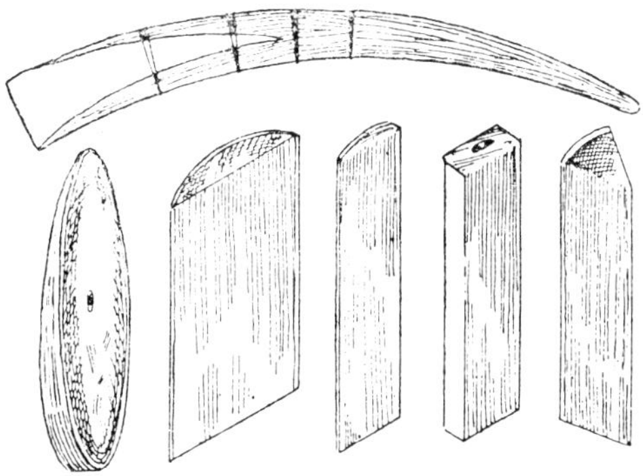

Abb. 285. Abfallstücke vom Elfenbeinausschnitt.

V e r w e n d u n g s g e b i e t e. Elfenbein wird zu vielerlei Luxus- und Gebrauchsgegenständen verarbeitet, zum großen Teil zu Klaviaturbelag und Billardbällen, die aus weichem Elfenbein (Milchbein) hergestellt werden. Hartes Elfenbein eignet sich vorzüglich zur Schnitzerei und Dreherei. Aus den Hohlungen werden Dosen und Toiletteartikel gemacht, auch vielerlei Gegenstände in Verbindung mit Silber; ferner Stock- und Schirmgriffe und kleine Drechslerarbeiten. Um das Material vorteilhaft auszunutzen, läßt man sich bei Bedarf durch Einsenden des Arbeitsmusters entsprechenden Materialausschnitt schicken.

I m i t a t i o n s p r o d u k t e für Elfenbein und anderes Zahnbein sind das Zelluloid, besser das härtere Kunsthorn und Kunstharz, die auch in physikalischer Eigenschaft gute Ersatzstoffe sind.

2. **Walroßzahn** (Abb. 286). Die beiden nach unten gebogenen Stoßzähne des Walrosses erreichen eine Länge bis zu 80 cm, sind selten über 3 kg schwer. Der Querschnitt ist oval; die Zähne sind längs gefurcht. Sie erscheinen massiv, da der Zahnkeim fest mit dem Zahnbein verwachsen ist. Er bildet eine gelbliche, marmoriert aussehende Masse. Das Zahnbein ist rein weiß in einer Schicht von nur 8—10 mm. Die Struktur ist sehr fein,

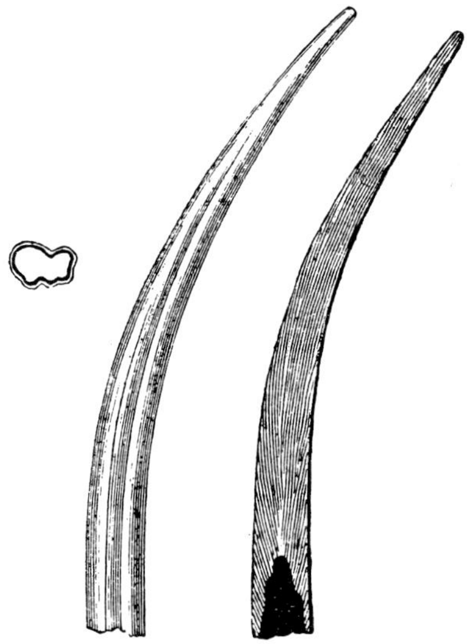

Abb. 286. Walroßzähne.

kaum erkennbar. Das Bein ist härter als Elfenbein, spröde und glasig. Die den Zahn umgebende Zementschicht ist 2—3 mm stark. Bei Dreharbeiten wird der gelbliche Kern zum Teil mit verwendet wegen des schwachen Zahnbeins und ist durch das Bleichen weniger auffällig. Walroßzähne werden hauptsächlich zu Schnitzarbeiten, Broschen und Anhängern verarbeitet. Sie kommen jetzt aber wenig zur Verarbeitung, denn sie sind durch Kunststoffe sehr verdrängt. Verarbeitung wie Elfenbein.

3. **Flußpferdzahn** (Abb. 287). Die oberen und unteren Eckzähne sowie die kegelförmigen Schneidezähne des Flußpferdes sind ein sehr brauchbares elfenbeinartiges

Material. Die großen sichelförmig gebogenen unteren Eckzähne sind mit harter Schmelzschicht überzogen und erreichen eine Länge von 60 cm, im Gewicht bis 4 kg. Die Schmelzschicht ist mit Stahlwerkzeugen wegen ihrer Härte nicht bearbeitbar und muß durch Einlegen der Zähne in Salzsäure abgebeizt werden. Dabei geht ca. $^1/_3$ vom Gewicht des Zahnes verloren. Das Abbeizen ist wegen der Säuredämpfe im Freien vorzunehmen. Nach dem Abbeizen ist die Säure auszuwässern. Die Eckzähne sind im Querschnitt abgerundet dreikantig und stark längs gekehlt. Der hellbraune Kern ist schmal und strichförmig. Das Zahnbein ist äußerst feinzellig, das Gewebe kaum er-

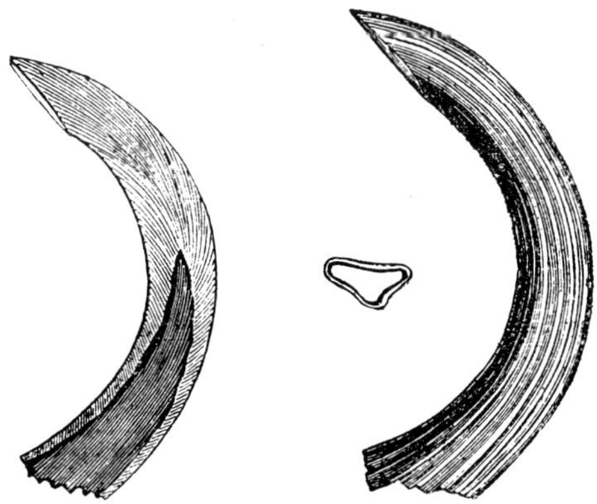

Abb. 287. Flußpferdzähne (untere Eckzähne).

kennbar. Es ist sehr hart und spröde, von rein weißer Farbe, wenig nachgilbend. Der Zahnpulp geht tief hinein und bewirkt, daß die Zähne beim Trocknen häufig längs spalten.

V e r w e n d u n g. Zu kleinen Drechslerarbeiten, Schnitzarbeiten, Obstmessern, hauptsächlich aber zu Stock-, Schirm- und Türgriffen. Bearbeitet sich bei aller Härte gut und nimmt hohe Politur an. Billiger Ersatz sind die Hauer des afrikanischen Hirschebers.

4. **Pottwal- oder Kaschelottzähne** vom Unterkiefer des Pottwals sind kleine, gurkenförmige Zähne von 10 bis 15 cm Länge und 5 cm Stärke. Das Material ist gelblichweiß, ölig, tranhaltig, und findet, durch das Kunsthorn verdrängt, kaum noch Verwendung.

5. **Narwalzahn** (Abb. 288). Der bis zu 3 m lange Spieß des Narwals ist schraubenförmig gerieft, sehr feinzellig, weiß, mit Zementschicht versehen. Er hat heute nur noch Sammlerwert als Dekorationsmittel.

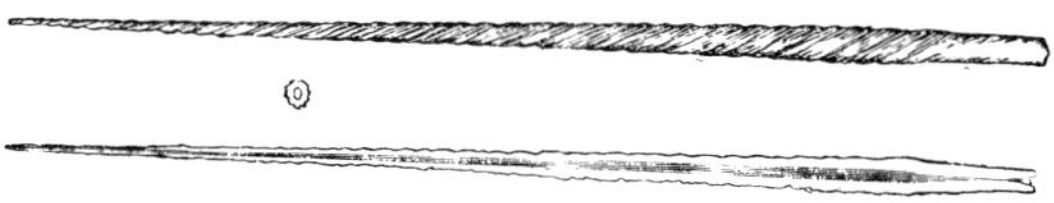

Abb. 288. Narwalzahn.

Bearbeitung der Zähne.

1. **Zurichtung.** Sie erstreckt sich auf die Zerteilung des Materials mit der Kreissäge, die der Drechsler auf die Drehbank aufspannt. Der Sägetisch wird in dem Werkzeuguntersatz wie die Vorschiene zum Drehen befestigt. Das Sägeblatt soll nicht über 15—20 cm groß sein, um bei der Härte des Materials und geringen Stärke des Blattes des Verschnittes wegen genügend widerstandsfähig zu sein. Die Zahnteilung soll 3—4 mm betragen. Die Zähne sind wenig zu schränken und nicht auf Stoß zu schärfen. Die Drehzahl des Sägeblattes darf 1000—1500 nicht überschreiten, damit das Blatt nicht heiß läuft, Brandflecke bekommt und sich verzieht. Zum Einspannen im Futter ist das Material auf der Kreisraspel gut zuzurichten. Die Rinde (Zementschicht) muß ganz weggearbeitet werden, denn sie ist kein Elfenbein. Werden die zugerichteten Stücke in das Holzfutter eingeschlagen, sind an der Stirnseite des Zahnbeins die Kanten mit der Raspel zu brechen, um ein Splittern zu vermeiden. Als Aufspannfutter dienen Dreibacken- und Klemmfutter. (Siehe Seite 393.)

2. **Bohren.** Als Bohrer eignet sich der Plattbohrer, Brenner und Spiralbohrer für kleine Löcher, für größere der Zwirl. (Siehe Seite 396.) Die Bohrer sind zur Kühlung mit Wasser zu benetzen und beim Bohren oft zurückzuziehen, um die Späne auszuwerfen.

3. **Drehen.** Drehwerkzeuge sind wie in der Hornbearbeitung Schrot-, Spitz- und Schlichtstahl mit einem Zuschärfungswinkel von 30 bis 40 Grad. Die Härte der Drehstähle entspricht der braungelben Anlaßfarbe. (Siehe Werkzeugmachen, Seite 430.) Die Ausnutzung des Elfenbeins bis ins kleinste ist Pflicht; es darf beim Drechseln

möglichst wenig verspänt werden. Wo viel Material weg muß, sticht man von oben und von der Stirnseite aus Ringe ab, die noch zu mancherlei kleiner Arbeit Verwendung finden, oder man schraubt starke und schwache Teile zusammen, um Material zu sparen. Ein Beispiel der Ma-

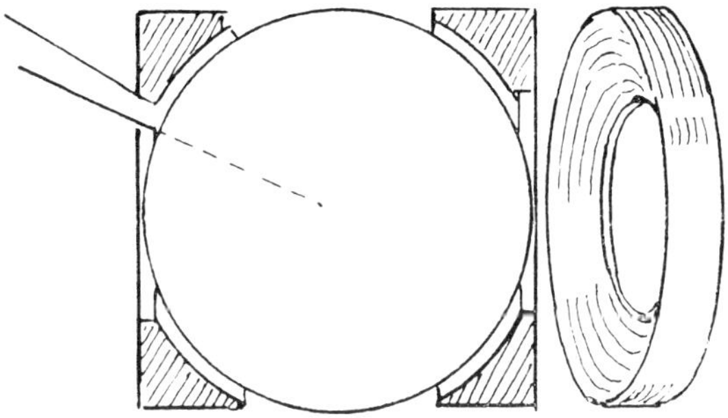

Abb. 289. Ausstechen von Ballklötzen.

terialausnutzung zeigt die Bearbeitung von Ballklötzen (Abb. 289) zum Abdrehen von Billardbällen. Die aus dem Zahn geschnittenen walzenförmigen Klötze werden nicht, wie es bei anderen Materialien üblich ist, abgeschrotet, sondern beiderseitig mit dem Stichstahl je ein Ring abgestochen, der noch für andere Artikel, z. B. Kinderbeißringe, kleine Schälchen und Döschen mit eingesetztem Boden und dergleichen, Verwertung finden kann. Das Ausstechen kann mit dem Handstechstahl oder vorteilhafter mit dem Kugeldrehapparat (Abb. 290) geschehen, wenn es sich um spezielle Ballfabrikation handelt, wie sie die Elfenbeinschneidereien betreiben. Dort sind auch die Ballringe als Abfallmaterial erhältlich.

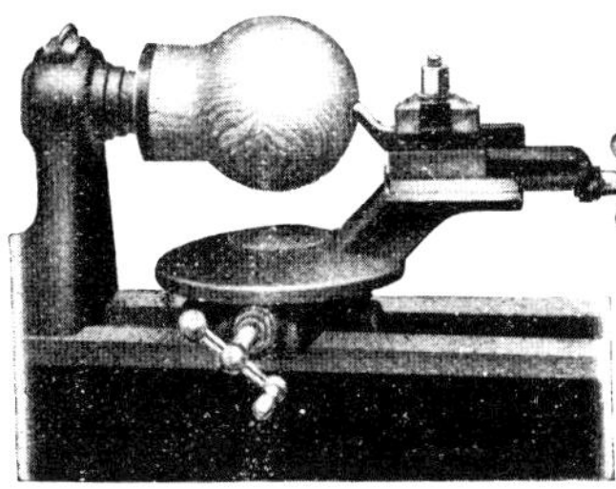

Abb. 290. Kugeldrehapparat zum Ausstechen von Ballklötzen.
Werkfoto: Adolf Lang, Zeulenroda

Einsprengen von Dosenböden.

Dosen und Sockel für Elfenbeinfiguren macht man aus Zahnhohlungen entsprechender Stärke. Der Boden wird aus ca. 2 mm schwachen Elfenbeinplatten eingesprengt. In die Wandung dreht man mit einem Winkelstahl eine schmale Nut ein (Abb. 291) und dreht die Bodenplatte im Durchmesser ab, der der lichten Weite der Nut entspricht. Das Elfenbein muß gut ausgetrocknet sein, denn beim Nachschwinden kann der Boden die Wandung sprengen. Die Bodenscheibe ist am Rande abzuschrägen, damit sie sich gut in die Nut einsetzt. Dazu wird die Dose ins Wasser gelegt, wo sie sich weitet, daß man den Boden eindrücken kann. Beim Trocknen zieht sie sich auf das alte Maß zusammen und der Boden sitzt dicht und fest in der Nut. Gläser und Porzellanbilder werden in Deckeln auf gleiche Art eingesetzt.

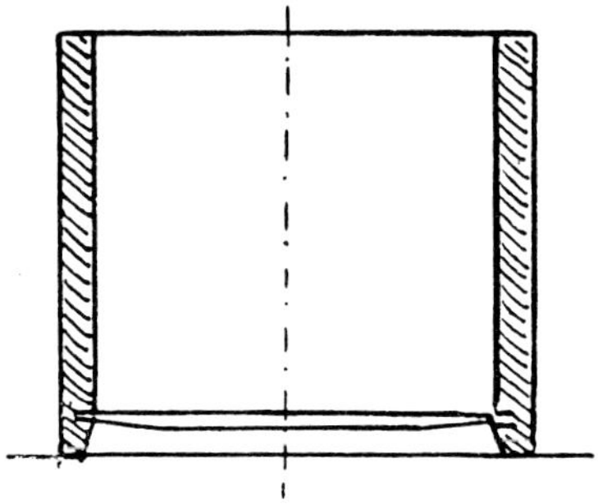

Abb. 291. Einsprengen des Bodens in Elfenbeindosen.

Abdrehen von Billardbällen.

Als bestes Ballmaterial gelten im Querschnitt möglichst runde ca. 10—15 kg schwere feinzellige Zähne, sogenannte Ballzähne. Es wird auch stärkeres Material verwendet; dann werden die Ballklötze mit der Zylindersäge ausgebohrt. So entstehen Ballausstiche, die wie Hohlungen weiter Verwendung finden. Die Zylindersäge (Abb. 292) ist

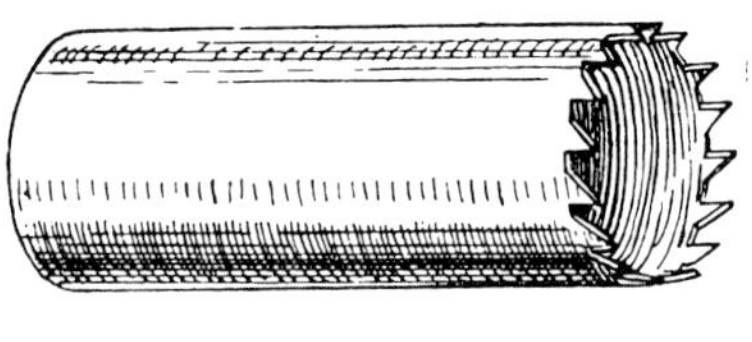

Abb. 292. Zylinderbohrer für Elfenbein.

eine Stahlröhre von ca. 1,5 mm Wandstärke, in die Zähne mit großen Zahnlücken eingearbeitet sind, damit sie die Späne fassen können. Man fräst mit Kühlwasser und zieht den Fräser oft zur Entfernung der Späne heraus. Die Zähne müssen sehr genau geschränkt und scharf sein. Bei starker Erwärmung wird das Elfenbein rissig. Zur Materialersparnis wird die Zylindersäge auch für andere Arbeiten verwendet.

Das Drehen neuer Billardbälle geschieht im Sinne der auf Seite 183 beschriebenen Kugeldrehmethode. Um gebrauchte, rissige, ausgesprungene Elfenbeinbälle abzudrehen, bedarf es genauester Ausrichtung, um das noch größtmögliche Ausmaß zu behalten. Die Abb. 293 erklärt die Art des Ausrichtens. Die Tiefe der Risse und Sprungstellen ist durch Anraspeln festzustellen. Der Ball wird danach auf der Drehbank exzentrisch ausgerichtet. Dazu ist der Richtring b geeignet, der zwischen Spindelbund

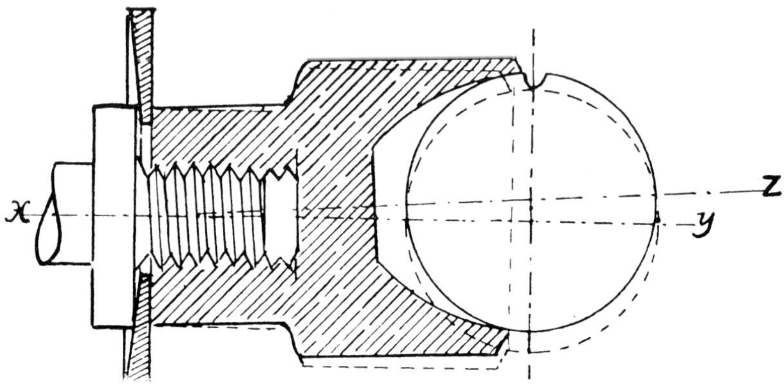

Abb. 293. Ausrichten ausgesprungener Billardbälle zum Nachdrehen.

und Futter c gesetzt wird. Entgegengesetzt der Stelle, nach welcher der Ball ausschlagen soll, wird der Ring mit dem Hammer exzentrisch gerichtet und vorsichtig mit dem Meisel ein Stich d eingedreht, der die tiefste und höchste Stelle der Kugel berühren muß. Die im Futter vorstehende Kugelhälfte wird, wie der punktierte Kreis zeigt, abgedreht. Der Ball muß dabei so in das Futter gespannt sein, daß seine Faserrichtung zur Spindelachse gerichtet ist. Über Hirn darf nicht gedreht werden, am wenigsten bei rissigem Elfenbein, das stark aufrauht. In einem kleineren, jetzt aber zentrisch laufenden Futter ist dann die andere Hälfte nach Augenmaß kugelig zu drehen. Nun folgt das sogenannte Überkreuzdrehen wie bei neuen Kugeln, indem diese im Winkel von 90 Grad zur früheren Lage in das Futter gespannt wird. Der Schablonenstich geht also durch die Drehachse und muß danach haargenau in das Futter gesetzt werden. (Siehe Kugeldrehen, Seite 183). Nach diesem Stich ist die Kugel mit dem Spitzstahl fertig zu drehen. Die vorhandenen feinen Unebenheiten werden durch Schleifpapier entfernt. Vieles Schleifen macht die Kugel unrund, da das Langbein sich mehr abschleift als das Hirnbein.

Eine wirklich runde Kugel erhält man mit dem „Kugeldrehring", einem Stahlring von ca. 45 mm lichtem Durchmesser. Die Stirnseite ist zur Schneide s abgeschrägt. Der Ring ist gehärtet und braungelb nachgelassen. Mit diesem zieht man, wie die Abb. 294 zeigt, im Bogen über

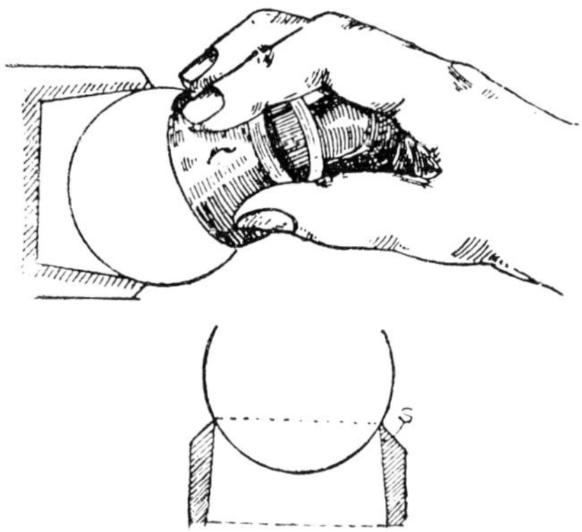

Abb. 294. Überschaben der gedrehten Billardbälle.

die fertig gedrehte Kugel, wodurch jede Unebenheit vom Drehen beseitigt wird und die Rundung vollkommen werden muß.

Zeichnen der Billardbälle.

Das Zeichnen der Billardbälle geschieht durch Beizen. Rote neue Billardbälle werden mit Karminbeize behandelt. Um das Elfenbein für die Beize empfänglich zu machen, legt man den Ball einige Minuten in die Anbeize, aus 2 Teilen Salpetersäure auf 50 Teilen Wasser bestehend. Die Oberfläche wird von der Säure angefressen, wenn der Ball zu lange darin verbleibt; das Bein wird weich, rauh und die Färbung schlecht. Vor der Rotfärbung ist eine Gelbbeize mit doppelchromsaurer Kalilösung von 10 Proz. zu empfehlen, wodurch das Rot feuriger und satter wird.

Zum Rotfärben rührt man Karmin, 25 g auf 1 Liter, mit etwas Ammoniak an und löst es in 1 Liter kochenden Wassers auf. In die heiße Beize wird der Ball eingelegt und mit dem Holzstab gedreht und gewendet, damit die Beize nicht fleckig wird. Den Ball beläßt man in der heißen Beize, bis die gewünschte Tönung vorhanden ist, und spült dann in lauem Wasser ab. Der Ball ist abzutrocknen und bis zur Erkaltung in Tücher zu packen, um das Reißen durch Luftzug zu verhindern.

Beim Beizen ist zu beachten, daß die Färbung nach dem Trocknen wesentlich dunkler ausfällt als in der Beize. Der Ball wird vor dem Beizen mit Bimsstein und Wasser und darauf mit Schlämmkreide und Wasser vorgeschliffen. Nach dem Beizen wird mit Schmierseife eingerieben und mit Wiener Kalk oder auf dem Schwabbel mit Polierpaste abpoliert.

Gebrauchte rissige Bälle dürfen nicht heiß gebeizt werden, weil sich dabei die Risse aufziehen. Man beizt den Ball mit scharfem Essig an und bringt ihn in eine Lösung von 5 bis 10 Proz. Fuchsin auf 1 Liter Wasser, bis die Farbe richtig gezogen hat.

Um weiße Billardbälle mit Punkten zu zeichnen oder schwarze Ringe anlaufen zu lassen, verwendet man einen Höllensteinstift oder in Wasser gelösten Höllenstein (Silbernitrat), den man mit kleinem Pinsel oder Holzspan aufträgt. Die Schwärzung entwickelt sich am Sonnenlicht. Man beizt auch mit Pyrogallussäurelösung, wodurch die Schwärzung sich schnell vollzieht.

Schnitzen und Gravieren.

Elfenbein eignet sich durch die Feinheit der Struktur und Festigkeit ausgezeichnet zum Schnitzen und Gravieren, wovon reichlich Gebrauch gemacht wird. Als Werkzeuge zur Vorarbeit dienen kleine Fräsrädchen auf der Drehbank oder durch Elektromotor getriebene Schlauchbohrer mit biegsamer Welle, mit denen die Modellation vorgefräst wird, um sie mit Handschabern verschiedener Schneidenbildung sauber zu schaben.

Schleifen und Polieren.

Elfenbein wird mit Bimsstein und Wasser auf der Drehbank oder Schwabbelscheibe vorgeschliffen. Beim Handschleifen dient als Zweitschliff Kreide und Wasser. Der

Hochglanz wird mit Spiritus und Wiener Kalk erzeugt. Für Polierschwabbel gibt es eine weiße Polierpaste. Auch eine weiße Bimspaste ist im Handel zu haben.

Knochen (Bein).

Als Drechslermaterial dienen hauptsächlich die Vorder- und Hinterfußknochen der Rinder. Sie kommen mit abgesägten Gelenkenden, ihres Marks zur Ölfabrikation entledigt, entfettet und zum Teil vorgebleicht in den Handel.

Frische Fußknochen werden in Sodawasser einige Stunden ausgekocht und nochmals nach dem Putzen und Entfernen aller tierischen Reste mit Soda ausgebrüht. Dann kommen sie einige Tage in Chlorkalk (1 Teil Chlorkalk und 4 Teile Wasser) zur Bleiche und werden, immer naß gehalten, dem Sonnenlicht ausgesetzt.

Die Knochen enthalten bei alten Tieren bis zu 70 Proz. Kalkstoffe. Die stärksten, wertvollsten Knochen liefern die südamerikanischen Rinder. Auch die europäischen Rinder liefern ein gutes Drechslermaterial.

Die Hinterfußknochen der Rinder haben viereckig abgerundeten Querschnitt, die Wandstärke kann 10—15 mm an den Ecken erreichen. Die Hohlung ist rund. Die Vorderfußknochen sind mehr halbrund mit einer platten schwachen Sohle. Die Wandung ist viel schwächer als bei den Hinterfußknochen.

Um das Material voll auszunutzen, unterhält der Importeur einen Knochenausschnitt für die verschiedenen Beinwarenfabrikationen als Kugelschenkelknochen, Schenkelknochen, Oberschenkelknochen und Fußknochen, wie Abb. 295 und 296 veranschaulichen.

Vom Pferd kommen wenig Knochen zur Verarbeitung, weil sie innen sehr porös und die dichte Wandung zu schwach ist.

Hirsch- und Rehröhren haben besonders harte, spröde, feinzellige Knochen, die zu verschiedenen Artikeln, wie Häkelnadeln, Zahnstochern und dergleichen, Verwendung finden. Die Knochen sind bei aller Dichte mit feinen Poren durchzogen und nehmen deshalb Wasser auf.

Lagerung. Knochen lagert man kühl, aber luftig und trocken in Regalen, wie das Zahnbein.

Fehler sind gelbes, ölfleckiges Material, das zu spät entfettet wurde und auch durch Bleichen nicht mehr schön weiß wird.

Verwendungsgebiete. Knochen werden in der Drechslerei und Schnitzerei vielfältig verarbeitet, z. B. für Senf- und Salzlöffel, Häkel- und Stricknadeln, Wäscheringe, Kleiderknöpfe, Falzbeine, Knopflochstecher, Maniküreartikel, Halsschmuck und andere kleine Sachen. Durch Kunsthorn und Kunstharz ist ihre Verwendung wesentlich zurückgegangen. Knochenabfälle und -späne sind gutes Düngemittel.

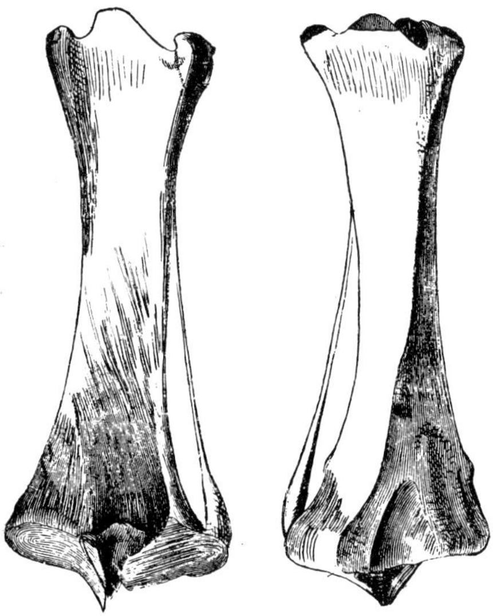

Abb. 295.
Fußknochen mit Gelenkenden.

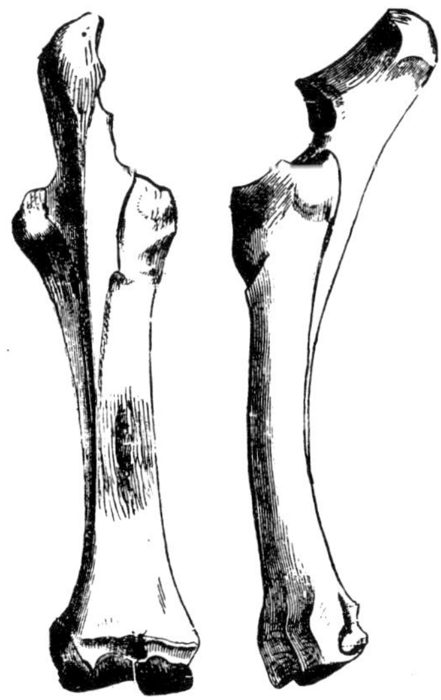

Abb. 296.
Oberschenkelknochen.

Bearbeitung der Knochen.

1. **Zurichten.** Zur Zurichtung werden die Knochen vorher ein paar Tage in reinem Wasser geweicht, damit die Sägen und Drehwerkzeuge nicht schnell abstumpfen. Man verwendet kleine kräftige Kreissägeblätter, deren Zahnung 3—5 mm beträgt und nicht auf Schnitt gestellt ist. Zum Drehen werden die zugeschnittenen und gewässerten Teile mit dem von einer Seite zugeschliffenen kräftigen Meisel rund behackt, nicht geraspelt wie die Zahnbeine, da die Raspelscheiben zu stark stumpfen. Zum Fassonieren dient eine feinzähnige Kreisstoßfeile oder grobkörnige

Karborundumschleifscheibe und zum Feinschleifen eine Flintschleifscheibe.

2. **Drehen.** Die zugeschnittenen Knochenstücke werden mit dem Holzhammer in das hölzerne Spundfutter eingeschlagen oder auch in das Klemmfutter wie das Elfenbein gespannt. Bei Mengenartikeln fräst man auch die geschnittenen Knochenstücke mit einem gezahnten Fräser rund, um sie im Zangenspannfutter zu drehen. Im allgemeinen werden Knochen wie Elfenbein bearbeitet. Die Drehstähle müssen sehr hart sein, am besten aus Schnelldrehstahl, um lange Schnitt zu halten. Der Schneidenwinkel beträgt ca. 50 Grad.

3. **Bohren.** Zum Bohren benutzt man den Plattbohrer und Brenner. Letzterer hat den Vorzug, daß der spröde Knochen beim Bohrer schwacher Wandungen nicht aufplatzen kann, weil der Bohrer nur an der Stirnseite

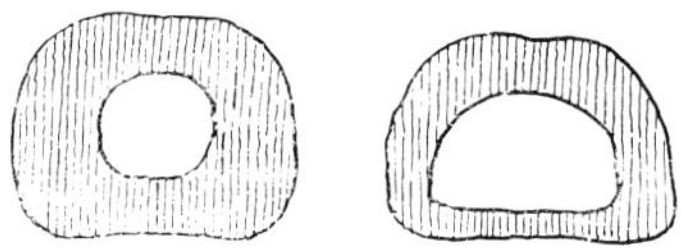

Abb. 295a. Abb. 296a.
Rinderfußknochen als Drechslerwerkstoff.
Hinterfußröhre Vorderfußröhre
(Querschnitt).

schneidet. Der Brenner wird aus blank poliertem Rundstahl hergestellt, den man in der Länge von 2—3 cm genau auf die Hälfte abfeilt und vorn etwas schräg feilt, so daß die Spitze an der linken Seite liegt, wie Abb. 297 erkenntlich macht. Zum Bohren muß die Mitte mit dem Spitzstahl angestochen werden. Der Bohrer bohrt ein sauberes, gerades Loch. Größere Bohrungen werden mit Fräsbohrern hergestellt. Man bohrt mit Wasser.

4. **Fräsen.** In der Beinbearbeitung wird viel gefräst, hauptsächlich zur Herstellung von Salz- und Senflöffeln, um die Hohlung auszufräsen, und bei Herstellung von Schnitzereien mit kleinen Fräsrädchen und mittels Bohrschlauches mit kleinen Kopffräsern, ähnlich dem des Zahnarztes, gearbeitet. (Siehe Abb. 319 und 320, Seite 402.)

5. **Schleifen und Polieren.** Knochen sollen nicht mit Bimsstein und Wasser geschliffen werden, da sich der Bimsstein in die Poren setzt und diese dann schwarz

werden. Man schleift mit feinem Schleifpapier vor und mit Schlämmkreide und Wasser nach. Zum Polieren dient Wiener Kalk und Spiritus auf der Drehbank oder weiße Polierpaste auf dem Schwabbel. Flächen schleift und poliert man auf Filzscheiben, wie beim Handschleifen. Mengenartikel werden getrommelt. (Siehe Seite 426.)

6. **Beizen und Färben.** Wie Elfenbein.

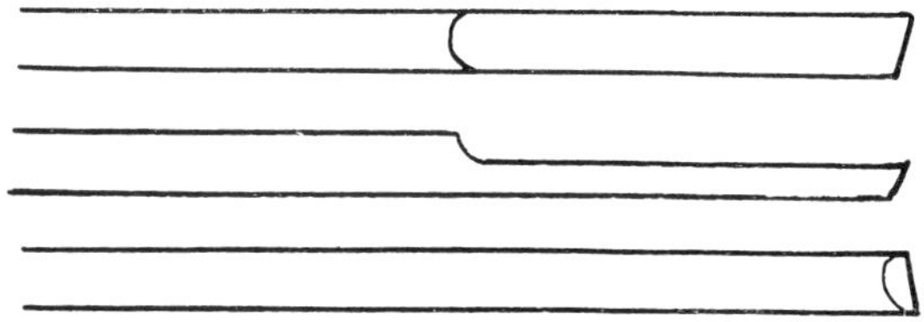

Abb. 297. Knochenbohrer (Brenner).

Beizen und Färben von Elfenbein und Knochen.

Alle zur Verarbeitung gelangenden Zahnbeine und Röhrenknochen enthalten viel anorganische Substanzen (Kalksalze), die das Beizen erschweren. Sie müssen oberflächlich gelöst werden, um das Material für die Beize empfänglich zu machen. Dazu dient eine auf 2—3 Proz. verdünnte Salz- oder Salpetersäure, in welche die geschliffene Arbeit etwa 5—10 Minuten eingelegt wird. Zu starke Vorbeize oder zu langes Einlegen zerfrißt die Oberfläche, daher Vorsicht. Die Arbeit ist nach dem Beizen sofort gründlich zu spülen.

Zum Färben kommen chemische Beizen und für bunte Farben hauptsächlich Teerfarbstoffe in Anwendung.

1. Gelbe Beize mit chromsaurem Kali. Die ca. 5prozentige Lösung wird heiß angewendet und die Arbeit unter Umrühren darin belassen, bis sie die Färbung gut angezogen hat.

2. Rote Beize mit Karminauflösung, 25 g auf 1 Liter Wasser, unter Zusatz von etwas Ammoniak. Eine Vorbeize mit Zinnsalz ergibt ein feuriges Rot; für Schachfiguren geeignet.

3. Braune Beize mit übermangansaurem Kali. Dazu darf nicht mit Säure vorgebeizt werden, weil diese die Färbung zerstört. Man entfettet nur mit Sodalösung.

Die Beize entwickelt sich erst innerhalb 24 Stunden zum endgültigen Braun.

4. Schwarz erzielt man durch Vorbeize mit salpetersaurem Silber (Höllenstein) und Eintauchen in eine Pyrogallussäurelösung oder man legt die Arbeit in eine Blauholzabkochung und als Nachbeize in eine 5prozentige Lösung von doppelchromsaurem Kali.

5. Blau. Man bringt das Elfenbein in eine heiße Lösung von Indigokarmin, der man einige Tropfen verdünnter Schwefelsäure zusetzt.

Beizen mit Teerfarben.

Es können saure und basische Teerfarben Anwendung finden, die aber nicht miteinander mischbar sind, da sie zu einem nicht färbenden Salz ausfallen. Nur Farben gleichen Charakters sind mischbar. Basische Farben ergeben sattere Färbungen, sind aber nicht so lichtecht wie saure.

Zur Herstellung des Farbbades benutzt man Regen- oder abgekochtes Wasser. Die Auflösung soll in warmem, nicht kochendem Wasser geschehen und muß durch Leinen filtriert werden, um ungelöste Stoffe auszuscheiden. Den basischen Farben setzt man etwas 30prozentige Essigsäure (auf 1 Liter Beize 4 cm) zu, den sauren Farben Sodalösung, um die Löslichkeit zu fördern.

Zum Beizen beläßt man die Arbeiten ca. 20 Minuten in der schwach kochenden Beize und spült sie sofort in kaltem Wasser ab. Man bereitet sich Stammlösungen von 10 g auf 1 Liter Wasser, die nach gewünschtem Farbton verdünnt werden.

Geeignete basische Farbstoffe sind:

Gelb: Auramin darf nur bis zu 60 Grad C gelöst werden. Rheonin ergibt dunkles Gelb.

Orange: Chrysoidin, bis 60 Grad C zu lösen.

Braun: Bismarckbraun, gelöst wie voriges.

Rot: Safranin gelbstichig. Fuchsin blaustichiges Rot.

Blau: Baumwollblau (marineblau). Nilblau ist grünstichig.

Grün: Diamantgrün, Brillantgrün. Die grünen Farben sind wenig lichtecht. Grüne Färbung erhält man auch durch Mischen von blauen und gelben Farbstoffen, Violett mit Rot und geringem Zusatz von Blau.

Saure Farbstoffe:

Gelb: Chinolingelb (etwas grünstichig). Tartrazin (schönes sattes Gelb), Echtgelb.

Orangegelb: Orangegelb (sehr lichtecht).

Rot: Ponceau (scharlachfarben). Sorbinrot (bläuliches Rot). Echtrot (sehr lichtbeständig). Fuchsin (etwas blaustichig).

Braun: Echtbraun (rötlichbraun).

Blau: Neptunblau (helles Blau). Wasserblau (ultramarinblau). Alkaliblau (am lichtechtesten).

Grün: Neptungrün.

Grau: Alizaringrau.

Für Farbenmischung vergleiche Seite 290 und 298.

Bleichen von Elfenbein und Knochen.

Elfenbein und Knochen bleicht man, um die häufig gelbliche Naturfarbe in ein reines Weiß zu überführen. Dazu dient das Wasserstoffsuperoxyd. Dieses hat den Charakter einer schwachen Säure. Es würde die Kalksalze des Materials stark angreifen (anfressen); deshalb muß es neutralisiert werden, indem man einige Tropfen Ammoniak zusetzt. Blaues Lackmuspapier darf, hineingetaucht, nicht rot werden.

Die geschliffene Arbeit ist vor dem Bleichen mit Benzin zu entfetten und abzuspülen. Elfenbein beläßt man 18—24 Stunden, Knochen nur 10—12 Stunden im Bleichwasser, spült sofort ab und setzt die Arbeit dem Sonnenlicht, aber staubfrei, aus. In Zugluft gibt es Risse.

Im Gebrauch fettig und gelb gewordene Arbeiten, wie Halsschmuck, bleicht man im heiß gemachten Bleichbad, aber nur $^1/_4$—$^1/_2$ Stunde. Da der Ammoniak darin schnell verdunstet und dann das Material angefressen wird, muß mit Lackmuspapier festgestellt werden, ob das Bad noch neutral ist. Das Bleichbad kann wiederholt gebraucht werden, verliert aber an Wirkung, so daß das Bleichen länger dauert. Es ist in dunkler Glasflasche aufzubewahren.

Geweihe.

Als Geweihe, allgemein Hirschhorn benannt, bezeichnet man die knochenartigen Auswüchse der Hirsche, Rehe, Elche und Renntiere, die die Tiere jedes Jahr abwerfen und erneuern. An der Entwicklung des Geweihes ist im wesentlichen die Oberhaut des Tieres beteiligt. Unter ihr bildet sich mit Einwirkung der Knochenhaut des Stirnzapfens eine Knorpelsubstanz, die unter dem Schutz der Oberhaut sich zum Geweih auswächst, verkalkt und widerstandsfähig wird. Die Entwicklung geschieht innerhalb 5—6 Monate. Jedes Jahr bildet sich am Geweih eine Zacke mehr; beim Hirsch kann man bis mehr als 20 Enden zählen, beim Reh nur bis 6. Die Enden beider Geweihstangen werden zusammengezählt. Den am Grunde der Stange sich bildenden scheibenartigen, zerklüfteten, geperlten Wuchs nennt man „Krone". Beim Reh sind die Stangen oft reich geperlt. Unregelmäßigkeiten im Wuchs der Geweihe nennt man „monströs". Geweihe tragen nur männliche Tiere.

Der Wert des Geweihes liegt weniger im Material, das von Abwurfstangen zu Messerschalen und Knöpfen verarbeitet wird, als in dem schädelechten Geweih als Jagdtrophäe, das, auf Schilder gesetzt, als Wanddekoration beliebt ist. Aus Abwurfstangen werden Jagdmöbel, Kronleuchter, und aus Rehstangen Besteckhefte und Pfeifenteile hergestellt.

Das schönste Geweih trägt der Edelhirsch. Beim Elch und Damhirsch enden die Zacken in Schaufeln, beim Renntier sind sie dünn und weit gespreizt.

Aufsetzen der Geweihe.

Das Aufsetzen der Geweihe auf Schilder erfordert Verständnis für die Sache; denn es sind des Waidmanns höchste Schätze, die er dem Drechsler anvertraut, die er schön präparieren und auf Schilder setzen soll. Leider sind bei Geweihen oft die Schädeldecken zu klein vom Kopf getrennt. Von den Augenhöhlen muß noch ein Stück stehen bleiben und bei großen Geweihen auch vom Nasenbein. Besonders ist beim Aufsetzen auf die Stellung zu achten, daß die Stangen nicht zu steil stehen, aber auch nicht überhängen. Bestimmte Winkel lassen sich nicht angeben, da hier die Geweihform mitspricht.

Zum Abrichten der Grundfläche des Schädels mit Säge und Raspel wird das Geweih mit einer Stange zwischen Holzbacken in den Schraubstock gespannt. Das Säubern der Schädeldecke ist bei Geweihen frisch geschossener Tiere einfach, macht aber viel Arbeit, wenn das Fell vielleicht in jahrelanger Lagerung aufgetrocknet ist und geweicht werden muß. Man stellt den Schädel bis an die Stirnzapfen in eine Schüssel mit heißer, nicht kochender kalzinierter Sodalösung oder in Kalkwasser zum Aufweichen. Nach dem Abziehen sind alle Fleischreste mit dem Schaber sorgsam zu entfernen und ist der Schädel getrocknet, mit feinem Glaspapier zu schleifen. Bimsstein und Wasser machen die Poren des Knochens grau. Man schleift daher nur mit Kreide und Wasser und poliert mit Wiener Kalk und Spiritus, zu einem Brei gerührt, dem etwas weiße Seife beigemengt wird.

Vergilbte Schädel müssen nach dem Schleifen mit Glaspapier erst gebleicht werden. Dazu dient 10vol.-proz. Wasserstoffsuperoxyd, was beim Kauf in der Drogerie besonders verlangt werden muß. Ihm sind einige Tropfen Ammoniak zuzusetzen, um es zu neutralisieren, sonst frißt es die Poren im Schädel aus. Länger als 10 Stunden darf nicht gebleicht werden und es darf das Geweih mit dem Bleichwasser nicht in Berührung kommen, da sonst die braune Farbe ausbleicht. Eisen- oder Emaillegefäße dürfen nicht verwendet werden.

Schadhafte Geweihe müssen nachgebessert werden, sei es durch Schaben oder gar durch Nachriefen mit dem Fräsrädchen. Fehlfarben der Stangen werden mit einer 5prozentigen Lösung von übermangansaurem Kali nachgebeizt. Die Geweihspitzen sollen schön weiß sein; sie sind sauber zu schleifen und zu polieren.

Die Befestigung des Schädels auf dem Schild, das eine runde Scheibe, wappenartig, bei Rehgehörn auch ein Schrägschnitt vom Baumstamm sein kann, geschieht mittels Holzschrauben von der Rückseite der Platte aus. Die Schraubenlöcher müssen in die Stirnzapfen des Geweihes gehen, um tief einbohren zu können. An den Schrauben feilt man an der Spitze ein kurzes Stück viereckig scharfkantig. Es entsteht dadurch ein Gewindeschneidbohrer, mit dem in dem harten Knochen ein Gewindegang eingebolzt wird, so daß sich die Schrauben fest einziehen lassen.

Paarige Abwurfstangen setzt man häufig auf künstliche Schädel zum Geweih zusammen. Wenn sie auch keinen Jagdwert haben, so geben sie doch Dekorationsstücke. Man sollte dazu keine gegossenen Zinkschädel verwenden, sondern solche aus Birken- oder Ahornholz schnitzen und polieren.

Perlmutter.

Als Perlmutter verarbeitet der Drechsler die flachen zweiklappigen Gehäuse der echten Perlmuschel oder die Gehäuse von Seeschnecken. Die Perlmuttersubstanz besteht hauptsächlich aus kohlensaurem Kalk (Arragonit) und nur 2 Proz. tierischer Substanz, daher die Härte des Materials (3,5—4). Das spezifische Gewicht ist 2,8. Durch die fein gefalteten welligen Schichten der Oberseite, als die eigentliche Perlmutterschicht, entsteht auf der geglätteten Fläche die schön spiegelnde Färbung, weil die auffallenden Lichtstrahlen in der verschieden durchschnit-

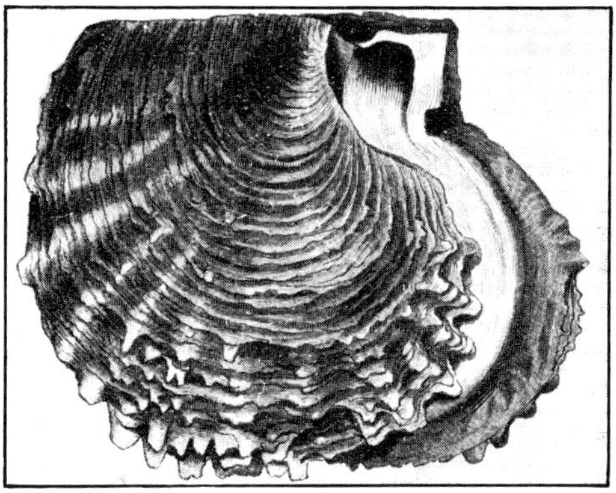

Abb. 298. Perlmuschel (flache zweiklappige Schale).

tenen Schichtung verschieden gebrochen, durchgelassen und reflektiert in die Regenbogenfarben zerlegt werden. Die lebhafte Nuancierung bildet sich durch mannigfaltige Farbstoffausscheidungen bei den verschiedenen Muschelarten.

Die Gehäuse sind in der Stärke ungleich entwickelt. Das stärkste Material bildet bei den zweiklappigen Schalen das Schloß, wo die vorspringenden Leisten scharnierartig ineinandergreifen. Bei den Schneckenschalen nennt man die Stelle, wo die eingängige Windung beginnt, den Wirbel.

Die echten Perlmuscheln werden hauptsächlich wegen der darin vorkommenden Perlen gefischt, die hohen Wert haben. Die Perlen sind kugelige Ausscheidungen von Perlmuttersubstanz in konzentrischer Schichtung, mit der das Tier Fremdkörper in der Muschel umhüllt. Perlen aus Perlmutter gedreht können nicht als Imitation von Perlen angesehen werden, weil sie längs geschichtet sind und ihnen dadurch an den Stirnseiten jeder Perlmutterglanz fehlt.

Vorkommen. Perlmutter finden sich an den Gestaden aller warmen Meere, die wertvollsten im Indischen und Stillen Ozean, an der Südspitze Vorderindiens, an den Küsten Ceylons und Australiens wie auch an den Küsten Mittelamerikas. Die Gewinnung geschieht durch Taucher,

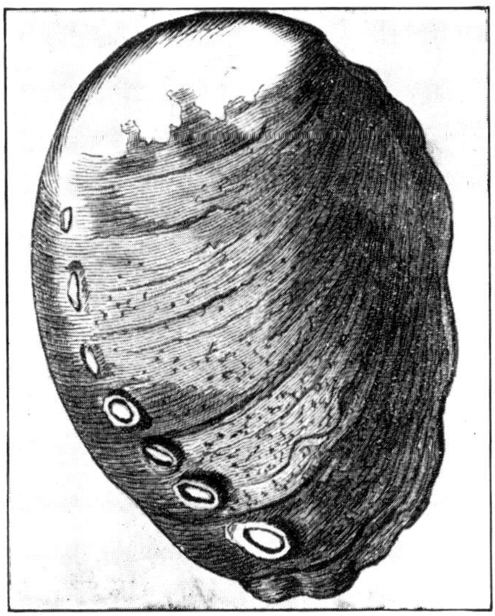

Abb. 299. Gold- oder Silbermuschel (Japanschale).

ähnlich wie die der Schwämme, ohne jegliche Ausrüstung. Man unterscheidet im Handel weiße und schwarze echte Perlmutterschalen, in Gattung, Größe und Reinheit sortiert. Flache Schalengattungen sind in der Bearbeitung ausgiebiger und höher geschätzt als stark gebogene und schwachschalige. Auch die Härte ist für die Bearbeitung von Belang.

Weiße Schalen. (Abb. 298.) Von den weißen Schalen ist die Makassarmuschel groß und stark, auch sehr flach und rein weiß. Die Manilaperlmutter ist von gelblichweißer Färbung; die Bombayschalen sind gelbrandig. Von Mexiko, Panama und Kalifornien kommt kleines, stark gewölbtes, weniger wertvolles Material in den Handel. Diese Perlmuscheln sind spröder, von gelbbrauner oder blaugrauer Färbung. Sie haben wie die ägyptischen wenig Glanz.

Schwarze Muscheln. Die Perlmutterschicht der sogenannten schwarzen Muscheln ist bei der wertvollen Tahitimuschel, die besonders groß und flach ist, schwärzlichgrün, rotschillernd, an der Innenseite weißgrau. Die

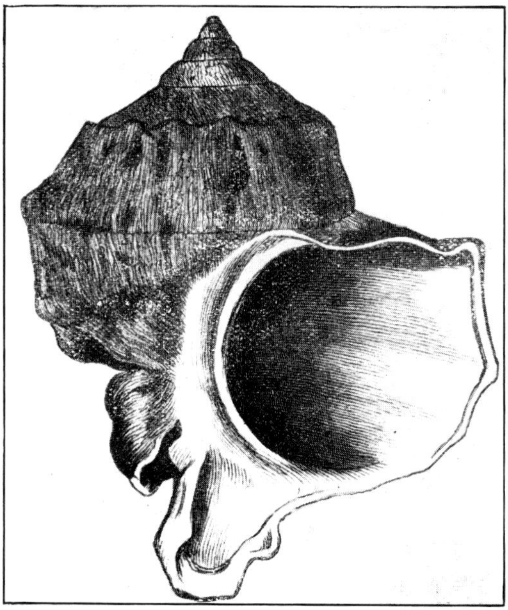

Abb. 300. Burgosmuschel der Kreiselschnecke.

Auckland-, Fidge- und Bandaschalen haben bläulichweiße Färbung und gründlichen Rand, sind klein und leicht.

Gehäuse von Seeschnecken. (Abb. 299.) Als solche kommen die Ohrschnecken, als sogenannte Goldfisch- (Goldmuscheln) und Silbermuscheln, von den Küsten Kaliforniens und Japans in den Handel. Die Muscheln irisieren durch ihre enge und tiefe Faltung der Schichten besonders stark. Sie sind schwachwandig und stark gekrümmt und weniger wertvoll als die flachen Schalen der echten Perlmuscheln. Das Gehäuse der stark gewölbten, spiralgängigen Burgosschnecken von Singapore

(Abb. 300) hat eine rötlichschillernde Perlmuttersubstanz. Es wird viel zu kleinen Artikeln, wie Knöpfen, Einlageblättchen, Agraffen usw., verarbeitet.

Verwendungsgebiete. Die Hauptverarbeitung der Perlmutterschalen ist die zu Knöpfen für Kleider und Wäsche, zu Messerschalen und Besteckheften, Einlagen und Furnieren, zu kleinen Kästchen, Schachbrettern oder zu Schmuckartikeln, wie Halsketten, Anhängseln usw. Industriezentren sind Wien und das Kyffhäusergebiet für Kleider- und Wäscheknöpfe, Adorf (Vogtl.) für Luxus- und Schmuckartikel.

Verarbeitung des Perlmutters.

1. **Zurichten.** Die Perlmuscheln sind außen mit einer rauhen braunen oder grauen Kruste bedeckt, die durch Abspalten oder Abschleifen auf grobkörnigen Sandsteinen mit Sand- und Wasserzuführung entfernt wird. Je nach Art der zukünftigen Bearbeitung werden die Schalen vor oder nach Entfernung der Kruste mit kleinem, hartem, widerstandsfähigem Kreissägeblatt getrennt. Die Zähne müssen klein sein und dürfen nicht auf Stoß stehen. Flache Schalen werden zu ebenen Platten geschliffen, stark gekrümmte zur Knopffabrikation verwendet, indem die Knöpfe mit dem Kronenfräsbohrer aus der ganzen Schale nebeneinander ausgefräst werden. Die Knoten von schweren Muscheln ergeben Besteckgriffe, Petschafthefte und dergleichen. Der Schleifstein bildet auch zur endgültigen Gestaltung der Perlmutterarbeiten das Hauptwerkzeug.

2. **Fassonieren.** Neben den großen groben Steinen zur Vorarbeit kommen kleine, auf der Drehbank oder besonderen Schleifböcken arbeitende feinkörnige, weiche Steine oder Karborundumschleifscheiben zum Formen in Anwendung, ähnlich wie in der Glasschleiferei. Fein bewegte Umrisse schneidet man mit der Laubsäge. Man benutzt stabile Sägebogen und kräftige, feinzähnige Sägeblätter.

3. **Schnitzen und Gravieren.** Die an Perlmutterarbeiten vorkommenden ornamentalen Arbeiten, besonders das Schneiden von Kameen aus schwarzer Perlmuschel, bei denen die Plastik im schwärzlichen Belag bis auf die anders gefärbte Schicht als Grund abgearbeitet wird, erfolgt mit Fräsbohrern und Handsticheln, wie bei

Elfenbein. Auch feinzähnige Fräsrädchen werden zur Ausarbeitung benutzt.

4. **Zusammenfügen und Einlegen von Perlmutterblättchen.** Wegen der Krümmung und geringen Stärke der Muscheln können nur kleine Platten herausgeschliffen werden, woraus sich die Täfelung, das Zusammensetzen der Platten zu größeren Flächen erforderlich macht. Die Platten werden auf besonderen Schleifeinrichtungen zwischen aneinander arbeitenden Steinen oder Schleifscheiben von genauer Stärke geschliffen. Das Anschleifen der Fugen geschieht an der Schleifpapierscheibe oder Korundschleifscheibe. Als Bindemittel zwischen den Stoßflächen der Platten und dem Blindholz des Gegenstandes dient der Hausenblasenleim, wie zum Leimen anderer harter Stoffe. (Siehe Seite 379.)

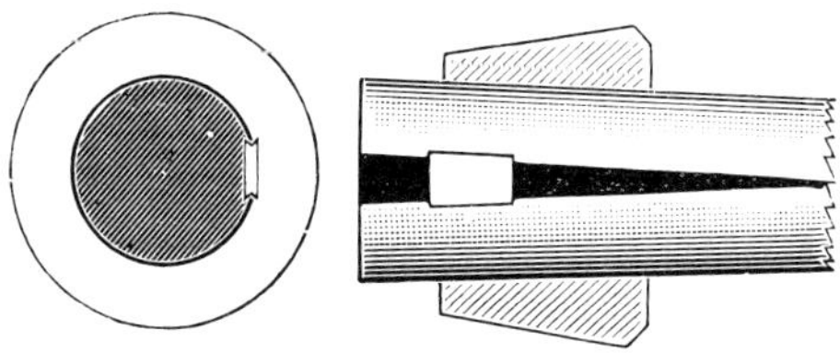

Abb. 301. Perlmutterkronenfräser.

5. **Bohren und Drehen.** Perlmutter wird hauptsächlich in der Knopffabrikation gebohrt und gedrechselt. Die Knopfdrechsler arbeiten zum großen Teil noch heute auf leichten, aus Holz gearbeiteten, primitiven Drehbänken, sogar mit Fußbetrieb (Abb. 302). Die Spindel hat zwei verschiedene Schnurscheiben, deren größere zum Ausbohren der Knopfplatten mit dem Knopfbohrer dient, weil die große Härte des Materials geringe Drehzahlen erfordert. Durch die an der Drehbank angebrachte reitstockähnliche Druckvorrichtung wird die Perlmutterschale gegen den Scheibenausfräser gedrückt. Die Abb. 301 zeigt den Kronenbohrer für Perlmutter. Durch die konische Röhre wird der Knopf von dem nächsten nach hinten in das geräumige Futter getrieben und von dort durch dessen seitliche Öffnung in den das Futter umgebenden Kasten geschleudert, wo sich die Knopfscheiben ansammeln. Das Verfahren wird auch bei anderen Knopfmaterialien (Kunsthorn und Kunstharz) angewandt. (Siehe Abb. 302, S. 390.)

Zum Einspannen der Knöpfe beim Drehen dient der Kreuzspund (Seite 393). Die Rindenseite wird zuerst abgeschrotet. Als Drehstahl dient dem Perlmutterdrechsler der Schrotstahl, angeschliffen aus einer alten Sägefeile, die er zum Schärfen des Kronenbohrers benutzte. Umgespannt, wird die andere Seite geebnet. Dann werden die Knöpfe nach Stärken sortiert, ehe sie mit gleichem Werkzeug geformt werden. Zum Abschlichten dient der Fassondrehstahl zu gleichmäßiger Gestaltung der Knöpfe. Die Drehstähle sind mit langem Heft versehen, das unter dem Arm gestützt wird, um den notwendigen Druck bei der Härte des Materials ausüben zu können. Der Erfolg der Arbeit liegt wesentlich in der zweckmäßigen Umdrehung der Drehbankspindel, auf die man bei der Härte des Materials zur Schonung der Werkzeugschneide Bedacht zu nehmen hat.

Zur Verzierung von Knöpfen sind verschiedene kleine Fräsvorrichtungen mit Fräsrädchen in Anwendung.

Als Bohrer dient ein gut gehärteter Plattbohrer.

6. **Schleifen und Polieren.** Man schleift Perlmutter wie andere harte Drechslerstoffe mit Bimsstein und Wasser am rotierenden Arbeitsstück oder auf Filz- und Schwabbelscheiben. Das Polieren geschieht mit grauem Tripel, der mit verdünnter rauchender Schwefelsäure zu einem Brei vermengt wird. Das Poliermittel wird mit einem Kork auf die Arbeit gebracht und schnell mit einem Barchent- oder Tuchstück überrieben. Die Säure darf nicht frei auf das Perlmutter einwirken, sonst gibt es matte Flecke. An Polierscheiben wird die Säure in der Mitte aufgebracht und die Arbeit von da aus gegen den Rand der mit Tripel behafteten Scheibe gezogen. Beim Schwabbeln tupft man das Poliermittel auf und poliert am Schwabbel ab. Gefräste Perlmutterarbeiten zeigen eine rauhe Fläche, die vor dem Schleifen mit Salzsäure durch Bürsten gesäubert wird.

In der Knopfbearbeitung ist das sogenannte „Brennen“ üblich, um den Knöpfen besseren Glanz zu verleihen. Die geschliffenen Knöpfe werden in kochendes Wasser gebracht, dem Salzsäure zugesetzt wird. Sobald das sich zeigende „Perlen“ aufhört, wird die Ware herausgenommen und mit reinen Sägespänen abgerieben.

7. **Beizen und Färben.** Perlmutter ist von Natur aus ein so schönes, in allen Farben des Regenbogens schil-

lerndes Material, daß eigentlich das Beizen gegenstandslos sein müßte. Man beizt hauptsächlich Grau und Braun, weniger in grünen oder rötlichen Farben für Kleiderknöpfe. Die echten Perlmutterschalen nehmen schwer Färbungen an, gegenüber den Gold- und Silbermuscheln oder denen der Burgosschnecke, die mehr tierische Substanz (Konchiolin) enthalten als die flachen Schalen.

Das Beizen geschieht hauptsächlich mit Silbersalzen, indem man die Ware mit einer 2—10prozentigen Lösung von Silbernitrat in destilliertem Wasser behandelt, dem man auf 100 ccm Lösung einige Tropfen Ammoniak zusetzt. Die Beize muß ziemlich lange auf das Perlmutter einwirken. Das muß an einem dunklen Ort geschehen. Dann setzt man die aus der Beize genommene Arbeit dem Tageslicht aus, bei dem sich die graue bis schwarzgraue Färbung entwickelt.

Bei Verwendung heißer Beize wird das Färbeverfahren wesentlich abgekürzt. Schwache Lösungen ergeben braunen Ton. Zu tiefgrauem, schwärzlichem Ton werden die belichteten Arbeiten noch mit einer Pyrogallussäurelösung behandelt, der etwas Ammoniak und Sodalösung zugesetzt wird.

Rezepte.

a) Graue Beize: 3 g Silbernitrat werden in 100 g destillierten Wassers gelöst und konzentrierter Ammoniak zugesetzt, bis sich der gebildete Niederschlag gelöst hat. Die Arbeit verbleibt, vom Licht abgeschlossen, 12—24 Stunden in der Lösung. Dann setzt man sie dem Licht aus, bis die Färbung sich entwickelt hat.

b) Braun und dunkelgrün. Man löst wie oben nur 2 g Silbernitrat auf. Manche Muscheln färben sich braun, andere grünlich.

c) Rötlichbraun entsteht nach einer Färbung wie bei b), wenn man die Ware unmittelbar nach mehrstündiger Belichtung 2—3 Stunden mit einer Lösung von unterschwefligsaurem Natron behandelt und dann mit Wasser gut spült.

Beizen mit Teerfarben. Dazu bedarf es des Vorbeizens, um das Material für die Beize empfänglich zu machen. Da Säuren den Kalkgehalt der Perlmutter auflösen, dienen Alkalien, wie Natriumaluminat, zum Vorbeizen. Man bereitet eine 3—4prozentige warme, nicht kochende Lösung, in der man die Arbeit während der

Abkühlung noch einen Tag beläßt. Nachdem die Sachen etwas abgetrocknet sind, werden sie abgespült und in die konzentrierte Farbstoffauflösung gebracht, die heiß angewendet wird. Für dunkle Nuancen ist noch eine Vorbeize mit verdünntem Silbernitrat erforderlich. Zum Beize eignen sich die bei Elfenbein und Knochen angegebenen Farbstoffe.

Leimen des Elfenbeins, Knochens und Perlmutters.

Zum Leimen dieser Werkstoffe dient der Hausenblasenleim. Hausenblase ist die Schwimmblase großer Fische. Als besonders zähes, leimfähiges Material gilt die des Hausen und Stör. Die Blasen werden aufgeschnitten, aufgespannt und getrocknet. Die so im Handel erhältlichen Stücke werden mit der Schere in kleine Streifen geschnitten, in Essig aufgequollen, wie Leimtafeln, und dann etwas ausgewässert. Dann wird der Leim bei genügend Wasserzusatz im Wasserbehälter wie anderer Leim geschmolzen; nicht über direktem Feuer, wo er leicht braun wird oder verbrennt. Hausenblase schmilzt schwerer als Leim, ist aber auch zäher und fester in der Leimung. Hausenblasenleim ist farblos. Für Elfenbein und Knochen rührt man etwas Kremserweiß bei, um die Leimfugen unauffällig zu machen.

Vierter Abschnitt.

Die Kunststoffe.

Der Begriff „Kunststoffe" ist ein sehr weitgehender und bezieht sich auf fast alle Naturstoffe, die künstlich ersetzt werden, oder ganz neuartige Rohstoffe sind. Im Verwendungsgebiet des Drechslers handelt es sich hauptsächlich um plastische Kunststoffe, die mehr oder weniger kostbare natürliche Drechsler-Rohstoffe, wie Horn, Elfenbein, Bernstein u. a., zu ersetzen vermögen. Sie brauchen deshalb nicht gerade Imitationsprodukte zu sein, deren Zeichnung und Färbung den Naturstoffen genau nachgebildet ist. Sie haben meist eine so hohe Vollkommenheit erlangt, daß sie auch in technischer Beziehung wertvolle Werkstoffe sind, die unter eigener Flagge segeln können. Da sie viele fremdländische Stoffe ersetzen, sind sie im Zeichen des Vierjahresplans für uns von besonderem Wert.

1. Zelluloid (Zellhorn).

Das Zelluloid ist der älteste der Kunststoffe und besonders durch seine hohen plastischen Eigenschaften in spanloser Umformung wertvoll.

Herstellung. Zelluloid wird aus dem pflanzlichen Zellstoff zu Nitrozellulose umgewandelt und mit Alkohol und Kampfer zu einem knetbaren Teig verarbeitet. Dabei wird die Zellulose aufgelöst. Der überschüssige Alkohol wird in Knetmaschinen soweit wie möglich abgezogen. Die noch warme Masse, welche in der Kälte hart werden würde, wird sofort durch Tücher gepreßt und zwischen beheizten Kalanderwalzen durchgelassen, wodurch der Stoff verdichtet wird, und die letzten Alkoholreste verdampfen. Durch das Walzen und Pressen entsteht eine homogene, feste Masse, die hornartigen Charakter erhält. Zelluloid wird in Platten, Tafeln, Stäben und Röhren verschiedenen Querschnitts, in Färbungen und Musterungen aller Art zur weiteren Verarbeitung hergestellt.

Eigenschaften. Zelluloid ist durch Biegen und Pressen gut form- und dehnbar. Es wird durchscheinend und undurchsichtig verschieden gefärbt hergestellt. Die Masse ist ziemlich weich und gut verarbeitbar, nimmt hohe Politur an, die aber im Gebrauch wegen der Weichheit des Materials leicht erblindet. Das Zelluloid entzündet sich leicht an offener Flamme, brennt energisch und zersetzt sich bei 140 Grad C unter starker Rauchentwicklung. Die Feuchtigkeitsaufnahme beträgt 1,25 Proz., die Wärmefestigkeit 40 Grad C. Es riecht bei der Verarbeitung und beim Reiben stark nach Kampfer.

Zellon, dessen Ausgangsprodukt Zelluloseazetat ist, hat ähnliche Eigenschaften wie Zelluloid, ist aber nicht entflammbar. Die Herstellung ist ähnlich, wie beim Zelluloid angegeben. Statt des Alkohols wird aber ein Gemisch von Benzol und Alkohol verwendet. Das Zelluloseazetat entsteht aus der Behandlung der Zellulose mit Essigsäure und Essigsäureanhydrid. Zellon gleicht in seinen Eigenschaften dem Zelluloid; es brennt zwar auch, aber nicht so explosibel wie dieses, so daß es für Gegenstände verarbeitet werden kann, zu denen Zelluloid wegen dessen

Feuergefährlichkeit nicht zugelassen wird. Die Feuchtigkeitsaufnahme beträgt ca. 3 Proz., die Wärmefestigkeit 35 Grad C.

Astrolon und Mipolam sind neue Kunststoffe, aus einheimischen Stoffen auf ganz neuer chemischer Grundlage aufgebaut. Beide haben die guten Eigenschaften des Zelluloids, sind hervorragend plastisch, brennen aber nicht. Die Feuchtigkeitsaufnahme beträgt nur 0,12 Proz., die Wärmefestigkeit 58 Grad C.

Verwendungsgebiete. Die vielseitige Verwendung verdankt das Zelluloid seinen hohen plastischen Eigenschaften, durch die es sich mühelos in Formen pressen und prägen läßt. Hauptartikel sind Toilettesachen, Haarschmuck, Puppenkörper, Spiel- und Schwimmfiguren, Schirmgriffe, Taschenbügel und vieles andere. Zu massiven Gegenständen, z. B. für Dreharbeit, kommt es noch ganz wenig zur Verwendung, da es durch das härtere Kunsthorn und Kunstharz verdrängt worden ist.

Verarbeitung des Zelluloids.

Die Verarbeitung des Zelluloids und verwandter Kunstprodukte ist ziemlich gleich. Die spanlose Umformung erfolgt durch Biegen, Blasen oder Pressen in Formen bei Erweichung in heißem Wasser, Öl oder auf der Heizplatte bei 80—110 Grad C.

a) **Biegen.** Die Werkstücke werden freihändig gebogen oder über Formstücke gezogen. Röhrenförmiges Material ist vorher mit Sand zu füllen oder ein Gummistab einzuführen, damit die Wandung nicht eingedrückt wird. (Schirmgriffherstellung.)

b) **Blasen.** Das Verblasen geschieht in zweiteiligen angewärmten Formen sowohl bei Röhrenabschnitten als auch zwischen zwei aufeinandergelegten Blättern. Durch Einlassen von Dampf wird das Material erweicht und aufgetrieben, um dann noch durch Nachdrücken vorgewärmter Luft von 2 Atm. fest an die Formwandung angepreßt zu werden, damit alle Modellation und Ziselierung der Form sich einprägt.

c) **Pressen und Prägen.** Massives Material wird zwischen vorgewärmten zweiteiligen Metallformen gepreßt. Die Formen sind vor dem Einlegen zu leichterer Auslösung mit Seifenwasser auszustreichen. Es kommen hauptsächlich Spindel- und Schlagpressen in Anwendung. Zum

Prägen werden die Prägestempel am besten mit elektrischem Strom erhitzt. Scharfe Schriftstempel sollen nur wenig konisch sein, damit sich an den Rändern kein Grat anquetscht. Das Prägen erfolgt mit Kniehebelpressen (S. 429).

d) **Sägen.** Zum Zuschneiden benutzt man Band- und Kreissägen mit 3—5 mm Zahnweite, die wenig geschränkt oder hinterschliffen sind. Die Sägengeschwindigkeit soll nicht mehr als 12 sek/m sein, um das Material nicht zu überwärmen, da es dann klebrig wird und die Zähne zusetzt. Die Sägezähne dürfen nicht auf Stoß gerichtet sein.

e) **Bohren, Fräsen und Drehen.** Man bohrt mit Platt- oder Spiralbohrer unter Anfeuchtung mit Seifenwasser oder Öl, damit starke Wärmeentwicklung, durch die der Bohrspan sich festsetzt, verhindert wird. Steilgängige Spiralbohrer mit weiten Spannuten sind besonders geeignet. Zum Fräsen dienen gezahnte Fräser (S. 401) und zum Feilen Kreisstoßfeilen oder Schleifpapierscheiben auf der Drehbank. Zum Drehen werden als Handdrehstähle Schrot-, Spitz- und Schlichtstahl benutzt bei einer Spindeldrehzahl von 1500 bis 2500, je nach Materialstärke. Massenartikel dreht man auf Automaten mit Fassondrehstählen.

f) **Schleifen und Polieren.** Geschliffen wird, wie bei allen Kunststoffen, mit Wasser oder Öl und Bimsstein, auch mit Bimspasten auf Filz- oder Schwabbelscheiben (S. 421). Der Glanz entsteht durch Feinschliff in gleicher Weise mit den handelsüblichen Polierpasten, die sparsam aufgetragen werden. Zum Abpolieren des Fetthauches zur Erzielung des Hochglanzes dienen Barchentschwabbel ohne Auftragmittel.

g) **Beizen.** Das Beizen geschieht hauptsächlich mit Teerfarben, die in Alkohol löslich sind. Zur besseren Aufnahme wird der Beize etwas Essigäther zugesetzt.

h) **Leimen und Kitten.** Zur Verbindung von Zelluloidteilen werden diese mit Essigäther oder Azeton bestrichen, welches die Kittfläche oberflächlich löst und durch Zusammenpressen verschmilzt und innig verbindet.

2. Kunsthorn.

Den Grundstoff bildet das Labkasein (Käsestoff der Milch), das unter Zusatz geeigneter quellfördernder Stoffe unter Beimischung transparenter oder Körperfarben mit

Wasser zu einem zähen Teig verarbeitet, geformt und gepreßt wird. Durch das längere Einhängen in ein wässeriges Formalinbad, bis die Masse vollkommen durchdrungen ist, erhält das Material seine hornartige Eigenschaft.

Die Aufbereitung des Kunsthorns ist langwierig, weil die Durchhärtung des Kaseinkörpers Wochen bis Monate dauert. Zur Herstellung eines Kilogramms Kasein sind 30—35 Liter Magermilch erforderlich, die wir in Deutschland zur Schweinefütterung nicht entbehren können. Die Hauptproduzenten des Kaseins sind Frankreich und Südamerika, woher es zur Kunsthornherstellung bezogen werden muß.

Das Kunsthorn wird in Platten bis zu 20 mm Stärke und in Stäben oder Röhren bezogen und dann im Härtebad behandelt. Hauptsächlich wird es in der Knopffabrikation verarbeitet, für die es ein unumstrittenes Gebiet ist. Das Kunsthorn zeichnet sich durch die Unveränderlichkeit seiner Färbungen gegenüber dem Kunstharz aus.

Eigenschaften. Kunsthorn ist härter als Zelluloid, seine Politur deshalb auch widerstandsfähiger. Es ist vorzüglich bearbeitbar und brennt nicht. Wärmefestigkeit 65 Grad. Es nimmt Wasser auf, ist aber gegen Alkohol und Äther beständig. Abfälle sind nicht verwendbar.

Lagerung. In kühlem, mäßig feuchtem Raum, damit das Material nicht spröde und brüchig wird.

Verwendungsgebiete. Das Kunsthorn wird zu vielerlei kleinen Gebrauchsgegenständen verarbeitet, besonders zu Griffen für Eßbestecke, Kleiderknöpfen, Kämmen, Haar- und Halsschmuck, Figuren für Brettspiele usw.

Verarbeitung des Kunsthornes.

a) **Sägen.** Wie Zelluloid auf der Band- und Kreissäge. Zahnweite 3—4 mm. Sägezähne nicht auf Stoß gestellt. Sägeblattstärke 0,6—1,2 mm, je nach Stärke des Materials. Sägengeschwindigkeit ca. 15 sek/m; ergibt bei 15 mm Sägeblattdurchmesser 1800 Umdrehungen.

b) **Bohren.** Mit Platt- oder Spiralbohrer mit steilen, weiten Spannuten (Marmorbohrer). Mit Fett oder Öl benetzen.

c) **Drehen.** Mit Drehstählen, wie bei Horn. Schneidenwinkel der Drehwerkzeuge ca. 30—45 Grad. Drehzahl je nach Stärke des Materials 1800—2400. Zur Schonung der

Werkzeuge ist das Material vor dem Sägen und Drehen über Nacht in kaltes Wasser zu legen, besonders bei dem mit Körperfarben durchsetzten Kunsthorn. Werkzeuge aus Schnelldrehstahl sind vorzuziehen.

d) **Schleifen und Polieren.** Wie alle homogenen Kunststoffe wird das Kunsthorn mit Bims, am rationellsten als Paste auf Schwabbelscheiben vorgeschliffen und mit den üblichen Polierpasten im Feinschliff poliert. Bei kleinen Artikeln ist das Trommelschleifen und -polieren üblich (S. 425). Dem Kunsthorn läßt sich auch auf chemischem Wege durch ein Polierbad Glanz verleihen. Es ist unter dem Namen „G a l a p o l" im Handel. (Internationale Galalith-Gesellschaft Hoff & Co., Harburg.) Vorbedingung ist ein glatter, kratzfreier Schliff, der nicht fetthaltig sein darf. Das Poliermittel wird in Packungen für je 1 kg Ware abgegeben und muß verbraucht werden. Die Auflösung des Polierpulvers geschieht in 2, höchstens 4 Liter Wasser auf 1 kg Ware. Für 5 kg Ware also 10 Liter Wasser und 5 Packungen Polierpulver. Die Temperatur soll 60 Grad C betragen. Die Baddauer ist 15—30 Minuten und sind die Arbeiten mit Holzstab darin umzurühren, damit ständig noch unverbrauchte Polierflüssigkeit einwirken kann. Die Ware wird nach dem Bad mit warmem Wasser gut durchgespült und das Wasser 2—3mal erneuert. Das Beizen wird nach dem Polieren vorgenommen.

e) **Beizen.** Da Kunsthorn in zahlreichen schönen Färbungen zu haben ist, kommt das Beizen weniger in Anwendung. Man benutzt fast ausschließlich Teerfarben sauren oder basischen Charakters (S. 290) und setzt ersteren Glaubersalz, letzteren 4—8prozentige Essigsäure zu. Die Beize ist warm (50—80 Grad C) anzuwenden bei einer Zeitdauer von ca. 15—20 Minuten. Dem Beizen hat die Vorbehandlung mit einer Ätznatronlösung vorauszugehen, um die Ware für die Beize aufnahmefähig zu machen. Braunfärbungen erfolgen mit einer übermangansauren Kalilösung. Das Beizen des Kunsthornes hat stets nach dem Polieren zu erfolgen. Mit Polierpaste geschwabbelte Arbeit muß vorher in Sodalösung oder Benzin entfettet werden. Nach dem Beizen ist nur leicht abzuschwabbeln oder zu trommeln.

f) **Biegen und Pressen oder Prägen.** Erweichen in heißem Wasser, besser Öl (100—120 Grad C). Lange Erwärmung macht das Material brüchig. Schwache Platten lassen sich, erweicht, ausstanzen. Für Tiefprägungen ist Kunsthorn nicht geeignet.

g) **Leimen.** Leimflächen müssen mit grobem Schleifpapier gerauht sein, damit der Leim bindet. Am besten bindet der Fischleim (Hausenblasenleim), der vor dem Schmelzen mit Essigsäure gequellt wird. Sonstige Behandlung wie mit gewöhnlichem Hautleim, möglichst unter starkem Druck.

3. Edelkunstharze.

Die Edelkunstharze sind Erzeugnisse einheimischer Produkte, aus der Karbolsäure und dem Formaldehyd hergestellt, die nach Zusatz von Farben bei einer Temperatur von 60 bis 90 Grad C Härtung erfahren, wobei eine chemische Umwandlung eintritt, indem sie in einen nicht mehr löslichen und unschmelzbaren Zustand überführt werden.

Das zur Erzeugung des Kunstharzes erforderliche Phenol stammt aus Ölen, die man dem Steinkohlenteer entzieht. Der Teer bildet den Rückstand aus der Verarbeitung der Kohle zu Koks und Leuchtgas. Das Formaldehyd wird aus Holzgeist und Luft gewonnen; es entsteht bei der Verbrennung des Holzes unter Luftabschluß.

Die Kunstharzstoffe nennt man allgemein Phenoplaste. Der Name „Bakelit" ist ein Markenschutz schon 1931 abgelaufener Patente, nach dem sich um die Entwicklung des Kunstharzes verdient gemachten Chemiker Baekeland benannt.

Das Edelkunstharz, das der Drechsler verarbeitet, ist ein Gußharz, im Gegensatz zu den Preßharzen. Es wird als ein zähflüssiges Harz hergestellt und in Formen gegossen. Diese werden bei Temperaturen von 60 bis 90 Grad C allmählich im Ofen oder Ölbad nur soweit gehärtet, daß sie noch elastisch und gut verarbeitbar sind. Durch Zusammengießen verschiedenfarbiger Massen können dem Produkt wolkige Zeichnungen gegeben werden. Kunstharz wird in allen möglichen Farben, durchsichtig und undurchsichtig, hergestellt. Auch die Durchsetzung mit Gold- oder Silberflitter ist möglich. Bernstein und viele Halbedelsteinarten werden täuschend nachgeahmt.

Eigenschaften. Das Edelkunstharz ist elastisch, je nach Herstellung mehr oder weniger zähe und hart. Es nimmt hohe Politur an. Gegen Feuchtigkeit, verdünnte Säuren und Alkohol ist es fast unempfindlich und brennt nicht. Das spezifische Gewicht ist 1,30. Es ist härter als Kunsthorn, im allgemeinen gut verarbeitbar, teils etwas spritzig und spröde. Die Wärmefestigkeit beträgt 55 Gr. C.

Handelsform. Kunstharz wird in Blöcken bis zu 10 cm Durchmesser und in Röhren, Stäben und Platten in allen möglichen Farben, klar und gedeckt, hergestellt. Für Mengenartikel fabriziert man sogenannte Gießlinge, meist in 50 cm langen Stücken, welche im Querschnitt die Form der herzustellenden Werkstücke zeigen, von denen die erforderlichen Breiten abgeschnitten werden, so daß wesentlich an Material und Arbeit gespart wird.

Verwendungsgebiete. Vielerlei Gegenstände des täglichen Gebrauchs, wie Schirmgriffe, Möbelgriffe und -knöpfe, Schmuckartikel aller Art, Besteckgriffe, Toilettegegenstände, Billardbälle, Kleiderknöpfe, Teile für technische Zwecke und sogar Kegelkugeln. Imitationsprodukt für alle edlen natürlichen Drechsler-Rohstoffe, besonders des Bernsteins, dem es auch in seinen technischen Eigenschaften ähnelt.

Lagerung. In kühlen Räumen bei gleichbleibender Temperatur, um im Material Spannungen zu verhindern, welche bei starken Stücken zu Rissen führen können.

Verarbeitung der Edelkunstharze.

a) **Sägen.** Man schneidet das Kunstharz auf Band- und Kreissägen mit 2—3 mm Zahnung und schwach geschränkten Blättern. Um die Sägen zu schonen und dem Material die Sprödigkeit zu nehmen, werden die zu zertrennenden Blöcke vorher ca. 15 Minuten in fast kochendem Wasser erweicht. Die Sägengeschwindigkeit beträgt ca. 15 sek/m, bei einer Kreissäge von 15 cm Durchmesser etwa 1800—2000 Umdrehungen.

b) **Bohren.** Zum Bohren eignet sich der Platt- und Spiralbohrer, letzterer mit steilgängigen breiten Spannuten (sogenannter Marmorbohrer) unter Benutzung von Öl oder Seifenwasser. Vor Austritt des Bohrers aus dem Material ist vorsichtig zu bohren, damit das Material beim Durchstoß nicht gesprengt wird oder ausbricht.

c) **Fräsen.** Die in der Kunststoffbearbeitung benutzten kleinen Fräsrädchen (S. 401) erhalten gezahnte Schneiden mit einer Drehzahl von 2—3000. Man verwendet sie mit ihrem Dorn auf die Drehbankspindel gespannt oder vorteilhafter auf besonderen Fräsböckchen, wegen des geringeren Kraftverbrauchs.

d) **Drehen.** Edelkunstharz wird, wie Kunsthorn, mit Spitz-, Schrot- und Schlichtstahl, bei Mengenware auch mit dem Fassondrehstahl gedreht. Der Zuschärfungswinkel beträgt ca. 50 Grad. Durch die bei undurchsichtigem Material zugesetzten Metall- und Erdfarben stumpft das Werkzeug stark ab. Man verwendet deshalb besonders legierten Hartstahl zu den Werkzeugen, um dauerhaften Schnitt zu haben. Die dem Kunstharz mehr oder weniger anhaftende Sprödigkeit veranlaßt beim Drehen häufiges Abspritzen des Materials, zumal bei nicht ganz sicher arbeitender Drehbankspindel. Das wird nach den Erfahrungen vermieden, wenn den harten Drehstählen ein sehr stumpfer Zuschärfungswinkel, ähnlich wie beim Eisendrehen, von 70—80 Grad gegeben wird. Mit dem Drehstichel (S. 399) läßt sich dann sehr vorteilhaft arbeiten.

e) **Schleifen und Polieren.** Wie andere Kunststoffe auf Schwabbelscheiben mit Schleif- und Polierpasten. Drehzahlen bei 25 cm Schwabbel etwa 1500 in der Minute.

f) **Biegen und Prägen.** Kunstharz läßt sich nur an schwachen Teilen biegen, bei Erwärmung auf 100—120 Grad C am besten im Ölbad. Schwache Platten lassen sich, gut erweicht, stanzen. Tiefprägungen sind nicht möglich.

g) **Leimen und Kitten.** Zur Verbindung von Kunstharzteilen oder zum Aufleimen auf anderen Stoffen, wie Holz, Glas usw., können Kunstharzkitte verwendet werden. Die Leimflächen sind auf der Schleifpapierscheibe aufzurauhen. Kunstharzplatten leimt man auf Holz mit gutem Tischlerleim unter Anwärmung der Holzplatte und starker Pressung.

Zum Leimen von Kunstharz ist ein neuer Spezialklebstoff im Handel unter dem Namen „K l e b o l", dem eine Säure mit geliefert wird, die eine schnelle Härtung der Leimung bezweckt.

Auf 100 ccm „Klebol" werden 6 ccm ätzende Lösung zugesetzt und gut verrührt. Man bereitet nur soviel Klebmasse zu, als jeweilig benötigt wird, weil die angerührte Masse im Laufe einer halben Stunde so dickflüssig wird, daß sie nicht mehr verwendbar ist.

Die Klebmasse ist kalt zu verwenden. Die verbundenen Teile müssen aber ca. eine Stunde einer Wärme von ca. 60 bis 80 Grad C ausgesetzt werden, um zu härten, oder 24 Stunden in Zimmertemperatur.

4. Hartgummi.

Der Grundstoff ist der Milchsaft der tropischen Gummibäume, denen er, in Plantagen gezogen, abgezapft wird. Dieser Kautschuk erfordert Reinigung durch Kochen, Waschen usw. Durch den Zusatz von Schwefel unter Erhitzung (Vulkanisieren) erhält der Gummi erst seine Elastizität und wird bei Temperaturen von ca. 160 Grad C und größerem Schwefelzusatz zu dem harten, hornigen Hartgummi. Diesem werden je nach Qualität und Verwendung größere Mengen Farb- und Füllstoffe, wie Kreide, Ruß, Metall- oder Erdfarben, beigeknetet und in Formen gepreßt vulkanisiert.

Der Hartgummi wird hauptsächlich zu Preßlingen für bestimmte Artikel geformt, um Material und Arbeit zu sparen.

Eigenschaften. Kurzbrüchig, in möglichst reinem Zustand sehr elastisch, gut bearbeitbar und polierbar. Bei starker Zumischung von Farben stark stumpfend und wenig Glanz annehmend. Minderwertiges Material wird lackiert. Wasser- und säurefest.

Verwendungsgebiete sind hauptsächlich chirurgische Instrumente, elektrotechnische Artikel, Friseurkämme, für die es der beste Rohstoff ist, und Füllfederhalter.

Sägen, Bohren, Drehen wie bei anderen Kunststoffen.

Schleifen und Polieren mit dem Schwabbel oder in Rollfässern.

Leimen oder Kitten gibt keinen Halt. Die Teile sind meist zusammengeschraubt.

Fünfter Abschnitt.

Werkzeuge zur Bearbeitung von Horn, Elfenbein, Perlmutter und Kunststoffen.

Die Bearbeitung harter Drechslerstoffe ist ziemlich einheitlich, wenn auch manche Eigenheiten des Materials geringe Abweichungen in der Handhabung der Werkzeuge erfordern, die bei der Beschreibung der Werkstoffe besonders angegeben sind.

1. Sägen.

Diese Werkstoffe, das Horn ausgenommen, werden nicht auf der Bandsäge, sondern auf kleinen Kreissägen von 12—17 cm Blattdurchmesser geschnitten, da größere Sägeblätter bei der geringen Blattstärke von ca. 1 mm, die man der Materialersparnis wegen verwendet, sonst schlottern, sich verziehen und schlechten Schnitt ergeben. Die Zähne müssen der Härte des Werkstoffes entsprechend klein sein; sie dürfen nicht auf Stoß stehen, müssen hart und mit geringer Schränkung sein. Für glatten Fertigschnitt eignen sich nach innen schwach geschliffene Sägeblätter, die keiner Schränkung bedürfen, um frei zu schneiden. Bei zu stark stumpfenden Kunststoffen empfehlen sich Sägeblätter aus Schnelldrehstahl. Die Zahnteilung der Kreissägen beträgt 3—5 mm, die Sägengeschwindigkeit je nach Härte des Werkstoffes 1500—2000 Umdrehungen in der Minute. Die Sägen müssen scharf gehalten werden, sonst laufen sie sich heiß, weichen dem Material aus und verlieren die Spannung. Das Kreissägeblatt wird vom Drechsler meist auf die Drehbankspindel mittels Dornes gespannt und der Tisch in dem Werkzeuguntersatz befestigt.

2. Kronensägen (Zylinderbohrer).

Die Kronensägen sind Werkzeuge zum Ausfräsen von runden Scheiben, Knöpfen und dergleichen aus den Materialplatten zur Weiterbearbeitung auf der Drehbank. Sie bestehen entweder aus einer zylindrischen Stahlröhre im Durchmesser der herzustellenden Scheiben oder sie sind aus ca. 1 mm starkem Stahlblech zu einer Röhre zusammengebogen (Abb. 301). Da es sich bei den Arbeiten um höchstens 5 mm starke Platten handelt, ist es praktisch, die Röhre nach hinten ein wenig konisch anlaufen zu lassen, so daß die ausgefrästen Scheiben von den nächstfolgenden nach hinten gedrückt freien Spielraum haben und sich in dem Hohlraum des Futters sammeln können. Die Befestigung der Röhre im Spund geschieht durch den schmalen Keil, der diese in der Spundwandung festtreibt. Die Zahnung soll 5—8 mm groß und tief genug sein, um die Späne bis zum Durchgang des Fräsers aufnehmen zu können, sonst arbeitet sich der Fräser heiß. Die Zähne sind zu schränken, damit der Fräser freien Schnitt hat. Sie müssen sehr genau im Flugkreis liegen und dürfen nicht auf Stoß gefeilt sein. Der Kronenbohrer ist nur vorn an der Zahnung zu härten und muß noch feilbar sein. Kronenbohrer sind in den Schmöllner Knopfmaschinenfabriken erhältlich.

Die Abb. 303 zeigt in Fig. 1, 3 und 5 Konstruktionen von Kronensägen mit Auswerfern im Schnitt. In Fig. 2 ist eine Drehbank mit Hohlspindel dargestellt, bei welcher der Ausstoß der gefrästen Platten von der Rückseite durch einen Dorn erfolgt, der durch Fußhebel betätigt wird. Die Fig. 4 ist ein Anlegeklotz für die Reitstock-

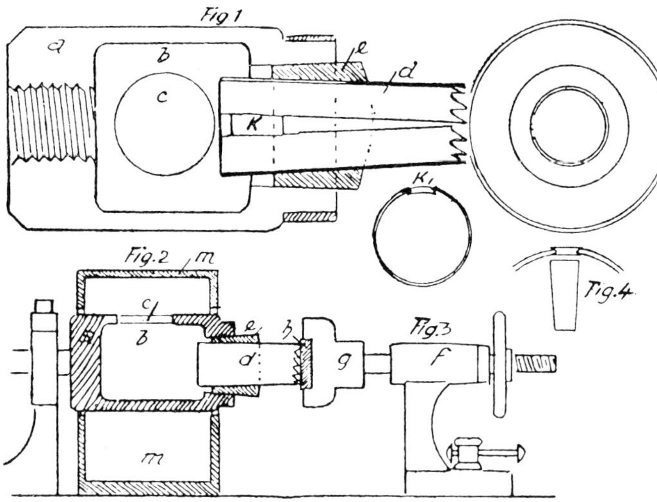

Abb. 302. Fräsvorrichtung für Perlmutterknöpfe.

pinole, in dessen ausgesparter Führung die auszufräsenden Streifen von Kunsthornmaterial eingelegt werden.

Beim Ausfräsen wird die Materialplatte durch die Reitstockpinole gegen den Fräser getrieben, wobei man sie mit der linken Hand fest gegen die auf die Pinole gesteckte hölzerne Vorsatzscheibe hält. So kann man aus der Platte die Scheiben dicht nebeneinander ausfräsen.

Zum Ausbohren von Scheiben aus den Fußknochen wird ein zylindrischer Kronenfräser benutzt, den man sich aus Mannesmannstahlrohr herstellt oder aus Stahlblech zusammenbiegt und mit Eisenring auf einen Holzspund treibt. Für eine konische Röhre ist das Knochenmaterial

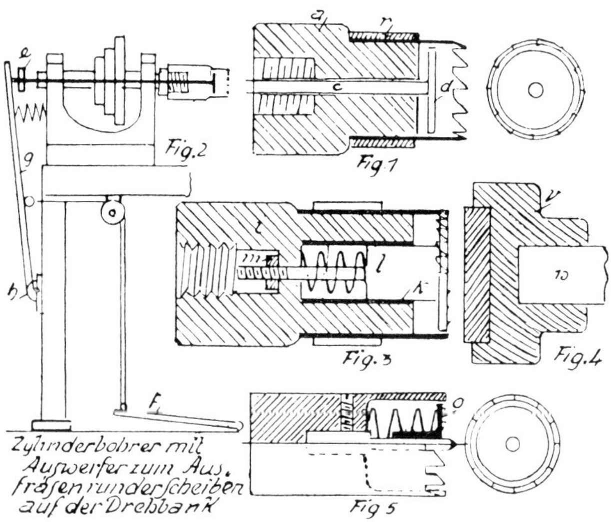

Abb. 303. Kronenfräser für Knochen und Kunsthorn.

zu dick, der Fräser würde außen klemmen. Die Röhre wird nicht ganz geschlossen, um die im Fräser sitzende Scheibe mit einem schmalen Stahl herausschieben zu können.

Die Abb. 304 zeigt eine Einspannvorrichtung zum Aus-

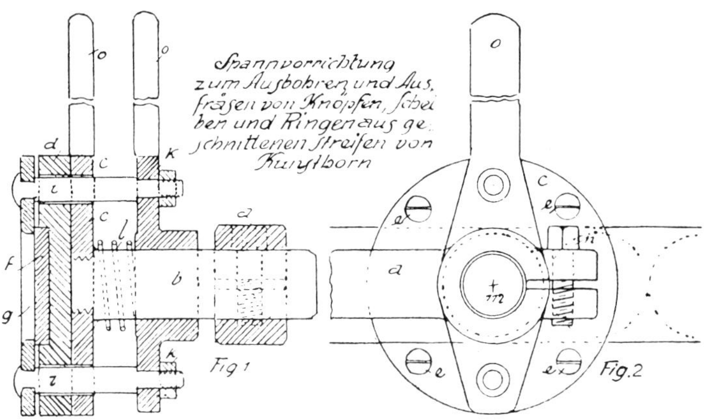

Abb. 304. Spannvorrichtung zum Ausfräsen von Scheiben aus Kunsthorn- und Kunstharzplatten.

fräsen fassonierter Knöpfe, Scheiben und Ringe aus Kunsthornstreifen, die sehr genau arbeitet. Sie wird mit ihrem Arm a wie ein Drehstahl in den Support gespannt und durch dessen Spindel vorgeschoben. Die Fig. 2 zeigt die Rückseite. Auf dem Zapfen b ist vorn die Scheibe c aufgeschraubt, die nach oben in einem Griff o verlängert ist. Vor dieser ist die Holzscheibe d befestigt und in dieser die Führung f für den Materialstreifen eingearbeitet, der nach jeder Ausfräsung weiter hindurchgeschoben wird. Davor befindet sich die Deckscheibe g mit runder Öffnung zum Durchgang des Zylinderbohrers oder Fassonfräsers, der auf der Spindel rotiert. Am Deckel sind die Führungsbolzen i befestigt, die sich in den Scheiben d, c verschieben können. Durch die Spiralfeder l wird der Deckel g gegen den Materialstreifen gezogen und angepreßt. Ist die Fräsung beendet, werden beide Griffe o mit der Hand zusammengedrückt, so daß der Streifen gelockert und für die nächste Fräsung weitergeschoben werden kann. Durch das feste Einspannen kann das Material nicht federn und ergibt auch bei Verwendung von Fassonfräsern saubere Arbeit.

3. Einspannwerkzeuge für die Drehbank.

Zum Einspannen der Dreharbeiten auf die Drehbankspindel dienen Futter aus Holz oder Eisen, in die die Elfenbein-, Bernstein- oder Kunststoffwerkstücke nicht eingeschlagen, sondern festgeklemmt werden. Diese können zylindrisch oder scheibenförmig gestaltet sein.

a) Hölzerne Klemmfutter. Der Drechsler macht sie sich selbst als Kreuzfutter (Abb. 305) oder Laternenfutter (Abb. 306). Sie unterscheiden sich in der Schlitzung des Konus, der durch Aufschieben des Spannrings zusammengezogen wird. Das Kreuzfutter ist vierteilig geschlitzt, das Laternenfutter nur zweiteilig. Sein Ausschnitt gestattet das Spannen gebogener Teile. Es ist ein Werkzeug zur Bernsteinbearbeitung und für das Reparaturfach. Der Kreuzspund dient dem Einspannen zylindrischer Werkstücke aus Elfenbein, Kunststoffen usw. Die Bohrung ist durchgehend und hinten erweitert. Die Schlitze müssen genau axial geführt und die Einschnürung so beschaffen sein, daß der Konus sich zusammenziehen läßt, aber beim Drehen nicht federt. Als Spannring dient ein solcher aus Büffelhorn oder Zelluloid.

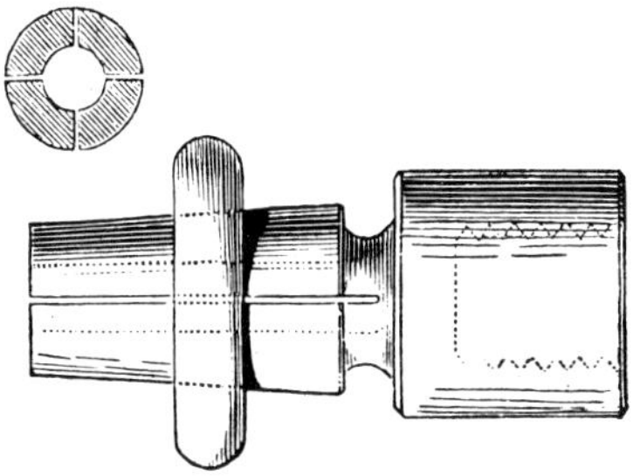

Abb. 305. Kreuzfutter zum Drehen von Knöpfen usw.

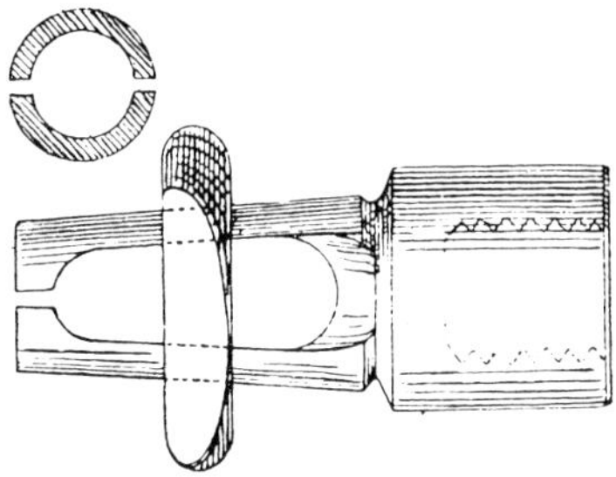

Abb. 306. Laternenfutter für Bernsteinarbeiten.

b) Der Teilspund dient dem Einspannen kurzer schwacher Gegenstände, z. B. Reparaturstücken, die zum Drehen ausgerichtet werden müssen und in ihrem Äußeren nicht beschädigt werden dürfen, z. B. Weichselstücke, Zigarrenspitzen usw. Der Teilspund (Abb. 307) ist schwach konisch und kurz, um im Spundfutter gut ausrichtbar zu sein. Die Bohrung ist nach hinten schwach erweitert. Die

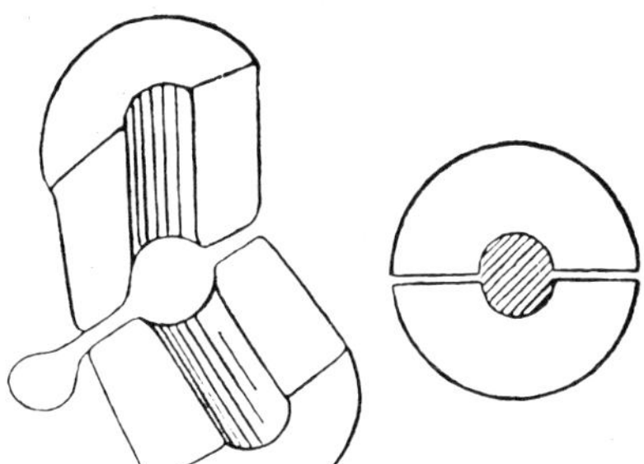

Abb. 307. Teilspund zum Ausrichten und Drehen.

Trennflächen müssen eben und die Kanten der Bohrung gerundet sein. Die beiden Hälften hält man durch einen Bindfaden beieinander.

c) Dreibackenfutter (Abb. 308). Durch schnelle zentrische Spannung hat sich dieses Futter auf allen Gebieten der Drechslerei bewährt. Es ist mit Backen für Innen- und Außenspannung versehen, die ausgewechselt werden können. Die Backen werden mit Schlüssel durch ein Schneckenrad bewegt.

d) Das Zweibackenfutter (Abb. 309) ist ein Hauptwerkzeug der Stock-, Schirm- und Pfeifenfabrikation, aber auch für viele andere Arbeiten von Vorteil. Es spannt zentrisch durch Rechts- und Linksgewinde der Triebschraube.

e) Arbeiten mit Spannzangen. Zur rationellen Einspannung von Stäben aus Kunststoffen bis 20 mm Durchmesser zum Abdrehen kleiner Artikel ist ein neuer Spannkopf auf dem Markt, der für Mengenerzeugnisse sehr vorteilhaft arbeitet, da man zum Nachrücken und Wiederfestspannen des Stabmaterials die Drehbankspindel

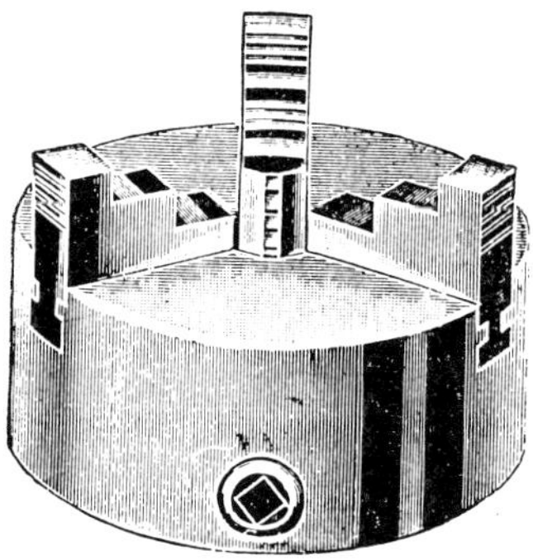

Abb. 308.
Dreibackenfutter (Zentrierfutter).

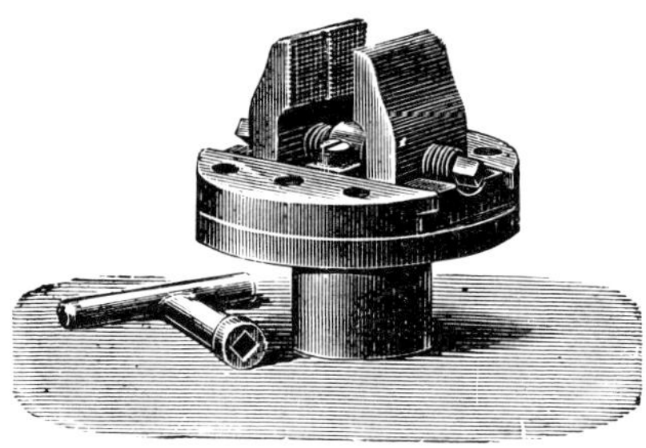

Abb. 309.
Zweibackenfutter.
Werkfoto: Alex. Geiger, Ludwigshafen a. Rh.

nicht erst stillzustellen braucht. Das Schnellspannfutter (Abb. 310) wird wie ein Dreibackenfutter auf einem Gewindeflansch aufgesetzt und das Hebelgelenk an der Spindelkastenwand so befestigt, daß der Hebelarm waagerecht steht. Der Arbeitsgang ist sehr einfach. Zum Nachrücken des Materials wird der Spannhebel zurückgedrückt, so daß sich die Spannzange öffnet. Bei entgegengesetztem Druck zieht sie sich fest und gibt dem Material festen Halt.

Es ist an jeder Drehbank anzubringen. Voraussetzung ist eine Hohlspindel, um den Materialstab hindurchführen zu können. Durch die Länge der Stäbe gibt es wenig Spundabfall. Die Futter werden in fünf Größen von 10 bis 20 mm Materialstärke hergestellt. Zangeneinsätze sind in Stärkendifferenz von 1 mm zu haben.

f) Bohrfutter. Zum Aufspannen von Bohrern auf der Drehbankspindel dienen zentrisch spannende Bohrfutter (Abb. 311), die mit einer Spannweite bis zu 10 mm für den Drechsler vorzüglich geeignet sind und in keiner Werkstatt fehlen dürfen.

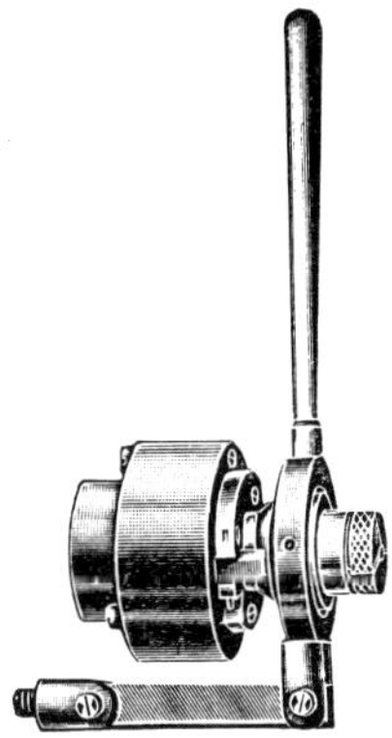

Abb. 310.
Zangenspannfutter.
Werkfoto: Paul Pfander, Endersbach b. Stuttgart

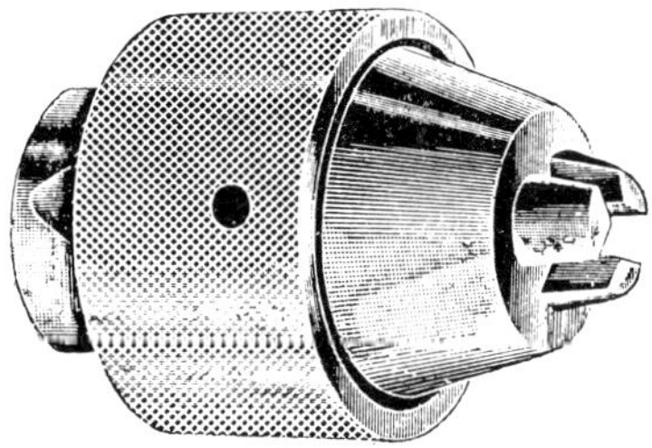

Abb. 311.
Bohrfutter für kleine Bohrer.

4. Bohrer.

a) Hornbohrer. Zum Bohren von Horn auf der Drehbank dient für größere Bohrungen der Löffelbohrer, für kleine der aufgeworfene sogenannte Hornbohrer (Abb. 312, Fig. 1). Seine Spitze ist etwas hoch gerichtet. Der Drechsler macht ihn aus Rundstahl, der auf 3 cm Länge breit geschmiedet und nach dem Feilen gehärtet und violett nachgelassen wird. (Siehe Werkzeugmachen.)

b) Der Plattbohrer (Abb. 312, Fig. 2) eignet sich für kleine Bohrungen aller harten Arbeitsstoffe. Zu beachten ist der Schneidenwinkel von ca. 90 Grad, den die dachförmigen Schneiden zueinander bilden. Die Härte ist goldgelb bis braungelb, bis kurz vor der Schneide aber violett nachzulassen, damit beim Bruch nur die Spitze abbricht.

c) Als Spiralbohrer sind die mit weiteren Spänenuten versehenen sogenannten Marmorbohrer zu empfehlen, die den Spänen mehr Raum geben als die üblichen Metall-Spiralbohrer, und bei ihren steilen Spiralen sich nicht so stark in das Material ziehen, was bei spröden Werkstoffen beim Durchbruch der Bohrung leicht zu Sprüngen führt. Elfenbein und Knochen sind mit Wasser, andere Werkstoffe mit Öl zu bohren.

d) Der Brenner (Abb. 312, Fig. 3) eignet sich zum Bohren von Elfenbein und Knochen, besonders für Löcher mit schwacher Wandung, da der Bohrer seitlich nicht schneidet und so ein Aufplatzen der Arbeit nicht zu befürchten ist. Der Bohrer hat in seinem zylindrischen Schaft eine gute Führung und bohrt sehr sauber. Der zur Herstellung des Bohrers verwendete polierte Rundstahl wird auf 20 mm Länge für die Schneide genau zur Hälfte

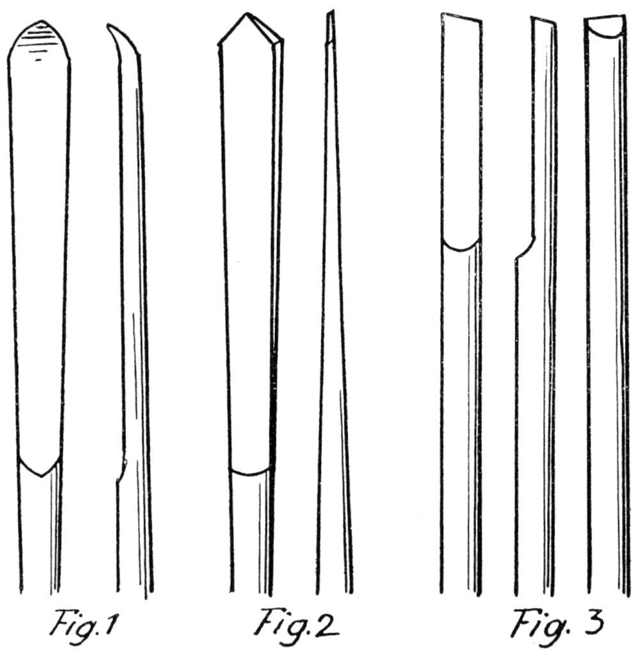

Abb. 312. Fig. 1: Hornbohrer, Fig. 2: Plattbohrer, Fig. 3: Brenner.

abgefeilt. Die Spitze liegt links, nicht in der Mitte. Zum Ansetzen des Bohrers ist im Werkstück mit dem Drehmeisel ein großes Zentrum anzustechen.

e) Fräsbohrer sind Werkzeuge zur Herstellung größerer Bohrungen in Horn, Elfenbein, Knochen und Kunststoffen. Die Schneiden werden entsprechend der speziellen Arbeit gestaltet. Die Fig. 1 der Abb. 313 zeigt vorn eine gewölbte Schneide; die Flächen sind nach vorn schwächer zugeschliffen, um dem Bohrer eine gute Spitze zu geben. In Fig. 2 derselben Abbildung fräst der Bohrer einen geraden Boden, die kleine dreikantige Spitze gibt dem Bohrer die Führung. Wenn es die Arbeit zuläßt, bohrt man mit einem kleinen Bohrer erst das Loch vor und gibt dem Fräsbohrer, auch Zwirl genannt, einen kurzen Zapfen (Fig. 3, Abb. 313), der die Führung sicherer hält als die kleine Spitze. Darf in dem geraden Lochboden kein Spitzeneindruck sein, so muß der Fräsbohrer zwangsläufig mittels Reitstockpinole oder Supports gegen das rotierende Werkzeug geführt werden. Beim Wechsel der Schneiden in der Mitte ist der Bohrer wenig schnittfähig. Das umgeht man, indem in die eine Schneide dort eine

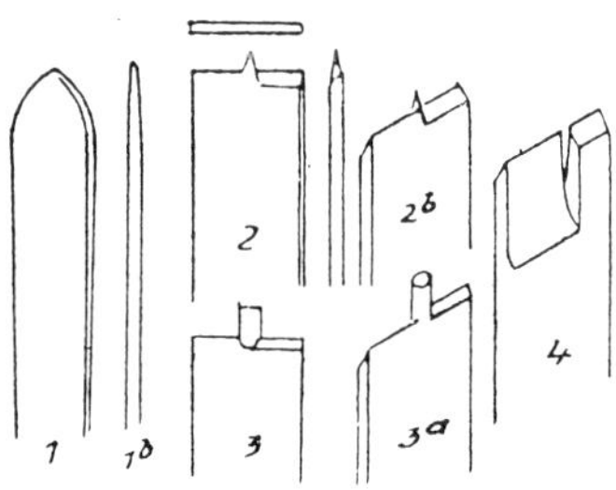

Abb. 313.
Verschiedene Zwirlbohrer.

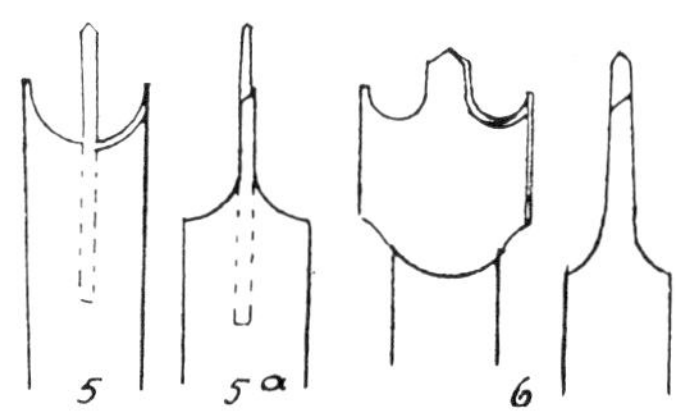

Abb. 314.
Perl- und Ringbohrer.

Kimme eingefeilt wird, die genau in der Drehachse abschneidet, wie Fig. 4 der gleichen Abbildung zeigt.

Der Fräsbohrer kann auch zugleich als Drehstahl arbeiten, indem ihm, zur Tiefe des Loches zurückstehend, Schneiden gegeben werden, die das Werkstück an der Stirnseite bearbeiten und ein Zapfen angefräst oder gleichzeitig ein Falz eingedreht werden kann. Das Schärfen muß mit einem ca. 40 mm großen Schleifrädchen geschehen, um, wie in der Abbildung zu sehen ist, durch Unterschleifen des vorstehenden Bohrers in der Ecke reinen Schnitt zu erhalten.

Mit geeigneten Fräsbohrern kann man aus Plattenmaterial von Elfenbein, Knochen oder Kunsthorn auch Ringe und kleine Kugeln ausfräsen, wie die Abb. 314 zeigt. Der Fräsbohrer rotiert dazu auf der Drehbank und die Platten werden mit der Reitstockpinole dagegen geführt. Nachdem das Material bis zur halben Stärke durchschnitten ist, wird nach Befräsung der ganzen Fläche von der anderen Seite dagegen gefräst, wobei der Bohrer die Führung gibt, bis die Kugel resp. der Ring abgetrennt ist. In ähnlicher Art werden mit fassonierten Fräsbohrern kleine Knöpfe ausgebohrt, ein Verfahren, das besonders in der Steinnußknopffabrikation üblich ist.

5. Drehstähle.

Zum Drechseln harter Werkstoffe erhalten die Drehstähle einen stumpferen Zuschärfungswinkel als bei Holz, der je nach Härte des Materials zwischen 40 und 60 Grad

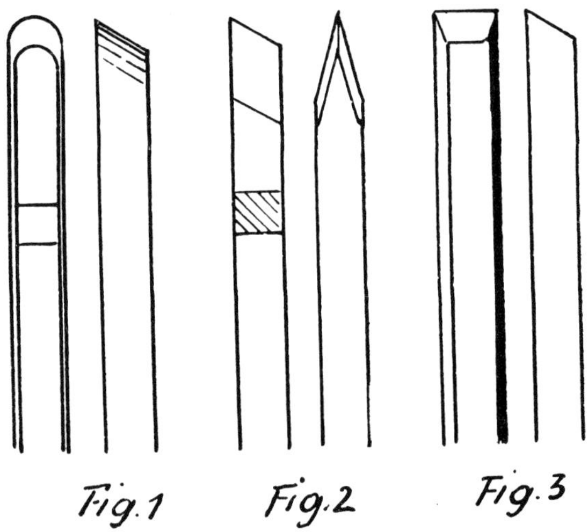

Abb. 315. Fig. 1: Schrotstahl, Fig. 2: Spitzstahl, Fig. 3: Schlichtstahl.

liegt. Der Angriff muß deshalb auch ein mehr schabender sein. Die hauptsächlichsten Drehwerkzeuge sind Schrot-, Spitz- und Schlichtstahl, sowie für Mengenerzeugnisse zu gleichmäßiger Formgebung der Fassondrehstahl.

a) Schrotstahl (Fig. 1, Abb. 315). Sein Querschnitt ist ca. 6 × 8 mm und nach dem Rücken etwas abgeschrägt, um ihm auch seitlichen Schnitt zu geben. Die Schneide ist halbkreisförmig. Mit gleichen Stählen verschiedener Breite dient er zum Eindrehen von Hohlkehlen.

b) Der Spitzstahl (Fig. 2, Abb. 315) hat quadratischen Querschnitt von 7—8 mm. Seine Schneide ist wie ein Drehmeisel mehr oder weniger schräg zur Achse geneigt angeschliffen. Er ist das Hauptwerkzeug.

c) Der Drehstichel (Abb. 316) dient statt des Spitzstahles hauptsächlich zum Drehen von Metall, wird aber auch mit Vorteil zum Drehen des spröden Kunstharzes verwendet. Der Stahl hat quadratischen Querschnitt von 7—8 mm und ist über die Ecken im Winkel von etwa 70—80 Grad angeschliffen, so daß die beiden Schneidkanten beim Drehen zur Wirkung kommen können.

In der Kunstharzverarbeitung hat sich der Drehstichel mit seinem stumpfen Schneidenwinkel als sehr vorteilhaft erwiesen. Das Schema (Fig. 3, Abb. 316) zeigt die Haltung des Stahles hoch auf Schnitt, durch welche dem stumpf-

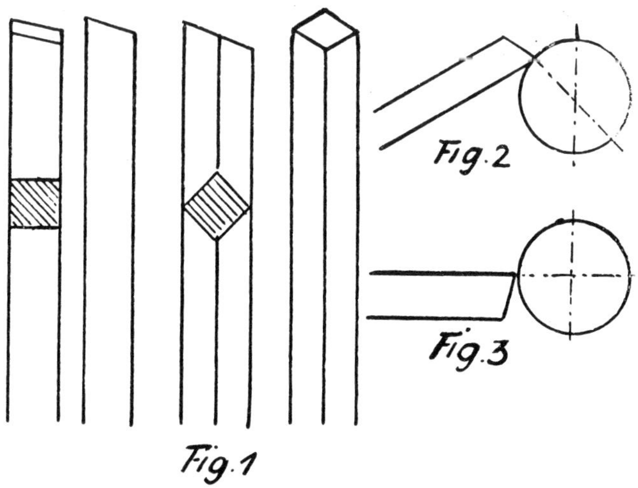

Abb. 316. Fig. 1: Drehstichel für Kunstharzbearbeitung, Fig. 2 und 3: Schema zur Stahlhaltung des Drehstichels.

winklig geschliffenen Stahl die gute Schnittwirkung gegeben und das Abspritzen spröden Materials vermieden wird.

d) Der Schlichtstahl (Fig. 3, Abb. 315) ist ein flacher Stahl verschiedener Breite und von 5—6 mm Stärke. Die Schneide kann gerade oder flach gerundet sein. Der Angriff erfolgt wie beim Schrotstahl in Achsenhöhe des Werkstücks.

e) Fassondrehstähle. Ihre Schneiden tragen das Negativ zum herzustellenden Arbeitsstück. Die Schneide wird nach einem gedrehten Musterstück ausgefeilt; sie muß in allen Teilen der Form unter sich gearbeitet sein, damit sie überall freien Schnitt hat. Der Breite des Stahles sind Grenzen gezogen. Zu breite Stähle erfordern starken Arbeitsdruck, den schwache Werkstücke nicht aushalten und brechen. In solchen Fällen ist die Form in zwei Stähle zu zerlegen, die nacheinander zum Drehen kommen. Bei tiefer Fasson wird vorteilhaft mit dem Schrotstahl vorgearbeitet und mit dem Fassondrehstahl überschlichtet. Das Schärfen erfolgt nur von der flachen Oberseite, wobei die Form durch die unter sich gehende Schneide bei öfterem Schärfen sich verändert. Bei Verwendung an Automaten wird die Fasson längs des Stahles eingearbeitet, so daß die Zuschärfung durch Schrägschleifen der Stirnfläche erfolgt und die Form erhalten bleibt. (Abb. 317.)

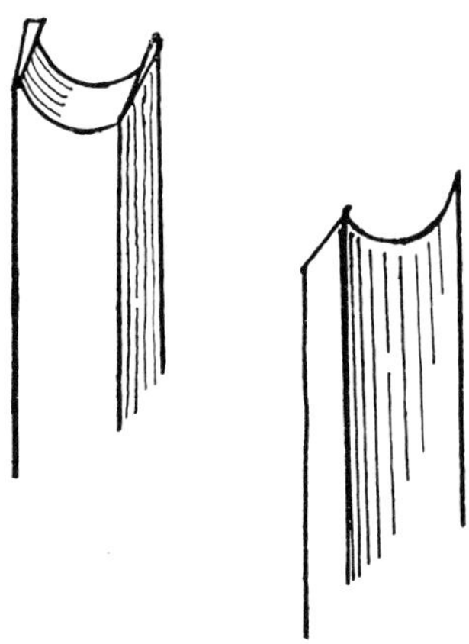

Abb. 317. Fassonstähle zur Kunsthornbearbeitung.

f) Drehstähle für Innenbearbeitung. Zum Ausdrehen der Hohlungen in Horn, Elfenbein und Kunststoffen kommen verschieden geformte Stähle in Anwendung, die sich der Drechsler, wie die Drehstähle, selbst anfertigen muß, da sie im Handel nicht zu haben sind. Es ist darauf zu achten, daß die Schneiden nicht zu dünn gearbeitet werden, weil sie sonst federn und schlecht schneiden.

6. Fräswerkzeuge.

Zum Zurichten und Fassonieren bedarf es verschiedener Fräswerkzeuge, mit denen vorteilhafter gearbeitet wird als mit der Handfeile. Zum Zurichten dient die Kreisraspel und Kreisstoßfeile (S. 107). Für die harten Drechslerwerkstoffe sind sie mit kleineren Zähnen versehen. Die Abb. 318 zeigt in Fig. 1a eine solche Stoßfeile mit radial gestellten Zähnen, deren Umfläche auch gewölbt sein kann. Sie ist nachschärfbar. Bei Fig. 1b ist die Umfläche ohne Zahnung und auf der Fläche sind die Zähne im Kreisbogen ausgefräst. Diese Scheibe ist glashart, nicht nachschärfbar, hält aber lange Zeit scharfen Schnitt. Durch die Bogenzahnung arbeitet sie ruhiger und die Späne setzen sich darin nicht so fest; sie werden seitlich weggeschoben.

Für Zurichtearbeit eignet sich auch der Feilring in Fig. 2, Abb. 318 mit dem Schnitt 2a. Der glasharte Ring a ist auf den gevierteilten Scheibenkern b, aus Aluminium, durch den Konusring e aufgetrieben und bei Abstumpfung auswechselbar. Die Zähne der Umfläche sind bogenförmig

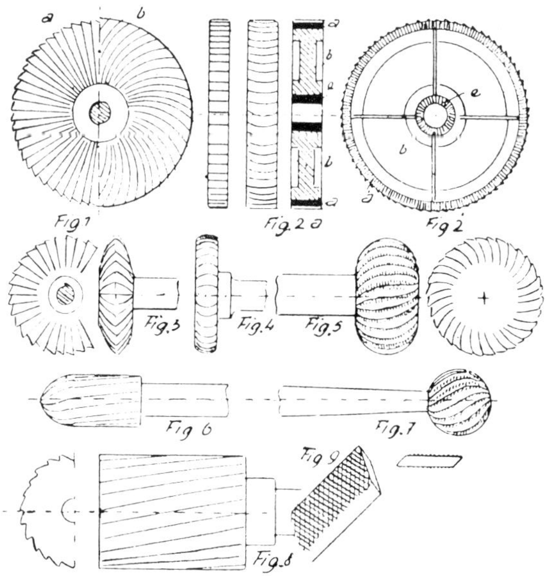

Abb. 318. Kreisfeilen und Fräsrädchen zur Kunsthornbearbeitung.

gefräst, werfen die Späne gut aus und arbeiten ruhiger als axial verlaufende.

Die in Fig. 3—8, Abb. 318 ersichtlichen kleinen Fräsrädchen, Walzen und Kugelfräser dienen zum Fassonieren und Verzieren von Elfenbein-, Knochen- und Kunsthornarbeiten. Man läßt sie auf einen Dorn gespannt auf der Drehbank laufen. Zahngröße und -tiefe müssen der Härte des zu bearbeitenden Werkstoffes entsprechen; die Zähne dürfen nicht auf Stoß geschärft sein. Die Zahnteilung beträgt 2—4 mm, je nach Durchmesser des Fräsers, der in der Regel 15—50 mm beträgt.

Je kleiner der Fräser, um so feiner die Zahnung. Bei schmalen Fräsern, wie Fig. 3 und 4 der Abb. 318, werden die Zähne radial gestellt. Die breiten Fräser, wie Fig. 5—8 der Abb. 318, sollen schwach spiralisch verlaufende Zahnung haben, um ruhigen, sauberen Schnitt zu erhalten. Axial gerichtet, würden sich bei der breiten Arbeitsfläche durch Schnittunterbrechung bei jeder Zahnlücke Stöße fühlbar machen, und das um so mehr, je breiter der Fräser ist. Durch den schrägen Verlauf wird die Zahnlücke überbrückt, indem Teile von zwei Zähnen zugleich arbeiten und der Fräser sich ruhig am Arbeitsstück abwälzt. Das Nachschärfen soll nicht mit der Dreikantfeile, sondern mit der Flachfeile (Fig. 9, Abb. 318) geschehen, deren Schmalkanten gemäß dem Zahnwinkel schräg abgeschliffen

Abb. 319. Fräsbohrer für Elfenbein- und Kunsthornbearbeitung.
Werkfoto: Friedr. Dick, Eßlingen a. N.

werden. Die Feile schärft dadurch nur am Rücken des Zahnes, so daß die Zahnteilung unversehrt erhalten bleibt. Das ist für ein ruhiges, sauberes Arbeiten des Fräsers wichtig. Kleine schmale Fräsrädchen macht sich der Drechsler selbst. Die Härte muß violett nachgelassen werden, damit sich der Stahl zum Nachschärfen feilen läßt. Die Drehzahl der kleinen Fräser soll 2—3000 Umdrehungen betragen, die der Kreisstoßfeilen von 15 cm Durchmesser etwa 1200 Umdrehungen.

7. Schnitz- und Gravierwerkzeuge.

Elfenbein, Knochen und Kunsthorn lassen sich gut schnitzen und gravieren. Zur groben Vorformung werden mit Vorteil die in Abb. 318, Fig. 3 und 4, ersichtlichen Fräsrädchen verwendet und zur weiteren Modellierung kleine Fräsbohrer (Abb. 319), die mit biegsamer Welle (Bohr-

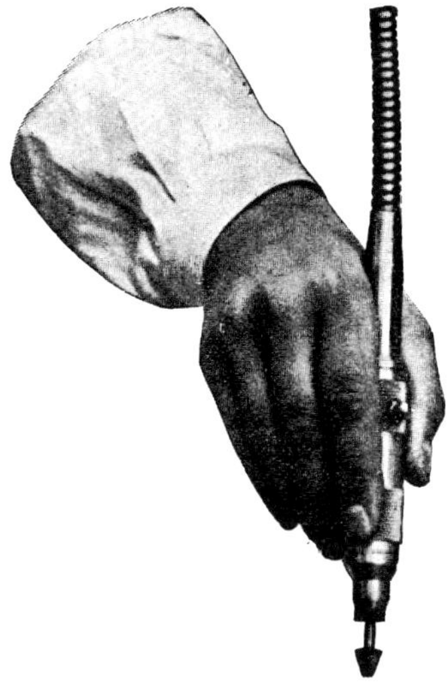

Abb. 320. Handstück für biegsame Welle zum Fräsen von Elfenbein, Kunsthorn und Kunstharz.
Werkfoto: Ackermann & Schmidt, Stuttgart

schlauch), von kleinem Elektromotor angetrieben, mittels Bohrhalters wie ein Federhalter geführt werden. Das mühsame Ausarbeiten mit dem Schruppstichel fällt dadurch ganz weg. Nur die Endmodellierung mit verschieden geformten Schabern und Sticheln ist noch auszuführen, so daß dem Schnitzer die mühevolle Ausarbeitung sehr erleichtert wird.

Die Abb. 320 zeigt die Handhabung des durch biegsame Welle getriebenen Fräsers vom über dem Arbeiter hängenden kleinen Elektromotor mit sehr hoher Drehzahl (bis zu 30 000 Umdrehungen), um ruhige, sichere Führung zu haben.

8. Gewindeschneiden mit dem Schraubstahl.

Der Schraubengang feiner Gewinde wird vom Drechsler in einfachster Art mit dem Schraubstahl (Strähler) an harten Werkstoffen erzeugt. Dazu bedarf es eines Außen- und Innenstrählers (Abb. 321). Für die verschiedenen Ganghöhen sind entsprechende Strähler nötig, die in einem Satz von 5—6 Nummern für Horn, Elfenbein, Knochen und Kunststoffe zusammengestellt sind. Die groben Gewinde für Harthölzer gehen bis zu 12 Nummern. Erst in neuerer Zeit hat man mehr Systeme in die Gangnummern der Drechslerschraubstähle gebracht und sie der Normung in der Metallbearbeitung angeglichen, weil in der Technik vielfach Kunsthorn und Metall durch Gewinde verbunden werden.

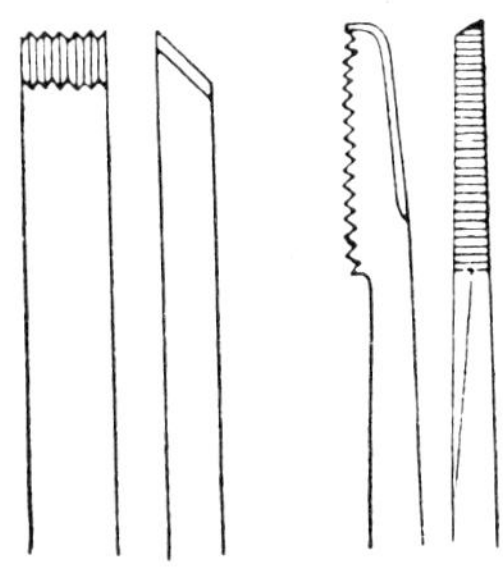

Abb. 321. Schraubstahl für Innen- und Außengewinde.

Die Zahl der Gewindegänge ist, auf 1 engl. Zoll berechnet, abgestuft nach folgender Tabelle:
Nr. 0 = 40 Gänge auf 1 engl. Zoll = $^1/_8$ " Durchmesser,
Nr. 1 = 32 Gänge auf 1 engl. Zoll = $^5/_{32}$ " Durchmesser,
Nr. 2 = 24 Gänge auf 1 engl. Zoll = $^3/_{16}$ " Durchmesser,
Nr. 3 = 20 Gänge auf 1 engl. Zoll = $^1/_4$ " Durchmesser,
Nr. 4 = 18 Gänge auf 1 engl. Zoll = $^5/_{16}$ " Durchmesser,
Nr. 5 = 16 Gänge auf 1 engl. Zoll = $^3/_8$ " Durchmesser,
Nr. 6 = 14 Gänge auf 1 engl. Zoll = $^7/_{16}$ " Durchmesser,
Nr. 7 = 12 Gänge auf 1 engl. Zoll = $^1/_2$ " Durchmesser.

Die Gangzahl ist auf normierten Strählern in das Werkzeug eingeschlagen. Die Strähler alten Systems haben sehr unregelmäßige Abstufung, die mit dem Metallgewinde nicht übereinstimmt.

Die gezahnte Schneide des Strählers wird durch Schleifen der Oberseite längs der Achse angeschliffen. Dabei soll der Schnittwinkel möglichst wenig verändert werden, was leider durch zu kurzes Anschleifen zu wenig beachtet wird. Der Strähler wirkt wie der Drehstahl, er muß sich aber bei jeder Umdrehung der Spindel um einen Zahn seitlich verschieben, was eine Handfertigkeit erfordert, die durch Übung erreicht wird, um die Bewegung des Werkzeuges mit der Spindelumdrehung in Einklang zu bringen.

Die Abb. 322 zeigt einen Handgriff zur Herstellung von Innengewinden, der schnell zum Erfolg führt. Der Strähler wird auf den mit der linken Hand gefaßten Drehstahl aufgelegt und im Rhythmus mit der linken Hand in Hebelbewegung vorgeschoben, wobei in Punkt a und b Drehpunkte entstehen. Der Strähler erhält dadurch eine straffe, sichere Führung beim Anschnitt des Gewindes, auf den es ankommt, um ein einwandfreies Gewinde herzustellen.

Zu Beginn wird der Schraubstahl ein wenig schräg zur Drehachse angesetzt, um erst einmal einen kurzen Führungsgang zu erreichen, der den Stahl dann weiter leitet, wobei er in axiale Richtung überführt werden muß, denn alle Gewinde müssen genau zylindrisch eingeschnitten werden, damit die Schrauben von Anfang bis Ende gängig sind.

Beim Anschnitt des Außengewindes bewegt man den Außenstahl in dem Hebelpunkt auf der Werkzeugauflage zum Anschnitt.

Je stärker das Werkstück und je gröber der Gewindegang ist, um so schwieriger ist die Herstellung des Gewindes, besonders in schneller Spindelumdrehung bei Motorbetrieb.

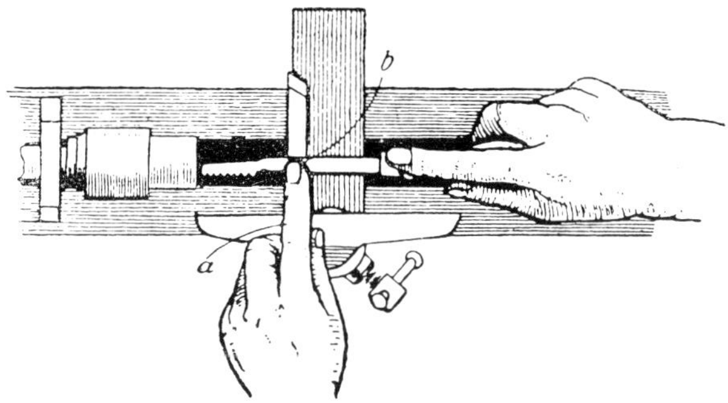

Abb. 322. Führung des Schraubstahles.

9. Gewindeschneiden mit dem Schneideisen.

Zur Verschraubung kleiner Artikel, besonders in der Knochen- und Kunststoffverarbeitung, und vieler technischer Mengenerzeugnisse wird zum Anschneiden der Außengewinde ein Gewindeschneideisen und für das Innengewinde ein Schneidbohrer, wie in der Metallbearbeitung, benutzt.

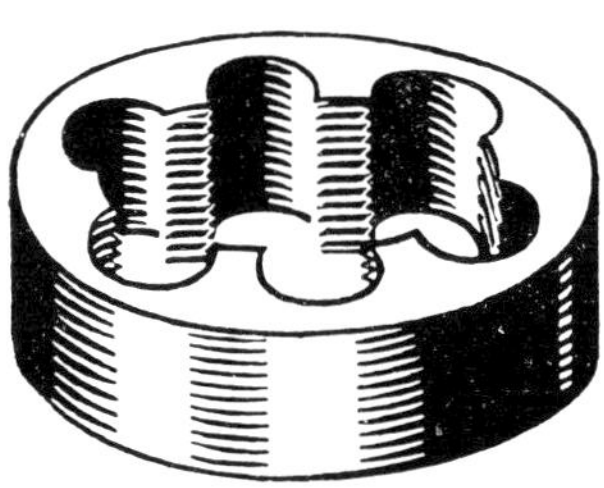

Abb. 323. Gewindeschneideisen.

Die Abb. 323 und 324 zeigen beide Werkzeuge. Zum Schneideisen gehört ein Halter, in den die verschiedenen Ganggrößen eingespannt werden können. Es gibt Schneideisen nach englischem und metrischem Gewindesystem. Das englische (Whitworth-) Gewinde ist gröber im Gang, weniger scharfkantig und deshalb für unsere Werkstoffe besser geeignet. Es kommt hauptsächlich $^1/_{16}$-, $^1/_8$- und $^1/_4$zölliges Gewinde in Frage. Nur für elektrotechnische Bestandteile wird das dort übliche metrische S. J. - Gewinde verwendet.

Damit die Zapfen zum Anschneiden der Gewinde genaue Stärke erhalten, werden sie vor demselben mit dem Zapfenfräser (Abb. 325) egalisiert.

Die Abb. 326 zeigt ein Schneideisen, das sich der Drechsler selbst herstellen kann, das handlich in einem Holzheft befestigt ist und sehr gut arbeitet. Das Gewinde wird mit dem käuflichen Schneidbohrer, der etwas konisch verläuft und bei Metall als Vorschneider dient, von der Rückseite eingeschnitten. Vorn werden sechs Kimmen eingefeilt, die in den Gängen Zähne bilden. Dann wird der

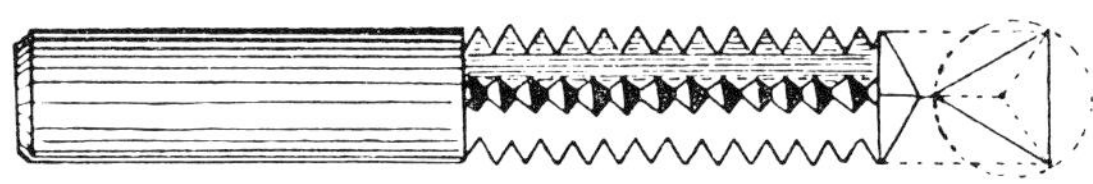

Abb. 324. Gewindeschneidbohrer.

Stahl gehärtet und gelb nachgelassen. Da das Gewinde nach hinten ein wenig stärker verläuft, schneidet das Werkzeug frei und klemmt nicht.

Mit dem in Abb. 323 beschriebenen Schneideisen kann man sich auch den Schneidbohrer zum Innengewinde selbst herstellen. Man macht ihn nicht vierkantig, wie in der Metallbearbeitung, sondern dreikantig im Querschnitt, da die Schneidkraft größer und mehr Späneraum vorhanden ist.

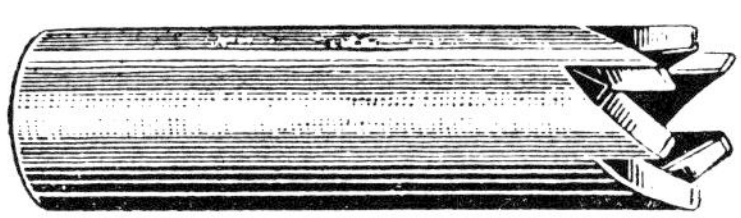

Abb. 325. Zapfenfräser.

Abb. 326. Gewindefräser.

10. Die Gewindeschneidmaschine.

In der Mengenerzeugung von Spezialartikeln, hauptsächlich technischer Art, ist die Gewindeschneidmaschine (Abb. 327) ein unentbehrliches Werkzeug. Sie stellt, wie die auf S. 188 abgebildete Maschine für Holzgewinde, eine kleine Drehbank vor, in deren Spindelfutter die in den Abb. 323 oder 324 beschriebenen Schneideisen eingespannt sind. Das mit Gewinde zu versehende Werkstück ist in ein kleines Klemmfutter eingespannt, das sich durch Hebel schnell spannen und lösen läßt. Durch Hebelzug wird das Werkstück auf der Reitstockpinole gegen das rotierende Schneideisen geführt. In der Spindel wird die Länge des Gewindeganges eingestellt. Sobald diese beim Schneiden erreicht ist, schaltet die Spindel selbsttätig um und läuft rückwärts, so daß das geschnittene Gewinde aus dem Schneideisen zurückläuft. Die Maschine arbeitet schnell und sauber und ist für Mengenerzeugnisse sehr lohnend.

Abb. 327. Gewindeschneidmaschine.
Werkfoto: M. W. Wahl, Meiningen

Zur Herstellung von Innengewinden arbeitet der Schneidbohrer in gleicher Art.

11. Drehbank und Drehautomat für Kunststoffe.

Kunsthorn, Kunstharz und ähnliche Werkstoffe lassen sich natürlich auf jeder Drehbank leichter Bauart verarbeiten. Am wirtschaftlichsten benutzt man aber solche mit Hohlspindel und Zangenspannung, bei denen man an dem in Stäben oder Röhren gelieferten Rohmaterial den geringsten Abfall hat durch das Nachschieben der 50 bis 100 cm langen Stäbe und schnellste Einspannung sogar während des Spindellaufes. Die Spindel muß sicher und leicht laufen.

In der Abb. 328 zeigt sich ein solcher Motorspindelkasten, bei dem die Elektromotorenwelle zugleich Spindel ist, mit einem Durchgang von 30 mm. Es werden hierbei zwei Lagerstellen gespart, so daß die Drehbank den geringsten Kraftverbrauch hat. Die Spindel ist in ihrer Kugellagerung sehr sicher gelagert. Der Motor kann ein Drehstrom- oder Gleichstrommotor sein. Bei Drehstrom macht die Spindel 3000 Umdrehungen, die den bis zu 25 mm starken Stäben oder Röhren in der Schnittgeschwindigkeit angepaßt sind. Bei Verwendung eines Umpolschalters kann die Drehbank bei Arbeiten größeren Durchmessers auch mit 1500 Umdrehungen arbeiten. Der Motor hat $^1/_4$ PS und braucht sehr wenig Strom. Das Ge-

Abb. 328. Elektrospindelstock mit Hohlspindel.
Werkfoto: Baumann & Falk, Zeulenroda

häuse ist gut gekapselt, die Lagerung staubdicht abgeschlossen. Die Spindel ist an der Rückseite des Motors mit einem Bremsrad versehen, um Spannfutter oder Spannzangen anzuziehen oder die Spindel schnell stillzusetzen. Auf das Spindelgewinde lassen sich beliebige Spannfutter aufschrauben. Die Spannzangen können vorn durch Spannkopf oder von der Rückseite mit Spannrohr angezogen werden. Der Motorspindelkasten läßt sich auf jede Drehbank aufsetzen.

Für Mengenerzeugnisse, die aus Stabmaterial hergestellt werden, ist der Drehautomat in Abb. 329 vorzüglich geeignet. Zum Beispiel für Perlen, Oliven für Halsschmuck, Radio- und sonstige elektrotechnische Teile, Schirmspitzen und vielerlei andere kleine Werkstücke der Kunstmaterialverarbeitung, wie Füllhalterteile usw. Die Arbeiten werden auf dieser Maschine nicht nur genau maßhaltig gedreht, gebohrt oder geschlitzt, im gleichen Arbeitsgang können sie auch mit Innen- oder Außengewinde versehen werden, so daß die Maschine mit hoher Leistung arbeitet. Sie hat einen Stangendurchgang von 19 mm. Die Drehstücke werden nach dem Abstich von einem muldenförmigen Sammelbecken aufgenommen und die Späne durch das oben an der Maschine ersichtliche Mundstück abgesaugt, so daß das lästige Aussortieren der Arbeitsstücke aus den Spänen wegfällt. Die Absaugung

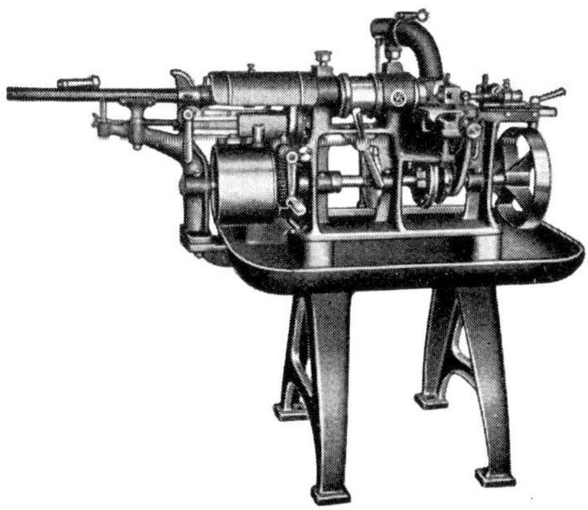

Abb. 329. Fassondrehbank mit 19 mm Durchlaß.
Werkfoto: Sylbe & Pondorf, Schmölln (Thür.)

arbeitet nur in der Schnittperiode, damit sehr kleine Arbeitsstücke nicht mit in die Absaugung gelangen können.

In ihren Hauptteilen besteht die Maschine außer der sicher gelagerten Spindel aus zwei quer zum Drehbankbett gegen das Werkstück bewegten Supporten mit ihren Formmessern und einem Längssupport zum Bohren und Gewindeschneiden oder auch zum Längsdrehen. Die Betätigung der ganzen Apparatur geschieht durch die unter dem Bett der Maschine gelagerte Steuerwelle vermittels Kurventrommeln und Kurvenscheiben oder Nocken. Der Antrieb erfolgt durch Schneckentrieb unter Vermittlung einer dreifachen Stufenscheibe vom Deckenvorgelege aus. Durch eine an der Steuerwelle angeordnete Kurbel ist die Möglichkeit gegeben, erstere mit der Hand zu drehen, um beim Einrichten der Maschine für einen bestimmten Artikel Materialvorschub und Stahlstellung genau kontrollieren zu können, während die Spindel mit voller Drehzahl läuft.

Die Kurvenscheiben zur Betätigung der Bohrer und Formstähle sind für die verschiedenen Erfordernisse des Vorschubs der Werkzeuge und Bohrtiefen auswechselbar, damit die Werkzeuge bei der Arbeit stets den kürzesten Weg zurücklegen, um die bestmögliche Leistung herauszuholen. Die Bewegungen sind so gestaltet, daß die Stähle oder Bohrer, während sie Späne abheben, entsprechend langsam sich bewegen, aber der Leer- und Rückgang sehr schnell erfolgt.

Der Längsschlitten trägt die Bohrspindel mit ihren Lagern, in deren Kopf sich die Spannpatrone zur Aufnahme des Bohrers befindet. Die Bohrspindel kann festgestellt werden, so daß der Bohrer gegen das rotierende Werkstück arbeitet, oder sie wird vom Vorgelege aus in entgegengesetzter Richtung zur Maschinenspindel angetrieben, wodurch die Schnittgeschwindigkeit des Bohrers wesentlich erhöht wird.

In der Hauptspindel der Maschine befindet sich eine Vorschubpatrone für den Materialstab, der von der Rückseite in die Spindel geführt wird und sich selbsttätig in entsprechender Länge des Artikels nach jedem Abstich vorschiebt. Die zeitliche Bewegung erhält die Vorschubpatrone in der Spindel durch die darunterliegende Kurventrommel, deren Kurve dazu eingestellt wird. Der größte Stabvorschub beträgt 65 mm.

Die Arbeitsweise des Fassonautomaten ist etwa folgende: Die Materialstange wird von der Spannpatrone in Arbeitslänge vorgeschoben und in dieser Länge durch den eingestellten Anschlag begrenzt. Die Patrone schließt sich, durch die Steuerwelle betätigt, und spannt den Stab fest, so daß der vordere oder hintere Querschlitten mit dem Fassonstahl vorgehen und formen kann. Fast gleichzeitig wird auch der Längsschlitten mit dem Bohrer betätigt, also zugleich gedreht und gebohrt. Während diese Werkzeuge schnell zurückgehen, bewegt sich der Stechstahl vor und sticht das fertige Werkstück ab, so daß der beschriebene Vorgang von neuem beginnen kann.

Der Automateneinrichter hat zu überlegen, wie er die Werkzeuge am besten arbeiten läßt, um am einfachsten und rationellsten zu fabrizieren. So kann zum Beispiel mit dem Abstechen schon am folgenden Werkstück das

Andrehen eines Teiles verbunden werden, indem der Abstechstahl zugleich als Formstahl mit ausgebildet ist, wie das Schema in Abb. 330 zeigt. Hier dreht der Stechstahl zugleich den Zapfen zum Gewinde des nächsten Fassonteiles an.

Beim Arbeiten mit Fassonstählen ist grundsätzlich darauf zu achten, daß die Breite des Stahles nicht größer genommen wird, als das Werkstückmaterial dem dabei entstehenden Arbeitsdruck standzuhalten vermag. Je schwächer das Fassonstück ist und je zerbrechlicher der Werkstoff ist, um so schmäler muß der Fassonstahl sein,

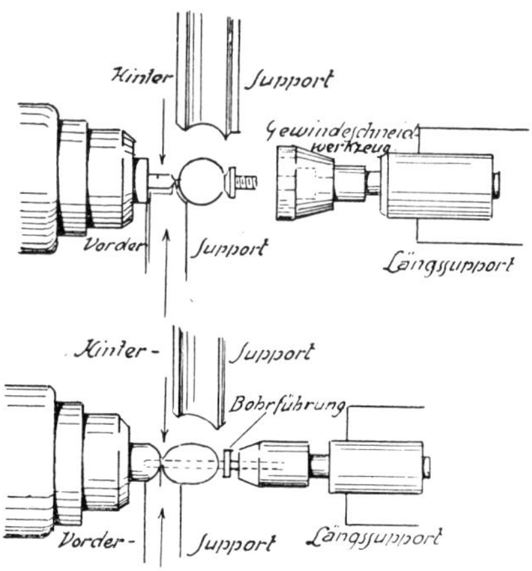

Abb. 330. Schema zur Bearbeitung mit Fassondrehstählen auf der Fassondrehbank.

um Bruch der Arbeit zu vermeiden. Wenn erforderlich, wird in solchen Fällen die Fasson auf zwei Stähle verteilt, deren einer auf dem Vorder-, der andere auf dem Hintersupport arbeitet. Diese Maßnahme ist auch dort anzuwenden, wo die Herstellung der Fassonstähle schwierig ist oder der reinen Ausformung hinderlich sein würde. Bedarf das Werkstück keiner Bohrung, kann auch der Längssupport mittels eines eingesetzten Stahlhalters zum Andrehen von Zapfen oder sonstiger gerader Teile mit herangezogen werden, so daß drei Dreh- bzw. Abstechstähle zur Verfügung stehen.

Die Fasson wird an den Drehstählen längs der Unterseite eingearbeitet, damit sie sich beim Nachschleifen der

Stähle nicht verändert. Bei verhältnismäßig breiter Form legt man die Fase etwas schräg zur Stahlachse, damit sie beim Arbeiten nur immer Teile der Breite im Angriff sind und der Arbeitsdruck dadurch auf das geringste Maß beschränkt ist. (Siehe Abb. 214, Seite 213.)

Bestimmte Arbeiten bedürfen besonderer Zusatzteile, z. B. zum Gewindeschneiden. Außen- und Innengewinde werden unmittelbar nach dem Formen vor dem Abstechen angeschnitten. Die Gewindeschneideinrichtung ist auf dem Längsschlitten zu montieren.

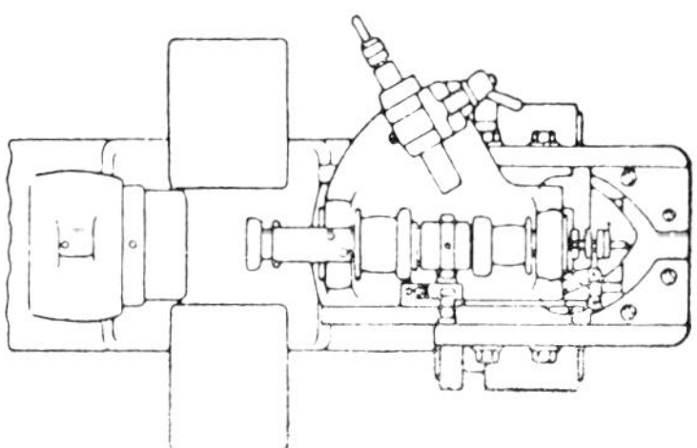

Abb. 331. Gewindeschneidapparat zur Fassondrehbank.

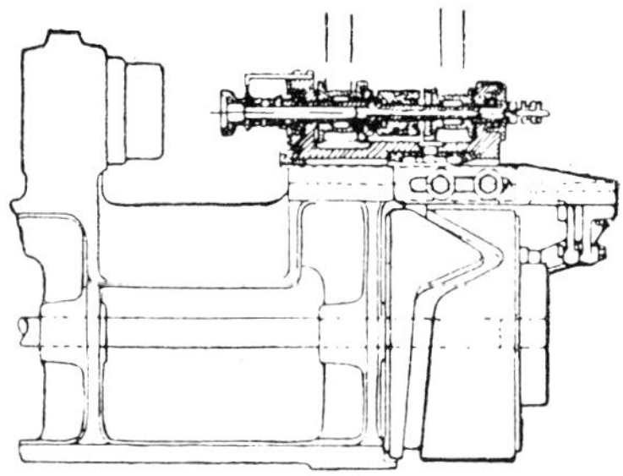

Abb. 332. Gewindeschneidapparat zur Fassondrehbank (Oberaufsicht).

Die Apparatur im Schnitt der Abb. 331 und 332 arbeitet derart, daß der Schneidbohrer für das Innengewinde oder das Schneideisen zum Außengewinde durch Riemen vom Vorgelege aus dieselbe Drehrichtung, aber mit geringerer Drehzahl, erhält, als die Arbeitsspindel der Fassondrehbank, wodurch sich das Gewinde bis zu dem Moment aufschneidet, wo ein auf die Gewindelänge eingestellter Anschlag einen zweiten schnelleren Antrieb auslöst, die Geschwindigkeit der Schnittspindel also vergrößert, indem die Werkstückspindel dann geringere Drehzahl als zuvor besitzt und überholt wird, was das Ablaufen des Gewindeschneiders zur Folge hat. Die Abschaltung des Werkzeuges geschieht zwangsläufig durch den Anschlag.

Abb. 333 zeigt eine Abstechkreissäge. Bei Drehteilen, die nicht durchbohrt werden, kann der Abstechstahl, im Zentrum der Drehachse angekommen, nicht mehr wirken. Durchmesser und Schnittwirkung sind dort gleich Null, so daß das Stück abbricht und eine kleine

Gratspitze hinterläßt. An Drehteilen mit glatter Stirnfläche macht sich das bemerkbar, z. B. an Knopfrondellen, die vom Stab abzustechen sind. Hier verwendet man die Abstechkreissäge, bei der durch das rotierende Sägeblatt die Scheibe bis zur Mitte glatt abschneidet. Der Abstechsägeapparat wird auf den Hintersupport statt des Stechstahles aufgesetzt. Es können bis zu drei Sägeblätter aufgespannt werden, die durch Kaliberringe den abzustechenden Scheiben entsprechend ihren Abstand erhalten und so in jedem Arbeitsgang drei Scheiben erzielt werden.

Mit dem Fassonautomat können Artikel jeder Art und Form mit Bohrungen und Gewindegängen hergestellt werden, die je nach der erforderlichen Arbeit 20—40

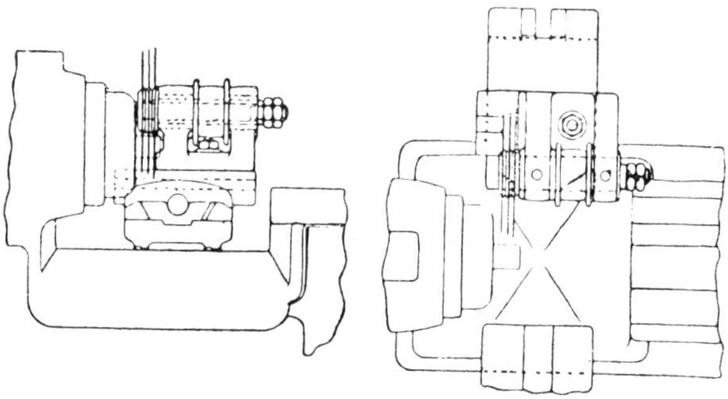

Abb. 333. Abstechkreissäge.

Stück in der Minute liefert. Die Dreharbeit wird sauberer und die Leistung höher bei Erhaltung längerer Schneidkraft der Werkzeuge, besonders bei stark mit Körperfarben durchsetztem Werkstoff, wie Kunsthorn, wenn man diese Stäbe vor der Verarbeitung in kaltem Wasser erweicht.

12. Die Kordierwerkzeuge.

Das Kordieren oder Rändeln von Kunststoffwaren kommt hauptsächlich an Füllhaltern und elektrotechnischen Artikeln in Anwendung. Die Muster, welche am Umfang des Werkstückes eingedrückt werden, sind sehr reichhaltig. Sie können nur gezahnt, axial oder schräg zur Werkstückachse stehen, auch gekreuzt, geperlt, gewellt oder ornamentiert in verschiedenen Breiten im Durchmesser von 15 bis 25 mm sein. Die Kordierrädchen sind aus Stahl gehärtet und können auch für Metallarbeit Verwendung finden. In der Abb. 334 sind verschiedene gebräuchliche Kordierwerkzeuge dargestellt. Die Rädchen sind in einer Gabel gelagert und werden während der Rotation des Werkstückes dagegen gedrückt. Die Fig. 1 zeigt die einfachste spornartige Kordiergabel, das Rädchen ist mit Riffelung versehen. In Fig. 2 läuft das Rädchen seitlich des Halters auf dem Dorn und läßt sich leicht

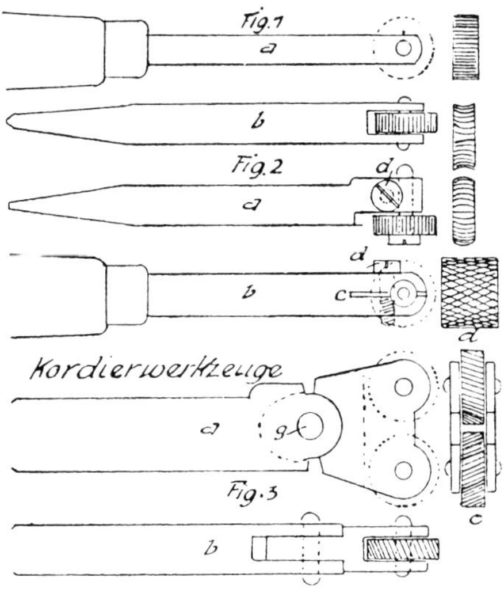

Abb. 334. Kordierwerkzeuge zum Rändeln.

auswechseln, wobei die Rädchen verschiedener Breite sein können. Die Fig. 3 zeigt ein Doppelkordierwerkzeug mit zwei Rädchen, deren Riffelung in ihrer Schräge entgegengesetzt ist, so daß am Werkstück eine gekreuzte Rändelung, wie d, entsteht. Die Gabel ist im Gelenk g beweglich, damit sich die Rädchen beim Andrücken dem Umfang des Werkstückes angleichen und gleichmäßig angreifen. Das Doppelrädchen für gekreuzte Kordierung ist besonders für breite Riffelung geeignet, weil man dazu auch schmale Rädchen verwenden kann, indem man die Gabel beim Rändeln am Werkstück seitlich entlang führt, was bei einem gekreuzten Rädchen nicht angeht. Die Kordierwerkzeuge können auch im Support gegen das Werkstück geführt werden.

Mit der Breite und Tiefe der Rändelung wächst auch der Druck gegen das Werkstück. Man verwendet deshalb bei Kunststoffen schmale Rädchen und zieht damit seitlich während der Rändelung, um das Arbeitsstück nicht abzubrechen.

Beim Kordieren von Ornamentbändern muß man darauf bedacht sein, daß das Muster auch am Umfang des Arbeitsstückes aufgeht, sonst entstehen Überschneidungen, die das Muster zerstören. Zum Rändeln fettet man die Kordierstelle etwas ein, um so glatter wird das Muster. Beim Arbeiten kordiert man, ehe die anderen Teile ausgedreht werden, um kräftig andrücken zu können, was bei der Schwächung des Materials des Bruches wegen nicht angängig ist.

13. Die Laubsägemaschine.

Für Dekupierarbeiten aller Art, wie Intarsien für Holz oder Aussägearbeiten für Schmuckartikel, wie Broschen, Agraffen, und Schnitzereien aus Elfenbein, Schildpatt und Kunsthorn, ist das Arbeiten mit dem Laubsägebogen wenig fördernd. Man arbeitet deshalb mit sogenannten Laubsägemaschinen, die mit Fuß oder Elektromotor betrieben werden.

Die Beschaffung solcher kostspieligen Maschinen ist indes nicht immer lohnend. Jetzt ist eine motorlose, auf elektromagnetischer Grundlage betätigte Maschine auf den Markt gekommen, die gegenüber der elektromotorischen im Anschaffungspreis gering ist und mehr leistet als diese, weil sie das Vielfache in der Bewegung des Sägeblattes hat und, da weder Kurbeln noch Lager und Wellen vorhanden sind, geringster Abnutzung unterworfen ist. Die Bewegung des Sägeblattes wird durch einen Magnet erzeugt, der beim Durchgang von Wechselstrom eine Stahlmembran (Schwinganker) entsprechend der Periodenzahl des Stromes 6000mal in der Minute anzieht und abstößt und die mit der Spannklaue des Sägeblattes verbunden ist. Die Säge arbeitet absolut lautlos. Die Bewegung mit einem Hub von 2—7 mm ist bei der Schnelligkeit kaum zu erkennen.

Man kann Sperrholz bis 18 mm, Elfenbein, Kunststoffe und anderes bis 5 mm, Metall bis 2 mm Stärke sauber und ohne Grat schneiden. Es werden dazu gewöhnliche Laubsägeblätter verwendet, deren Zahnung dem Werkstoff entspricht.

Die Abb. 335 zeigt die Säge für senkrechten Schnitt. Der Sägetisch kann auch zu schrägem Schnitt verstellt werden. Die Säge kann durch Stecker an jede Wechselstromleitung angeschlossen werden und wiegt nur 9 kg.

Verletzungen beim Sägen sind so gut wie ausgeschlossen, weil der sehr kleine Hub und das schnelle Schwingen des Sägeblattes selbst schon Schutz gegen Verletzungen bietet.

Abb. 335. Elektrolaubsäge.

Werkfoto: AEG, Berlin

Sechster Abschnitt.

Schleif- und Poliereinrichtungen.

1. Formschleifen.

Schleifarbeit braucht nicht immer die Glättung des Objekts zu sein; man kann auch bei kräftiger Einwirkung des Schleifmittels damit formen, wie mit Fräsern und Feilscheiben. Als solche Werkzeuge kommen für Elfenbein, Knochen, Perlmutter und die Kunststoffe Schleifscheiben von Siliziumkarbid und solche mit Schleifpapierüberzug in Anwendung.

Das Siliziumkarbid ist ein künstlicher Schleifstoff, aus Silizium und Kohlenstoff im elektrischen Ofen hergestellt, dessen spitze, scharfe Kristalle von nahezu Diamanthärte wirksamer sind als die des zum Schärfen von Stahlwerkzeugen verwendeten Elektrokorunds, der mehr zähe und widerstandsfähiger ist. Das muß beim Kauf der Schleifscheibe für unsere Werkstoffe beachtet werden. Was auf Seite 163 über die Bindung und Körnung der Schleifscheiben erläutert wurde, gilt auch von den Siliziumkarbidscheiben. Hier kommt nur die keramische Bindung in Frage, und zwar für Grobschliff Körnung 30—40, für

Abb. 336. Schleifmaschine.
Werkfoto- Herminghausen-Werke, Hannover

Mittelschliff 40—60 und für Fein- bzw. Polierschliff 80—120.

Die Scheiben wählt man der größeren Leistung wegen möglichst grob und von mittelharter Bindung, um durch rechtzeitiges Ausfallen der abgestumpften Kristalle eine stets gut wirkende Scheibe mit offenem Korn zu haben. Je feiner das Korn, um so weicher muß die Bindung sein. Die Behandlung der Scheiben beim Schleifen ist die gleiche, wie S. 163 beschrieben. Die Drehzahl ist geringer zu nehmen als bei der Werkzeugschleifscheibe, um die den Werkstoff schädigende Erhitzung zu vermeiden.

Für bestimmte Massenerzeugnisse, wie Füllfederhalter und Drehbleistifte, kommen automatisch arbeitende sogenannte spitzenlose Schleifmaschinen in Anwendung, mit denen die Werkstücke auf genaue Form und genaues Maß bei reichlichem Naßschliff geschliffen und poliert werden.

Eine solche Maschine zeigt die Abb. 336. Der Begriff „spitzenloses Schleifen" bringt zum Ausdruck, daß bei dieser Maschine das Werkstück nicht wie bei sonst üblichen Schleifmaschinen — hauptsächlich in der Metallindustrie — zwischen Spitzen gespannt rotiert und die Schleifscheibe daran entlang geführt wird. Hier erübrigt sich die Einspannung des Werkstückes, wodurch hohe Leistung erzielt wird, da alle umständliche Spann- und Vorrichtungsarbeit wegfällt.

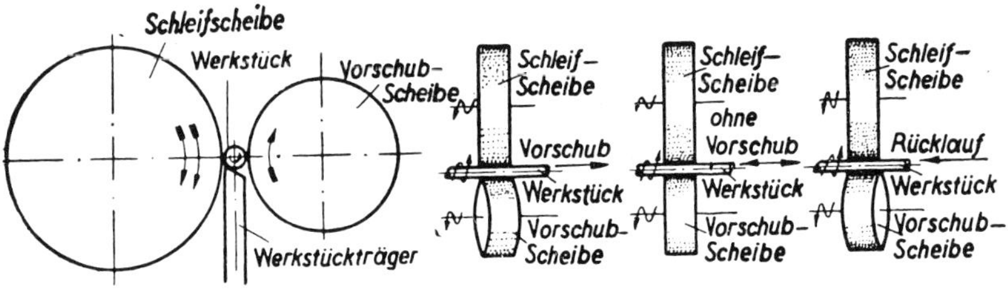

Abb. 337. Schema zum Transportieren der Werkstücke beim spitzenlosen Schleifen.

Die zum Rundschleifen notwendige Drehung und der Vorschub der Arbeitsstücke, besonders der Stäbe und Röhren, wie sie in der Verarbeitung von Kunstharz, Kunsthorn oder Hartgummi gebraucht werden, erfolgt selbsttätig. Das Werkstück wird in der Maschine zwischen zwei mit verschiedener Geschwindigkeit laufende Scheiben gebracht, deren eine, die Schmirgelscheibe, schleift, während die andere die Drehung und den Vorschub des Werkstückes hervorbringt. Zwischen beiden Scheiben liegt das Schleifobjekt auf einem Führungslineal, das durch seine Abschrägung den Stab stets nach der Vorschubscheibe hinleitet.

Der Vorschub des Werkstückes wird durch die mehr oder weniger vorgenommene Schrägstellung der Vorschubscheibe erzielt. Das Schema in Abb. 337 erläutert den Vorgang. Der schnellaufenden Schleifscheibe steht die langsamlaufende Vorschubscheibe gegenüber, so daß zwischen beiden das Werkstück auf der Auflage abrollt. Je mehr die Vorschubscheibe axial geneigt wird, wandert das Werkstück schneller zwischen den Scheiben hindurch.

Bei gleicher Axialstellung der Scheiben dreht sich das Werkstück örtlich; ein Vorgang, der zum Schleifen kurzer Fassonstücke Anwendung findet. Zylindrische Teile werden im Durchgangsschliff bearbeitet, wobei die Stücke kurz oder lang sein können.

Werkstücke mit Ansätzen und leichter Profilierung, wie Teile von Füllhaltern und ähnliche gebohrte Artikel, die aus dem Vollmaterial geschliffen oder gedreht und noch poliert werden, bearbeitet man im sogenannten „Einstechverfahren". Dazu bedarf es entsprechend profilierter Schleifscheiben. Die vorgebohrten Teile werden auf einen Dorn der Profiliereinrichtung gesteckt und dieser zwischen den Schleifscheiben geschwenkt. Dann wird der Handhebel des Vorschubsupports zurückgezogen und das Werkstück aus den Scheiben gehoben.

Je nach der erforderlichen Wirkung, ob Grob- oder Feinschliff, sind entsprechend gekörnte Schleifscheiben zu verwenden. Zu sauberem, staubfreiem Schleifen wird bei Kunsthorn, Kunstharz und Hartgummi Naßschliff angewendet. Die Schleifmaschine ist mit einer Pumpe versehen, deren Wasserstrahl das Schleifgut dauernd benetzt. Der Feinschliff wird mit sehr feinkörnigen Scheiben durchgeführt, so daß es anschließend hochglanzpoliert werden kann. Das übliche Bimsschleifen fällt weg.

Zum Polieren dienen Schwabbelscheiben von Köper oder Nessel; für Zelluloid der weichere Barchent oder Flanell unter Verwendung der üblichen Polierpasten.

Die Vorschubscheibe ist aus Kork. Die Leistung der Maschine ist 1—4 m in der Minute bei Stäben und Röhren, im Stechschliff profilierter Stücke etwa 6—10 Stück.

Außer den künstlichen Schleifscheiben finden Holz- oder Eisenscheiben mit Schleifpapierüberzug reichlich Anwendung, hauptsächlich zum Anschleifen von Flächen, wie sie auch zum Holzschleifen, S. 281, beschrieben und abgebildet sind.

Zum Schleifen kleiner gewölbter Artikel kann sich der Drechsler eine einfache Bandschleifeinrichtung auf der Drehbank selbst einrichten, wie in Abb. 338 dargestellt. Als Schleifband dient Schleifleinen, dessen Enden, wie Fig. 3 zeigt, schräg zusammenstoßen müssen. Es wird ein dünner Schirtingstoff an dem Zusammenschluß untergeklebt. Die Schleifmittelwerke liefern auch fertige Schleifbänder verschiedener Breite und Länge.

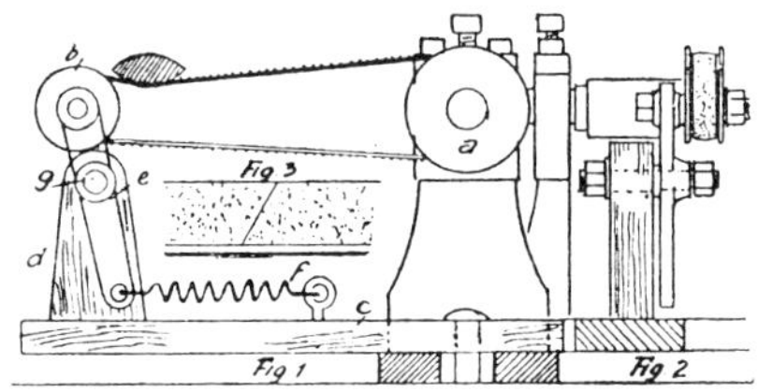

Abb. 338. Bandschleifeinrichtung auf der Drehbank.

2. Feinschleifen und Polieren.

Schleif- und Poliermittel.

Harte, feinzellige oder strukturlose Stoffe, wie Elfenbein, Horn, Kunsthorn und Kunstharz oder Bernstein, erhalten ihren Politurglanz durch Feinschliff wie Metall mit entsprechenden Schleif- und Poliermitteln. Als Vorschliff kommt hauptsächlich das Bimssteinpulver in verschiedener Körnung in Anwendung. Bimsstein ist als Auswurf der Vulkane eine schaumig aufgetriebene natürliche Glasmasse (Lava). Der als Schleifmittel von Lipari kommende Bimsstein ist grauweiß und von großer Reinheit. Die Bimssteinstücke werden erst geglüht und dann gemahlen. Seine gute Schleifwirkung erhält Bimsstein durch Vermengung mit Wasser oder Öl, das natürlich kein harzendes sein darf, das die Schleifscheiben verkitten würde. Elfenbein und Knochen dürfen nicht mit Öl geschliffen werden. Je feuchter geschliffen wird, um so sauberer fällt die Schleifarbeit aus.

Um das lästige Abspritzen der Schleifmasse an den schnellaufenden Schleifscheiben zu vermeiden, wird mit Vorteil eine Schleifpaste verwendet, bei der das Bimssteinpulver mit einer Fettmasse gebunden ist. Das Auftragen erfolgt durch Halten des Pastenblocks gegen die rotierende Schleifscheibe, wobei das Fett schmilzt und die weiche Paste an die Scheibe abgibt.

Als Poliermittel dient für alle harten Drechslerwerkstoffe der gelbe Tripel, auch Polierschiefer genannt. Tripel ist ein Aggregat von Kieselpanzern kleinster Lebewesen der Tertiärformation. Sein Name stammt von

Tripolis, von wo er früher bezogen wurde. Man gewinnt den Tripel hauptsächlich am Abhang des Tripelberges bei Hultschin (Böhmen), aber auch bei Zittau (Sa.).

Die Polierpaste „Tripelpaste" ist eine Verschmelzung des Tripelpulvers mit Wachs, Fetten, Stearin und ähnlichem. Je nach Zusammensetzung der Masse arbeitet die Paste weicher oder härter. Zum Abpolieren von Elfenbein und Knochen werden auch weiße Pasten hergestellt, bei denen Polierkalk mit Fettstoffen verschmolzen ist. Um jeweils die dem Werkstoff entsprechende Polierpaste zu haben, läßt man sich verschiedene Muster schicken und probiert diese aus. Zu fette Schleif- und Poliermassen greifen zu wenig und verschmieren die Schleifscheiben.

Zum Polieren von Elfenbein und Knochen kommt auch Schlämmkreide und Wasser und für Hochglanz Spiritus und Wiener Kalk unter Beigabe einer Spur weißer Seife in Anwendung. Auch Horn poliert man in Handpolitur mit etwas Schmierseife und Wiener Kalk ab. Flächen auf Elfenbeinwaren schleift und poliert man am besten auf sämisch gar gegerbten Walroßlederscheiben, weil Filzscheiben die weichen Teile aus dem Zellengewebe des Elfenbeins ausschleifen und dadurch Unebenheiten in der Fläche hervorrufen, die im Politurglanz unangenehm auffallen.

3. Schleif- und Polierscheiben.

1. Die Schwabbelscheibe.

Der Schwabbel ist die wirksamste Schleif- und Polierscheibe. Sie besteht aus vielen aufeinander gepreßten Stoffscheiben bis zu einer Breite von 20—40 mm und 25—30 cm Durchmesser. Sie ist wie das Kreissägeblatt auf der Welle zwischen zwei Flanschen gespannt. Um den Schwabbel nicht zu hart wirken zu lassen, wird hauptsächlich beim Polierschwabbel ein halb so großes Stoffblatt zwischen jedes Schwabbelblatt eingeschoben. Im Ruhestand legen sich die Schwabbelblätter um; sie erhalten erst bei hoher Drehzahl, 1500—2000 Umdrehungen, durch die Zentrifugalwirkung ihren Stand. Die Schwabbelscheiben müssen genau rund laufen. Durch das Arbeiten nützen sie sich einseitig ab, indem der Schußfaden des Gewebes sich mehr verschleißt als die Kettenfäden. Der Schwabbel wird schnell oval, wenn alle Blätter in einer

Webrichtung liegen; man verteilt sie deshalb in ihrer Weblage sternförmig.

Die Schleif- und Polierwirkung des Schwabbels gewinnt, wenn die Umfläche wollig ist. Dieses wird durch Aufrauhen mit einem Stück Sägeblatt erreicht, das während der Rotation gegen den Schwabbel gehalten wird. Dabei ist Vorsicht geboten, daß sich das Blatt nicht im Schwabbel verfängt und aus den Händen gerissen wird. Man faßt das Sägeblatt mit beiden Händen, die Zähne schräg nach unten gerichtet, und zieht es dabei langsam hin und her.

Eine Kruste darf sich auf dem Schwabbel nicht bilden; sie wird hart und macht Kratzer in der Politurfläche. Sie wird durch Abrichten mit dem Sägeblatt entfernt.

Als Schwabbelstoff dient zum Vorschleifen Nesselköper und zum Abpolieren Barchent.

Die Schwabbelscheiben bezieht man fertig ausgestanzt. Die Verwendung alter, getragener Kleidungsstücke zu Schwabbeln ist verwerflich. Sie gefährden die Gesundheit des Arbeiters und haben auch wenig Schleifkraft.

Schwabbelscheiben können auf die Drehbankspindel gespannt werden. Rationeller arbeitet man auf dem Elektroschleifbock, auf dessen Wellenenden beiderseitig Schleif- und Polierschwabbel gespannt werden. Wo dauernd geschwabbelt wird, ist zur Abführung des Wollstaubes eine Absaugevorrichtung vorgeschrieben.

Um den von der Polierpaste zurückgebliebenen Fetthauch zu entfernen, muß die Arbeit mit dem reinen Barchent- oder Flanellschwabbel zur Erlangung klaren Hochglanzes abgeschwabbelt werden.

Beim Schwabbeln ist das Werkstück dauernd hin und her zu bewegen, damit sich keine Unebenheiten in die Arbeit schleifen. Zu langes Schleifen nimmt scharfe Ecken und Kanten an der Arbeit weg. Zu schnellaufender Schwabbel wird hart und erzeugt an der Arbeit Brandflecke.

2. Die Filzscheibe.

Flächen zu schleifen und zu polieren eignet sich die Filzscheibe besser. Diese wird als technischer Filz in besonderem Walkverfahren hergestellt; zum Schleifen harter, zum Polieren feiner weicher Filz in mehreren Feinheitsstufen, je nach den Ansprüchen des Materials, das damit poliert werden soll.

Die Befestigung auf der Holzscheibe erfolgt mit einem Harzkitt aus Kolophonium, dem etwas Leinöl zugesetzt ist, um ihm die Sprödigkeit zu nehmen. Man schleift mit Bimsstein und Wasser zu einem Brei verrührt und poliert mit Schlämmkreide und Wasser, zuletzt mit Wiener Kalk und Spiritus. Polierpasten sind nicht geeignet, da sie die Schleiffläche schnell verkrusten.

4. Trommelschleifen und -polieren.

Da der Politurglanz harter Zellstoffe und homogenen Materials, wie der Kunststoffe, durch Feinschleifverfahren erzeugt wird, ist es naheliegend, ihnen durch mechanische Reibung mit angemessenen Schleif- und Poliermitteln den Glanz zu verleihen. In der Massenfabrikation von kleinen Artikeln aus diesen Werkstoffen wird diese Arbeit in Scheuerfässern, sogenannten Trommeln, mit gutem Erfolg angewendet, zumal sie ohne großen Arbeitsaufwand und ohne große Kosten beinahe selbsttätig vor sich geht.

Der hohe Glanz wie beim Schwabbeln kann natürlich nicht erzeugt werden. Für viele Artikel wird er genügen, und wo es nicht zulangt, kann die Arbeit noch nachgeschwabbelt werden. Alles läßt sich nicht trommeln. Gegenstände mit scharf vorstehenden Kanten würden sich bei dieser Arbeit verschleifen. So einfach, wie das Trommelschleifen und -polieren erscheint, ist es nicht; es bedarf der Erfahrung und des Ausprobierens, um zu guten Erfolgen zu kommen.

Beim Trommelschleifen und -polieren liegt der Schwerpunkt nicht in der Gestaltung des Scheuerfasses oder der -trommel, sondern in der richtigen Wahl der Poliermittel.

Die Bauart der Trommel kann sehr verschieden sein; es kommt dabei auf die Art, Form und Größe der Schleifware an. In der Knopffabrikation sind hauptsächlich runde Scheuerfässer im Gebrauch, die auf die vorstehende Welle der Maschine gesteckt und vorn durch einen Deckel verschraubt werden. Zum Füllen und Entleeren wird das Faß abgenommen. Auf einem Maschinensatz arbeiten vier Fässer auf jeder Seite.

Kantige Trommeln werden mit 6—12 Flächen gebaut. Je größer der Durchmesser, um so größere Flächenzahl. Zum Schleifen und Polieren kleiner Horn-, Bein- und Kunststoffartikel eignen sich Trommeln im Durchmesser von 50—60 cm und gleicher Länge.

Je weniger Flächen die Trommel besitzt, um so kräftiger ist die Bewegung des Schleifgutes. Unter 6 Flächen soll man die Trommel nicht bauen; 8—12 Flächen sind üblich.

In Abb. 267, S. 320, ist eine Scheuertrommel im Quer- und Längsschnitt dargestellt. An der einen Seite ist zugleich durch Umleimen eines Kranzes die Riemenscheibe angebracht, auf die die Trommel von der Transmission aus mit sehr kleiner Scheibe angetrieben wird. Die Stirnseiten der Trommel sind aus 25 mm starkem Sperrholz (Tischlerplatten) herzustellen. Die Seiten der Umfläche macht man aus 20 mm Rotbuche, nicht aus Weichholz, weil sie vom Schleifmittel stark angegriffen und abgenutzt werden. Man schraubt und leimt sie auf die Seitenscheiben auf. Um die Fugen gut abzudichten und zugleich dem Scheuergut große Bewegung zu geben, werden innen in die Ecken gerundete Stäbe eingenagelt und die Stifte gut versenkt, damit die Ware nicht beschädigt wird.

Die Füllung der Trommel erfolgt an einer Längsseite, die durch eine Klappe verriegelt wird. Die Welle, auf der die Trommel läuft, geht durch und wird diese an den Seiten durch Aufschrauben von Flanschen befestigt. Die Trommel muß so hoch gelagert sein, daß ein flacher Behälter zum Entleeren daruntergestellt werden kann.

In der Abb. 339 ist der Antrieb der Trommel anders gelöst. Sie dreht sich nicht durch den Antrieb ihrer Achse, sondern wird von den darunterliegenden kleinen Walzen a angetrieben. Die Trommel lastet mit ihrem Gewicht mit ihren Umlaufkränzen c c auf den rotierenden Walzen und erhält dadurch eine langsame Umdrehung. Die durch die Trommel geführte schwache Welle d läuft an beiden Enden in dem Schlitz e der Lagerböcke. Die Schlitze sind mit Bandeisen belegt. Der Vorteil dieser Bauart besteht in dem hohen Übersetzungsverhältnis, wodurch sie von der schnellaufenden Transmission unmittelbar angetrieben werden kann, und hauptsächlich in dem Herausheben der Trommel zum Beschicken mit neuen Scheuergut ohne den Gang der daneben auf gleichem Antrieb laufenden Poliertrommel zu stören. Der an der Stirnseite befindliche Deckel wird durch die Mutter f gehalten. Die Treibwalzen a sind mit Treibriemenleder umleimt, um der Trommel elastischen Gang zu geben.

Der Erfolg des Trommelschleifens hängt wesentlich von

der geeigneten Drehzahl ab. Sie darf nicht so groß sein, daß der Inhalt durch die Zentrifugalkraft an die Wände gedrückt wird und mit umläuft, aber auch nicht zu gering, weil das Schleifen dadurch verlängert wird. Je größer der Trommeldurchmesser, um so geringer ist die Drehzahl zu nehmen. Für Trommeln von 50—60 cm Durchmesser sind 60—80 Umdrehungen angemessen.

Für den Erfolg des Scheuerns ist die Wahl der Schleif- und Poliermittel maßgebend. Sie sind jeder Materialgattung anzupassen. Während Horn und Kunsthorn mit

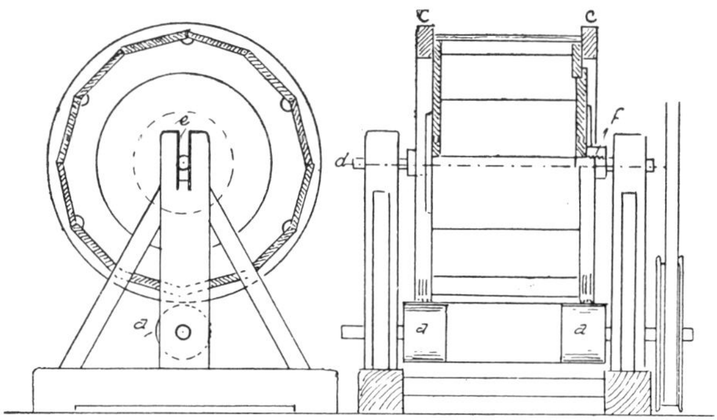

Abb. 339. Schleif- und Poliertrommel für kleine Horn-, Knochen- und Kunsthornwaren.

gleichen Mitteln geschliffen und poliert werden, erfordern Steinnuß- und Knochenarbeiten eine ganz andere Zusammensetzung.

Mit den Schleif- und Poliermitteln allein würde man beim Trommeln keinen Erfolg haben. Es bedarf noch eines Schleifmittelträgers, der das Schleifmittel mit der Ware in Verbindung bringt und intensive Scheuerwirkung hervorruft, dabei als Füllmittel dient, damit sich die Ware nicht gegenseitig beschädigt.

1. Trommeln von Horn-, Kunsthorn- und Kunstharzwaren.

Als Schleifstoffträger dienen grobe Fichtensägespäne, aus denen Holzstücke und feine Späne ausgesiebt werden, damit letztere die Löcher bei gebohrten Arbeiten nicht zusetzen. Die Späne werden etwas mit Schleiföl (Kienöl) angefeuchtet, damit das Bimssteinpulver daran haftet.

Man verwendet 8eckige Trommeln von 60—70 cm Durchmesser und einer Drehzahl von ca. 50 Umdrehungen in der Minute. Auf 1 kg Horn- oder Kunsthornware kommen ca. 200 g Liparibimspulver Körnung 21 (grob) in die Trommel und die gleiche Menge Sägespäne von Fichte oder Kiefer. Bei einem zweiten Schliff wird ein feineres Bimssteinkorn verwendet. Würde nur mit feinem Bims getrommelt, bedürfte es sehr langer Schleifzeit und die Ware würde verschliffen. Nachdem die Ware von den Spänen abgesiebt ist, muß sie durch Trommeln in reinen trockenen Sägespänen beliebiger Holzart, abgesehen von Eiche, von den Bimsresten gesäubert werden.

Vorpolieren. Man bringt die Ware in eine andere Trommel mit 2—3 kg Barchentabfallstücken, die, dreieckig geschnitten, etwa handtellergroß, mit 1 kg Maschinenöl getränkt wurden. Vor dem Einbringen der Ware läßt man die getränkten Stücke erst eine halbe Stunde allein laufen und trommelt die Arbeit dann 12—16 Stunden.

Polieren. Zum Polieren muß die Trommel mit Filz ausgeschlagen sein. Als Poliermittel dient das sogenannte Polierschrot (kleine runde Stücke von Polierpaste, die im Handel zu haben ist). Das Schrot wird mit gleichen Gewichtsteilen Sägespänen gemischt. Ware und Poliermischung werden auch zu gleichen Teilen in die Trommel gebracht. Die Poliermasse kann 10—12mal verwendet werden. Etwas geschlämmte Kreide trägt zur Erhaltung hohen Politurglanzes bei. Die Polierdauer beträgt 12—24 Stunden.

Beim Trommelschleifen und -polieren ist zu beachten, daß die Trommel nicht mehr als ein Drittel, höchstens zur Hälfte gefüllt wird, sonst hat das Trommelgut zu wenig Bewegung und wirkt nicht. Die Schleif- und Polierdauer muß ausprobiert werden. Der vom Polieren der Ware noch anhaftende Fetthauch wird in kurzer Trommelzeit in reichlichen Sägespänen entfernt.

2. Trommeln von Beinarbeiten.

Knochen- und Steinnußware wird mit den beim Sägen, Drehen und Fräsen abfallenden Spänen vorgetrommelt, wobei diesen ein gut Teil Schlämmkreide beigemischt wird. Dadurch erhält das dichte harte Material schon eine schöne Glätte. Zum Polieren fügt man der Ware ein gut Teil Schlämmkreide und Krümel weißer harter Seife bei. Als Träger dienen weiße Nessel- oder Barchentschnipsel oder Abfälle der Lederhandschuhfabrikation, an denen sich die Arbeitsstücke reiben und blank scheuern.

Siebenter Abschnitt.

Aufdruck und Stempelprägung auf Kunsthorn- und Kunstharzartikeln.

Viele solcher Gegenstände, die häufig als Reklameartikel Verwendung finden, müssen einen Aufdruck oder eine Folienprägung erhalten. Es stehen dazu zwei verschiedene Verfahren zur Verfügung: der Aufdruck der Schrift mit Druckfarben und die Einprägung mit Stempeln. Hierbei unterscheidet man Scharfstempel, die scharfe Konturen eindrücken, und Folienstempel, die flach sind und Gold-, Silber- oder Buntfolien aufpressen.

Das Aufdruckverfahren gleicht dem Papierdruck. Es kann mit Lettern oder Druckstöcken in Strichätzung hergestellt werden. Die Druckpresse ist mit Einfärbevorrichtung oder Farbkissen versehen. Bronzedruck erhält man, wenn nach dem Druck, solange er noch feucht ist, mit Bronze eingestäubt und der Überschuß nach dem Trocknen abgewischt wird. Aufdruck hat nicht die Haltbarkeit wie Prägung; er greift sich im Gebrauch ab. Man kann ihn durch Überziehen mit Zaponlack haltbarer machen. Die Druckfläche ist vor dem Bedrucken gut zu entfetten, damit die Druckfarbe greift.

Zur Prägung bedarf es eines Stahlstempels für Horn, Elfenbein und Kunststoffe (Kunsthorn und Kunstharz), deren Härte der Einpressung ziemlichen Widerstand leistet. Die Presse kann eine Exzenter-, Kniehebel- oder Spindelpresse sein.

Beim Scharfstempel, sogenannter Blindprägung, ist die Gravur scharfkantig, keilig. Bei runden Gegenständen muß die Stempelfläche genau der Wölbung des Gegenstandes angepaßt sein. Die Unterlage ist so einzurichten, daß der Gegenstand gut aufliegt. In vielen Fällen muß der Stempel erwärmt werden, sei es durch Gasbrenner oder, besser, elektrische Beheizung, um ihn gleichmäßig warm zu erhalten. Besonders schwache Kunsthorn- oder Kunstharzartikel, die leicht zerbrechen, taucht man vorher in heißes Wasser.

Blindprägungen sind wegen ihrer tiefen Prägung sehr haltbar und unauffällig. Man kann sie aber durch Einstreichen mit Farbe herausheben, was mit farbigem Zelluloselack erreicht wird. Der auf der Oberfläche befindliche

Lack wird sofort abgewischt und die Reste durch Schwabbeln oder mit Lackverdünnung beseitigt.

F o l i e n p r ä g u n g. Der Stempel zur Folienprägung hat keine messerscharfen Kanten, sondern eine mehr oder weniger breite Fläche seiner Buchstaben. Der Stempel soll sich nicht in das Material eindrücken wie beim Scharfstempel, sondern nur die Folie befestigen, die vorher aufgelegt wird. Die Beanspruchung ist deshalb geringer als beim Scharfstempel, so daß mit Bronze- oder Messingstempeln gearbeitet werden kann.

Der Folienstempel muß in allen Fällen erwärmt werden, etwa auf 60 Grad C, d. h. so stark, daß er bei Berührung mit befeuchtetem Finger schwach zischt. Bei zu niedriger Temperatur hält die aufgelegte Folie nicht und zu heiße Stempel ergeben gequollene, unschöne Ränder. Wärme des Stempels, Zeitdauer des Druckes müssen in jeweiligen Fällen ausprobiert werden, je nach Größe der Stempelung, Art des Werkstückes und der Folie. Die Anpassung der Temperatur ist das wichtigste. Mißerfolge sind hauptsächlich auf ungeeignete Stempelwärme zurückzuführen. Mit elektrisch beheizten Prägestempeln sind die besten Prägungen zu erzielen, da sich die Wärme sehr gleichmäßig einregulieren läßt.

P r ä g e m a t e r i a l. Man unterscheidet Prägepapier und Prägefolien.

Die Prägefolie ergibt die schönste Prägung. Sie wird wie das Blattmetall angewendet; sie kann Bronze oder Farbe sein, die mit einem geeigneten Bindemittel zu papierdünnen Blättern verarbeitet ist. Das hauchdünne Material ist sehr empfindlich und muß sehr vorsichtig mit dem Blechspachtel unter den Stempel gebracht werden. Der Prägestempel ist an seiner Druckfläche hochpoliert. Er muß öfters mit dem Pinsel von den Folienresten gereinigt werden.

Mit dem Prägepapier ist das Prägen einfacher. Bei diesem ist die Folie auf dem Papier aufgetragen. Es wird mit der Folienseite nach unten auf das zu prägende Stück gelegt. Die Folienmasse löst sich an den gedrückten und erhitzten Stellen als Haut vom Papier und haftet fest, während das Papier nach dem Öffnen der Presse abgehoben wird.

Das Prägepapier wird bei den neueren Prägepressen hauptsächlich in Bändern verwendet, die in Rollen im

Handel erhältlich sind. Das Band wickelt sich von der an der Maschine angebrachten Rolle ab, geht zwischen Stempel und Werkstück hindurch und rückt nach jeder Stempelung nach.

Die Abb. 340 zeigt eine Vergolde- und Prägepresse mit automatischer Prägefolienführung größter Leistungs-

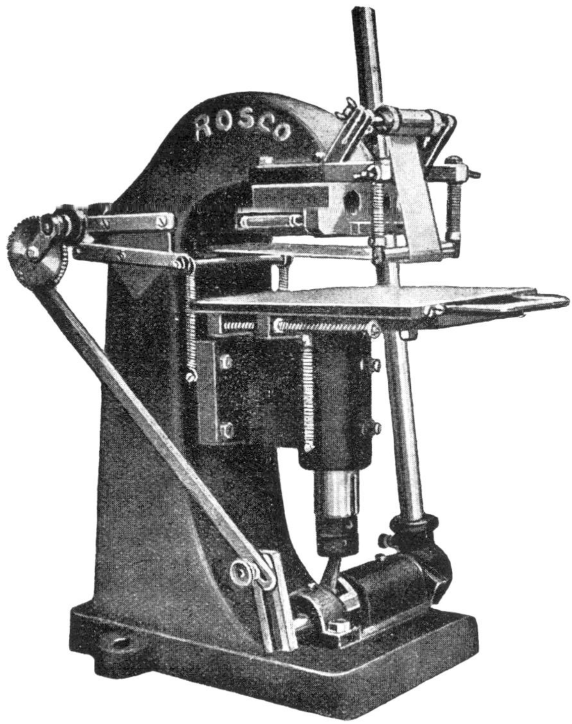

Abb. 340. Kniehebelpresse zum Schrifteinpressen und -vergolden.
Werkfoto: Gebr. Hein, Heidelberg

fähigkeit und elektrischer Beheizung, wie sie für laufende große Mengenerzeugung, wie Füllhalter- und Bleistiftfabrikation, Kamm-, Zelluloid- und Kunsthornwaren, Toiletteartikel usw., gebräuchlich ist. Für jede Ware bedarf es besonderer Unterlagen, der Form des Gegenstandes angepaßt, auf denen er beim Stempeln sicher aufliegt.

Für leichte Prägungen, geringe Stempellänge und -breite ist eine Handpresse geeignet, wie Abb. 341 zeigt, die auch als Fußpresse konstruiert wird und mit elektrischer Wärmeregulierung und Bandfolienführung versehen ist.

Für kleine Betriebe, bei denen die Beschaffung obiger Pressen nicht lohnt, gibt es besondere Prägevorrichtungen, die an einfachen Spindel- und Dornpressen angebracht werden können.

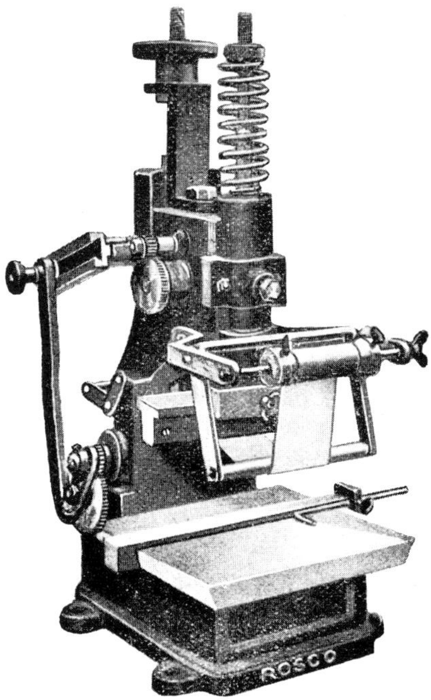

Abb. 341. Hebelprese zum Schrifteinpressen.
Werkfoto: Gebr. Hein, Heidelberg

Achter Abschnitt.

Werkzeugmachen.

Der Drechsler braucht für vielerlei Arbeiten besondere Werkzeuge, die käuflich nicht zu haben sind, die er sich am besten selbst herstellt, formt und härtet, um damit vorteilhaft zu arbeiten. Feilen muß er bei seinen Arbeiten ohnehin können und an das Zurechtschmieden werden bei diesen Werkzeugen keine großen Anforderungen gestellt.

Sehr wichtig ist dagegen das Härten, von dem die Schneidkraft der Werkzeuge wesentlich abhängt. Natürlich muß sich der Drechsler auch in der Schneidenbildung auskennen und ein der Verarbeitung entsprechendes Stahlmaterial verwenden, bei dessen Bezug er den Verwendungszweck angeben muß, um den richtigen Stahl zu erhalten.

Zu Drehwerkzeugen für Holz eignet sich ein guter Holzkohlenstahl von feinem Korn. Er ist sprödhart, im Gegensatz zu Werkzeugen für Metalle, die mehr zähhart sein müssen und eine weniger empfindliche Schneide besitzen.

Für hartes und stark abstumpfendes Material, wie das viel mit erdigen Füllstoffen durchsetzte Kunsthorn und Kunstharz, hat sich der Schnellarbeitsstahl als widerstandsfähiger gezeigt, der hauptsächlich in der Metallindustrie verwendet wird. Für die Bearbeitung nichtmetallischer harter Werkstoffe hat man einen besonders geeigneten hochlegierten Spezialstahl von größter Schneidkraft hergestellt, den Nimestahl D 174, der Drehwerkzeugen zur Horn-, Elfenbein-, Knochen-, Perlmutter- und Kunsthornbearbeitung anhaltenden scharfen Schnitt gibt. Der Vorzug dieses Stahles liegt auch in der niedrigen Härtetemperatur von ca. 800 Grad, gegenüber sonstigen Schnelldrehstählen.

Behandlung der Werkzeugstähle.

G l ü h e n. Stahl ist durch sein Walzverfahren hart; er muß vor der Bearbeitung mit der Feile erst geglüht werden. Dazu bedarf es eines Holzkohlenfeuers, in dem der Stahl vollkommen eingehüllt ist. Es muß ein gutes Grundfeuer gelegt sein, damit die dem Anblasen entströmende Luft nicht direkt auf den Stahl einwirkt. Zum Glühen und Schmieden ist bei kleinen Werkzeugen, wie Bohrern und Drehstählen des Drechslers, keine besondere Schmiedeeinrichtung Erfordernis; man kann mit Hilfe eines Handblasebalgs auch die Ofenfeuerung benutzen, wenn keine andere Gelegenheit vorhanden ist. Der Stahl darf nur hellkirschrot geglüht werden; er muß von der Holzkohlenglut vollkommen umschlossen sein und möglichst lange glühen. Zu schnelle, ungleiche Temperaturaufnahme verursacht Spannung und damit leicht Risse. Überhitzter Stahl wird grobkörnig und spröde; er bricht an seinen Schneiden aus.

Schmieden. Nur gut durchglühter Stahl (hellkirschrot) darf geschmiedet werden. Bei Drehwerkzeugen werden dabei keine besonderen Schmiedekenntnisse verlangt, da es sich meist nur um das Anspitzen der Angeln oder Verbreitern des Stahles zur Schneide handelt. Größere Anforderungen stellen nur Ausdrehhaken und Ausdrehstähle. Beim Schmieden gilt ein kräftiger Hammerschlag und schnelles Arbeiten, damit der Stahl nicht frühzeitig erkaltet. Je kräftiger geschlagen wird, um so länger wird er seine Glut behalten. Sobald die Glut nachläßt, darf nicht mehr geschlagen werden, sonst gibt es Risse im Stahl. Häufiges Nachglühen ist dem Stahl schädlich. Nach dem Schmieden muß der Stahl nochmals langsam geglüht werden. Man läßt ihn am besten mit dem Feuer erkalten, damit der Stahl zur Bearbeitung weich wird und die beim Schmieden entstandene Spannung verliert.

Feilen oder Schleifen. Beim Ausfeilen der Werkzeuge arbeitet man mit Druck und ruhigem Zug. Schneller Zug macht die Stahloberfläche hart und verdirbt die Feile. Zum Schleifen eignen sich keramisch gebundene Karborundumschleifscheiben im Trockenschliff. Örtlich auftretende Erwärmung hat beim noch ungehärteten Stahl keine nachteiligen Folgen.

Härten der Werkzeuge.

Begriff des Härtens. Beim Härten wird das Gefüge des Stahles durch Übergang des Kohlenstoffes in eine andere Form vollkommen verändert, wenn ein bestimmter Wärmegrad überschritten wird. Diese Änderung verschwindet bei langsamer Abkühlung wieder, während sie durch schnelles Abkühlen (Abschrecken) mehr oder weniger festgehalten wird. Dadurch wird gleichzeitig die Härte des Stahles stark erhöht. Das Festhalten dieser Umwandlung durch Abschrecken bedeutet das „Härten".

Zum Härten wird das Werkzeug vorsichtig, langsam im Feuer erwärmt, wobei es, wie schon erwähnt, von der Glut vollkommen umschlossen sein muß. Die Härtetemperatur ist 800 Grad C (helle Kirschrotglut). Hierauf wird in Wasser von ca. 20 Grad C abgelöscht. Dreh- und Schlichtwerkzeuge härtet man zur Erzielung größter Härte in Salzwasser. Bohrer und Fräser oder Gewindebohrer beläßt man zweckmäßig nur solange im Härtewasser, bis sie oberflächlich schwarz geworden, und bringt sie zur Abkühlung in Öl oder steckt sie in heißen Sand.

Zu guter Härtung gehört nicht nur die Beachtung richtigen Glühens und Verwendung des geeigneten Abschreckmittels, sondern auch die richtige Einführung in das Härtebad. Drehstähle müssen senkrecht eingestoßen und dann in dieser Lage gerührt werden, um schnelle Abkühlung zu schaffen. Schräge Einführung führt zum Verziehen der Stähle.

Die Ursache von Härterissen liegt bereits in der Vorbehandlung des Stahles beim Glühen oder Schmieden. Schwache Bohrer härtet man am besten in Öl, in dem sie mehr zähhart werden.

A n l a s s e n d e r W e r k z e u g e. Das Anlassen bezweckt neben der Beseitigung der evtl. durch das Härten aufgetretenen Spannungen eine Minderung der Härte und Zunahme der Zähigkeit. Durch die Erwärmung bis auf 200 Grad wird nur eine Auslösung der Spannungen herbeigeführt. Mit der Steigerung der Temperatur nimmt die Härte ab und die Zähigkeit steigt. Die Anlaßtemperatur wird gewöhnlich nicht nach Graden gemessen, sondern nach den sich bei der Erhitzung zeigenden „Anlauffarben" beurteilt. Dazu muß die Arbeitsfläche des Werkzeuges nach dem Härten blank geschliffen werden. Das sollte nur im Naßschliff geschehen und nicht unter Druck auf der Schleifscheibe oder dem Schleifstein, um örtlicher Erhitzung vorzubeugen, die leicht zu Rißbildung führt. Das Anlassen soll recht gleichmäßig geschehen, sei es in heißem Sand, in Öl oder bei kleinen Werkzeugen auf einer erhitzten Eisenplatte, je nach Form des Werkzeuges.

Die Härte des Werkzeuges richtet sich nach der Härte des zu bearbeitenden Werkstoffes und des dazu benötigten Schneidenwinkels. Werkzeuge mit stumpfem Zuschärfwinkel können sehr hart und spröde bleiben, während scharf zugespitzte Schneiden durch Anlassen weicher und zäher gemacht werden müssen.

Um Anhaltspunkte für die geeignete Härte zur Bearbeitung unserer Drehstoffe zu geben, dient nachstehende Tabelle. Die Anlaßfarben zeigen sich in folgender Reihenfolge:

Weißgelb (200—215 Grad C) für Stahl, Eisen, Perlmutter;

Lichtgelb oder Strohgelb (225 Grad C) für Messing, Knochen, Elfenbein, Kunsthorn und Kunstharz;

Dunkelgelb (240 Grad C) für Horn, Bernstein;

Braun (250—260 Grad C) für Holzarbeit;
Rot bis Violett (275—290 Grad C) für Sägen, Fräser, die mit der Feile geschärft werden müssen oder an die ein Grat angestrichen wird, z. B. Ziehklingen oder Schlichtstähle für Horn und Querholz.

Die Farbveränderungen gehen zuletzt schnell vor sich; es muß daher sehr aufgepaßt werden, daß das Werkzeug nicht zu weich wird. Sobald die gewünschte Anlaßfarbe erscheint, ist das Werkzeug abzukühlen. Ist das Werkzeug zu weich geworden, muß von neuem gehärtet werden.

Sind Werkzeuge zu hart, indem ihre Schneiden ausspringen, können sie weiter nachgelassen werden. Die sich dabei zeigenden Anlaßfarben geben aber keinen Anhalt des Härtegrades mehr. Die Ursache des Ausbröckelns der Schneide liegt meist in dem beim Glühen verbrannten Stahl, der grobkörnig geworden ist.

Neunter Abschnitt.

Zweckmäßige Umdrehung von Maschinen in der Drechslerei.

1. Drehbänke.

Durchmesser der Arbeit	Umdrehungen in der Minute		
	Weichholz	Hartholz	Harte Drehstoffe
1 — 2 cm	3000	2500	2500
3 — 5 „	2500	2000	1500
7,5 „	1800	1500	900
10 „	1200	1000	600
15 „	800	750	
20 „	600	500	
30 „	400	325	
40 „	280	250	
50 „	225	200	
75 „	175	150	
100 „	120	100	

Das Einhalten zweckmäßiger Umdrehungen der Drehbankspindel, entsprechend der Härte des Werkstoffes, ist Grundbedingung für vorteilhaftes Arbeiten. Ist sie zu hoch genommen, stumpft das Werkzeug vorzeitig ab und die Schneide „verbrennt", läuft blau an und wird weich. Bei zu niedriger Drehzahl geht die Arbeit zu langsam vor sich.

Der vorstehenden Tabelle sind die günstigsten Umfangsgeschwindigkeiten zugrunde gelegt, welche beim Drehen von weichem Holz 6 m/sek, von Hartholz 5 m/sek und von harten Drechslerstoffen, wie Horn, Elfenbein und Kunststoffen, 3 m/sek betragen, d. h. das Werkstück soll an seinem Umfang in der Sekunde 6, 5 oder 3 m zurücklegen.

Bei Arbeiten bis zu 2 cm Durchmesser läßt sich die mögliche hohe Drehzahl nicht einhalten; man muß sich als Höchstzahl mit 3000 Umdrehungen bescheiden, da höhere Drehzahlen bei der Handdreherei nicht ausgenützt werden können, also unnötiger Kraftverbrauch entsteht und auch der Bau der Drehbank nicht dazu geeignet ist. Dagegen können Drehmaschinen wie die Hempelsche Schablonendrehbank mit ihren schnell bewegten Messern einer Drehzahl von 6000 folgen.

2. Kreissägen.

Umfangsgeschwindigkeit 40—55 m/sek.

Durchmesser des Blattes	Umdrehungen in der Minute		
	Weichholz	Hartholz	Harte Drehstoffe
10 cm	3000*)	2500*)	2400*)
15 „	3000*)	2500*)	1800*)
20 „	2400*)	1800*)	1200*)
30 „	3000	2500	*) Feinzähnige Sägen bei 15 m/Sek.
40 „	2500	1800	

3. Bandsägen.

Sägenrad-durchm. mm	Umdrehungen in der Min.	Schnittgeschw. m/Sek.	Mit Einbau-Motor 1000 Umdr. Schnittgeschw.
900	450	ca. 20	ca. 42 m
800	500	„ 20	„ 39 „
700	550	„ 20	„ 33 „
350	1000	„ 18	„ 17 „

4. Dekupiersägen.

Mit Bügelfederung 4—500 Umdrehungen; mit Spiralfeder 6—700 Umdrehungen.

5. Hobelmaschinen.

	Mit Riemenantrieb Umdrehungen je Min.	Mit Spezial-Einbaumotor Umdrehungen je Min.
Abrichthobelmasch.	4000	4500 oder 6000
Dicktenhobelmasch.	4000	4500 oder 6000

6. Fräsmaschinen.

Mit Riemenantrieb	Umdrehungen je Minute	Mit Spezialeinbaumotor Umdrehungen je Min.
Kleine Fräser	4000—4500	4500 und 6000
Große Werkzeuge	2500	3000

Zehnter Abschnitt.

Holzberechnungs-Tabellen.

Zur Erleichterung des Holzberechnens sind folgende Tabellen zusammengestellt, nach denen der Drechsler sein Rund- und Kantholz als auch seine Brettware sowie das Holz für häufig gebrauchte Scheiben aus Querholz leicht errechnen kann.

Die Art der Zusammenstellung ermöglicht ein schnelleres Berechnen als lange Maßtabellen, aus denen man auch erst die erforderlichen Längen und Stärken heraussuchen und zusammensetzen muß.

Die handliche, übersichtliche Art der nachstehenden Maßtabellen gibt auch zugleich den Holzpreis nach dem Zehnerfaktor an, so daß durch Multiplizieren des Tabellenpreises mit dem jeweiligen Preisstand des Holzes der Holzwert des Stückes leicht festzustellen ist.

1. Berechnungstabelle für Rundhölzer.

(Angenommen für je 1 m Länge.)

Die Preiseinheit beträgt 10,— RM. für 1 cbm. Kostet z. B. 1 cbm rotbuchenes Stammholz 60,— RM., so sind die in der Tabelle errechneten Preise mit 6 zu multiplizieren.

Berechnungstabelle für Rundhölzer.

Durchmesser in cm	Inhalt in cbm	RM. bei 1 m Länge u. 10 RM. pro cbm	Durchmesser in cm	Inhalt in cbm	RM. bei 1 m Länge u. 10 RM. pro cbm	Durchmesser in cm	Inhalt in cbm	RM. bei 1 m Länge u. 10 RM. pro cbm
5	0,002	0,02	30	0,071	0,71	55	0,237	2,37
6	0,003	0,03	31	0,076	0,76	56	0,246	2,46
7	0,004	0,04	32	0,080	0,80	57	0,255	2,55
8	0,005	0,05	33	0,086	0,86	58	0,264	2,64
9	0,006	0,06	34	0,091	0,91	59	0,273	2,73
10	0,008	0,08	35	0,096	0,96	60	0,284	2,84
11	0,010	0,10	36	0,102	1,02	61	0,294	2,94
12	0,011	0,11	37	0,108	1,08	62	0,304	3,04
13	0,013	0,13	38	0,113	1,13	63	0,311	3,11
14	0,015	0,15	39	0,119	1,19	64	0,320	3,20
15	0,018	0,18	40	0,126	1,26	65	0,332	3,32
16	0,020	0,20	41	0,132	1,32	66	0,344	3,44
17	0,023	0,23	42	0,139	1,39	67	0,354	3,54
18	0,025	0,25	43	0,145	1,45	68	0,364	3,64
19	0,028	0,28	44	0,152	1,52	69	0,374	3,74
20	0,031	0,31	45	0,159	1,59	70	0,384	3,84
21	0,035	0,35	46	0,166	1,66	71	0,396	3,96
22	0,038	0,38	47	0,173	1,73	72	0,408	4,08
23	0,042	0,42	48	0,180	1,80	73	0,420	4,20
24	0,045	0,45	49	0,188	1,88	74	0,432	4,32
25	0,049	0,49	50	0,196	1,96	75	0,442	4,42
26	0,053	0,53	51	0,204	2,04	76	0,452	4,52
27	0,057	0,57	52	0,212	2,12	77	0,469	4,69
28	0,062	0,62	53	0,220	2,20	78	0,476	4,76
29	0,066	0,66	54	0,228	2,28	79	0,490	4,90

Berechnungsbeispiel: Ein Stamm von 3 m Länge hat 37 cm mittleren Durchmesser. 1 cbm kostet 80,— RM. Nach der Tabelle beträgt der Inhalt von 1 m Länge 0,108 cbm und kostet bei 10,— RM. für 1 m Länge 1,08 RM., für 3 m Länge 3 × 1,08 = 3,24 RM., bei 80,— RM. pro cbm = 3,24 × 8 = 25,92 RM.

2. Berechnungstabellen für Schnitthölzer.

a) Für Vierkanthölzer (Kanteln und Säulen).

(Für je 1 m Länge bei 100,— RM. für 1 cbm.)

Stärke in cm □	Inhalt in ccm 1 m lang	Preis bei 100 RM. für 1 cbm	Stärke in cm □	Inhalt in ccm 1 m lang	Preis bei 100 RM. für 1 cbm	Treppensprossen und Tischfüße 0,80 m lang	
						Stärke in cm □	Preis bei 100 RM. für 1 cbm
1	100	0,01	10	10000	1,—		
2	400	0,04	11	12100	1,21		
2,5	625	0,06	12	14400	1,44	3	0,08
3	900	0,09	13	16900	1,69	3,5	0,10
3,5	1225	0,12	14	19600	1,96	4	0,13
4	1600	0,16	15	22500	2,25	4,5	0,17
4,5	2025	0,21	16	25600	2,56	5	0,20
5	2500	0,25	17	28900	2,89	5,5	0,25
5,5	3025	0,31	18	32400	3,24	6	0,30
6	3600	0,36	19	36100	3,61	6,5	0,34
6,5	4225	0,43	20	40000	4,—	7	0,40
7	4900	0,49	21	44100	4,41	7,5	0,45
7,5	5625	0,57	22	48400	4,84	8	0,52
8	6400	0,64	23	52900	5,29	8,5	0,58
8,5	7225	0,73	24	57600	5,76	9	0,65
9	8100	0,81	25	62500	6,25	10	0,80

Berechnungstabelle für Vierkanthölzer.

1. Berechnungsbeispiel: Zur Fabrikation von Heften aus Rotbuchenholz werden Kanteln von 15 cm Länge und 3 cm Stärke gebraucht. Nach der Tabelle kostet das Holz bei 100,— RM. für 1 m = 0,09 RM. Das Holz kostet aber 125,— RM. pro cbm, folglich 1 m = 9 Pfg. mal 1,25 = 12 Pfg. 15 cm = 12 mal 0,15 = 1,8 Pfg. = 2 Pfg. kostet das Holz für ein Heft.

2. Berechnungsbeispiel: Es sind 4 Tischfüße aus Eichenholz, 8 cm stark, zu berechnen. 1 cbm 8 cm starke eichene Kanteln kostet 250,— RM. Bei 100,— RM. kostet nach der Tabelle 1 Fuß 0,52 RM., 4 Füße 2,08 RM., und bei 250,— RM. = 5,20 RM.

b) Für runde Scheiben.

Berechnungstabelle für runde Scheiben.

(Preiseinheit 100,— RM. für 1 cbm.)

Stärke in cm	2	2,5	3	3,5	4	5	6	7	8
Durchmesser in cm □	Alle Preise in Pfennigen								
5×5	0,5	0,7	0,8	0,9	1	1,3	1,5	1,8	2
6×6	0,8	0,9	1	1,3	1,5	2	2,2	2,5	3
7×7	1	1,3	1,5	1,8	2	2,5	3	3,5	4
8×8	1,3	1,6	2	2,3	2,5	3,2	4	4,5	5
9×9	1,6	2	2,5	2,8	3,3	4	5	5,7	6,5
10×10	2	2,5	3	3,5	4	5	6	7	8
12×12	3	3,6	4,3	5	6	7,2	8,6	10	11,5
14×14	4	5	6	7	8	10	12	14	16
15×15	4,5	6	7	8	9	11	13	16	18
16×16	5	6,5	8	9	10	13	15	18	20
17×17	6	7	9	10	12	14	17	20	23
18×18	6,5	8	10	11	13	16	19	23	26
20×20	8	10	12	14	16	20	24	28	32
22×22	10	12	15	17	20	24	29	34	39
24×24	12	15	17	20	23	29	35	40	46
25×25	13	16	19	22	25	31	37	44	50
30×30	18	23	27	31	36	45	54	63	72
35×35	25	30	37	43	49	61	73	86	98
40×40	32	40	48	56	64	80	96	112	128
45×45	40	50	61	71	81	101	121	142	162
50×50	50	63	75	87	100	125	150	175	200
55×55	60	75	91	106	121	151	181	212	242
60×60	72	90	110	130	144	180	216	252	288

Die Scheiben werden viereckig aus dem Brett geschnitten und, wenn notwendig, verleimt. Die Tabelle gibt den Inhalt und Preis der gebräuchlichsten Maße bei 100,— RM. für 1 cbm an, so daß die Preise nur mit dem jeweiligen Holzpreis pro cbm multipliziert werden müssen, z. B. bei 180,— RM. mal 1,80.

Berechnungsbeispiel: Es wird eine Scheibe von 30 cm Durchmesser und 5 cm Stärke gebraucht. 1 cbm des Holzes kostet 150,— RM. Nach der Tabelle kostet das Holz 45 Pfg. Bei 150,— RM. also 45 × 1,50 = 68 Pfg. Dazu sind noch 25 Proz. Verschnitt zu rechnen = 17 Pfg. Also kostet das Holz 85 Pfg.

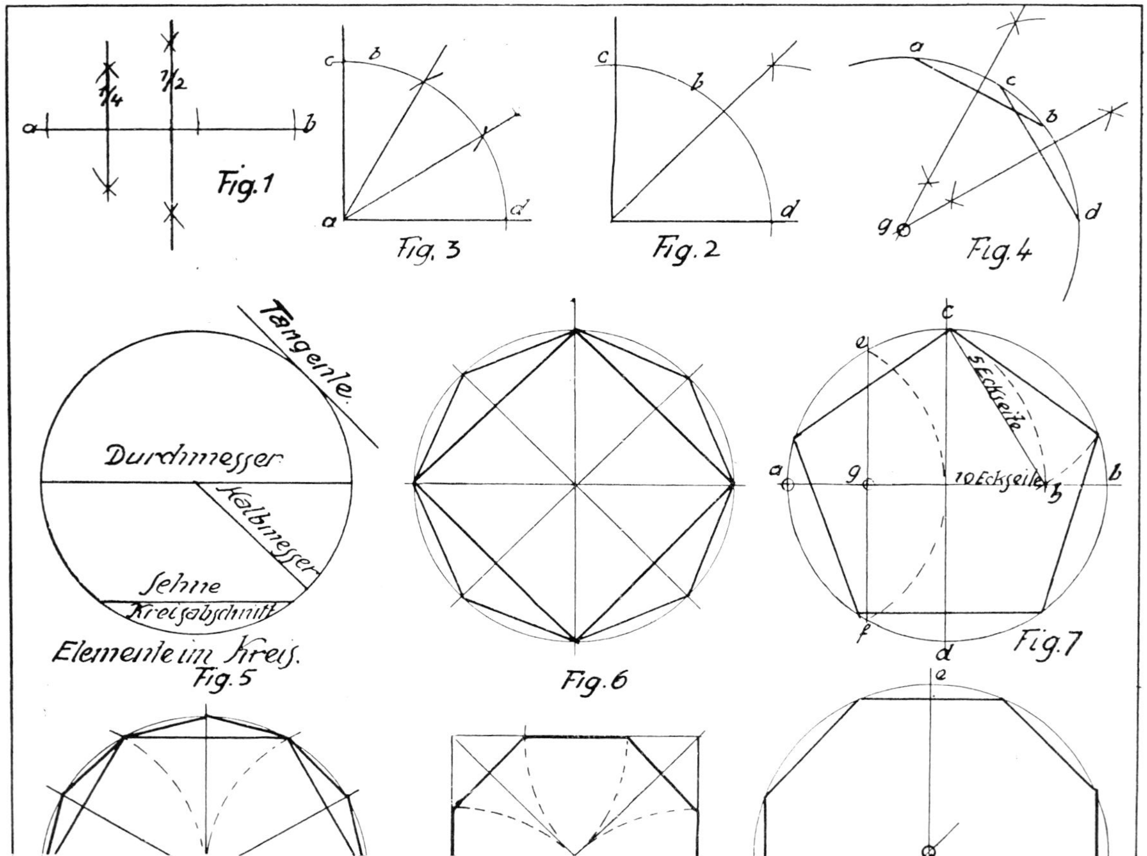

Fig. 1
Fig. 3
Fig. 2
Fig. 4
Tangente
Durchmesser
Halbmesser
Sehne
Kreisabschnitt
5 Eckseite
10 Eckseite
Elemente im Kreis.
Fig. 5
Fig. 6
Fig. 7

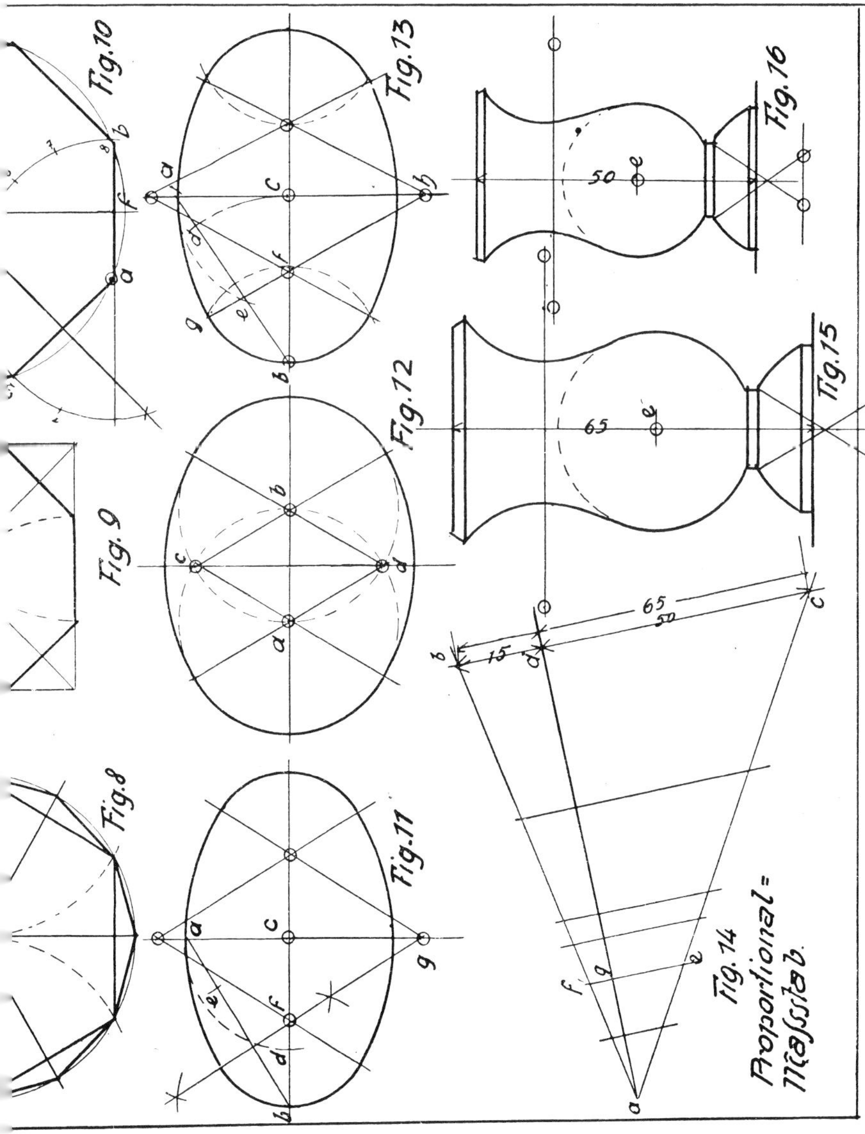

Abb. 342. Tafel: Einführung in das geometrische Zeichnen.

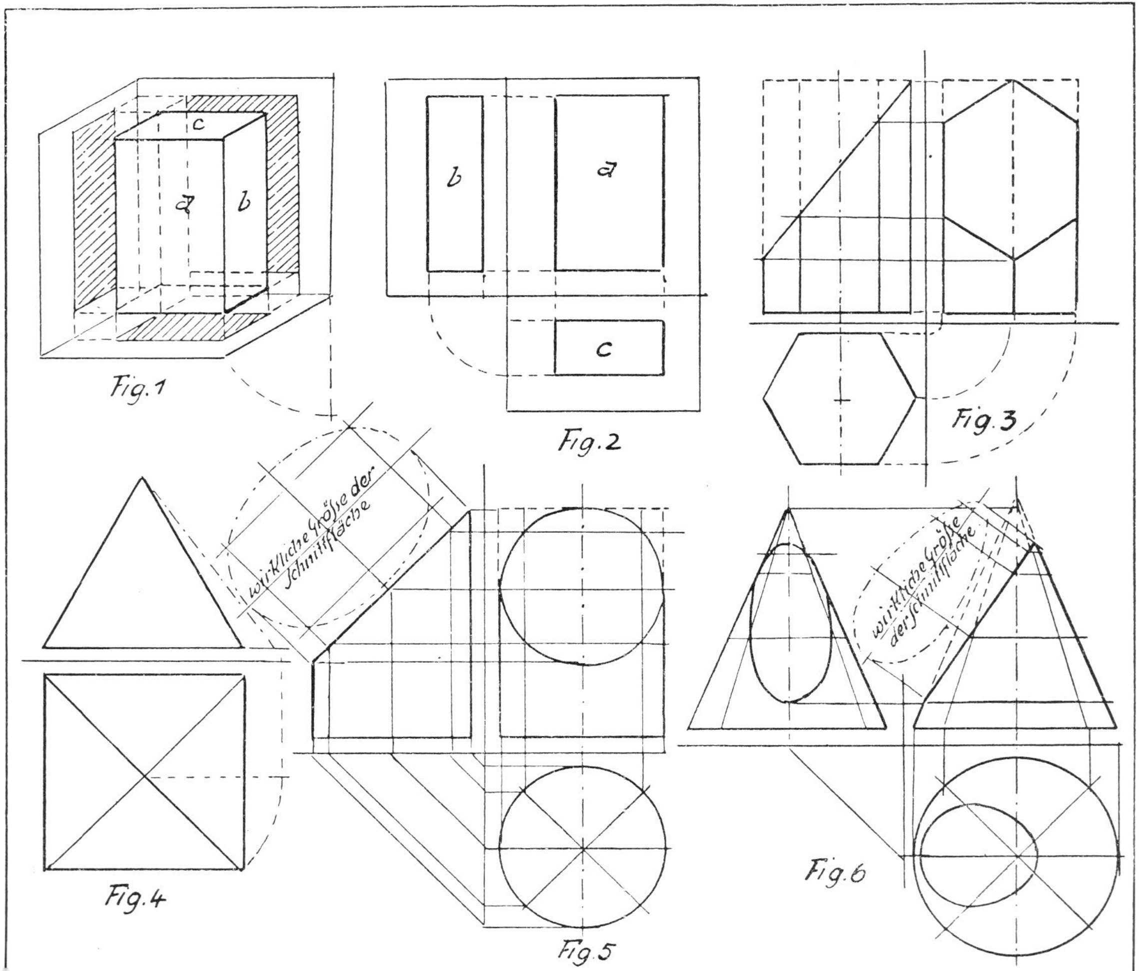

Fig. 1 Fig. 2 Fig. 3 Fig. 4 Fig. 5 Fig. 6

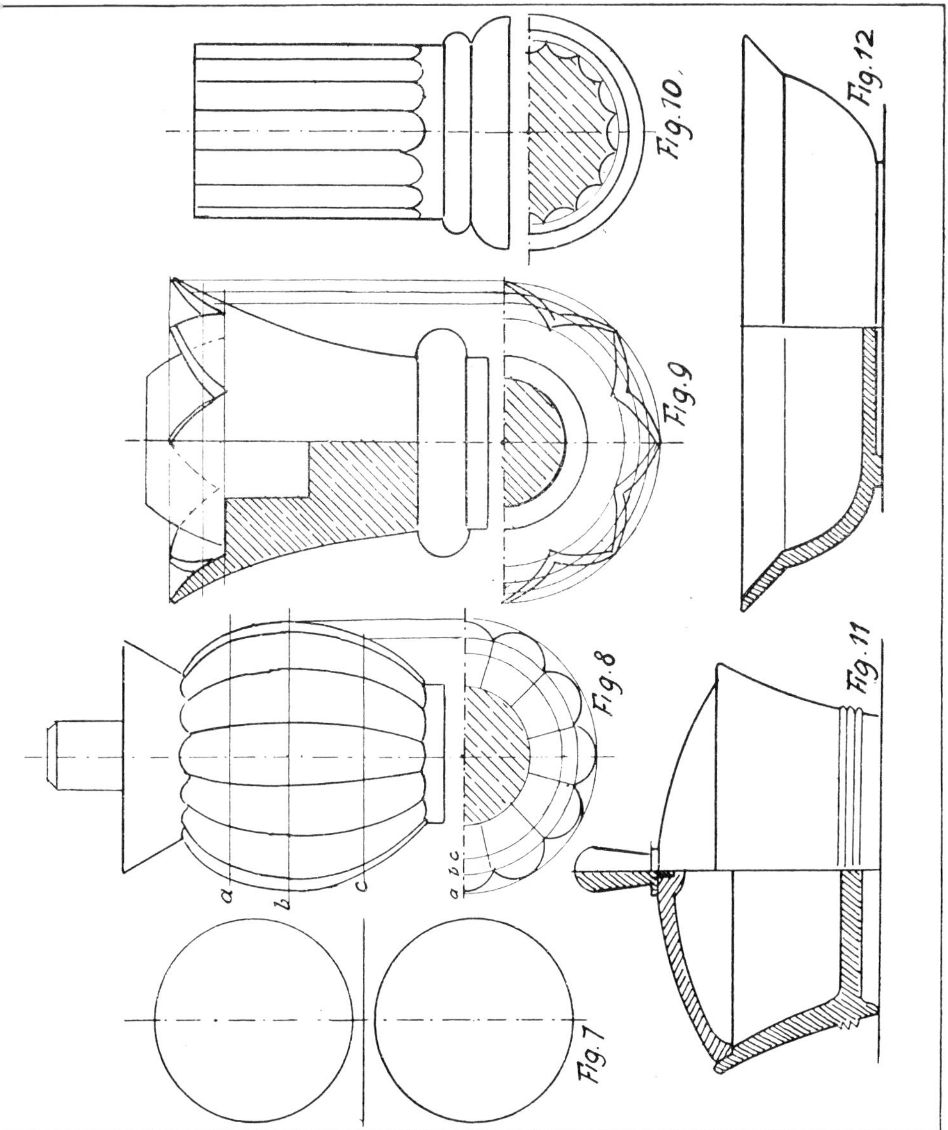

Abb. 343. Tafel: Einführung in das Projektions- und Fachzeichnen.

Elfter Abschnitt.

Einführung in das geometrische Zeichnen.

Um eine Idee zur Ausführung zu bringen, wird der Kunsthandwerker seine Gedankengänge, die ihm schon in einer körperlichen Vorstellung klar vor Augen treten, bald zu Papier bringen und festhalten, ehe sie sich im Geiste wieder verwischen.

Zur Darstellung dieser Gedankenskizze und Ausarbeitung auf dem Zeichenbrett bedarf es nicht nur der üblichen Zeichenutensilien, wie Reißbrett, Reißschiene, Winkel, sondern auch geistiger Hilfsmittel, geometrischer Konstruktionen, um schnell zum Ziel zu kommen und genaue Arbeit zu leisten.

Aber auch die Handhabung der Zeichenutensilien muß sachgemäß geschehen. So muß die Reißschiene stets mit ihrem Anschlag an der linken Kante des Reißbrettes angelegt werden, um waagerechte Linien ziehen zu können. Zur Herstellung von senkrechten Linien wird der Winkel aufgesetzt, und nicht die Reißschiene an der Ober- oder Unterkante des Reißbrettes angelegt, da die Bretter niemals genau im Winkel sind. Man braucht einen Winkel von 45 Grad und einen von 60 Grad, da diese z. B. für Winkel- und Kreisteilungen häufig gebraucht werden.

Das geometrische Zeichnen erleichtert die zeichnerische Darstellung der Werkstücke und bietet bei der Zeichenarbeit große Vorteile.

In der Tafel (Abb. 342) ist eine Auswahl solcher Konstruktionen dargestellt, die der Drechsler bei seiner Zeichenarbeit beherrschen muß, um exakt und vorteilhaft zu arbeiten. Es handelt sich dabei um Winkelteilungen und Flächenkonstruktionen, wie sie beim Drechsler verschieden gestaltet zur Anwendung kommen.

Die Fig. 1 zeigt das Halbieren einer Linie mit zwei Zirkelschlägen beliebiger Größe in den Endpunkten a und b einsetzend. Wo sich die Schläge kreuzen, ist die senkrechte Halbierungslinie zu ziehen. Durch weiteres Teilen der halbierten Strecke erhält man die Viertel- bzw. die Achtelteilung.

Die Fig. 2 zeigt die Teilung eines beliebigen Winkels, indem in a einsetzend ein Kreisbogen b geschlagen wird und von c und d aus Zirkelschläge gemacht werden, durch deren Kreuzung die Teillinie zu ziehen ist.

Die Teilung eines rechten Winkels (90 Grad) kann auch mit dem 45-Grad-Winkel geschehen, den man auf die angeschlagene Reißschiene aufsetzt

In Fig. 3 ist der 90-Grad-Winkel in drei Teile geteilt. Dazu wird wieder ein beliebiger Kreisbogen b geschlagen und mit der gleichen Zirkelausladung von c und d aus der Kreisbogen geschnitten, um die drei Teile zu erhalten.

Das gleiche läßt sich mit dem 60-Grad- bzw. 30-Grad-Winkeldreieck ausführen durch Ziehen von Linien vom Scheitel a aus bei Anlage auf der angeschlagenen Reißschiene.

Die Fig. 4 zeigt das Suchen des Mittelpunktes g im Kreis. An der Kreislinie werden zwei beliebig große Sehnen a—b und c—d gezogen und jede derselben wie in Fig. 1 halbiert. Wo die beiden durch die Zirkelschläge gezogenen Linien sich treffen, ist der Mittelpunkt des Kreises.

Die Fig. 5 zeigt die geometrische Gliederung im Kreis. Der Durchmesser, die durch den Mittelpunkt gehende Linie, verhält sich zum Umfang wie 1 : 3,14. Der Halbmesser ist die Linie vom Mittelpunkt des Kreises nach der Peripherie, während die Sehne eine Linie ist, die von einem Punkt der Peripherie nach einem anderen Punkt derselben geht, aber nicht durch den Mittelpunkt, und der Kreisabschnitt dadurch als Fläche entsteht. Die Tangente ist eine Linie, die den Kreis außen in einem Punkte berührt.

Konstruktion von Vielecken im Kreis.

Durch Einteilung der Kreisumfläche lassen sich leicht regelmäßige Vielecke, wie z. B. vom Vier- bis Zwölfeck, konstruieren.

Die Fig. 6 zeigt z. B. die Konstruktion des Vier- und Achtecks. Es wird mit Hilfe der Reißschiene und Winkel der senkrechte und waagerechte Durchmesser gezogen und der 45-Grad-Winkel an deren Enden angesetzt. Zum Achteck zieht man die 45-Grad-Linien durch die Kreismitte und verbindet die am Umfang erhaltenen Punkte.

Zu der Fünfeckkonstruktion in Fig. 7 zieht man die beiden Mittellinien a—b und c—d. Man setzt den Zirkel in a ein und schlägt den Kreisbogen durch die Mitte des Kreises. Wo dieser die Peripherie schneidet, verbindet man die Schnittpunkte e—f. So entsteht der Punkt g, in dem der Zirkel nach c eingesetzt und der Kreibogen c—h geschlagen wird. c—h ist die gesuchte Fünfeckseite, welche auf der Peripherie des Kreises aufgetragen wird.

Die Sechs- und Zwölfeckkonstruktion zeigt Fig. 8. Die Seite des Sechsecks ist gleich dem Halbmesser des Kreises. Zieht man den Durchmessers a—b und setzt den Zirkelschlag durch den Mittelpunkt des Kreises, so erhält man durch Verbindung der Schnittpunkte das regelmäßige Sechseck. Legt man auf der Reißschiene den 30-Grad-Winkel an und zieht durch den Mittelpunkt des Kreises die Linien, so wird die Sechseckseite halbiert und es entsteht das Zwölfeck.

In Fig. 9 ist aus dem Quadrat ein Achteck konstruiert, indem die beiden Diagonalen von den Eckpunkten aus gezogen werden. Man nimmt die halbe Diagonale in den Zirkel und schlägt von den vier Ecken aus Kreisbogen. Wo diese die Seiten des Quadrats treffen, werden die Schnittpunkte verbunden.

In Fig. 10 ist die Seite a—b gegeben. Die Aufgabe ist, daraus ein Achteck von dieser Seitenlänge zu konstruieren. Über die Seite a—b wird in a einsetzend ein Halbkreis geschlagen und dieser wird in acht Teile geteilt. Zwei Teile werden zurückgenommen und von hier die Linie c—a gezogen, welche schon eine Seite des Achtecks ist. Auf c—a wird nach Fig. 1 eine Senkrechte errichtet. Wo diese durch die Mittellinie e—f geht, befindet sich der Mittelpunkt des Kreises, in dem das gesuchte Achteck enthalten ist. Man zieht ihn und trägt die übrigen Seiten auf.

Nach dieser Konstruktion läßt sich auch jedes andere beliebige regelmäßige Vieleck herstellen. Der gezogene Halbkreis wird immer in so viel Teile geteilt, als Seiten gewünscht werden, und von dem zweiten Teil von links aus wird, wie schon erläutert, die Linie gezogen, auf der die Senkrechte zur Ermittelung des Kreismittelpunktes errichtet wird.

Konstruktion von Ellipsen.

Die Ellipsenkonstruktion hat für den Drechsler durch das Ovaldrehen Bedeutung. Ellipsen können verschieden geformt sein, mehr lang gezogen oder bauchig, je nach der Differenz der beiden Achsen. Es besteht aber auch ein Unterschied zwischen der Ellipse, die auf dem Ovalwerk entsteht, und der mittels Zirkels konstruierten, wie in Fig. 11—13 dargestellt.

Die Ellipse des Ovalwerks deckt sich in ihrer Bogenführung genau mit der des Ovalzirkels (Abb. 176, S. 175) und der Fadenellipse (Abb. 177, S. 176).

In den Zirkelkonstruktionen unterscheidet man solche, bei denen die Längsachse gegeben ist, während das kleine Achsenmaß durch die Konstruktion gebildet wird, wie in Fig. 12. Die Längsachse wird in drei gleiche Teile geteilt und in den zwei mittleren Punkten a—b die beiden Kreise geschlagen. Wo diese sich kreuzen, werden Hilfslinien gezogen und dann in c und d einsetzend das Verbindungsteil nach den Kreissegmenten gezogen.

Bei den Konstruktionen in Fig. 11 und 13 werden die Maße beider Achsen vorher bestimmt. Von der kleinen Achse in a wird nach dem Ende der großen in b eine Hilfslinie gezogen. In der Achsenkreuzung c wird der Zirkel eingesetzt und nach der großen Achse geschlagen. Das so erhaltene Stück b—d ist auf a—b angetragen. Die Strecke von dem erhaltenen Punkt e—b wird halbiert und die Senkrechte darauf errichtet, welche die beiden Achsen in f und g schneidet. Die erhaltenen Schnittpunkte sind Einsetzpunkte für die beiden Kreisbogen. Sie werden auf die andere Seite der Ellipse übertragen.

Die Konstruktion in Fig. 13 ist ähnlich. Nach der Hilfslinie a—b wird ein Zirkelschlag in b einsetzend von c aus gemacht und Schnitt d erhalten; ebenso in c einsetzend ein solcher von a aus, der die Hilfslinie in e schneidet. Die Strecke e—d nimmt man in den Zirkel und schlägt einen Bogen über die große Achse in b einsetzend und das gleiche von dem erhaltenen Punkt f aus über b und zieht die Hilfslinien g über f, welche die kleine Achse in h schneiden. Dort ist der Einsetzpunkt für das Verbindungsstück g—a.

Der Proportionalmaßstab in Fig. 14 dient zum Verkleinern oder Vergrößern kleiner Gegenstände nach einem zu bestimmenden Verhältnis. Es ist eine sehr einfache, genaue Methode. Man zieht sich einen Winkel a—b—c, dessen Schenkelöffnung dem größten Ausmaß des zu übertragenden Objekts entspricht. Z. B. Fig. 15 soll

In Fig. 9 ist die Projektion vom Zackenausschnitt einer Bekrönung gezeigt. Nachdem die Form, wie in Fig. 8, im Grundriß eingeteilt und gezogen ist, werden die waagerechten Schnitte, wie a—b—c, gezogen und nach dem Aufriß hinauf genommen. Wo sich die Schnittkreise mit den Zackenlinien schneiden, zieht man Hilfslinien auf dem gleichen Schnitt nach oben und verbindet die Schnitte untereinander.

In Fig. 10 ist die Projektion von Kanneluren dargestellt, die sich in gleicher Art wie bei den vorhergehenden Konstruktionen vom Grundriß aus vollzieht.

Die Fig. 11 und 12 zeigen eine Dose und Schale als Werkzeichnung, bei denen ein Viertel ausgeschnitten ist, um die Wandstärke zu kennzeichnen.

Die Werkzeichnung.

Für den Kunsthandwerker, und so auch für den Drechsler, ist eine gut durchgearbeitete Werkzeichnung zur Herstellung proportionaler, formenschöner Arbeit notwendig. Der Drechsler glaubt nur zu häufig, auch ohne Zeichnung auszukommen und arbeitet ohne diese frisch darauf los. Was dabei herauskommt, ist endgültig; er kann nicht mehr viel daran verbessern, während er an einer Werkzeichnung mit Gummi und Bleistift abändern kann, wenn sie noch nicht seinen Wünschen gemäß ausgereift ist.

Man befaßt sich im Drechslergewerbe leider noch zu wenig mit der zeichnerischen Darstellung bei Herstellung neuer Entwürfe. Räumliches Denken ist dabei notwendig, und dazu soll diese kurze Abhandlung beitragen.

1. Die Skizze. Sie gibt uns ein Bild von der Arbeit, die wir ausführen wollen, wie sie dem Auge sichtbar sein würde. Sie vermittelt uns den Eindruck, den der Gegenstand nach der Herstellung machen würde; sie gibt ein perspektivisches Bild. Mit der Skizze läßt sich aber bei der Herstellung der Arbeit wenig anfangen, denn sie zeigt keine genauen Maße, weder in der Breite noch Tiefe des Gegenstandes. Sie ist nur ein Entwurf, ein Bild, das dem Besteller gut verständlich ist und ihm zeigt, was er auf seine Bestellung hin erwarten kann.

2. Die Werkzeichnung. Sie zeigt die auszuführende Arbeit in einem bestimmten Maßstab oder in natürlicher Größe in Vorderansicht, Seitenansicht und Auf-

sicht (Grundriß in geometrischer [flächenhafter] Gestaltung). Bei Hohlkörpern befinden sich in den drei Darstellungen noch Durchschnitte, um Materialstärken oder innenliegende Teile zur Ansicht zu bringen.

Durch die Zerlegung des Gegenstandes nach den drei Ebenen und Schnitten erhalten wir alle genauen Maße der Teile, bis auf solche, die schräg zu den drei Ebenen liegen; sie müssen in ihrer wirklichen Größe besonders ausgetragen werden. (Vgl. Abb. 343, Fig. 4—6.)

Am wenigsten können Gewerbe ohne eine genaue Werkzeichnung auskommen, deren Arbeiten aus verschiedenen Teilen zusammengesetzt sind, z. B. der Tischler. Aber auch dem Drechsler ist sie eine Notwendigkeit, z. B. zur Herstellung von Tischen und Stühlen, überhaupt bei Zusammenbohrungen in bestimmten Winkeln. Hier wird mit einer genauen Werkzeichnung sehr an Material und Arbeitszeit gespart.

Es gibt natürlich in der Drechslerei vielerlei kleine, einfache Arbeiten, bei denen sich eine besondere Werkzeichnung erübrigt und eine gute Skizze als Anhalt genügt, z. B. bei Dosen, Büchsen und Schalen, bei denen häufig das Material die Form erzwingt, um die Schönheit der Holzmaserung voll zur Geltung zu bringen. Hier zeigt sich das meisterliche Können in der Beherrschung von Form und Werkstoff.

Wollen wir Drechsler Kunsthandwerk betreiben, losgelöst von der Drehmaschine, die den tausendfachen Massenartikel mechanisch herstellt, so müssen wir zeichnen können, eine gute Skizze liefern, in der die Verhältnisse des Gegenstandes am genauesten abgewogen werden können, und eine Werkzeichnung herstellen können, in der alle Maße genau und in Form zum Ausdruck kommen, nach denen gearbeitet werden kann.

Darum, junger Drechsler, lerne zeichnen!

Inhaltsverzeichnis.

I. Teil.

Das Holz als Werkstoff.

Erster Abschnitt.

Die Struktur des Holzes.

Zweiter Abschnitt.

Lagern und Austrocknen des Holzes.

Dritter Abschnitt.

Das Holz als Handelsware.

Seite

Zweiter Abschnitt.

Einspannwerkzeuge für Drehbänke.

Dritter Abschnitt.

Drehwerkzeuge für Holz.

Vierter Abschnitt.

Verschiedene Dreharten und Arbeitsverfahren.

Fünfter Abschnitt.

Drehmaschinen.

Sechster Abschnitt.

Einrichtung der Drechslerwerkstatt.

Siebenter Abschnitt.

Verschiedene Fabrikationen.

IV. Teil.

Oberflächenbehandlung der Holzarbeit.

V. Teil.

Material und Verarbeitung harter Werkstoffe.

Erster Abschnitt.

Früchte und Samen.

Zweiter Abschnitt.

Bernstein- und Meerschaumbearbeitung.

Dritter Abschnitt.

Tierische Arbeitsstoffe.

Vierter Abschnitt.

Die Kunststoffe.

Fünfter Abschnitt.

Werkzeuge zur Bearbeitung von Horn, Elfenbein, Perlmutter und Kunststoffen.

Sechster Abschnitt.

Schleif- und Poliereinrichtungen.

Sachregister.

Fach- und Sachbücher aus den vergangenen Jahrhunderten

Überwiegend aus den Bereichen
Architektur, Technik
Holzverarbeitung, Holzbau
Möbel, Innenarchitektur
Handwerk, Handwerksgeschichte

Fordern Sie bitte
unser Gesamtverzeichnis an

EDITION
libri rari

Edition »libri rari«
im Verlag Th. Schäfer
Tivolistraße 3, 3000 Hannover 1

EDITION libri rari

320 Seiten
17,5 × 24 cm
mehrfarbig
bedruckter
fester
Einband

Best.-Nr.
1213

ISBN
3-88746-014-6

Fritz Spannagel

Das Drechslerwerk (1948)

Das bekannte und seit vielen Jahren vergriffene Standardwerk für Drechsler, Werklehrer, Innenarchitekten und Schreiner und für die vielen Hobby-Drechsler wurde wegen der großen Nachfrage wieder von uns herausgegeben. Dieses Fachbuch und Nachschlagewerk ist trotz der Technisierung und Standardisierung für alle Interessenten ein unentbehrlicher Ratgeber.

EDITION libri rari

64 Seiten
22 × 29,7 cm
mehrfarbig
bedruckter
fester
Einband

Best.-Nr.
1226

ISBN
3-88746-202-5

Fritz Spannagel

Gedrechselte Geräte (1941)

Dieses Werk enthält eine Vielzahl von Vorlagen der klassischen „Gebrauchsdrechslerei" (Teller, Schalen, Eisbecher, Serviettenringe, Dosen, Lampen, Leuchter usw.) mit wertvollen Tips für die Herstellung. Spannagel richtet sich besonders an den drechselnden Laien, dem er schöne und zeitlose Beispiele präsentiert. In einem Vorspann geht er besonders auf die Kulturgeschichte des Drechslerhandwerks ein.

EDITION libri rari

48 Seiten
13 × 20 cm
Broschüre mit mehrfarbig bedrucktem Umschlag

Best.-Nr. 1224

ISBN 3-88746-143-6

Hugo Knoppe

Handbuch der Ovaldreherei (1920)

unter besonderer Berücksichtigung der Herstellung ovaler Rahmen. Ein Leckerbissen für Spezialisten oder für alle an dieser Spezialdisziplin interessierten Hobby-Drechsler. Auf das Ovaldrehen wird in der einschlägigen Fachliteratur immer nur in wenigen Sätzen hingewiesen. In diesem kleinen Buch jedoch geht der Autor auf alle wissenswerten Einzelheiten des Ovaldrehens – besonders in der Rahmenfertigung – ein.

EDITION libri rari

152 Seiten
13 × 20 cm
mehrfarbig bedruckter fester Einband Prägungen

Best.-Nr. 1223

ISBN 3-88746-141-X

Hugo Knoppe

Meistertechniken der Drechslerkunst (1926)

Drechseln als Kunst! Die „Hohe Schule" der Drechslerei, in anderen Fachbüchern nur am Rande erwähnt, wird hier von Hugo Knoppe anschaulich dargestellt. Die verschiedensten Techniken, z. B. die Fadendreherei, Kugel- und Sterndreherei, Längs- und Querdreherei werden vorgestellt, und anhand vieler Abbildungen bekommt der Leser einen optischen Eindruck von den zahlreichen Möglichkeiten des Drechselns.

EDITION libri rari

78 Seiten
21,5 × 30 cm
64 Bildtafeln
Balacron-Einband
Prägung

Best.-Nr. 1214

ISBN 3-88746-018-9

A. Graef / M. Graef

Musterblätter moderner Drechslerarbeiten (1889)

Ein Buch, das zum Zeitpunkt seines Erscheinens als Orientierungshilfe für Drechsler und Möbelfabrikanten gedacht war (mit entsprechenden maßstäblichen Hinweisen), verdankt seine Wiederentdeckung dem neuerlichen großen Interesse an der Drechslerei und damit verbunden, die Suche nach historischen Vorbildern.

EDITION libri rari

224 Seiten
11,5 × 18 cm
220 Textabbildungen
mehrfarbig bedruckter, fester Einband

Best.-Nr. 1220

ISBN 3-88746-137-1

Max Metzger

Holzbildhauerei und Holzschnitzerei (1919)

Handbuch für Holzbildhauer und Tischler, gewerbliche und kunstgewerbliche Schulen sowie für „Dilettanten". Umfassendes Werk mit vielen Abbildungen über die kunsthandwerklichen Techniken der Holzbearbeitung. Metzgers Handbuch ist übersichtlich und ausgesprochen praxisbezogen. Enthalten ist hier alles, was es zur Bildhauerei und Schnitzereien in Holz zu beachten gilt. Für Hobby und Beruf sehr geeignet.